WMD 비확산 수출통제

국제비확산체제

International Non-Proliferation Regimes

강
호
KANG Ho, Ph.D.

박영사

머리말

석사를 마치고 15년이 지난 2006년부터 대학원 과정을 주경야독하여 「비확산규범의 집행에 관한 국제법적 연구」라는 논문으로 박사학위를 받고, 학위논문을 바탕으로 머지않아 곧 책으로 내야겠다고 결심했었는데 올해로 벌써 11년이 훌쩍 지났다. 여러모로 미흡하다고 생각되지만 이제 감히 용기를 내어 출판하기로 하였다.

이 책의 제목인 『국제비확산체제』(International Non-Proliferation Regimes)는 세계평화를 파괴하고 국가안보를 위협하는 대량살상무기(WMD)와 그의 운반수단인 탄도미사일 및 재래식 무기의 확산방지를 위한 무기별 조약 또는 신사협정, 당사국 또는 참가국의 비확산 조약 의무의 이행을 검증하는 시스템과 이를 집행하는 국제기구 그리고 각종 무기의 개발, 생산 등에도 사용 가능한 전략품목, 즉 이중용도 물자, 기술과 소프트웨어의 이전에 관한 다자간 수출통제체제를 포함한 모든 비확산체제를 통칭하는 개념이다.

본서에서 필자는 WMD 및 미사일의 확산 동향과 국제 비확산체제의 실상을 파악하고, WMD 비확산 조약, 유엔 안보리 결의, 확산방지구상의 저지원칙 선언 및 다자간 수출통제체제의 지침 등 비확산규범의 구체적인 내용과 국제사회의 이행과 집행 및 사례를 분석하여 현행 비확산체제의 한계와 문제점을 도출하고, 비확산규범의 집행에 따른 국제법적 쟁점을 고찰함으로써 그 결과를 토대로 비확산규범의 효과적인 집행과 국제 비확산체제 강화를 위하여 필요한 방안을 모색하였다.

본서에서 비확산규범의 이행(implementation)과 집행(enforcement)은 서로 혼용되기도 하지만 이행은 주로 WMD 비확산 조약과 유엔 안보리 결의의 의무 및 다자간 수출통제체제의 지침과 통제목록 등의 비확산규범을 준수(compliance)하는 것을 말하며, 집행은 비확산 의무의 이행 여부 감시, 위반 혐의 적발 및 실제 불이행 또는 위반 시 제재함으로써 비확산규범의 이행을 강제하는 것을 의미한다.

본서는 국제 비확산체제 전모의 파악에 초점을 두고 총 12장으로 구성하였다. 제1장은 서론으로 국제 비확산체제를 개관하고, 제2장에서 제5장까지는 핵무기, 생화학무기, 미사일 및 재래식 무기별 비확산체제를 심층 분석하였다. 제6장은 WMD, 미사일과 관련 물자의 운송을 물리적으로 차단하는 확산방지구상(PSI), 제7장은 WMD 확산방지를 위한 비확산규범의 이행과 집행을 의무화한 유엔 안보리 입법 결의, 제8장은 WMD와 탄도미사일 개발 등 비확산규범을 위반한 국가에 대한 유엔 안보리 제재 결의와 주요국의 경제제재를 다루었다.

제9장은 비확산 국제규범에서 제기되거나 제기될 만한 이슈를 국제법적 관점에서 검토하였다. 제10장은 미국, 일본 및 한국의 비확산 수출통제제도를 소개하고 개선방안을 제시하였으며, 제11장은 비확산규범과 WTO 협정과의 관계에서 중대한 국가안보의 이익을 위하여 예외적으로 무역제한을 허용하는 GATT 제21조(안보예외)를 고찰하고, 최근 일본의 수출통제 강화조치에 대한 한일 간의 분쟁을 법리적으로 검토하였다. 제12장은 결론으로 현행 비확산체제를 평가하고 그의 한계와 문제점을 도출한 다음 국제 비확산체제 강화를 위한 방안을 모색하였다.

본서는 세계평화와 국가안보를 위한 비확산 수출통제와 국제통상 분야에서 오랜 실무경험과 연구논문 및 칼럼 기고문을 집대성한 것이다. 아무쪼록 본서가 국제법, 정치외교, 국가안보, 국방, 통일 및 국제통상 분야에서 정부의 정책 수립, 국가안보와 국제통상 관련 연구, 대학(원)의 학술연구 및 기업의 실무에 도움이 되고 향후 연구의 주제나 소재 및 강의교재로도 활용되기 바란다.

오늘이 있기까지 꼭 감사드려야 할 분들이 계신다. 먼저 필자를 비확산 수출통제 분야로 안내하시고 학위논문 작성에 생산적인 지도와 조언을 아끼지 않으신 경희대학교 최승환 교수님과 논문을 성심껏 심사하시고 책으로 출판을 권유하신 박훤일 교수님, 논문 마무리에 큰 힘이 되어준 박언경 교수님, 고비 때마다 용기를 북돋아 준 조달연구원 김대식 박사님, 오래전 국제통상의 중요성을 일깨워 주신 한국무역협회 성효제 상무님과 공군항공과학고등학교 창설의 주역이시고 평소 제자들을 자식처럼 아끼신 정우진 은사님께 진심으로 감사의 말씀을 전한다. 그리고 사재를 몽땅 털어 고학하는 제자들에게 20년간 장학금을 베푸시고 홀연히 미국으로 떠나신 故 Arthur J. McTaggart 영남대학교 교수님의 영전에 이 책을 바친다. 아울러 이 책이 나오기까지 편집과 교정에 애쓰신 박영사 관계자분들에게도 마음속 깊은 고마움을 드린다.

끝으로 핵무기, 생화학무기와 탄도미사일의 비확산 및 재래식 무기의 과잉 축적 방지를 통하여 지구상에 항구적인 평화가 실현되고, 테러와 폭력이 없는 안전한 국제사회가 정착되기를 염원해본다.

A tiny boat floating on the boundless ocean of
"International Non−Proliferation and Export Controls"
My sailing on a little bigger boat is still not over.

"국제 비확산 수출통제"라는 망망대해(茫茫大海)에서 떠도는 작은 배
좀 더 큰 보트를 타고 떠난 나의 항해는 아직 끝나지 않았다.

2021년 가을
경기도 광주 마름산 기슭에서
강호 姜豪

차례

제1장

국제비확산체제 개관

I. 국제 비확산체제의 성립배경

핵무기, 생물무기와 화학무기를 통칭하는 대량살상무기(WMD)[1]는 20세기에 발명된 무기들이다. 물론 대량살상에 관해서는 새로운 것이 없다. 고대부터 군사작전은 종종 수만 명의 군인과 민간인의 살육을 의미하였기 때문이다. 산업혁명으로 전쟁이 기계화됨에 따라 선진국들은 무장 군인이나 넓은 지역에 분산된 무방비 상태의 사람들을 보다 효율적으로 살상하고 군사적, 경제적 목표물을 전멸시키는 방법을 모색해 왔다. 군사 분야 연구자들은 대포, 항공기 그리고 나중에는 미사일로 운반이 가능한 독가스, 세균 및 핵 폭발장치를 생산했다.

독가스는 제1차 세계대전 중에 3국 동맹국(독일·이탈리아·오스트리아)과 3국 협상국(영국·프랑스·러시아)이 참호전의 교착상태를 타개하기 위해 염소가스, 머스터드 가스 및 기타 작용제 등 화학무기로 상호 공격함으로써 사상 최초로 사용되었다. 일본은 1932년부터 제2차 세계대전 말까지 중국에서 탄저균 등의 병원성 세균을 사용하여 최소 3천명의 포로를 사망하게 하였다. 그리고 호전적인 국가들은 모두 생물무기 연구프로그램이 있었으며 독일은 살충제로 만든 독가스 치클론-B를 사용하여 집단수용소에 갇혀 있던 유태인과 포로 수백만 명을 살해하였다. 이라크 후세인은 1988년 화학무기로 쿠르드족 5천여 명을 학살하였다. 핵무기는 제2차 세계대전 말기인 1945년에 미국이 일본 상공에서 사상 최초로 핵무기를 투하하였으며 현재까지는 마지막으로 사용되었다.[2]

1990년대 이후 소련의 해체와 동구권의 체제전환으로 냉전은 종식되었으나 WMD와 그 운반수단인 미사일이 확산일로에 있다. 그간 재래식 무기가 지

---

1) 대량살상무기(WMD)라는 용어가 사용되기 시작한 것은 1990년대 초 소련연방 해체와 냉전이 끝난 직후이다. 전문가들 사이에서는 NBC(Nuclear, Biological and Chemical)라는 용어를 즐겨 사용한다. Daniel H. Joyner, *International Law and the Proliferation of Weapons of Mass Destruction* (Oxford University Press, 2009), p. 81

2) Joseph Cirincione et al, *Deadly Arsenals* (Carnegie Endowment for International Peace, 2005), p. 4.

나치게 많이 축적된 가운데 지구촌은 그 어느 때보다 국제테러[3]의 위협에 시달리고 있다. 2001년의 9.11 테러 사건을 비롯하여 중동 및 세계 각처에서 테러가 급증하고 인종과 종교 등의 대립으로 인한 지역분쟁[4]이 빈발함으로써 세계평화와 안전이 크게 위협받고 있다.[5]

현대사회에서 국제평화와 안보를 위협하는 가장 큰 문제이자 최우선 과제 중의 하나는 WMD와 미사일의 확산 방지이다. 1945년 8월 일본 히로시마에 첫 원자폭탄이 폭발하여 핵무기를 비롯한 WMD의 파괴력과 살상력이 증명된 이후 국제사회는 국가와 비국가행위자(non-state actors)에 의한 WMD의 확산 또는 사용의 위협을 우려해 왔다. 이러한 확산과 위협에 대처하기 위하여, 국제사회는 20세기 후반 이후 약 60여 년에 걸쳐 국가별로 또는 국제적으로 오늘날의 비확산체제를 구축하였다.[6]

즉, 강대국들을 중심으로 국내적으로는 WMD와 미사일 관련 민감품목의 생산 및 비축을 제한하고, 세계적 유통망을 가진 국제무역을 통해서는 다른 국가 또는 비국가행위자로의 확산을 방지하기 위하여 비확산정책을 수립, 집행하고 정치적이고, 법적인 규범 체계를 확립하게 되었다. 비확산체제는 WMD가 초래하는 위험이 증가하고 WMD 보유국의 수가 증가함에 따라 WMD 사용 가능성이 커질 것이라는 전제에 근거를 두고 있다. 더욱이 비확산체제는 일부 국가에 의한 WMD의 보유가 다른 국가들에게 WMD 획득을 조장함으로써 WMD의 확산 가능성을 더욱 증대시킬 것이라는 우려에서 생겨났다.

---

3) 국제테러 행위는 인간 생활에 폭력적이거나 위험하며, 모든 국가의 형법에 위반되고, 주민을 위협 또는 강압하고 그로 인하여 정부 정책에 영향을 주거나, 암살 또는 납치하여 정부의 행위에 악영향을 주기 위한 것으로 보이는 행위를 말한다. Iran Sanctions Act of 1996, Sec. 14.
4) 제2차 대전 이후 세계 주요 지역분쟁을 보면 중동전쟁(1948-1973), 한국전쟁(1950-1953), 알제리 독립전쟁(1954-1962), 중국·인도국경분쟁(1959-1962), 콩고분쟁(1960-1965), 중소국경분쟁(1969), 인도·파키스탄전쟁(1971), 아프가니스탄 내전(1979-2021), 이란·이라크 전쟁(1980-1988), 걸프전(1991), 유고 내전(1991), 소말리아 내전(1991) 및 시리아 내전(2011-) 등이다. 이영주 역, 『하룻밤에 읽는 세계사』(중앙M&B, 2004), p. 338.
5) 과거 10년간(2011~2020년) 세계에서 발생한 국제테러 건수는 총 26,543건으로 연평균 약 2,212건이며, 국제테러단체는 총 33개국의 83개에 달한다.
   <https://www.nis.go.kr:4016/AF/1_6_2_1.do> 참조.
6) Nathan E. Busch and Daniel H. Joyner (eds), *Combating Weapons of Mass Destruction: The Future of International Nonproliferation Policy* (University of Georgia Press, 2009), p. 1.

국제 비확산체제는 군축·비확산 조약(협정, 협약), 국제기구 및 이행 검증 수단으로 서로 맞물려 있으며 WMD, 탄도미사일과 재래식 무기 및 이들 무기의 개발, 생산에 필요한 장비, 자재 및 기술에 대한 수출통제를 포함한다. WMD 비확산체제는 크게 3가지로 구분된다. 첫째는 WMD 비확산을 위한 법적 의무를 규정하는 조약, 둘째는 조약 당사국의 조약상 의무의 준수를 검증하는 검증체제와 이를 집행하는 국제기구, 셋째는 무기의 개발 및 생산에 사용되는 이중용도 물자와 기술의 수출을 통제하는 시스템이다.

WMD의 보유, 획득 또는 확산을 금지하는 규범은 전통적으로 법적 구속력 있는 다자조약에 의해 확립되었다. WMD 관련 조약상의 비확산 의무에 대한 검증(verification)은 대개 일반사찰과 특별사찰에 필요한 기술적 자원을 갖춘 중립적인 제3의 국제기구에 의해 수행된다. 이에 따라 WMD와 미사일의 확산방지를 위한 현행 비확산체제는 핵 비확산체제, 생물무기와 화학무기의 확산방지를 위한 생화학 비확산체제, 미사일 비확산체제 및 재래식 무기 비확산체제로 구성되어 있다. <표 1-1>은 국제 비확산체제를 구성하는 조약(협약), 국제기구 및 이행검증시스템 등을 나타낸 것이다.

국제 비확산체제는 확산 우려국(state of proliferation concern), 테러리스트와 테러단체에게 WMD, 미사일과 관련 전략물자에 대한 불법조달의 어려움과 고비용을 가중시킨 결과 적어도 확산 속도를 늦추거나 확산을 방지하는데 기여하고 있다. 그러나 현행 비확산체제는 생물무기금지협약(BWC) 등 일부 조약의 검증장치 및 제재조항 미비, 탄도미사일의 확산규제를 위한 조약의 부재, 그리고 다수 국가의 자발적, 비공식 협의체인 다자간 수출통제체제 규범의 법적 구속력 결여, 참가국의 의무 불이행과 위반에 대한 제재수단의 부재 등 비확산 규범의 국내외적 집행에 있어서 한계와 문제점으로 인하여 WMD 등의 확산방지를 통해 국제평화와 안보의 유지를 목적으로 하는 비확산체제의 실효성이 저해되고 있어 현행 국제 비확산체제의 기능개선과 규범 강화가 필요한 실정이다.

표 1-1　국제 비확산체제 현황

무기류	비확산 국제규범	다자간 수출통제체제	국제기구
핵무기	핵확산방지조약(NPT) 핵무기금지조약(TPNW) 지역별 비핵지대(NWFZ)	쟁거위원회(1971) 핵공급국그룹(1975)	국제원자력기구(IAEA)
생물무기 화학무기	1925년 제네바 의정서 생물무기금지협약(BWC) 화학무기금지협약(CWC)	호주그룹(1984)	화학무기금지기구(OPCW)
미사일	탄도미사일 확산방지 헤이그행동규범(HCOC)*	미사일기술통제체제 (1987)	
재래식 무기	무기거래조약(ATT) 대인지뢰금지조약 클러스터폭탄금지조약 등	바세나르협정(1996)	

출처: 필자 작성.
　주: *HCOC은 탄도미사일 확산방지를 위한 법적 구속력 없는 정치적 합의문서(후술).

　　현재 국제비확산체제 중에서 핵 비확산체제가 가장 광범위하고 다음으로 생화학무기 비확산체제와 미사일 비확산체제의 순이다. 핵 비확산체제는 핵무기급 물질(고농축우라늄, 플루토늄) 생산의 어려움과 핵무기의 엄청난 파괴력 및 살상력에 대한 인식과 우려가 결부되어 핵 비확산을 우선으로 하는 광범위한 합의를 바탕으로 구축되었다. 화학무기는 핵무기에 비해 제조하기가 더 쉽고, 즉시 이용 가능한 원료물질에 의존하지만 살상력은 핵무기에 훨씬 못 미친다. 생물무기도 역시 이중용도 물자와 기술에 의존하며 기술 확산에 따라 보다 광범위한 통제체제를 구축하려는 노력이 집중되고 있다. 그러나 미사일 확산 위험에 대응하기 위하여 미사일 비확산조약을 제정하거나 검증장치를 갖춘 구속력 있는 체제의 필요성에 관한 국제적인 공감대는 아직 형성되어 있지 않다. 모든 비확산체제의 핵심요소는 민감한 물자와 기술의 이전을 통제하는 공급자 중심의 다자간 수출통제체제이다.

Ⅱ. 비확산의 개념

　일반적으로 비확산(nonproliferation)은 WMD, 미사일, 재래식 무기 및 관련 물자와 기술이 다른 국가 또는 비국가행위자에게 이전되는 것을 방지하기 위한 활동과 노력을 말한다. 확산은 그러한 무기를 보유하는 국가가 그 무기를 비보유국에게 이전하거나, 비보유국이 스스로 무기를 제조, 획득, 보유하는 수평적 확산과 이미 무기를 보유하고 있는 국가가 무기의 수량을 늘리거나 기존 무기의 성능을 개량하는 수직적 확산으로 구분할 수 있다.[7] 수출통제는 이중용도 전략품목, 즉 민간용과 군사용으로 사용 가능한 물품, 기술 및 소프트웨어가 확산국, 확산 우려국 및 테러단체 등에 이전되지 못하도록 수출허가제를 시행하고, 확산우려국 또는 비국가행위자가 WMD, 미사일 또는 재래식 무기의 개발 및 생산 등의 용도로 사용할 우려가 있을 경우는 수출을 허용하지 않는 것을 주요 내용으로 한다.

　비확산과 구별해야 할 개념으로 군축, 군비통제 및 확산저지가 있다. 먼저 군축 또는 군비축소(disarmament)[8]는 현재 보유 중인 군사력의 전반 또는 특정 무기체계를 감축 또는 폐기하는 것을 말한다. 많은 국가는 일정 수준의 병력과 장비를 보유함으로써 자국의 안전을 보장하고 있으나, 군축은 방어적 목적의 군비 보유도 군비경쟁을 초래할 수 있다는 인식하에 군비의 완전한 제거를 통해 안전보장을 달성하는 것을 목표로 한다.

　군비통제(arms control)는 원래 핵 군비경쟁 억제를 논의하는 과정에서 생겨난 개념으로 국가 간에 군사력 전반 또는 특정 무기체계의 개발, 배치 및 운용 수준을 상호 협의하여 조절하는 것을 의미한다. 군비통제는 완전하고 포괄적인 군축을 통해서가 아니라, 군비경쟁을 적정수준으로 관리함으로써 전쟁을

---

7) 확산(proliferation)을 WMD 또는 관련 전략물자를 불법적으로 (i) 보유, 생산 또는 취득, (ii) 제공 또는 이전, (iii) 운송 또는 밀수로 정의하기도 한다. Barry Kellman, "WMD Proliferation: An International Crime?," *The Nonproliferation Review*, Vol. 11, No. 2 (Summer 2001), p. 96.

8) 군비축소는 조약 등 국가 간 합의로써 군비를 축소 또는 제한하므로 국가의 일방적이고 자발적인 군비의 감소는 여기에 포함되지 않는다. 반면에 핵무기는 핵실험과 제조를 통제하는 것도 군비축소에 포함된다. 최재훈·정운장, 『국제법』 (법문사, 1980), p. 377.

회피한다는 인식에 기반하고 있다.

군비통제의 방법으로는 ① 특정한 범주에 속하는 무기의 동결, 제한, 삭감 또는 폐기, ② 군비 보유에 일정한 상한선을 설정하는 제한, ③ 특정 유형의 무기나 전쟁방법의 사용 제한 또는 금지, ④ 일정 비율에 따라 군사력의 규모를 축소하는 감축(reduction), ⑤ 군사적으로 중요한 품목의 이전금지 등을 들 수 있다.9) 따라서 군비통제는 군축에 비해 보다 일반적인 개념이며, 군비통제는 반드시 군비감축을 의미하지 않으므로 군비통제의 결과로 특정국의 군비가 증가하는 역설적인 경우도 포함될 수 있다. 군비통제는 군사훈련의 사전통고와 상호참관 등 군사적 신뢰구축(confidence-building) 조치와도 밀접한 관계가 있으며, 보통 정치적, 군사적 신뢰가 일정 수준에 도달한 이후 본격적인 군비통제가 가능한 것으로 본다.

한편 확산저지(counter-proliferation)는 9.11 테러 이후 WMD와 테러의 연계 위협이 대두되고 수출통제 등 전통적인 비확산 수단만으로는 WMD 확산방지에 한계가 있다는 지적이 제기되면서 등장한 적극적인 WMD 확산 대응정책이다. 미국의 'WMD 대응 국가전략'에 따르면 미국 정부에 대하여 적대국과 테러리스트에 의한 WMD의 사용 및 위협에 대처할 모든 가동 역량을 갖출 것을 강조하고 있다.10) 본래 확산저지의 개념은 WMD 확산방지의 수단으로서 군사적 대응을 포함하는 전략적인 개념이다. 미국이 주도하는 확산방지구상(PSI) 등이 대표적인 예에 해당되며, 비확산이 전략품목의 이전을 사전에 방지하는 데 중점을 두고 있다면 확산저지는 이동 중인 WMD와 미사일 및 관련 품목의 이전을 물리적으로 차단하는데 목적을 두고 있다. 또한, 확산저지의 개념은 군사전략적 차원에서는 WMD 공격을 받은 피해국의 복구조치와 보복공격을 포함하기도 한다.11)

---

9) 淺田正彦 譯, 『軍縮條約ハンドブック』(日本評論社, 1994), p. 1.
10) White House, *National Strategy to Combat Weapons of Mass Destruction(WMD)*, (December 2002), p. 2.
11) 류광철 외, 『군축과 비확산의 세계』(평민사, 2005), pp. 20-22.

| 제2절 | **대량살상무기 및 미사일 확산** |

I. 대량살상무기의 특징

대량살상무기(WMD)란 단시간 내에 대량의 사람과 건물에 대한 살상력과 파괴력을 가진 핵무기와 화학무기 및 생물무기를 통칭하는 개념이다.[12] 미사일은 이들 WMD의 운반수단(means of delivery)을 일컫는다. WMD는 다음과 같은 특성에서 재래식 무기와 구별된다.

첫째, 치명적 살상력이다. 핵무기의 경우 같은 중량의 재래식 폭탄과 비교하여 100만 배 이상의 위력이 있으며, 핵폭발 이후 방사선에 의한 피해까지 고려하면 그 살상력은 더욱 증폭된다. 둘째, 용도의 양면성이다. WMD는 일상생활에서 평화적 용도와 동일한 원료로 만들어진다. 즉 핵무기의 원료는 원자력 발전에 쓰이는 핵연료주기[13]에서 얻는다. 또 화학무기의 원료는 비료, 살균제, 살충제, 의약품 등의 원료와 동일하다. 생물무기는 백신이나 의약품의 제조과정을 변형시켜 만들 수 있고, 미사일 추진체나 유도장치에 적용되는 기술은 통신위성 및 인공위성을 운용할 때 쓰이는 것과 같다.

셋째, WMD는 전략적 목적으로 사용될 수 있다. 전술무기가 전장 내의 목표를 파괴하거나 근접작전을 수행, 지원하는 무기체계인 데 반하여 WMD는 장거리의 대규모 표적이나 핵심 타겟을 타격할 수 있는 전략무기로서의 의미가 있다. 넷째, WMD는 상대적으로 획득비용이 저렴하다. 대략 1㎢ 안에 있는 사람을 살상하는 데 필요한 평균 비용은 재래식 무기의 획득비용을 100이라고 하면 핵무기는 50~60 정도이고, 화학무기는 10~20 정도에 불과하다. <표 1-2>는 WMD의 위력을 비교한 것이다.

---

12) WMD를 대량살상무기 또는 대량파괴무기라고도 하는데 핵무기, 생물무기, 화학무기는 모두 살상력이 있지만 파괴력은 핵무기만 갖고 있으므로 대량살상무기로 통일한다.

13) 핵연료주기(Nuclear Fuel Cycle)는 우라늄 광석을 채광하여 원자로에 사용할 수 있는 핵연료를 만드는 과정과 원자로에서 연소되고 난 핵연료를 처리하여 사용가치가 있는 핵물질은 재활용하고 사용가치가 없는 폐기물은 생태계로부터 안전하게 격리시키는 일련의 과정을 말한다. 한국원자력연구소, 『핵비확산 핸드북』(2003년 7월), p. 7.

표 1-2 WMD (핵·생물·화학무기)의 위력 비교

구분	핵무기	생물무기	화학무기
파급효과[주1]	190~260㎢	88,000㎢	260㎢
살상피해	98% 사상	25~75% 발병	30% 사상
시설파괴	대규모	없음	없음
사용비밀	없다	크다	약간
검출확인	간단	복잡 지연	복잡
생산비[주2]	800달러	1달러	600달러

출처: 국방부, 『대량살상무기에 대한 이해』 (2007), p. 119.

주: 1. B-52 폭격기 1대 적재량(5톤) 기준 (탄저균, 사린가스, 원자폭탄 20kt).

　　2. 도시지역 1㎢ 인원살상 비용(1999년 유엔 전문가 보고서).

1. 핵무기

핵무기(nuclear weapons)는 인류와 문명의 생존에 가장 커다란 위협이며, 지구상에서 가장 위험한 무기이다. WMD 중에서 핵무기의 살상력은 가장 치명적이고 파괴력 또한 가공할 만큼 엄청나다.[14] 단 1개의 핵무기로 도시 전체를 파괴할 수 있고 수백만의 인명을 살상하며 장기적인 대재앙 효과로 인하여 자연환경과 미래세대의 생명을 위험에 빠뜨릴 수 있다. 그런데 이 같은 핵무기의 가공할 위험은 바로 그의 존재에서 발생한다. 현재까지 핵무기가 1945년 일본 히로시마와 나가사키에 두 번 사용되었지만, 오늘날 약 13,000여 개의 핵무기가 남아 있고 지금까지 실시된 핵실험은 2천 회가 넘는 것으로 알려졌다.[15]

핵무기(원자폭탄)는 원자핵의 분열반응으로 발생하는 방대한 에너지를 인명

---

14) 단 1개의 원폭으로 일본 히로시마는 도시의 2/3가 파괴되었으며 즉각적인 사망자는 68,000명, 부상자는 76,000명에 달했다. 나가사키는 사망 8,000명, 부상 21,000명이었으나 그 후 1950년까지 원폭 관련 추가 사망자는 히로시마 200,000명, 나가사키 140,000명에 달했다. Randall Forsberg et al, "Nonproliferation Primer: Preventing the Spread of Nuclear, Chemical and Biological Weapons" (MIT Press, 1999), p. 36.

15) <http://www.un.org/disarmament/WMD/Nuclear/index.html>.

살상과 시설파괴에 사용하는 무기이다. 원자폭탄은 핵분열성물질, 즉 최소 25kg의 고농축우라늄(HEU) 또는 8kg의 플루토늄(Pu-239)의 원자핵으로 구성되며 기폭장치(explosive device)로 둘러싸여 있다. 원자폭탄은 기폭장치가 폭파하면 원자핵이 분열하고 핵분열성물질은 즉시 핵분열에 필요한 임계질량[16] 상태로 전환되며, 그 전환 시점에서 적절히 중성자가 투입되어 짧은 시간에 폭발적으로 핵분열 연쇄반응을 일으키면서 막대한 양의 에너지를 방출한다.[17]

핵무기를 개발하기 위해서는 충분한 양의 핵분열성물질의 확보와 기폭장치의 개발이 필수적이다. 플루토늄이나 우라늄은 자연 상태에서는 핵분열 형태로 존재하지 않고 U-238로부터 가공될 수 있을 뿐이다. 자연 상태의 U-238에서 핵분열 연쇄반응을 일으키는 U-235의 비율은 약 0.7%에 불과하므로 U-238에서 90% 이상의 핵무기급 우라늄을 얻으려면 농축과정을 통하여 U-235의 함량을 높여야 한다. U-235의 핵탄두 제조에는 최소한 93%의 고농축우라늄을 가공하기 위한 특유의 장비와 기술이 필요하다. 우라늄-235의 대체재가 플루토늄(Pu-239)이다. U-238이 원자로에서 중성자를 흡수하여 방사성 붕괴를 하면 플루토늄으로 변한다. 확산문제는 발전용 원자로를 비롯하여 우라늄을 연료로 사용하는 모든 핵 원자로가 플루토늄을 생산한다는 사실이다. 그래서 재처리를 포함한 평화적 핵 연료주기[18]를 가진 국가는 유의량 (significant quantity)[19]의 플루토늄을 획득하게 된다.[20]

---

16) 임계질량(critical mass)은 임계상태의 유지에 필요한 최소의 핵물질 질량을 말한다.
17) 1 gram의 우라늄 235가 완전 핵분열하였을 때 방출되는 에너지는 석유 9드럼 또는 석탄 3톤이 연소하여 나오는 에너지와 같다. 한국원자력연구소, 전게서, p. 3.
18) 우라늄이 광석으로 채굴되어 정련 → 변환 → 농축 → 가공단계를 거쳐 원자로에서 사용된 후 재처리·재활용 및 고준위 폐기물로 영구 처분되기까지의 전 과정을 말한다. 여기서 정련 (milling)은 우라늄 원광으로부터 우라늄 성분을 분리하여 우라늄 정광(yellow cake)을 만드는 작업이다. 변환(conversion)은 우라늄 정광을 재차 정제하여 핵 연료급의 순도를 갖는 우라늄을 만든 후 이를 다시 우라늄 농축을 위해 농축에 적합한 형태인 6불화(UF6) 우라늄으로 만드는 공정이다. 농축(enrichment)은 핵연료로 직접 쓸 수 없는 U-238(99.28%)인 천연우라늄을 핵연료로 사용하기 위하여 핵분열물질인 U-235의 비율(0.72%)을 높이는 작업이다. 핵연료 가공(fuel fabrication)은 이산화 우라늄 분말을 압착 및 소결하여 펠릿(pallet) 형태로 만든 후 이를 피복관에 넣어 연료봉을 제조하고 연료봉을 조립하여 원자로에 장전할 수 있는 연료집합체를 제조하는 공정을 말한다. 그리고 재처리는 사용 후 핵연료에 남아 있는 유효성분(주로 플루토늄·우라늄)을 화학적으로 추출하는 작업을 말한다. 국방부, 『대량살상무기(WMD) 문답백과』(2004), pp. 15-16.
19) 국제원자력기구(IAEA)가 정의한 핵무기 제조에 필요한 핵분열성 물질의 양으로 핵무기용 물

핵무기는 제2차 세계대전 중 미국에 의해 세계 최초로 개발되었다. 미국은 1942년 원자폭탄 개발 프로그램(Manhattan Project)에 착수하여 3년 뒤인 1945년 7월 원자폭탄을 성공적으로 폭발시켰다. 미국에 이어 당시 소련, 즉 러시아(1949), 영국(1952), 프랑스(1960), 중국(1967), 인도(1974), 파키스탄(1998)의 순으로 각각 핵실험에 성공하였으며, 북한은 2006년부터 2017년까지의 기간 중 총 6회의 핵실험을 거쳐 핵무기 개발 및 제조에 성공하였다.

1945년 이후 계속된 핵무기 확산의 결과 현재 공식, 비공식적으로 세계 9개국이 핵무기를 보유하고 있다.[21] 더욱이 일부 국가는 핵 개발 추진을 의심받고 있고 테러단체들은 핵무기 획득을 노리고 있다. 이처럼 핵무기의 보유와 확산은 국제평화와 안보에 심각하고 중대한 위협을 초래한다.

표 1-3 세계 핵탄두 보유 현황(2021년 1월 기준)

No.	국가	최초 핵실험	배치 탄두	기타 탄두(주)	합계
1	미 국	1945. 7	1,800	3,750	5,550
2	러시아	1949. 8	1,625	4,630	6,255
3	프랑스	1960. 2	280	10	290
4	중 국	1964. 10	-	350	350
5	영 국	1952. 10	120	105	225
6	이스라엘	-	-	90	90

질의 가공과정에서 발생하는 손실을 포함한 양이다. 함형필, 『김정일체제의 핵전략 딜레마』 (한국국방연구원, 2009), p. 20.

20) Barry Kellman, "Bridling the International Trade of Catastrophic Weaponry," *American University Law Review*, Vol. 43, Issue 3 (Spring 1994), pp. 759-760.

21) 일본과 독일은 제2차 세계대전 중 핵무기 프로그램이 있었으나 제2차 세계대전 말 중단하기 전까지 핵 개발에 성공하지 못하였다. 아르헨티나, 브라질, 이라크, 한국, 스웨덴, 대만은 핵 프로그램 그리고 남아공은 제조한 핵탄두를 각각 포기하고 NPT에 가입하였으며 우크라이나, 카자흐스탄과 벨라루스는 구소련 붕괴로 보유 중인 핵무기를 러시아에 반납하고 NPT에 가입하였다. 리비아는 서방의 압력에 굴복하여 비밀 핵무기 프로그램을 포기했다. 시리아도 북한의 지원 아래 비밀리에 핵 원자로를 건설하고 있었으나 2007년 이스라엘 폭격기의 공습으로 파괴되었다. Mary B. Nikitin et al, "Proliferation Control Regime: Background and Status," *CRS Report for Congress RL31559* (October 25, 2012), p. 8.

7	인 도	1974. 4	–	156	156
8	파키스탄	1998. 5	–	165	165
9	북 한	2006. 10	–	40~50	40~50
총계			**3,825**	**9,255**	**13,080**

출처: 스톡홀름국제평화연구소(SIPRI), *SIPRI Yearbook 2020, Summary*, p. 17.
주: 기타 탄두는 보관 중인 작전용 탄두와 폐기 대기 중인 퇴역 탄두 포함.

2. 화학무기

화학무기(chemical weapons)는 일반적으로 신경작용제로서 가장 제조하기 쉬운 WMD에 속한다. 대부분의 독소(toxin)는 피부를 침투하지 않고 바람에 분산되지 않지만 신경작용제와 밀접한 관련이 있는 독소는 살아있는 미생물에 의해 생성되는 무생물의 독성화학물질(화학작용제)로서 목적과 효과 측면에서 화학무기 작용제와 사실상 동일하다. 대표적인 신경작용제에는 사린(sarin), 타분(tabun), VX 등이 있으며 여기에 노출되면 동공축소, 콧물과 침 흘림, 근육경련, 호흡곤란 등이 발생하며 심한 경우 사망에 이를 수 있다. 이때 의료조치가 가능하지만 심하게 노출된 경우에는 즉각적인 조치가 이루어져야 한다. 독성화학물질은 사람이나 동물의 생체작용에 화학적인 영향을 미침으로써 사망, 일시적 마비 또는 영구적 상해를 유발한다.[22] 화학무기는 비교적 적은 비용으로 공포를 유발하기 때문에 貧者의 원자폭탄(poor man's atomic bomb)이라는 별명이 있는데 이는 중요한 기술적, 군사적인 특징을 무시한 것이다.

특히 VX는 V(venom) 계열 중 가장 독성이 강하다. VX는 포탄 또는 미사일에 실려 에어로졸(aerosol)의 형태로 퍼진다. 10mg이 치사량이며, 10kg 정도의 양이면 100만 명을 살해할 수 있다. 2017년 2월 북한이 말레이시아 쿠알라룸푸르 공항에서 김정은의 이복형인 김정남의 암살에 사용한 것이 바로 VX이다. 그리고 VX보다 100배 강한 독이 보톡스 1급 화학무기이다. 화학무기금지협약(CWC)에 가입하지 않은 북한은 현재 VX를 포함하여 세계에서 3번째로 많은 3,000~5,000톤의 화학무기를 보유하고 있는 것으로 알려졌다.

---

22) Barry Kellman, *supra* note 20, p. 762.

화학무기는 핵무기와는 대조적으로 제1차 세계대전 등 전투에 사용된 광범위한 역사를 갖고 있다. 그러한 쓰라린 경험에도 불구하고 이라크가 쿠르드족(Kurd)에게 사용하였으며 1980~88년 이란-이라크 전쟁 시에도 사용하였다. 1995년 일본 옴진리교는 도쿄지하철에서 신경계통을 마비시키는 무색, 무취의 사린가스를 살포하여 17명이 죽고 5,500명 이상의 환자가 병원에 실려 갔다. 가장 최근에는 2013년 시리아 내전 때 사용되었다. 화학무기의 두 번째 특징은 핵무기와 달리, 파괴력이 거의 무시할 만한 수준이어서 견고한 군사시설이나 공급기지를 완전히 파괴하지 못한다는 것이다. 실제로 화학무기의 중요한 군사적 유용성은 도로 및 건물과 같은 인프라를 해치지 않고 무방비의 적군을 전멸시키는 것에 있다. 따라서 군사적 목적이 인근의 반란군을 진압하는 것일 경우 화학무기는 핵무기에 비해 뛰어난 우위를 갖는다.[23]

3. 생물무기

생물무기 작용제(agents)는 공격대상을 감염시키는 살아있는 유기체로 인간 또는 동식물을 살상, 고사, 질병, 무능화 또는 영구적 상해를 초래한다. 생물작용제에는 병원성 미생물(micro-organism)과 독소(toxins)가 있다. 미생물은 호흡기 등으로 침입한 후 번식과 일정 기간의 잠복을 거쳐 감염을 일으켜 결국 질병을 양성화한다. 독소는 동식물이나 병원균의 물질대사 과정에서 추출한 물질로 인공적으로 대량생산이 가능한 유독성 생화학물질이다.

이러한 독소는 화학무기 작용제와 비슷한 증상을 야기하지만 효과는 더 치명적인 것으로 알려져 있다.[24] 생물무기 중 살아있는 유기체로서 인체에 피해를 주는 미생물은 곰팡이(fungi), 세균, 리케차(rickettsia), 바이러스 등이다. 현재 잘 알려진 미생물 계열의 생물무기는 탄저균(anthrax)·페스트·콜레라 등 7종의 세균과 티푸스균 등 7종의 리케차, 그리고 뇌염·황열병 등을 유발하는 14종의 바이러스가 있다.[25]

---

23) *Ibid*, pp. 762-763.
24) 국방부, 『대량살상무기에 대한 이해』 (국방부, 2007), pp. 143-145; 전략물자관리원, 『호주그룹』(2007. 5) 참조.
25) 생물무기에 관한 자세한 내용은 배우철, 『생물학무기』 (살림출판사, 2005), pp. 14-41 참조.

생물무기의 군사적 유용성은 화학무기와 같이 인프라를 파괴하지 않고 대량살상을 유발할 수 있다는 점이다. 그러나 생물무기는 반응이 느리고 신뢰할 수 없고 무차별적이며 효과를 예측할 수 없다. 아울러 공격자에게 역효과를 낼 수 있고 적군보다는 인근의 민간인에게 더욱 심한 피해를 초래할 수 있다. 생물무기는 여전히 소규모, 비밀 테러 무기로서 이점이 있다. 또 주변 시설의 손상 없이 사람만을 표적으로 공격이 가능하며 사용한 증거를 찾기가 쉽지 않다.[26]

한편 테러집단들은 이미 생물무기 사용을 시도한 바 있다. 일본 종교집단인 옴진리교는 1990년대 중반 보틀리늄 독소와 탄저균(anthrax)을 무기화하려다 실패한 적이 있다. 9.11 테러 후 미국에서 탄저균이 들어있는 일련의 편지들이 몇몇 언론사에 배달되었으며, 이로 인해 2명의 상원의원이 사망하고 17명이 부상을 당했다. 테러리스트들은 비교적 비용이 적게 들고, 운반이 간편하다는 이점을 이용하여 심리적인 충격을 가하기 위해 생물무기를 사용하고 있다.[27]

4. 탄도미사일

일반적으로 미사일은 자체 추진력으로 탄두(warhead)를 운반하는 군사 목적의 유도 비행체를 말한다. 탄도미사일(ballistic missiles)은 지구표면에서 로켓으로 발사된 후 목표지점 도달에 적합한 속도와 방향이 되었을 때 지구 중력에 따라 자유 탄도를 그리며 낙하하는 미사일을 통칭한다. 탄도미사일이 확산되는 이유는 항공기와 순항미사일(cruise missile) 등 다른 WMD 운반수단과는 달리 다음과 같은 장점이 있기 때문이다. 첫째, 탄도미사일의 비행속도가 전투기보다 훨씬 빨라 기습공격이 가능하다는 것이다. 둘째, 탄도미사일은 장거리에 별 경고도 없이 막대한 화력을 신속하게 운반한다. 셋째, 탄도미사일은 전투기와 달리 무인 비행체이므로 인명손실이 없고 전천후로 이용할 수 있으며 특히 적군의 대공방어를 잘 피할 수 있다. 넷째, 항공기는 더 큰 무게의 무기를 싣고 더 멀리 갈 수 있고 재사용도 가능하나 항공기의 기본비용은 조종사의 상실비

---

26) Barry Kellman, *supra* note 20, pp. 763－764.
27) <https://www.nti.org/learn/biological/>.

용을 제외하더라도 탄도미사일 예상비용의 최소 20배가 넘는다. 다섯째, 핵탄두를 탑재한 탄도미사일은 더욱 두렵다. 핵탄두는 엄청난 폭발력을 지니기 때문에 민간 목표물을 파괴하는데 있어서 탄도미사일은 특별히 정확할 필요가 없다. 화학무기를 장착한 미사일도 민간 목표물을 황폐시킬 수 있다.[28]

국가가 탄도미사일로 심각한 위협을 가하기 위해서는 3가지 기술적 능력, 즉 추진시스템, 증속장치(booster), 재진입 탄두체를 포함한 미사일 설계 및 유도 및 통제체계를 갖추어야 한다. 다시 말해 탄도미사일은 우주의 특정 지점에 정확히 위치해야 하고, 특정 궤도에 진입하기 위해 각도가 정밀해야 하며, 정확한 속도로 비행해야 한다. 이러한 변수에서 사소한 실수라도 발생하면 정확성이 크게 저하될 수 있다. 실제로 미사일은 다양한 사거리에서 다른 목표물을 타격하려면 속도나 궤도진입 각도를 변화시킬 수 있어야 한다. 이러한 이유로 명백한 군사적 목적을 위하여 미사일을 개발하는 거의 모든 개도국은 선진국으로부터 항법 시스템을 수입하거나 재래식 항공기에 사용되는 관성항법장치를 미사일 용도로 전환하여 왔다.[29] 순항미사일의 확산에 대한 우려도 커지고 있다. 순항미사일은 탄도미사일에 비해 제조가 훨씬 간단하며, 항공기 항법장치를 순항미사일(cruise missile)에 적용하는 것은 탄도미사일 유도장치로의 전환보다 훨씬 쉽다. 가장 큰 어려움은 무인 미사일을 유도하는 것이다. 순항미사일 유도장치는 현재 위성항법장치(GPS)를 사용하여 정확성을 현저하게 높일 수 있다.[30]

II. WMD와 미사일 확산 동향

세계의 무기는 냉전 시대 동서 진영 간 치열한 군비경쟁의 결과 1960~70년대와 1980년대 초 나토국가들과 바르샤바조약 국가들이 수만 개의 WMD를 생산함에 따라 그 수효가 절정에 달했다. 그 후 막대한 양의 WMD를 보유하고 있던 미국과 소련이 냉전 종식 전 핵무기를 감축하고 대부분의 화학무기와 생

---

28) Barry Kellman, *supra* note 20, pp. 764-765.
29) *Ibid*, pp. 765-766.
30) *Ibid*, p. 766.

물무기를 폐기한 결과 WMD의 절대적인 수량은 상당히 줄었다. 세계적인 열핵전쟁의 위협이 수그러들자 다른 국가 또는 단체에 의한 WMD 획득이 매우 심각한 위협으로 등장하였다. 예를 들면 1992년 1월 유엔 안보리는 WMD의 확산이 국제평화와 안보에 대한 위협이라고 선언하였다. 1998년 미국 국방부 정보기관은 '연례 위협평가'에서 WMD 및 기타 핵심기술이 세계 곳곳의 미국 이익에 가장 큰 직접적인 위협으로 존재한다고 결론지었다. 나아가 2001년 초 부시 대통령은 핵무기, 화학무기와 생물무기가 초래하는 중대한 위협은 냉전과 함께 사라지지 않았다고 선언하였다.[31]

세계 주요국이 독자적인 감축 또는 군비통제를 통하여 비축량을 감축함에 따라 WMD의 총량은 줄고 있지만 확산우려국(states of proliferation concern)들과 테러집단들은 여전히 WMD의 획득을 시도하고 있다. 현재 핵무기를 보유하고 있는 국가는 총 9개국으로 공식 인정된 5개국(미국, 러시아, 영국, 프랑스, 중국) 외에 이스라엘, 인도, 파키스탄, 북한이 사실상 핵무기를 보유하고 있다. 이스라엘은 1960년대 말 핵무기 제조를 시작하여 현재 75~200개의 핵무기를 보유 중이며, 인도는 1974년, 파키스탄은 1998년에 핵실험을 실시하고 핵보유국임을 선언하였다.[32] 북한은 최소 2~8개의 핵무기를 생산할 수 있는 플루토늄을 비밀리에 생산하였으며, 그간 총 6차례의 핵실험에 성공하여 현재 40~50기의 핵무기를 보유하고 있는 것으로 알려졌다.

현재 핵무기 보유국은 1960년 초 케네디 대통령이 1970년대에는 핵무기 보유국 수가 20~25개국에 달할 것으로 전망했던 것보다는 상당히 적은 수효이다. 그러나 과거 20년 동안 아르헨티나와 브라질이 핵 개발을 포기하였고 우크라이나, 벨라루시, 카자흐스탄은 구소련 해체 당시 수천 개의 핵무기를 포기했고 남아공은 6개의 핵무기를 폐기하였으며, 이라크와 리비아의 핵 개발 포기, 이란의 핵 개발 추진 움직임 등을 감안할 필요가 있다.[33]

미사일은 제2차 세계대전 당시 독일이 V-1(순항미사일)과 V-2(탄도미사일)를 개발한 후 미국, 소련, 영국 등의 전략적 미사일 프로그램과 더불어 확산되

---

31) Joseph Cirincione et al, *supra* note 2, p. 2.

32) Paul K. Kerr et al, "Nuclear, Biological, and Chemical Weapons and Missiles: Status and Trends," *CRS Report for Congress RL30699* (February 20, 2008), p. 10.

33) Mary B. Nikitin et al, *supra* note 21, p. 10; Joseph Cirincione et al, *supra* note 2, pp. 5-9.

기 시작했다. 1980년대까지 서방과 공산권 강대국들은 각각 북대서양조약기구
(North Atlantic Treaty Organization: NATO)와 바르샤바조약기구(Warsaw Treaty
Organization) 회원국에게 미사일과 관련 기술을 제공하였다.

[그림 1−1]에서 보는 바와 같이 소련은 1950년대에 중국에 관련 기술을
이전하였고 1970년대에는 중동지역에까지 미사일을 공급하였다. 이스라엘은
프랑스의 지원을 받아 미사일 시스템을 개발하였으며 1970년대에는 미국의 군
사원조로 랜스미사일(Lance missile)을 도입한 바 있다. 1980년대에는 중국이 파
키스탄과 이란 등 8개국에 미사일을 공급하였으며 이스라엘도 남아공과 대만
등에 미사일 기술을 수출하였다. 1980년대 후반에는 북한이 소련으로부터 제공
받은 미사일을 역설계(reverse engineering)하여 독자 개발한 미사일을 파키스탄,
이란, 리비아, 시리아와 예멘 등에 공급하기 시작했고 2000년대 이후에는 기존
미사일의 성능을 개량한 노동미사일과 대포동 미사일을 개발하여 미사일의 수
직적 확산 및 수평적 확산을 주도하고 있다.[34]

구체적으로 북한은 1980년대 이란−이라크 전쟁 중에 수백 대의 스커드−B
단거리 탄도미사일(SRBM)과 생산라인을 이란에 수출하였다. 1980년대 말 이후
이란과 파키스탄은 북한의 준중거리 노동 탄도미사일(MRBM) 개발 프로그램에
참여하여 파키스탄은 가우리(Ghauri) 그리고 이란은 샤하브(Shahab−3) 미사일
을 개발하였다. 2005년 북한은 무수단 탄도미사일(BM−25)과 부품을 이란에 수
출하였고, 시리아에도 미사일 기술을 이전하였으며 미얀마와는 미사일 개발에
협력하고 있다. 그뿐 아니라 북한은 최근 수년간 탄도미사일을 고도화하기 위
해 시험 발사를 가속하고 있다. 그간 중장거리탄도미사일(IRBM) 무수단
BM−25(화성−10) 6회 시험 발사와 함께 2017년 7월에는 미국 본토에 다다를
수 있는 대륙간탄도미사일(ICBM) KN−08(화성−13)과 화성−14를 각각 2회, 화
성−15를 1회 시험 발사에 이어 최근에는 잠수함발사탄도미사일(SLBM)도 시험
발사에 성공하여 SLBM 개발이 상당 부분 진척된 것으로 보인다.

---

34) 류광철 외, 전게서, pp. 211−212; 개도국에 의한 미사일의 개발, 획득 및 확산에 관해서는
   Jack H. McCall Jr, "The Inexorable Advance of Technology: American and International
   Efforts to Curb Missile Proliferation," *Jurimetrics Journal*, Vol. 32, No. 3 (Spring 1992),
   pp. 387−430 참조.

그림 1-1	탄도미사일 기술 확산 네트워크

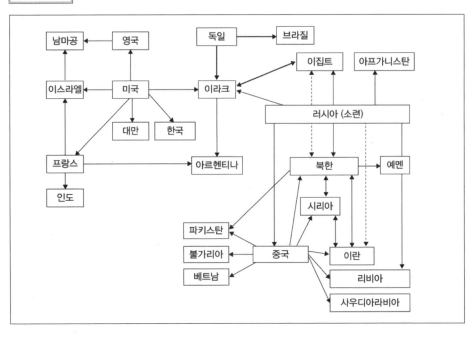

표 1-4	세계 탄도미사일 보유국 현황

1. 단거리 탄도미사일(SRBM: 사정거리 1,000km 미만) 보유국(20개국)		
독일, 프랑스, 러시아, 중국, 미국	인도, 파키스탄, 이스라엘, 이란, 터키, 한국, 대만	북한, 예멘, 이라크, 알제리, 이집트, 시리아, 베트남, 카자흐스탄
2. 준중거리 탄도미사일(MRBM: 사정거리 1,000~3,000km 미만) 보유국(13개국)		
중국, 미국, 프랑스, 영국, 러시아	인도, 파키스탄, 이란, 터키, 이스라엘	북한, 사우디아라비아, 리비아
3. 중거리 탄도미사일(IRBM: 사정거리 3,000~5,500km 미만) 보유국(4개국)		
중국	북한, 인도, 파키스탄	
4. 장거리 대륙간탄도미사일(ICBM: 사정거리 5,500km 이상) 보유국(6개국)		

중국, 프랑스	러시아	영국, 미국, 북한
5. 잠수함발사탄도미사일(SLBM: Submarine Launch Ballistic Missile) 보유국(7개국)		
미국, 러시아, 중국, 영국, 프랑스, 인도, 한국		

출처: 필자 조사 정리.

미국과 러시아는 중거리 미사일을 폐기하고 대륙간탄도미사일(ICBM)의 비축량을 줄이고 있다. 그러나 중국은 아직 미국과 러시아의 규모와 수준에는 미치지 못하지만 핵미사일 전력을 현대화하고 있으며 화학무기를 보유하고 있고 아마도 생물무기도 비축하고 있다. 나아가 중국은 이란, 파키스탄, 북한과 시리아에 미사일 기술을 제공하고 있으며 대만에 대하여는 위협적인 자세를 취하고 있다.[35]

북한, 이란, 이스라엘, 인도와 파키스탄은 단·중거리 미사일을 생산하는가 하면 장거리 미사일을 개발하고 있다. 수십여 국가들이 단거리 탄도미사일을 보유하거나 개발하고 있으며 그 이상의 많은 국가가 이를 구매하고 있다. 약 80개국 이상이 순항미사일을 갖고 있고 약 40개국 이상이 이를 제조하거나 제조능력이 있는 것으로 추정되고 있다. 그뿐 아니라 헤즈볼라, 하마스, 후티스(Houthis) 등 테러단체들도 미사일 생산능력이 있거나 이를 추구하고 있다.[36]

현재 세계에서 16개국(중국, 러시아, 쿠바, 북한, 리비아, 이란, 이라크, 시리아, 남아공, 캐나다, 독일, 프랑스, 이스라엘, 일본, 영국, 미국)과 대만이 생물무기 프로그램을 운용했거나 운용하고 있는 것으로 의심되고 있다. 그리고 세계 20여 국가들이 화학무기를 비축하고 있거나 개발 프로그램이 있으며 신기술 개발과 정보, 물자 및 전문지식의 국제적 교류가 지속됨에 따라 WMD 확산국은 더 늘어날 수 있다.

테러단체와 테러리스트들도 WMD와 미사일을 확보하려는 노력을 멈추지 않고 있다. 북한, 러시아, 중국, 인도, 파키스탄 및 여타 국가들은 무기 관련 기술의 수출을 계속하고 있다. 제2차적 확산시장의 성장 잠재력이 증대되고 있고 파키스탄의 핵 과학자인 칸 박사와 같은 개인의 핵기술 밀매 능력이 상당히 강

---

35) Paul K. Kerr et al, *supra* note 32, p. 23.
36) <https://www.nti.org/learn/delivery-systems/>.

해졌다. 외교, 군비통제 조약, 비확산체제 및 안보전략이 효과적일 경우 WMD 를 획득하거나 생산하려는 국가 또는 단체의 수가 줄어들 수 있다.

그럼에도 불구하고 WMD와 미사일은 여전히 잠재적 위협으로 상존한다. 그러나 대부분의 전문가들은 비확산 정책만으로는 국가들의 WMD 프로그램을 중지시키기에 충분하지 않지만 WMD가 그들의 국익에 도움이 되지 않는다고 설득될 때까지는 그러한 조치들이 WMD 확산을 늦추게 하는 효과가 있다는 사실에는 동의하고 있다.[37] <표 1-5>는 WMD 프로그램과 미사일 능력이 있거나 있었을 것으로 추정되는 국가들의 무기 연구개발, 무기부품 획득, 실제 비축단계를 구분하여 나타낸 것이다.

표 1-5   WMD 및 미사일 확산 동향

국가	핵무기	생물무기	화학무기	탄도미사일	순항미사일
알제리	—	R&D	의혹	SRBM	대함(對艦)
중 국	NWS	가능성	의혹	ICBM	대함 생산
쿠 바	—	—	—	—	대함
이집트	종료	R&D	가능성	SRBM	대함
프랑스	NWS	종료	종료	SLBM	생산(다양)
인 도	비축	—	과거 보유	MRBM	생산(다양)
인도네시아	—	—	과거 추진	—	대함
이 란	추진	가능성	과거 보유	MRBM	대함 생산
이라크	종료	종료	종료	SRBM	생산(다양)
이스라엘	비축	R&D 가능성	가능성	MRBM	생산(다양)
카자흐스탄	종료 (소련)	—	의혹	SRBM	—
리비아	종료	—	종료	MRBM	대함

37) Paul K. Kerr et al, *supra* note 32, pp. 5-6; Government Accountability Office, *Nonproliferation: U.S. Efforts to Combat Nuclear Networks Need Better Data on Proliferation Risks and Program Results* (October 2007), p. 6.

북한	비축 가능성	가능성	알려짐	IRBM	대함 생산
파키스탄	비축	—	가능성	MRBM	대함
러시아	NWS	의혹	알려짐	ICBM	생산(다양)
사우디	—	—	의혹	MRBM	대함
남아공	종료	종료	의혹	종료	대함 생산
시리아	—	모색	알려짐	SRBM	대함
대만	종료	—	가능성	SRBM	생산(다양)
영국	NWS	종료	종료	SLBM	다양
미국	NWS	종료	알려짐	ICBM	생산(다양)
베트남	—	—	가능성	SRBM	대함

출처: Paul K. Kerr et al, "Nuclear, Biological, and Chemical Weapons and Missiles: Status and Trends," *CRS Report for Congress RL30699* (February 20, 2008), p. 20.
주: SRBM=단거리 탄도미사일(~1,000km); MRBM=준중거리 탄도미사일(1,001-3,000km); IRBM=중거리 탄도미사일(3,001-5,500km미만); ICBM=장거리탄도미사일(5,500km~); SLBM=잠수함발사탄도미사일.

Ⅲ. 범세계적 핵확산 사례

1. 개요

파키스탄의 핵물리학자 A. Q. Khan 박사의 '핵 밀매 네트워크(이하 칸 네트워크)'가 가동 2년 만에 공개되었다. 칸은 1976년 이후 서방과의 일련의 접촉과 비밀 핵 관련 밀매 활동을 토대로 구축되었다. 칸은 칸 연구소(Khan Research Laboratories)를 운영하면서 핵 관련 부품과 핵물질로 농축우라늄과 핵무기를 제조하였다. 1987년까지는 대내 네트워크(Incoming Network)를 통해 유럽 내 협력자들로부터 조달한 핵 관련 부품과 남아공 등으로부터 핵물질을 획득하여 파키스탄의 핵무기 개발에 필요한 농축우라늄 생산에 성공하였다.

1998년 파키스탄의 핵실험 성공 이후 칸 네트워크(The A. Q. Khan Network)는 세계 각국의 핵 프로그램 지원을 위한 대외 네트워크(Outgoing Network)의 기반을 조성하고 본격적으로 이란, 북한, 리비아 등으로 핵 관련 기술 및 장비를 확산시켰다. 두바이(Dubai)에 거점을 마련하고 독일·스위스·싱가포르·일본·한국 등 세계 75개 납품회사로 이루어진 영업조직을 운영하는 한편 말레이시아에서 원심분리기 생산 공장을 운영하였다.[38]

칸 네트워크의 초기에는 파키스탄 수도 이슬라마바드를 중심으로 오스트리아, 독일, 네덜란드, 스위스, 영국, 터키 등 유럽 내의 칸 협력자들을 통해 서유럽의 부품 생산업체들로 네트워크를 확대하였다. 그러다가 대외 네트워크의 규모가 커짐에 따라 두바이가 칸 네트워크의 금융 및 관리기관의 중심이 되었다. 두바이에서 돈세탁(money laundering)하고, 영국과 스위스에서는 핵 관련 물품을 중개하였으며, 지중해의 항구 등지에서는 선박을 매입하였다. 유럽의 칸 네트워크가 형성되고 유지되기 전에 터키에서 칸 네트워크가 확장되었으며 남아공과 터키는 미국으로부터 조달한 품목들의 중간 경유지 역할을 담당하였다. 한국·일본·싱가포르의 업체들도 첨단기술제품을 공급하였으며 이들 업체 중 일부는 거래상대방의 최종사용자, 사용용도 및 최종목적지를 인식하지 못하고 있었다.[39]

1990년대 이후 핵 개발에 수억 달러를 쏟아부은 리비아는 2003년 12월 카다피가 리비아의 비밀 핵 프로그램을 공개한 후 IAEA의 사찰결과 핵 관련 장비가 칸 네트워크를 통해 리비아로 이전된 사실을 확인하였다. [그림 1-2]에서 보는 바와 같이 리비아의 핵 시설에서 발견된 원심분리기 장치에서 스위스·말레이시아·터키·파키스탄·남아공·싱가포르·한국·아랍에미리트(UAE) 등 총 8개국의 11개사로부터 공급받은 진공펌프, 마레이징강, 파이프와 밸브 등의 부품들이 발견되었고 해당 업체들은 자사의 부품이 리비아로 반입된 사실조차 인지하지 못하였다.

파키스탄 공급 네트워크의 첫 번째 프로젝트는 1980년대 중반에 시작하여 1994-95년에 완성되었다. 칸은 두바이에 소재한 자신의 SMB그룹을 통하여 이란으로부터 3백만 달러의 현찰을 받고 원심분리기를 판매하였다. 이라크에는

---

38) WMD Insight, "Special Report: The A. Q. Khan Network: Crime...And Punishment?" March 2006 Issue.
39) *Ibid.*

제1차 걸프전 전에 5백만 달러어치의 핵무기 설계도면과 원심분리기 기술을 제공하였다. 그리고 리비아는 군사적 목적의 우라늄 농축시설을 조달하기 위해 1997년부터 칸 네트워크를 접촉하여 2001년 이후 칸 네트워크로부터 육불화우라늄(UF6) 1.7톤, 완성품 또는 조립용 부품 형태의 P−1 원심분리기 200대, P−2 원심분리기 2대 및 P−2 원심분리기 구성품 수천 개를 구매하였으며 그 금액은 수억 달러에 달했다. 그뿐만 아니라 원심분리기 구성품 조립공장 건설과 핵무기 도면을 공급받았다.

칸 네트워크와 북한의 접촉은 1980년대 말 파키스탄과 북한의 공식적인 관계의 틀에서 시작되었다. 칸의 주선으로 1993년 12월 부토 수상이 북한을 방문한 이후 북한이 파키스탄에 노동미사일 기술을 이전함으로써 양국 간의 협력이 구체화되었다. 파키스탄은 수십 개의 노동미사일 조립 완성품과 최소한 한 개의 발사체를 구매한 것 외에도 노하우, 기술 및 조립공장 설계도를 북한으로부터 이전받았다. 파키스탄은 북한의 지원으로 1998년 4월 가우리(Ghauri) 미사일을 처음 시험 발사하였고, 파키스탄은 최소 30억 달러의 대가에 대한 반대급부로 칸 네트워크를 통해 1997년부터 핵 설계도면뿐만 아니라 UF6와 우라늄 농축시설을 북한에 직접 공급하기 시작하였다.[40]

한편 칸 네트워크에 가담한 총 8개국이 넘는 국가 출신 22명(기업 2개사 포함)이 처벌받았는데, 2006년 3월 기준으로 가장 무거운 처벌은 터키 법원이 부과한 징역 20년이었다. 남아공 관련 업체는 징역 18년에 280만 유로(약 40억원)에 상당하는 재산을 몰수당했다. 일본 미쓰도요는 벌금 4,500만엔, 3년간 수출 금지에다 회장은 징역 3년을 선고받았다. 파키스탄 정부의 비호를 받은 칸은 2004년 1월 칸 네트워크가 밝혀진 후 가택 연금되었으나 같은 해 2월 4일 공개 사과 후 대통령으로부터 사면되었다가 다시 가택 연금되었다. 그 뒤 수년 후 파키스탄 연방정부를 상대로 한 소송에서 승소하여 2009년 2월 6일 연금이 해제되었다. 당시 오바마 행정부는 칸을 가리켜 여전히 "심각한 확산 위험이 있는 인물"이라고 경고하였다. 그런데 칸은 지난 2021년 10월 10일 신종 코로나 바이러스 감염으로 입원 중 사망하였다.

---

40) Bruno Guselle, "Proliferation Networks and Financing," Strategic Research Foundation (March 3, 2007), pp. 10−11; Gordon Corera, *Shopping for Bombs* (Oxford University Press, 2006), pp. 86−90.

그림 1-2 **칸네트워크와 관련 국가 및 원심분리기 부품 공급업체**

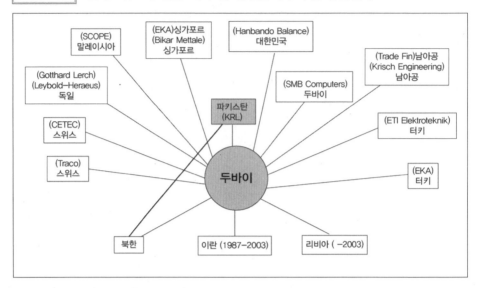

출처: Bruno Gusell, 각주 40) 참조.
주: ( )안은 관련국의 공급업체명.

2. 시사점

　　칸 네트워크는 많은 국가의 다수의 업체들이 연루되어 핵기술과 장비를 북한·리비아·이란 등 세계에 확산시킨 엄청난 사례이며, 아울러 확산국들이 민감한 핵 관련 물자 및 이중용도 기술을 획득하기 위하여 기존의 다자간 수출통제와 제도의 허점을 얼마나 교묘하게 이용하고 회피했는지가 증명된 것으로 볼 수 있다. 칸 네트워크에 의한 핵확산과 9.11 테러를 계기로 유엔 안보리 결의 1540호를 통해 WMD, 미사일과 관련 물자의 경유·환적·중개·재수출로 통제범위가 확대되고 국가 외에 테러리스트와 테러단체 등 비국가행위자에 의한 확산을 방지하는 방향으로 수출이 통제되는 등 핵 비확산체제가 강화되었다. 그러나 칸 네트워크는 주요 확산국가들이 비록 비확산체제 밖에 있을지라도 그리고 비확산 규범의 법적 구속력 유무를 불문하고 비확산조약의 당사국들과 다자간 수출통제체제의 참가국들에 의한 규범의 이행과 집행이 중요하며, 아울러 국가 간의 협력이 매우 긴요함을 시사하고 있다.

Ⅳ. 핵무기 등 WMD 비확산 성공사례

한편 상기와 같이 칸 네트워크에 의한 범세계적인 핵확산에도 불구하고 핵 시대에서 가장 두드러지게 평가절하되고 간과해 온 사실 중의 하나는 핵무기 개발을 포기한 국가들이 적지 않다는 것이다. 여기에는 구소련 국가, 즉 우크라이나, 카자흐스탄, 벨라루스와 같이 수천 개의 핵을 보유했다가 폐기한 나라, 핵 개발을 추구했으나 포기한 나라 또는 핵 개발을 검토했으나 개발하지 않기로 한 나라들이 포함되어 있다.

구소련 국가들과 남아공 등 핵무기를 포기한 국가들에 대해서는 국제 비확산체제가 이들 나라의 비핵지위 달성에 크게 한몫하였다. 아르헨티나와 브라질과 같이 한때 핵 개발을 추진했다가 포기한 국가들은 문민정부의 수립이 결정적인 요인이었지만 국제 비확산체제는 이들 국가의 획득 노력에 주목하고 획득 속도를 늦추는데 기여하였다. 리비아는 국제 비확산체제가 리비아 정부의 은밀한 핵 개발 추진을 막지는 못했으나 개발 속도는 둔화시켰다. 그리고 리비아 지도층이 정책 노선을 변경하자 비확산체제는 국제적 검증수단을 제공하고 그러한 바뀐 정책을 공고히 하였다. 이라크의 경우는 1991년 걸프전 이후 사찰과 제재가 성공적으로 이루어져 이라크로 하여금 핵 프로그램을 포기하고 재개하지 못하도록 하였다.[41]

한편 구소련 연방국의 핵무기 등 WMD의 포기와 폐기에 관하여는 미국의 '1991년 소련 핵 위협감소법(The Soviet Nuclear Threat Reduction Act of 1991, 일명 Nunn-Lugar Act)'에 근거한 '위협감소 협력(Cooperative Threat Reduction: CTR)' 프로그램에 의한 자금지원이 중요한 역할을 하였다. 즉 미국은 당시 러시아, 우크라이나, 벨라루스, 카자흐스탄이 보유하고 있던 핵무기 외에도 그루지야, 아제르바이젠, 우즈베키스탄의 생화학무기 등의 제거를 위하여 이들 구소련 국가에 대하여 4년간 매년 4억 달러씩 총 16억 달러의 원조자금과 미사일에 탑재된 핵탄두의 탈착을 위한 장비를 제공하고 핵탄두에서 나온 고농축우라늄을 구매하였으며, 그에 대한 반대급부로 이들 국가의 WMD를 폐기 및 처

---

41) Joseph Cirincione et al, *supra* note 2, p. 315

리하고 관련 인프라를 해체한 것이다.[42] 요컨대 미국의 CTR 프로그램은 1991년 동서 냉전의 평화적 해결과 당시 소련연방이 보유했던 WMD의 글로벌 확산 방지에 크게 이바지하는 결과를 가져왔다.

---

42) <https://www.britannica.com/topic/Cooperative−Threat−Reduction>. CTR 프로그램에 대한 세부 내용은 <https://media.nti.org/pdfs/NunnLugarBrochure_2012.pdf> 참조.

제2장

핵비확산체제

오늘날 핵무기 확산방지를 위한 국제사회의 노력의 결과로 핵 비확산체제가 구축되었으며 이 체제는 핵무기의 제조, 이전 및 지원 등을 금지한 핵 비확산조약(NPT)을 중심으로 핵무기금지조약(TPNW), 포괄적 핵실험금지조약(CTBT), 지역별 비핵지대(NWFZ) 조약, 조약 당사국 의무의 이행을 감시 및 검증하는 세이프가드(Safeguards)[1]와 이를 집행하는 국제기구인 국제원자력기구(IAEA) 및 핵무기의 개발과 제조에 필요한 핵물질, 시설, 장비, 기술, 자재 등의 수출을 통제하는 다자간 수출통제체제인 핵공급국그룹(NSG) 등으로 서로 맞물려 구성되어 상호 보완적 역할을 하고 있다.

제1절 핵확산방지조약(NPT)

I. 당사국의 기본의무

핵 확산방지조약(NPT)[2]은 핵 비확산체제의 중추로서 핵무기와 핵기술의 확산방지, 원자력의 평화적 이용[3]에 관한 협력 증진 및 핵 군축을 목표로 한다. NPT는 이러한 목표 아래 당사국을 핵보유국(NWS)[4]과 핵 비보유국(NNWS)으로

---

1) 국내에서는 IAEA의 세이프가드(Safeguards)를 '안전조치(일본은 보장조치, 중국은 보장감독제도)'라고 하는데 세이프가드의 본질적 내용에 비추어 적절치 않고 검증조치 또는 검증제도라 함이 타당하나 본서에서는 본질상 원문대로 '세이프가드'라고 한다.

2) 핵확산방지조약 또는 핵비확산조약은 정식 명칭인 핵무기 비확산에 관한 조약(Treaty on the Non‒Proliferation of Nuclear Weapons)이며 줄임말은 영어로 NPT(Non‒pro-liferation Treaty)로 칭한다. NPT는 1970년 3월 5일 발효하였고 1995년에 그 효력이 무기한 연장되었다. 현재 NPT 당사국은 총 191개국이다. 사실상 핵보유국인 인도, 파키스탄, 이스라엘은 NPT에 가입하지 않았고 북한은 2003년에 NPT를 탈퇴하였다. 여기서 핵 비확산은 핵무기 비확산 또는 핵무기 확산방지를 뜻하며 핵무기의 확산을 방지한다는 개념이다. 한국원자력연구소, 『핵비확산핸드북』(2003년 7월), p. 4.

3) 원자력의 평화적 용도로는 원자력 발전, 산업용(화물검색·폭발물탐지·비파괴검사·화학물질 검출·화학반응 촉진), 의료용(핵 영상 진단·방사성동위원소 치료 등), 연구용(동식물 생리연구·고고학연구) 및 농업용(식품보존·농작물 품질개량·지질 및 지하수 조사) 등을 들 수 있다. 심기보, 『원자력의 유혹』(한솜미디어, 2007), pp. 182‒201.

4) 핵보유국(Nuclear‒Weapon State: NWS)은 1967년 1월 1일 이전에 핵무기의 제조·실험에 성공한 국가로서 NPT가 핵보유국으로 인정한 미국, 러시아, 영국, 프랑스, 중국 등 5개국을

구분하여 당사국이 준수해야 할 각각의 의무와 권리 등을 규정하고 있다. 먼저 핵 비확산을 위하여 NWS는 제1조에 의거 핵무기[5] 또는 기타 핵 폭발장치[6] 또는 그 관리(control)[7]의 이전을 금지한다. 여기서 이전의 상대국은 NPT 당사국과 비당사국을 포함한 세계 모든 국가이고 핵무기는 완성품에 한정하며 부품과 관련 물자 및 설계정보는 금지대상에서 제외된다.[8] 아울러 NWS는 NNWS에게 핵무기 또는 핵 폭발장치의 제조, 획득, 관리에 대한 지원, 장려 또는 권유를 금지한다. 반면 NNWS는 제2조에 따라 직접 또는 간접적으로 핵무기 또는 기타 핵 폭발장치 또는 그 관리의 수령을 금지하며, 핵무기와 기타 핵 폭발장치의 제조 또는 획득 그리고 그 제조와 관련된 지원의 요청 또는 수령을 금지한다.

II. 수출통제 및 세이프가드

다음으로 NPT 제3조 제2항은 수출통제의 근거로서 "각 당사국은 모든 NNWS에 대하여 평화적 목적으로 수출하는 핵물질 및 관련 장비 등이 IAEA 세이프가드의 적용대상이 아닐 경우 수출을 금지함으로써 IAEA의 세이프가드

말한다. NPT Art.IX para. 3. 그에 따라 핵 비보유국(Non−Nuclear−Weapon State: NNWS)은 핵 보유 5개국을 제외한 모든 국가이다.

5) NPT는 핵무기의 정의를 규정하고 있지 않다. 남미·카리브해 비핵지대 Tlatelolco 조약은 제5조에서 핵무기를 "통제 불능의 방법으로 핵에너지를 방출하는 장치로서 전쟁목적의 사용에 적합한 일련의 특성을 갖는 모든 장치"로 정의하였다. 참고로 미국의 1954년 원자력법은 핵무기를 "원자력을 이용하는 장치로 그 주요 목적이 무기, 무기의 원형 또는 무기의 시험장치로서의 사용 또는 그의 개발에 해당하는 것을 말한다. 다만, 그 장치의 운송 또는 추진을 위한 수단은 그것이 당해 장치에서 분리와 분할이 가능한 부분인 경우는 포함하지 않는다." 라고 정의하고 있다. 黑澤 滿,『軍縮國際法の新しい視座』(有信堂, 1986), p. 43.

6) 핵 폭발장치(nuclear explosive device)는 완전한 무기화 이전 핵폭발 위력실험이나 기폭장치의 정확성을 시험하기 위한 고폭 실험 등을 위해 핵물질과 기폭장치만을 결합한 장치를 말한다. 즉 핵 폭발장치는 투발 수단과 결합되었을 때 비로서 핵무기라 불릴 수 있다. 함형필,『김정일체제의 핵전략 딜레마』(한국국방연구원, 2009), p. 12.

7) 관리란 현존의 핵보유국에 의해 동시에 행해지는 결정 없이 핵무기를 발사시킬 권리 또는 능력이다. 그러나 핵보유국이 핵무기 사용에 대한 거부권을 가지고 있는 한 관리 이전의 문제는 발생하지 않는다. 黑澤 滿, 전게서, p. 51.

8) Daniel H. Joyner, *International Law and The Proliferation of Weapons of Mass Destruction* (Oxford University Press, 2009), p. 11.

(Safeguards)를 절대적인 공급조건으로 명문화하고 있다. 이때 수출통제 대상 품목은 "원료물질9) 또는 특수핵분열성물질10) 또는 특수핵분열성물질의 처리, 사용 또는 생산을 위하여 특별히 설계 또는 제조된 설비 또는 자재"11)이다. 그런데 여기서 수출통제의 적용기준과 조건에 대해서는 제3조 제2항에서 해석되는 바와 같이 NPT 당사국은 다음 3가지 조건으로 NNWS로의 수출이 허용된다. 즉 ① 이전대상 품목이 평화적 목적으로만 사용될 것, ② 수입국은 IAEA와 세이프 가드협정을 체결하였을 것, ③ 제3국으로 재이전할 경우 재수출국은 NPT의 수출통제 기준을 적용해야 할 것 등이다. 그러나 구체적으로 어떠한 핵물질, 관련 장비 또는 자재가 수출통제 대상인지에 대해서는 자세한 규정이 없다.

NPT 당사국의 비확산 의무에 대한 이행 검증은 IAEA 세이프가드를 통해 이루어진다. NPT 제3조 1항에 따라 각 NNWS는 원자력이 평화적 이용이 아닌 핵무기 제조 등 군사적 목적으로 전용되는 것을 방지하기 위하여 IAEA의 세이프가드를 수락하고 IAEA 헌장과 세이프가드 제도(safeguards system)에 따라 IAEA와 협상하여 세이프가드협정을 체결해야 한다. 이 조항에 따른 세이프가드는 당사국의 영역 내에서, 당사국의 관할하에 또는 어디서든 당사국의 통제하에 수행되는 모든 평화적 원자력 활동의 모든 원료물질과 특수핵분열성물질에 적용된다. 그러나 핵무기 및 핵 폭발장치를 제외한 기타 군사적 목적의 원자력 활동은 세이프가드에서 제외된다. 이는 비폭발성 군사적 목적, 특히 원자력 추진 잠수함이나 항공모함에 대한 핵에너지의 이용권을 보유하려는 많은 국가의 관심을 수용하기 위한 것이다.12)

한편 원자력의 평화적 이용에 관하여 NPT는 민간 원자력 프로그램의 발전을 위해 핵 프로그램이 핵무기 개발에 사용되지 않음을 보증하는 한 NPT 당사국에 핵기술 및 핵물질의 이전을 허용한다. NPT는 주권 국가에 의한 원자력의 평화적 이용을 양도할 수 없는 권리로 인정하지만 NPT 당사국이 기본 비확산

---

9) 원료물질(source material)은 천연우라늄, 열화우라늄 및 토륨(thorium)을 말한다. The Statute of the IAEA Art. ⅩⅩ (Definitions) para. 3.

10) 플루토늄 239, 우라늄 233, 동위소 우라늄 235 또는 233의 농축우라늄 및 이들의 하나 또는 둘 이상을 함유하는 물질로서 원료물질을 제외한 것을 말한다. *Ibid*, para. 1.

11) "~ (a) source or special fissionable material, or (b) equipment or material especially designed or prepared for the processing, use or production of special fissionable material, ~," NPT Art. Ⅲ, para. 2.

12) Laura Rockwood, "Legal Framework for IAEA Safeguards" (IAEA, 2013), p. 5.

의무를 규정하는 제1조와 제2조에 합치되게 행사해야 하는 것으로 그 권리를 제한한다.[13]

표 2-1 NPT 당사국의 의무 및 권리

제1조: 핵보유국(NWS)의 핵무기 비확산 의무
- 핵무기와 핵무기에 대한 직, 간접적인 이전 금지
- NNWS에 핵무기 제조와 조달 관련 지원·장려·권유 금지

제2조: NNWS로서의 핵무기 확산방지 의무
- 핵무기 수령 금지
- 핵무기 제조 및 조달 금지
- 핵무기 제조에 관한 지원 요청 및 수령 금지

제3조: 핵무기 전용(diversion)방지를 위한 세이프가드
- 국제원자력기구(IAEA) 세이프가드 수락 의무
- 핵물질 및 핵 관련 장치 이전 시 세이프가드의 확인 의무

제4조: 원자력의 평화적 이용 권리 및 당사국 간의 협력

제5조: 평화적 핵폭발의 이익 향유

제6조: 핵 군축 및 핵무기 폐기 관련 협상 의무

제7조: 지역별 비핵지대(NWFZ) 조약 체결의 자유

제8조: 조약 개정 절차·요건 및 검토·연장회의
- 개정 요건 : 당사국 과반수의 승인
- 5년마다 검토·연장회의 개최

제9조: 서명, 비준, 발효 및 NWS의 정의
- 발효 요건: 위탁국(영국, 구소련, 미국) + 40개국의 비준
- NWS의 정의: 1967년 1월 1일 이전 핵무기 보유국

제10조: 조약 탈퇴 및 조약의 유효기한
- 조약 탈퇴 3개월 전 통고 의무
- 조약 발효 25년 후 무기한 또는 유기한 연장 여부 검토 의무

제11조: 조약문을 위탁국에 기탁

주: 각 조항별 세부내용은 부록 1. 참조.

---

13) Wikipedia, "Treaty on the Non-Proliferation of Nuclear Weapons," available at https://en.wikipedia.org/wiki/Treaty_on_the_Non-Proliferation_of_Nuclear_Weapons.

I. 당사국의 기본의무

핵무기금지조약(TPNW)[14]은 핵무기 또는 기타 핵 폭발장치의 개발, 실험, 생산, 제조, 획득, 보유, 비축, 이전 또는 수령을 금지하며, 다른 국가가 소유하거나 통제하는 핵무기의 도입을 금지한다. 또 핵무기 관리(control)의 이전과 수령이 금지되며 타국의 핵무기 개발을 지원하지 못한다. 게다가 핵무기의 사용 또는 사용의 위협을 금지한다. 아울러 당사국은 영토 등 자국의 영역에 핵무기를 설치하거나 배치할 수 없다. TPNW는 이러한 금지사항에 더하여 핵무기의 사용 또는 실험으로 인한 피해자를 지원하고 환경복원에 노력할 것을 의무화하고 있다.[15]

상기 의무 외에도 당사국은 당사국에 대한 TPNW의 효력 발생 30일 안에 핵무기의 소유, 보유, 관리 및 모든 핵시설의 폐기를 포함한 핵 개발 프로그램의 철폐 여부와 아울러 당사국의 영역, 관할 또는 지배하의 모든 장소에서 타국에 의해 소유, 보유, 통제되고 있는 핵무기가 있는지를 신고해야 한다. 그리고 유엔 사무총장은 신고받은 모든 사항을 TPNW의 모든 당사국에게 전달해야 한다. 각 당사국은 조약상의 이러한 의무를 이행하기 위하여 필요한 조치를 채택해야 한다. 즉 당사국은 자국의 관할 또는 지배하의 사람이 이 조약에서 금지하는 모든 활동을 방지하고 억제하기 위하여 처벌 제재를 포함하여 모든 적절한 법적, 행정적인 조치를 해야 한다.[16]

---

14) 핵무기금지조약(Treaty on the Prevention of Nuclear Weapons)은 2017년 뉴욕에서 두 차례의 협상 끝에 같은 해 7월 27일 조약문이 채택되고 9월 20일 서명을 위해 개방하여 2021년 1월 22일 발효하였으며 조약의 효력은 무기한이다. 조약의 지위를 검토하는 첫 회의는 효력이 발생한 지 5년 후에 개최되며 그 후의 검토회의는 6년마다 개최한다. 2021년 9월 현재 서명국은 86개국이며 당사국은 55개국이다. 조약문은 <treaties.unoda.org/t/tpnw> 참조.
15) TPNW Art. 1, 5.
16) *Ibid*, Art. 2, 5.

II. 검증, 개정 및 탈퇴

TPNW에는 검증(verification) 메커니즘이 없다. 조약 당사국은 IAEA와의 기존 세이프가드협정을 유지해야 하며, 아직 협정이 없는 당사국은 최소한 IAEA와 전면 세이프가드협정을 체결해야 한다. 당사국은 본 조약의 발효 후 언제든지 조약의 개정을 제안할 수 있다. 유엔 사무총장은 이 제안을 모든 당사국이 검토하도록 회람해야 한다. 회람 후 90일 안에 당사국의 과반이 이 제안을 지지하면, 이 개정안은 차기 당사국 회의 또는 검토회의(Review Conference)에서 논의하여 당사국 전체 2/3의 찬성으로 채택될 수 있다.[17]

각 당사국은 조약과 관련한 비상사태로 인하여 국가의 최고 이익이 위험에 처해 있다고 결정하면 TPNW를 탈퇴할 수 있다. 이는 NPT의 탈퇴조건과 같긴하지만 효력 발생 시기는 다르다. 즉 NPT 탈퇴의 효력은 통보 3개월 후에 발생하지만 TPNW 탈퇴의 효력은 조약 비준서를 기탁받는 유엔 사무총장에게 탈퇴 의사를 통지하면 12개월 후에 발생한다. 만일 탈퇴하려는 당사국이 무력충돌에 개입하고 있는 경우에는 당해국이 더는 무력충돌에 관여하지 않을 때까지 조약상의 의무를 계속 준수해야 한다.[18]

III. 평가

TPNW 옹호자는 TPNW가 핵무기의 보유와 사용을 금지하는 국제규범을 확립함으로써 NPT와 NWFZ 등 기존의 핵 비확산 규범을 강화하고, 핵무기 개발과 사용이 초래하는 인도주의적 결과에 대한 인식을 높이는 효과가 있다고 주장한다. 반면 일부 비평가는 TPNW와 같은 새로운 조약이 오히려 NPT와 국제원자력기구(IAEA) 세이프가드 검증시스템을 저해할 것으로 우려하고 있다.[19]

---

17) *Ibid*, Art. 10.
18) *Ibid*, Art. 17.
19) Amy F. Woolf et al, "Arms Control and Nonproliferation: A Catalog of Treaties and Agreements," *CRS Report for Congress RL33865* (March 18, 2019), p. 33.

TPNW는 핵무기의 개발, 실험, 생산, 제조, 획득, 보유, 비축, 이전 또는 수령뿐 아니라 핵무기의 사용과 사용의 위협까지도 금지함으로써 현행 NPT와 비교하면 획기적이라고 할 수 있으며 금지 범위가 훨씬 넓어 NPT를 충분히 보완하는 것은 분명하다. 그러나 기존의 공식 핵 보유 5개국(미국, 러시아, 프랑스, 영국, 중국)과 사실상 핵 보유 4개국(인도, 파키스탄, 이스라엘, 북한)이 이 조약에 아직 서명조차 하지 않은 상태에서 TPNW가 과연 얼마나 실효성이 있을지 의문이다.

제3절   포괄적핵실험금지조약(CTBT)

포괄적핵실험금지조약(Comprehensive Test Ban Treaty: CTBT)은 우주 공간, 대기권 내, 수중 및 지하를 포함하는 공간에서 핵실험과 핵폭발을 금지하는 핵군축·비확산 조약으로 1996년 9월 유엔 총회에서 채택되었으나 아직 발효되지 않은 상태이다. 핵무기를 개발 또는 개량하려면 핵실험이 필요한데, 기존의 핵실험 금지조약으로는 대기, 우주 및 수중에서의 핵실험을 금지하는 1963년 부분적 핵실험 금지조약(Partial Test Ban Treaty: PTBT)이 있다. 그러나 PTBT는 지하 핵실험을 금지하지 않으며 게다가 이행의 준수를 검증하는 수단이 없다는 단점이 있다.

CTBT는 모든 당사국으로 구성된 포괄적핵실험금지조약기구(CTBTO)를 비엔나에 설치하며 이 기구는 당사국 회의, 집행이사회와 임시기술사무국을 감독한다. 임시기술사무국은 국제감시체제(IMS)로부터의 데이터를 처리하고 보고하는 국제데이터센터(IDC)를 운영한다. IMS는 글로벌 네트워크로서 완성되면 321개의 감시기지와 16개의 실험실을 갖추게 된다. CTBTO는 핵실험을 탐지, 검증하는데 필요한 검증수단으로 국제감시체제(Int'l Monitoring System: IMS), 현지사찰(on-site inspection), 협의 및 설명, 신뢰구축조치(CBM)를 운영한다. 이 기구는 조약이 발효하면 운영을 시작하며 그전까지는 CTBTO 준비위원회가 조약의 발효 준비를 위한 작업을 수행한다.

한편 현장사찰은 비교적 신속히 이루어진다. 즉 당사국은 모호한 상황을 명료화하도록 집행이사회에 현장사찰(on-site inspection)을 요청할 수 있고, 요청을 받은 집행이사회는 96시간 안에 강제사찰에 필요한 50개 회원국 중 최소 30개국의 다수결로 사찰 여부를 결정해야 한다. 집행이사회가 강제사찰을 명령하면 사찰팀은 사찰요청이 있은 지 6일 안에 의심 국가에 도착해야 한다. 당사국은 현장사찰 요청 시 데이터 수집 네트워크와 당사국 자체의 첩보 정보망으로부터 수집한 정보를 집행이사회에 제출할 수 있다.

CTBT가 발효하기 위해서는 지정된 44개국의 비준이 필요한데 2018년 4월 현재 184개국이 서명하였고 그중 154개국이 비준하였다. 효력 발생을 위해 지정된 44개국 중 35개국이 비준했으나 3개국(북한, 인도, 파키스탄)은 서명조차 하지 않았고 6개국(중국, 이집트, 인도네시아, 이란, 이스라엘, 미국)은 비준하지 않았다. 그러나 2006년 북한의 핵실험 실시 후 9개국이 비준하는 등 여전히 CTBT에 대한 관심과 기대가 높고 또한 인도와 파키스탄도 1998년 각각 핵 실험한 이후부터 핵실험 유예선언을 통해 추가적인 핵실험을 하지 않고 있다.

미국은 클린턴 대통령이 조약안에 서명하여 1997년 상원 비준을 요청하였으나 상원은 1999년 10월 13일 48:51로 부결시켰다. 부시 행정부도 비준에 반대하였으나 1992년 10월부터 발효 중인 핵실험 유예를 계속했다. 오바마 행정부는 아예 상원 비준을 요청하지 않았고, 트럼프 행정부는 조약 비준을 추진하지 않겠지만 CTBTO 예비위원회, 국제감시센터와 국제데이터센터에 대한 지원은 계속할 것이라는 입장이다.[20]

제4절 **비핵지대(NWFZ)**

비핵지대(Nuclear-Weapon-Free Zone: NWFZ)는 특정 지역에 속한 국가들이 조약을 체결하여 핵무기의 생산, 보유, 배치, 실험 등을 포괄적으로 금지하고, NPT 핵보유국은 비핵지대 조약 당사국에 대하여 핵무기의 사용 및 사용의 위협을 금지함으로써 당해 지역을 핵무기의 위험으로부터 보호하는 소극적 안

---

20) *Ibid*, pp. 34-35.

전보장을 약속한다. 유엔 총회는 비핵지대를 "핵무기의 전면적 부재를 위하여 여러 국가가 각각의 주권을 자유롭게 행사하는 가운데 조약 또는 협약으로 설립되고 그 조약에서 파생되는 의무의 준수를 보장하기 위하여 국제 검증 및 통제 시스템이 확립된 것으로서 유엔 총회가 인정하는 지대"로 정의하고 있다.[21]

비핵지대는 핵무기의 확산을 방지하기 위한 핵 비확산체제의 일부로서 비핵지대 조약 당사국들이 NPT의 의무를 보강하고 지역 차원에서 핵무기를 추구하지 않는다는 신뢰를 줌으로써 NPT를 보완하는 등 그 역할이 증대하고 있다. NPT 제7조는 당사국들에게 그들의 영토에서 핵무기의 전면 부재(total absence)를 보증하기 위하여 지역별 비핵지대 조약을 체결할 권리를 보장하고 있다.

비핵지대를 창설하는 각 조약은 핵보유국(NWS)이 서명, 비준하는 의정서를 포함한다. 이 의정서는 NWS에게 당해 비핵지대의 지위를 존중하고 조약 당사국들에 대해 핵무기 사용 및 사용을 위협하지 말 것을 요청한다. 그러나 최근까지 NWS의 과반이 비핵지대 대부분의 의정서를 비준하지 않았으며 비준한 국가는 간혹 유보를 주장하고 있다.[22]

현재 약 100개의 NNWS가 지역별 비핵지대에 속해 있다. 지역별 비핵지대 조약으로는 1967년 남미·카리브해(Tlatelolco 조약), 1996년 Rarotonga 조약(남태평양), 1996년 Pelindaba 조약(아프리카), 1995년 Bangkok 조약(동남아시아), 2006년 Semipalatinsk 조약(중앙아시아)가 있다. 이들 조약의 공통점은 핵무기의 개발, 제조, 획득, 사용 등을 금지하며 유보를 불허한다. 이외에도 특히 Tlatelelco 조약은 핵실험과 핵무기의 보유, 수령, 보관, 배치 등을 금지하고 있다.[23]

이들 지역별 비핵지대 조약은 모두 조약의 준수를 검증하는 수단으로 NPT와 IAEA 헌장에 규정된 검증절차를 따르고 있다. 예를 들면 Tlatelelco 조약은 당사국의 핵 활동에 세이프가드를 적용하기 위하여 IAEA와 다자 또는 양자협정을 체결해야 한다고 규정하여 NPT 제3조 4항을 준용하고 있다.[24]

---

21) A/RES/3472 (XXX) B I 1(a)(b), Posted 11 December 1975.
22) John Borrie et al, "A Prohibition on Nuclear Weapons," (UNIDIR, February 2016), pp. 14-15
23) Treaty for the Prohibition of Nuclear Weapons in Latin America and the Caribbean(Treaty of Tlatelolco) Art. 1(a)(b); 외교통상부 편, 『군축 비확산 주요 국제문서집』 (외교통상부, 2008), p. 149.
24) Ibid, Art. 13 (IAEA safeguards).

상기 5개 지역별 비핵지대 외에도 몽골은 스스로 비핵국가라고 선언하고 유엔 총회 결의[25]를 통하여 그 지위를 인정받았으며, 남극(Antarctic)과 우주 공간(outer space)도 역시 비핵지대로 간주한다. 아울러 중동지역(Middle East)에서는 핵무기의 개발, 생산 및 실험을 금지하고 핵무기의 배치를 불허하는 내용의 중동 비핵지대의 창설이 추진되고 있다.[26]

제5절	쟁거위원회 및 핵공급국그룹

I. 쟁거위원회

1. 설립 배경

앞서 논의한 바와 같이 NPT 제3조 2항은 원자력 수출통제에 관하여 조약 당사국들이 수입국의 세이프가드조치 없이는 이전을 금지한 "핵물질, 특수핵분열성물질 또는 특수핵분열성물질의 처리, 사용 또는 생산을 위하여 특별히 설계 또는 제조된 설비 또는 물자"가 무엇인지에 대한 구체적인 품목과 수출통제의 기준을 규정하고 있지 않다. 이에 핵 공급국들은 NPT가 발효하자 곧 일정한 기준 없이 동 조항을 준수하는 것이 일부 국가의 핵에너지 산업에 불리함을 우려하였다. 그 결과 일부 NPT 당사국은 이러한 NPT의 허점을 보완하고 통제품목을 구체화할 목적으로 1971년에 쟁거위원회(Zangger Committee)를 설립하였다. 쟁거위원회는 어떠한 조약에도 구속받지 않는 자발적인 협의체이며 규범의 준수를 강제할 아무런 공식적인 메커니즘이 없다. 쟁거위원회의 의결은 총의(consensus) 방식에 따르며 결정사항은 회원국을 법적으로 구속하지 않지만 회원국의 일방적 정책선언을 조화하는 근거가 된다.

---

25) A/RES/55/33 (12 January 2001).
26) A/RES/75/33 (16 December 2020).

2. 통제품목 및 가이드라인

쟁거위원회는 1974년 핵물질 및 특수핵분열성물질은 IAEA 헌장에 명시된 정의에 따라 통제목록을 작성하고, 특수핵분열성물질의 처리, 사용 또는 생산을 위하여 특별히 설계 또는 제조된 설비와 자재에 대한 세부목록을 작성한 후 이들을 원자력 전용품목 목록(Trigger list)으로 통합하고 전면 세이프가드를 적용하는 조건으로만 수출을 허용하였다. 따라서 Trigger list에 있는 모든 품목은 세이프가드 적용대상이다. 이 목록에는 핵무기의 원료인 핵물질과 핵물질의 제조 및 추출에 이용되는 원자로(reactors), 중수(heavy water), 농축 및 재처리 설비 등이 수록되어 있다.[27]

아울러 쟁거위원회는 이 통제목록 상의 품목을 NPT 당사국이 아닌 NNWS에 수출 시 특정 요건을 부과하는 등의 수출통제 지침을 설정하였다. 그 요건은 ① 핵 공급국은 수입국으로부터 수출품목의 평화적 이용을 보증받아야 하며, ② 수입국에 이전된 품목은 평화적 이용을 검증하기 위하여 IAEA의 세이프가드를 수락해야 하고, ③ 제3국으로 재수출하려면 ①과 ②의 조건을 충족해야 한다.[28] 이들 요건과 원자력 전용품목(Consolidated Trigger List)은 쟁거위원회의 각서(Memorandum A, B)에 포함되어 1974년 9월 IAEA의 INFCIRC/209 문서로 공표되었고 그 후 수차례 개정되었는데, 가장 최근 문서는 INFCIRC/209/Rev.5 (5 March 2020)이다.

3. 준수 및 검증

쟁거위원회는 어떤 조약에도 구속받지 않는 자발적인 협의체이며 규범준수를 강제할 아무런 공식적인 메커니즘이 없다. 대신 쟁거위원회는 신뢰강화를 위하여 자발적인 조치를 채택했다. 예를 들면 연례보고서(Annual Returns)라는

---

27) Fritz W. Schmidt, "NPT Export Controls and the Zangger Committee," *The Nonproliferation Review*, Vol. 7, No. 3 (Fall/Winter 2000), p. 137; Daniel H. Joyner, "The Nuclear Suppliers Group: Part 1: History and Functioning," *International Trade Law & Regulation*, Vol. 11, Issue 2 (2005), pp. 34-35.
28) INFCIRC/209/Rev.5 (5 March 2020), p. 4.

보고시스템을 통하여 NPT 당사국이 아닌 핵 비보유국에 대한 실제 수출 또는 수출허가 발급에 관한 정보를 교환하는데 이 정보는 매년 4월 쟁거위원회 회원국들 간에 대외비로 회람된다.[29] 쟁거위원회의 의결은 총의(consensus) 방식에 의하며 결정사항은 회원국을 법적으로 구속하지 않지만 회원국의 일방적 정책선언을 조화하는 근거가 된다. 한편 쟁거위원회는 매년 5월과 10월 비엔나에서 개최되며 회의는 비공개로 진행된다. 현재 쟁거위원회 의장은 핵 분야 전문가 중에서 선출되며 임기는 무기한이다. 2021년 9월 현재 쟁거위원회 참가국은 39개국이다.

Ⅱ. 핵공급국그룹

1. 발족 배경

핵공급국그룹(Nuclear Suppliers Group: NSG)은 인도가 캐나다에서 도입한 연구용 원자로에서 플루토늄을 추출하여 1974년 핵실험에 성공한 것을 계기로 평화적 목적의 핵기술이 핵무기용으로 전용될 수 있다고 우려한 핵 관련 품목을 공급할 능력이 있는 국가들 사이에 핵확산 방지를 위한 국제협력의 필요성이 대두되어 1975년 11월 런던에서 발족하였으며 런던클럽이라고도 한다.[30]

NSG는 핵 이전에 관한 지침을 작성, 수락하고 1978년 2월, 이를 IAEA 문서(INFCIRC/254)로 공표하였다. NSG 지침(Guideline)에는 1994년에 채택된 소위 '비확산 원칙'이 있다. 이는 핵 공급국은 핵무기 확산에 기여하지 않는다고 판단되는 경우에만 이전(transfer)을 허가한다는 원칙이다.[31] 2021년 9월 현재 NSG 참가국은 48개국이고, EU 집행위원회와 쟁거위원회 의장은 옵서버로 참가하고 있다.[32]

---

29) Fritz W. Schmidt, "The Zangger Committee: Its History and Future Role," *The Nonproliferation Review*, Vol. 2, No. 1 (Fall 1994), pp. 38-39; James Martin Center for Nonproliferation Studies, "Zangger Committee," available at
   <http://www.cns.miis.edu/inventory/organizations.htm>.
30) CNS, *NPT Briefing Book* (2010 Annecy Edition), p. M-8.
31) <https://www.nsg-online.org/en/about-nsg>.
32) NSG 참가국 결정 시 고려사항은 신청국의 원자력 전용품목 및 이중용도 품목의 공급능력,

NSG는 1978년 쟁거위원회의 원자력 전용품목 목록(Trigger List)을 채택하고 여기에 중수(heavy water) 및 중수 생산설비를 추가한 런던가이드라인 Part 1에 합의하였다.[33] 그러나 1991년 걸프 전쟁 후 사찰에서 이라크가 원자력 전용품목 목록에 없는 이중용도(dual use) 품목을 사용하여 핵무기 등을 개발 중인 사실이 발견되었다. 이를 계기로 수출통제의 범위를 이중용도 품목으로 확대하고 통제목록과 수출통제 지침을 규정한 런던가이드라인 Part 2를 제정하여 1992년부터 시행하고 있다.[34]

2. 수출통제 지침 및 통제목록

NSG 수출통제 지침은 참가국 정부의 법령과 관행에 따라 이행되며 수출허가 결정은 참가국별 수출허가 요건에 의해 취해진다. 이 지침은 평화적 목적의 핵 거래가 핵무기 또는 기타 핵 폭발장치의 확산에 기여하지 않고 핵 분야에서의 국제무역과 협력을 저해하지 않으며 평화적 핵 협력을 원활히 하기 위한 의무가 국제 핵 비확산 규범에 합치하는 방법으로 이행될 수 있도록 함으로써 핵 분야의 무역 발전을 촉진하는데 그 목적을 두고 있다.[35]

(1) 원자력 전용품목 수출통제

1978년에 합의된 London Guideline Part 1의 통제품목은 쟁거위원회의 쟁거목록에 수록된 핵무기 원료인 핵물질과 핵물질의 사용을 위하여 특별히 설계·제조된 품목들로 1) 핵 원자로 및 관련 장비, 2) 원자로의 비핵물질, 3) 핵물질의 재처리, 농축, 변환 설비 및 장비, 4) 상기 품목들과 관련된 기술을 포

NSG 지침 준수, 지침에 따른 국내 수출통제 이행, NPT와 비핵지대 등 비확산체제 가입, IAEA의 전면 세이프가드협정 시행 및 WMD와 미사일 확산방지를 위한 대외적 노력이다. <https://www.nsg-online.org/en/participants1> 참조.

33) David Fischer, "The London Club and the Zangger Committee," in Kathleen Bailey & Robert Rudney (eds), *Proliferation and Export Controls* (University Press of America, 1993), p. 40; NSG Guidelines for the Export of Nuclear Material, Equipment and Technology (INFCIRC/254/Rev.13/Part 1).

34) NSG Guidelines for Transfers of Nuclear-related Dual-use Equipment, Material, Software and Related Technology (INFCIRC/254/Rev.10/Part 2).

35) <http://www.nsg-online.org/guide.htm>.

함한다. 이 지침에 따라 원자력 전용품목을 NNWS에 수출하는 경우 수출국은 원칙적으로 ① 수입국 정부로부터 핵무기 제조에 전용하지 않는다는 취지의 공식적인 보증하에서만 수출을 허가해야 하고,36) ② 모든 핵물질 및 시설은 불법 사용 및 취급을 방지하기 위하여 실효적인 방호조치하에 있어야 한다.

그리고 ③ 현재 혹은 장래의 평화적 활동에 사용되는 모든 핵물질에 대하여 IAEA와의 세이프가드협정을 이행하는 NNWS에게만 수출해야 한다. 이때 협정이 종료되었을 경우는 새로운 협정을 체결하고 IAEA가 세이프가드 적용이 더는 가능하지 않다고 결정한 경우에는 공급국과 수입국은 적절한 검증조치를 강구하고 수입국이 이 조치를 수락하지 않을 경우 IAEA는 공급국의 요청에 의하여 이전된 품목을 원상 복구해야 한다.

한편 NSG는 2011년 6월 개최된 총회에서 핵무기 또는 핵 폭발장치에 사용 가능한 민감기술 등의 이전에 관한 수출통제의 강화를 목적으로 한 Guideline Part Ⅰ의 개정에 합의하였다. 주요 내용은 농축·재처리 관련 시설, 설비 및 기술의 이전에 관하여, 공급국은 수입국이 최소한 다음의 기준을 모두 충족하지 않는 한 이전을 승인하지 않아야 한다.

① 수입국이 NPT 당사국이고 NPT 상의 의무를 완전히 준수해야 한다.
② IAEA 보고서에 세이프가드협정 의무 위반 사실이 지적되지 않아야 하고, IAEA 이사회로부터 세이프가드 의무 준수를 위한 추가적인 조치 요구의 대상이 되지 않아야 한다.
③ NSG 지침 및 유엔 안보리 결의 1540호를 준수해야 한다.
④ 전면 세이프가드협정과 추가 의정서가 발효되어야 한다.
⑤ 기타 비폭발성(non-explosive) 용도의 보증, 물리적 보호에 관한 국제 기준을 준수해야 한다.

(2) 이중용도 품목의 수출통제

1992년에 합의된 London Guideline Part Ⅱ에서 통제대상으로 지정된 민군 겸용의 이중용도 품목37)은 산업용 공작기계, 측정기, 소재, 우라늄 농축에 이용

---

36) INFCIRC/254/Rev.9/Part 1 (November 2007), "Guidelines for Nuclear Transfers," para. 2.
37) 이중용도 품목(dual use items)이란 민간용이나 무기의 개발, 생산 등에도 사용 가능한 물품, 기술 및 소프트웨어를 말한다.

가능한 장치, 중수의 제조에 이용 가능한 장치, 핵무기 기폭장치 등 광범위한 산업용 기기 및 소재가 포함되어 있다. 이 지침에서 수출통제의 목적은 핵무기 확산 및 핵 테러 방지에 있으며 기본원칙은 ① NNWS가 핵폭발 활동[38]이나 IAEA 세이프가드를 받지 않는 핵 연료주기 활동에 사용할 경우, ② 일반적으로 그런 활동에 전용될 수 있는 위험이 있거나 핵무기 비확산 목적에 위배될 경우, ③ 용납될 수 없는 핵 테러행위에 전용될 위험이 있을 경우는 수출을 금지해야 한다.[39]

아울러 수출국들은 지침의 효과적인 이행을 위하여 수출허가, 단속 및 벌칙 등 입법 조치를 취해야 한다(제4항). ④ 캐치올(catch-all) 통제로서 통제목록에 없는 품목이더라도 그 품목의 전부 또는 일부가 핵폭발 활동에 사용되거나 사용될 의도가 있는 경우에는 국내 법절차에 따라 이를 통제해야 한다(제5항). 그리고 ⑤ 수입국으로부터 핵무기 등에 전용하지 않겠다는 취지의 확약서 및 용도와 최종사용 장소에 관한 진술서를 취득해야 하고(제6항), ⑥ NSG 비참가국으로부터 제3국으로 재수출 시에는 원수출국의 동의를 구해야 한다(제7항).

(3) 수출거부존중규칙

NSG도 후술하는 호주그룹과 같이 수출거부존중규칙(No undercut rule)을 채택하고 있다. 우선 참가국 정부는 이중용도 품목의 이전을 승인하지 않은 경우 그 승인 거부를 결정한 날로부터 2주 이내에 신속히 다른 참가국들에게 거부품목(서술·수량 및 금액), 중간·최종수하인과 최종용도 및 거부 사유 등을 통지해야 한다. 어느 참가국도 다른 참가국이 이전(transfer)을 거부한 품목과 본질적으로 동일한 이전(essentially identical transfer)[40]에 대하여 거부한 국가와 사전에 협의 절차 없이 이전을 승인해서는 안 된다. 이전거부를 통보한 참가국 정부는 협의 요청 접수 후 4주 이내에 거부에 관한 실질적인 정보를 제공해야

---

38) 핵폭발 활동(Nuclear explosive activity)이란 어떤 핵폭발 장치나 하부시스템의 연구, 개발, 설계, 제조, 건설, 시험 및 유지보수 활동을 포함한다.

39) INFCIRC/254/Rev.7/Part 2 (February 2006), "Guidelines for Transfers of Nuclear-related Dual-use Equipment, Materials, Software, and related Technology," para. 2.

40) 본질적으로 동일한 이전은 당해 품목의 사양(specifications)과 성능(performance)이 거부품목과 같거나 유사하며, 수하인(consignee)도 상호 동일한 경우의 이전을 말한다. Best Practice Guide for Use of Denial Information 6, p. 98.

한다. 그리고 협의절차 종료 후 이전을 승인한 참가국 정부는 승인 사실을 여타 참가국들에게 통보해야 하며, 그 결과 모든 참가국들은 당해 이전거부를 더는 적용하지 않아도 된다.[41] 한편 당초 이전거부 통보한 참가국은 거부통보 후 3년 기간 만료 1개월 전에 거부통보를 종료할 것인지 아니면 3년 더 연장할 것인지의 여부를 결정하여 사무국에 통보해야 한다.[42]

(4) 쟁거위원회, NPT 및 NSG와의 관계

쟁거위원회의 문서는 NPT 제3조 2항과 밀접한 관련이 있다. 쟁거위원회 회원국들과는 달리 NSG 참가국은 NPT의 당사국일 것을 요구하지 않지만 모두 동일하게 구속력 있는 약속을 포함하는 규범을 준수해야 한다. NSG 지침은 이들 법적 문서에 포함된 비확산 약속의 이행을 강화하기 위한 것이다. NSG와 쟁거위원회는 "특별히 설계 또는 제조된 품목(EDP)"인 원자력 전용품목의 범위와 수출통제의 조건에서 차이가 있다. 쟁거목록은 NPT 제3조 2항의 범주에 속하는 품목에 국한된다. NSG는 원자력 전용품목의 수출조건으로서 공식적인 전면 세이프가드협정을 공급조건으로 한다. 다만, 2008년 9월 6일 이러한 조건에서 면제받은 인도는 제외된다. NSG와 쟁거위원회의 큰 차이는 NSG가 이중용도 품목을 통제하는데 있다. 이중용도 품목은 생산을 위하여 특별히 설계(EDP)된 것과는 별개이므로 쟁거위원회의 소관이 아니다.[43]

NSG 지침은 모든 핵비보유국(NNWS)으로의 이전에 적용된다. 반면 쟁거위원회의 각서(Memorandum)는 NPT 비당사국인 NNWS로의 이전에만 적용된다. 이는 NPT 상의 의무를 이행해야 쟁거위원회의 양해(Understandings)를 충족하기 때문이다. 1994년 NSG는 재이전(retransfer) 요건을 개정하여 공급조건으로서 전면 세이프가드를 요하지 않는 국가가 원자력 전용품목의 재이전 시 관련 정부 간 보증을 요구하도록 하였다. 동시에 NSG는 비확산 원칙을 채택하여 공급국으로 하여금 지침 상의 여타 조항에도 불구하고 이전이 핵확산에 기여하지 않는 조건을 충족할 경우에만 이전을 승인하도록 하였다. NSG와 쟁거위원회의

---

41) Procedural Arrangement for the NSG (Version 2), Annex C. Decision on Transfers 4. (a), (b), (c), p. 27.
42) *Ibid*, p. 21.
43) <http://cns.miss.edu/inventory/pdfs/nsg.pdf>.

이러한 차이에도 불구하고 양자는 동일한 목적을 공유하며 모두 핵 비확산을 위한 유효한 규범이다. 아울러 양자는 원자력 전용품목의 검토 및 개정에 관하여 긴밀한 협력관계를 유지하고 있다.[44)

(5) 준수 및 검증

NSG는 자발적인 협의체이고 어떤 조약의 구속도 받지 않으므로 준수를 강제할 공식적인 메커니즘이 없다. NSG 가이드라인은 NSG 참가국과 비참가국 모두에게 적용된다. NSG 참가국의 수출통제는 협력의 원칙에 입각하여 시행된다. NPT 당사국이 통제품목을 거부당한 적이 별로 없는데 이러한 거부사례는 공급국이 당해 품목이 핵확산에 기여할 수 있다고 믿을 만한 이유가 있을 때 발생한다. NSG 참가국이 수출허가 신청을 거부한 사례의 대부분은 세이프가드를 적용받지 않는 핵 프로그램을 갖고 있는 국가들이다.[45)

(6) 조직 및 의결방식

NSG총회(Plenary)는 가이드라인 및 통제목록 개정, 정보교환 및 투명성 활동에 관한 사항을 의결하며 특정 사안에 대해서는 협의그룹(Consultative Group: CG)에 의결권을 위임한다. 2002년 비상총회에서는 핵 수출이 핵 테러에 전용될 위협을 방지하기 위하여 가이드라인을 강화하고 효과적인 수출통제가 핵 테러의 위협에 대처하는데 중요한 수단임을 강조하였다. 아울러 북한의 핵 개발 프로그램에 대해서는 모든 NSG 참가국들에게 어떠한 형태로든 북한의 핵 개발 노력에 기여하지 않도록 자국의 관할 영토를 통과하는 핵 관련 물품 및 기술의 수출을 극도로 자제할 것을 요청하였다.[46)

총회의 분과회의인 협의그룹은 모든 통제목록(Part Ⅰ, Ⅱ)에 관한 안건 및 총회의 위임사항을 논의하며, 정보교환회의(Information Exchange Meeting: IEM)는 총회 기간 중 본회의에 앞서 허가집행전문가회의(License Enforcement Experts Meeting: LEEM)를 소집하여 참가국들의 허가 관련 조치, 불법조달 및 이전수출 사례, 불법조달의 유형 및 효과적인 수출통제에 관한 정보를 공유한다.

---

44) *Ibid.*
45) *Ibid.*
46) Press Statement of Nuclear Suppliers Group Extraordinary Plenary Meeting, 13 December 2002, Vienna, Austria.

이때 참가국 정부는 이중용도 품목 가이드라인(Part Ⅱ) para. 4(c)에 의거 이전되는 핵 관련 장비 및 기술이 기재된 최종용도에 적절한지, 그리고 기재된 최종용도가 최종사용자에게 적절한지에 대한 합의 또는 계약 사항을 NSG 총회에 통보해야 한다. 구체적으로 공급국은 합의 또는 계약의 작성 시기와 효력 범위, 프로젝트 위치를 포함한 행선지, 시설의 유형 및 관련 프로젝트의 단위(units)를 통보해야 한다.[47] 다음으로 작업그룹으로서 통제품목을 전면 재검토하는 기술전문가회의(Dedicated Meeting of Technical Experts: DMTE)가 있다. DMTE는 2009년 총회의 위임에 따라 2010년부터 기존의 통제목록을 전면 검토하는 작업을 진행하고 있다.[48] 한편 NSG의 의결방식은 총의(consensus)에 따른다. 그런데 NSG는 상설 사무국이 없고 오스트리아 비엔나의 주오스트리아 일본대표부가 NSG 연락처(Point of Contact: POC)의 역할을 수행하고 있다.

제6절   국제원자력기구(IAEA)

미국 아이젠하워 대통령은 1953년 유엔 총회 연설에서 '원자력의 평화적 이용(Atoms for Peace)'을 제창하여 국제적 원자력 협력을 지원하고 동시에 핵 물질이 군사적 목적으로 사용되는 것을 방지하기 위하여 유엔 산하에 국제원자력기구의 설립을 제안하였다. 원자력의 평화적 이용을 위한 그의 구상은 국제원자력기구(IAEA) 헌장(안)에 대한 국제적 합의가 이루어진 1957년에 실현되었다. 즉 IAEA 헌장(Statute)은 1956년 10월 유엔 총회에서 만장일치로 승인되어 1957년 7월 발효하였으며 그에 따라 IAEA가 탄생하게 되었다.[49]

IAEA 헌장은 IAEA 설립과 세이프가드 이행의 법적 근거로서 법적 구속력 있는 국제문서이다. IAEA는 원자력을 오직 평화적 목적으로만 지원하며, 국가의 요청에 따라 국가의 모든 핵 활동에 세이프가드를 적용하기 위한 세이프가

---

47) Procedural Arrangement for the NSG (Version 2), paras. 1−5.
48) http://www.nuclearsuppliersgroup.org/Leng/04−activities.htm.
49) Michael D. Rosenthal, *Deterring Nuclear Proliferation*, (2013 Brookhaven Science Associates, LLC), p. 41.

드 시스템을 수립하고 시행할 권한이 있다.[50] IAEA 헌장의 세이프가드 조항은 자기 집행적(self-executing)이 아니다. 이는 어느 국가가 단지 IAEA 회원국이라는 이유로 세이프가드를 수락해야 하는 것이 아니라는 의미이다. 이 때문에 IAEA 회원국이 아닌 국가에서 세이프가드가 이행될 수 있다. IAEA가 세이프가드의 집행을 위해서는 관련 국가의 동의가 필요하며, 국가의 동의는 IAEA와 세이프가드협정을 체결함으로써 성립된다.[51]

IAEA 헌장은 IAEA에 원자력의 평화적인 이용과 평화적 이용의 검증이라는 두 가지 역할을 부여하였다. IAEA의 첫 번째 사명은 핵기술의 안전하고 안정적이고 평화적인 이용을 촉진하고 핵무기의 확산을 방지하는 것이다. 둘째는 핵안전과 핵 안보이다. IAEA는 핵 시설 운영에 대한 안전 기준을 제공하고 국가 간 국경에 탐지 장비를 설치하여 핵물질과 기타 방사성 물질의 불법 거래를 탐지하도록 지원한다. 셋째는 세이프가드의 사찰과 검증이다. IAEA는 평화적 목적으로만 핵 활동을 지원하고, 평화적 이용을 검증하기 위하여 양자 또는 다자간 협정에 의한 당사국의 요청 또는 특정 국가의 요청에 따라 모든 핵 활동에 대하여 세이프가드를 적용할 목적으로 세이프가드 프로그램을 수립하고 시행한다.[52]

IAEA는 NPT의 집행기구로서 NPT 제3조 1항의 규정에 따라 NPT 당사국들에 대한 핵 비확산 의무의 이행을 검증하는 중요한 역할을 담당하고 있다. IAEA는 이를 위해 세이프가드제도를 통하여 신고된 핵시설에 대한 자료 수집, 검토 및 주기적 사찰을 통해 민감한 핵물질과 기술 및 관련 시설이 핵무기 용도로 전용되는 것을 방지한다. IAEA는 또 미신고 핵물질 또는 핵무기 관련 활동이 존재한다고 의심될 경우 여타의 시설도 사찰할 수 있다. NNWS은 보유 중인 모든 핵물질과 핵시설의 목록을 제출하고 IAEA의 사찰을 받아야 한다. 아울러 NPT 당사국이 아닌 IAEA 회원국에 대해서도 요청이 있을 경우 개별 시설과 관련 핵물질을 감시하는데 현재 인도, 이스라엘, 파키스탄은 일부 핵 활동에 대한 IAEA의 사찰을 허용하고 있다.[53]

---

50) The Statute of the IAEA, Art. III.A.5.
51) Laura Rockwood, *supra* note 12, p. 3.
52) *Ibid*, pp. 43-44.
53) Amy F. Woolf et al, *supra* note 19, p. 26.

IAEA는 유엔의 일원이지만 유엔 내의 전문기구가 아니다. IAEA는 자립적, 독립적이며 과학기술에 기반을 둔 정부 간 조직으로 오스트리아 비엔나에 본부가 있다. IAEA 조직은 의결기구인 총회, 이사회와 사무국(사무총장)으로 구성된다. 총회는(General Conference) 모든 회원국으로 구성되며 신규 회원국의 가입 및 예산 승인, 회원국의 특권 및 권리의 정지 등을 의결한다. 이사회(Board of Directors)는 세이프가드협정을 승인하며 세이프가드협정의 불이행에 관한 이슈를 처리한다. IAEA는 협정 불이행 국가에 대하여 불이행을 시정하고 위반사항을 IAEA 회원국과 유엔 총회 및 안전보장이사회(이하 안보리)에 보고하며, IAEA 회원국으로서 갖는 권리와 특권을 정지한다. IAEA는 유엔 총회에 매년 활동 현황을 보고하며, 특히 국제평화와 안보에 관한 사안이 발생할 경우는 유엔 안보리에 보고한다.[54]

제7절	IAEA 세이프가드협정

IAEA가 주관하는 핵 비확산 세이프가드는 국가의 핵 비확산 의무사항의 이행에 대한 독립적인 검증을 통하여 핵무기의 확산을 방지하는 중요한 수단이다. IAEA 세이프가드는 NPT와 IAEA 헌장에 따라 IAEA가 국가와 체결하는 법적 구속력 있는 세이프가드협정을 기본으로 하며 이 협정이 세이프가드 이행의 법적 근거가 된다. IAEA 세이프가드의 법체계는 NPT, 비핵지대 조약, IAEA 헌장, 세이프가드협정 및 추가 의정서 등으로 구성된다. 이하에서는 3가지 유형의 IAEA 세이프가드협정 및 추가 의정서에 관해 논의하고자 한다.

---

54) The Statute of the IAEA, Art. V – VI; IAEA 회원국은 2021년 4월 7일 기준으로 총 173개국이다. Available at < https://www.iaea.org/about/governance/list – of – member – states >.

I. 세이프가드협정의 유형

1970년 NPT가 발효하기 전 IAEA는 1959년 캐나다의 일본에 대한 천연우라늄 공급과 관련하여 처음으로 양국과 임시(ad hoc) 세이프가드협정을 체결하였다. 그 후 1961년 IAEA 이사회는 100메가와트(MWt) 이하의 연구용 및 실험용 원자로에 대한 세이프가드 적용의 원칙과 절차를 규정한 최초의 세이프가드 문서(INFCIRC/26)를 채택하였다. 그 뒤 1964년에는 대형 원자로에 세이프가드가 적용되었으며, 1965년에는 동 문서가 INFCIRC/66으로 전면 개정되어 재처리 공장(INFCIRC/66/Rev.1)과 변환 및 핵연료 가공공장(INFCIRC/66/Rev.2)으로 세이프가드가 확대 적용되었다. 그런데 이들 세이프가드 문서는 모델 협정이 아니라 INFCIRC/66/-type 협정문서를 바탕으로 한 세이프가드협정에 참고용으로 편입된 일습의 절차들을 규정한 것이다.[55]

IAEA는 1970년 NPT 발효 후 NPT 제3조와 헌장 제3조에 의거 당사국의 요청으로 양자 혹은 다자간 협정에 세이프가드를 적용하기 위하여, 또는 국가의 요청에 따라 국가의 모든 핵 활동에 세이프가드를 적용하기 위하여 세이프가드를 수립하고 시행한다.[56] 그에 따라 IAEA는 NPT 당사국 또는 비당사국과 전면 세이프가드협정(Comprehensive safeguards agreement: CSA), 부분 세이프가드협정(Item-specific safeguards agreement) 또는 자발적 세이프가드 협정(Voluntary offer safeguards agreement)을 체결하여 세이프가드를 집행하고 있다.

1. 전면 세이프가드협정(Comprehensive safeguards agreement)

NPT 제3조 1항 및 4항에 의거 모든 핵 비보유 당사국(NNWS)과 지역별 비핵지대 조약 당사국들은 IAEA 헌장에 따라 개별적으로 또는 다른 당사국들과 함께 IAEA와 전면 세이프가드협정(CSA)을 체결해야 한다.[57] 이 협정하에서

---

55) Laura Rockwood, *supra* note 12, p. 11.
56) The Statute of the IAEA, Art.Ⅲ.A.5.
57) NPT Art.Ⅲ.4.

IAEA는 모든 원료물질 또는 특수핵분열성물질이 핵무기 또는 기타 핵 폭발장치에 전용되지 않도록 검증하는 목적으로만 세이프가드를 적용할 권리와 의무를 갖는다. 모든 NNWS는 자국의 영역 내에서, 자국의 관할하에서 또는 어디서든 자국의 통제하에 실시되는 모든 평화적 핵 활동에 이용되는 모든 핵물질에 대하여 IAEA 세이프가드를 수락해야 한다.[58] IAEA는 2020년 말 기준 186개국과 CSA를 체결하였으며 이 중 176개국의 CSA가 발효 중이다.[59]

1970년 IAEA 이사회는 자문기구인 세이프가드 위원회(위원회 22)가 작성한 문서(INFRACIRC/153[60])을 승인하였으며 이 문서에 기반한 모델 협정이 마침내 개발되어 1974년에 문서 GOV/INF/276, Annex A로 공표되었다. 이 모델 협정을 근간으로 체결된 협정이 바로 전면 세이프가드협정이다. 모델 세이프가드협정은 IAEA 회람문서 INFCIRC/153(Corr.)에 따라 NNWS와 IAEA 간 세이프가드협정의 협상 근거로 사용된다. 이 모델 세이프가드협정은 각 NNWS가 IAEA와 협정을 체결하고, 각 협정은 모델 세이프가드협정의 모든 조항을 포함해야 하며, 이 세이프가드의 이행은 국가의 법적 요건에 따라 협정이 발효한 이후에 개시될 수 있다. 전면 세이프가드협정은 IAEA가 당해국으로부터 국내법적으로 발효 요건이 충족되었다는 서면 통보를 받은 날짜에 효력이 발생한다.[61] IAEA와의 세이프가드협정은 NPT에 의한 국가의 의무로 체결되므로 국가가 IAEA를 탈퇴하더라도 NPT 당사국으로 있는 한 협정의 효력은 지속된다.[62]

일단 전면 세이프가드협정이 발효되면 국가는 해당 협정에서 정해진 조건에 따라 모든 핵물질에 관한 최초보고서(initial report)를 제출해야 한다. 이에 IAEA는 보고서의 신고 내용이 정확하고 완전한지를 검증한다. 아울러 국가는 협정에 명시된 모든 핵시설에 대한 목록을 IAEA에 제출해야 하는데 이 목록에는 가동 중인 시설은 물론이고 핵물질을 사용하지 않거나 건설 중인 각 시설의

---

58) NPT Art.Ⅲ.1.
59) <https://www.iaea.org/topics/non-proliferation-treaty>.
60) 이 문서 INFCIRC/153(Corr.)의 타이틀은 'NPT와 관련하여 요구되는 IAEA와 구조와 내용'(The Structure and Content of Agreements between the Agency and States Required in connection with the NPT)이며 총 2부로 구성되어 있는데 제1부는 국가의 약속과 IAEA의 권리와 의무 조항을 담고 있고, 제2부는 제1부 세이프가드 조항의 이행을 위해 구체적으로 적용될 절차를 규정한다.
61) *Ibid*, para. 25.
62) Laura Rockwood, *supra* note 12, p. 12.

설계에 관한 정보도 포함되어야 한다. 이에 IAEA는 당해 시설이 국가가 신고한 대로 건설되고 가동되고 있는지 설계정보(design information)를 검증한다.[63]

2. 부분 세이프가드협정(Item-specific safeguards agreement)

이는 IAEA가 인도, 파키스탄, 이스라엘 등 NPT에 가입하지 않은 사실상의 (de facto) 핵보유국과 체결한 협정이다. 이 협정은 문서 INFCIRC/66/Rev.2에 규정된 세이프가드 절차에 근거를 두고 있다. 이 협정의 당사국은 부분 세이프가드협정에 명시된 핵물질, 시설 또는 기타 품목을 핵무기 제조 또는 나아가 핵폭발장치의 제조 등 군사적 목적이 아니라 오로지 평화적 목적으로만 사용해야 한다. 이를 위해 세이프가드는 당해 세이프가드협정에 명시된 시설 및 기타 품목의 오용(misuse)[64] 및 핵물질의 전용(diversion)을 탐지하는데 목적을 두고 있다.[65]

3. 자발적 세이프가드협정(Voluntary offer agreements)

이는 세이프가드협정을 체결할 의무가 없는 NPT 5개 핵보유국(NWS), 즉 미국, 러시아, 영국, 프랑스 또는 중국이 일부 또는 모든 평화적 핵 활동을 적용대상으로 하여 IAEA와 자발적으로 체결한 협정이다. 이 협정에 의거 당사국은 세이프가드 적용을 원하는 핵시설을 IAEA에 자발적으로 통보하고, IAEA는 통보받은 핵시설 중에서 선별된 핵시설의 핵물질과 부품이 평화적 활동상태에 있는지 그리고 이 협정에서 규정된 경우를 제외하고 세이프가드로부터 철회되지 않았는지를 검증한다.[66]

---

63) *Ibid.*
64) 오용(misuse)은 비핵물질, 서비스, 장비, 시설 또는 정보 등을 금지된 목적에 사용하는 것을 말한다. IAEA, "IAEA Safeguards Glossary," 2001 Edition (Vienna, 2002), p. 14.
65) <https://www.iaea.org/topics/safeguards-legal-framework/more-on-safeguards-agreements>.
66) <https://www.iaea.org/topics/safeguards-legal-framework/more-on-safeguards-agreements>.

4. 추가 의정서(Additional protocols)

기존 세이프가드협정에 대한 추가 의정서(AP)가 나온 배경은 그간 신고된 핵물질과 시설에 대한 검증 활동은 잘 이루어졌으나 이라크의 비밀 핵시설 가동과 대북 사찰 경험을 통하여 미신고 핵물질과 활동을 포착하지 못한 문제점이 드러났기 때문이다. 이에 IAEA는 미신고 핵물질과 활동에 대한 IAEA의 탐지능력을 강화하여 세이프가드 이행을 더욱 제고시키는 대대적인 프로그램을 개시했다. Program 93+2로 명명된 이 조치는 CSA 국가들에 대한 IAEA 세이프가드제도의 효과성과 효율성을 강화하기 위한 것이다. 그런데 설계정보의 조기 제공, 환경표본 추출 및 위성영상 이용 등의 Part Ⅰ 조치는 기존 CSA 상의 법적 권한으로 이행될 수 있지만, 국가의 핵연료 주기 전반에 관한 정보 제공 및 접근 등 Part Ⅱ 조치를 이행하기 위해서는 보충적인 법적 권한이 필요하여 1997년 모델 추가 의정서[67]가 제정되었다.[68]

추가 의정서는 해당국의 정보와 시설에 대한 IAEA의 접근권을 확대하였다. IAEA는 특정 국가의 핵 프로그램, 계획, 핵물질 보유 및 거래 등 전반적인 내용을 파악함으로써 미신고 핵물질과 활동을 검증할 수 있는 능력이 보강되었다. 추가 의정서에 의거 IAEA는 ① 미신고 핵물질 및 활동의 부존재를 명확히 하기 위하여, ② 국가가 제공한 정보의 정확성과 완전성에 관한 의문이나 불일치 문제를 해결하기 위하여, ③ 통상 핵물질이 사용된 시설이나 병원 등 시설 외 장소(LOF)의 해체 상태를 확인하기 위하여 보완적 접근(complementary access)을 시행할 수 있다. 이때 추가 의정서에는 모델 추가 의정서상 다음과 같은 모든 조치를 반드시 포함해야 한다. 즉 국가는 아래의 모든 정보를 IAEA에 신고해야 한다.

   ① 우라늄광에서 핵 폐기에 이르는 핵연료주기의 모든 부분 및 비핵 용도의 핵물질이 있는 장소에 관한 정보 제공과 IAEA 사찰관의 접근 허용
   ② 핵시설 내 모든 건물에 관한 정보제공 및 IAEA 사찰관의 24시간 전 사전 통보(short-notice) 및 접근 허용

---

67) INFCIRC/540(Corr.) Model Protocol Additional to the Agreement(s) Between State(s) and IAEA for the Application for the Application of Safeguards (1997).
68) <https://www.iaea.org/topics/additional-protocol>.

③ 핵물질을 수반하지 않은 핵연료 주기의 연구개발 활동에 관한 정보 제공 및 IAEA 접근 허용

④ 핵 관련 민감한 장비와 자재의 제조 및 수출에 관한 정보 제공 및 제조와 수입 장소에 대한 IAEA 접근 허용

⑤ IAEA가 필요하다고 간주할 경우 신고장소 이외의 장소에서 환경표본(environmental sample)[69] 수집

⑥ 사찰관 임명절차 간소화 및 복수 출입국 비자 발행

⑦ 위성시스템과 기타 통신수단을 포함한 국제통신시스템 이용[70]

추가 의정서는 독립적인 협정이 아니라 기존의 세이프가드협정에 부가하여 보완적 사찰 권한을 부여하는 법적 문서이며, 모든 유형의 세이프가드협정 당사국을 위한 것이다. 추가 의정서를 체결하고자 하는 전면 세이프가드협정 당사국들은 IAEA와 체결하는 추가 의정서에 모델 추가 의정서의 모든 조항을 빠짐없이 수락해야 하며 조항 중의 일부만 선택할 수 없다. 한편 부분 세이프가드협정 또는 자발적 세이프가드협정을 체결한 국가는 선택적으로 모델 추가 의정서상의 조치를 수락하고 이행할 수 있다. 모델 추가 의정서 제1조에서 규정된 바와 같이 세이프가드협정과 추가 의정서는 단일 문서로 독해해야 하며 상호 충돌 시에는 추가 의정서의 조항이 우선한다.[71] 2021년 6월 1일 기준으로 137개국의 추가 의정서가 발효 중이며, 추가로 서명한 14개국의 추가 의정서가 발효를 앞두고 있다.[72]

---

69) 환경표본(environmental samples)은 시설이 신고된 대로 사용되고 있는지를 검증한다. 즉 표본을 통해 핵물질의 흔적을 분석하여 IAEA에 신고되지 않은 핵물질(예, 시설에서 분리된 플루토늄 또는 고농축우라늄)이나 핵 활동의 존재에 관한 정보를 밝혀낼 수 있다. IAEA, "IAEA Safeguards: Serving Nuclear Non−Proliferation" (IAEA, 2018), p. 11.

70) INFCIRC/540(Corr.), *supra* note 67, Art. 2−3.

71) *Ibid*, p. 2.

72) <https://www.iaea.org/topics/additional−protocol>, p. 1.

II. 협정준수 및 분쟁해결

세이프가드협정은 조약이기 때문에 협정상의 의무를 이행할 책임은 협정의 당사국인 해당국 정부에 있다. 가령 세이프가드 대상 개인 소유 시설의 운영자가 IAEA 사찰관의 사찰을 거부할 경우 IAEA는 사찰이 이루어질 수 있도록 해당국 정부에 가능한 모든 조치를 요청한다. 그런데도 해당국 정부가 사찰관에게 적절한 접근을 허용하지 않거나 못한다면 그때는 운영자가 아닌 해당국 정부가 협정을 위반한 것이 된다.[73]

국가의 세이프가드 의무 불이행(non‐compliance)은 계량되지 않은 핵물질의 존재, 허위 기록 또는 보고서, IAEA 사찰관의 접근 불허 등의 형태로 나타난다. IAEA 사찰관이 밝히려는 정보는 명백한 협정 위반 사실이 아니라 당해국이 협정상의 의무를 이행했는지에 대하여 우려를 낳게 하는 정보이다. IAEA는 협정의 유형과 관계없이 가용한 정보의 분석, 추가적인 정보 획득 및 추가 시설의 접근을 통하여 그러한 우려를 해결하려고 노력한다.[74]

만약 전면 세이프가드협정하에서 IAEA 사무총장이 그러한 우려를 만족스럽게 해결하지 못할 경우 사무총장은 세이프가드 대상 핵물질의 전용 여부를 검증하기 위해서는 해당국의 조치가 매우 중요하며 긴급하다고 이사회에 보고하고 이사회가 이에 동의하면 이사회는 해당 국가에 필요한 조치를 지체없이 취하도록 요청한다.[75] 그런데 이사회가 사무총장으로부터 보고받은 관련 정보를 검토한 결과 특정국의 핵물질이 핵무기로 전용되지 않은 것으로 검증되지 않으면 IAEA는 후술하는 바와 같이 위반국에 대하여 헌장에서 규정하는 벌칙을 부과할 수 있다.[76]

한편 세이프가드협정은 조약이기 때문에 협정의 해석 및 적용에는 국제법원칙이 이용된다. IAEA는 국내법원의 관할 대상이 아니며, 국제사법재판소(ICJ)규정(Statute)에 의거 ICJ의 소송당사자가 될 수 없다. 현재 세이프가드협정의

---

73) Laura Rockwood, *supra* note 12, p. 25.
74) *Ibid*, pp. 25‐26.
75) INFCIRC/153/(Corr.), *supra* note 60, para. 18.
76) *Ibid*, para. 19.

해석과 적용에 관한 IAEA와 국가 간의 분쟁을 해결하기 위한 어떠한 법원이나 별도 설치된 사법재판소는 존재하지 않는다. 이러한 이유로 모든 세이프가드협정에는 협정의 해석과 적용에 관한 분쟁을 구속력 있는 중재에 맡기는 조항을 두고 있다. 조항의 문구에 차이는 있지만 기본적으로 중재 패널(또는 중재판정부)의 설치를 규정하고 있다.[77] 중재 패널은 항상 3명 또는 5명의 위원으로 구성하는데 이는 가부 동수의 표결 가능성을 피하기 위한 것이다.[78]

제8절　IAEA 세이프가드 이행

I. 세이프가드의 목적

IAEA의 세이프가드는 IAEA가 평화적 목적의 핵물질과 시설을 핵무기의 용도로 전용(diversion)[79]하지 않겠다는 국가의 약속을 독립적으로 검증하는 일습의 기술적 검증조치를 말한다.[80] IAEA 헌장은 IAEA에게 세이프가드조치의 수립 및 시행 권한을 부여하고, 국가는 IAEA와 세이프가드협정을 체결하여 세이프가드를 이행한다. IAEA는 전면 세이프가드협정하에서 국가가 신고한 세이프가드 대상 핵물질의 보유량이 신고서에 정확하게(correct) 기재되어 있는지 그리고 신고서에 신고해야 할 모든 핵물질이 빠짐없이(complete) 포함되어 있는지를 독립적으로 검증한다.

구체적으로 IAEA 세이프가드의 목적은 유의량(significant quantities)[81]의 핵물질이 평화적 핵 활동으로부터 핵무기 또는 기타 핵 폭발장치의 제조에 전용

---

77) *Ibid*, para. 22.
78) Laura Rockwood, *supra* note 12, p. 26.
79) 전용(diversion)은 세이프가드 대상 시설에서 미신고 핵물질을 신고하지 않고 제거하는 것과 세이프가드 대상 시설을 미신고 핵물질의 생산 또는 처리에 이용하는 것을 말한다. Michael D. Rosenthal, *supra* note 49, p. 93.
80) IAEA, *supra* note 69, p. 4.
81) 핵 폭발장치 제조의 가능성을 무시할 수 없는 핵물질의 양을 말한다. 예를 들면 플루토늄(Pu) 8kg, 고농축우라늄(HEU) 25kg이다. IAEA, *supra* note 64, p. 23.

(diversion)되는 것을 적시 탐지하는 것이다.[82] IAEA는 국가로부터 신고받은 제반 정보의 정확성(correctness)과 완전성(completeness)을 검증하기 위하여 전면 세이프가드협정을 체결한 모든 국가에 공통의 3가지 목표를 설정하여 적용한다. 첫째는 신고된 시설 또는 '시설 외 장소(LOF)'[83] 내의 신고된 핵물질의 전용 탐지, 둘째는 신고 시설 또는 시설 외 장소(LOF) 내의 미신고 핵물질의 생산 또는 처리 탐지, 셋째는 국가 전체를 통틀어 국가 내의 미신고 핵물질 또는 활동 탐지이다.[84] 여기서 정확성은 핵물질과 시설에 관한 내용이 신고한 사실과 합치하는지를 검증하며, 완전성은 신고하지 않은 핵물질과 시설이 존재하는지를 검증하는 것이다.

Ⅱ. 세이프가드 이행과정

세이프가드의 이행은 각국이 IAEA와 체결한 세이프가드협정 상의 의무에 대한 이행 여부를 검증하는 것이다. 세이프가드 이행은 연간 주기로 하며 4가지 기본 과정으로 구성된다. 첫째는 세이프가드 관련 모든 정보의 수집 및 평가이다. 이를 통해 IAEA는 각국의 핵 프로그램에 관한 신고 내용이 실제와 일치하는지를 검증한다. 둘째는 국가별 세이프가드 접근 방식의 개발이다. 이는 핵무기 또는 핵 폭발장치의 사용에 적합한 핵물질의 습득 경로를 밝혀내기 위한 주요 목표를 설정하고 그 목표 달성을 위한 적용 가능한 세이프가드조치를 선택한다. 셋째는 연간 이행계획에 따라 현장 및 IAEA 본부에서 세이프가드 활동을 계획하고, 수행하고, 평가한다. 넷째는 IAEA가 실시한 세이프가드 결과에 대한 국가별 결론을 도출하는 것이다.[85]

---

82) INFCIRC/153/Corr, *supra* note 60, para. 28.
83) LOF(Location outside facilities)는 시설 외 지점으로 통상 1 유효 kg 이하의 핵물질을 사용하는 비핵시설 또는 장소(예, 병원)를 말한다. IAEA, *supra* note 64, p. 42.
84) IAEA, "Guidance for States Implementing Comprehensive Safeguards Agreements and Additional Protocols," IAEA Services Series 21 (Vienna, May 2016), p. 7.
85) IAEA, *supra* note 69, p. 6.

1. 정보의 수집 및 평가

IAEA는 3가지 정보원으로부터 해당국의 세이프가드 관련 정보를 수집한다. 첫째는 해당국이 제공하는 정보(예, 보고서 및 신고서), 둘째는 IAEA가 현장과 본부에서 수행하는 세이프가드 활동(예, 현장검증, 핵물질 계량 정보 평가), 셋째는 기타 공개 출처(open source)와 제3자로부터 수집하는 정보이다. IAEA는 국가가 신고하는 정보와 IAEA가 자체 생산하고 수집한 정보와 일치하는지를 지속적으로 검토한다. 그 결과 이상한 점이나 의문 또는 불일치가 발견되면 해당국과의 협의를 통해 시의적절하게 해결한다. 해당국이 제공하는 핵물질과 핵 활동에 관한 정보가 IAEA가 세이프가드 이행에 활용하는 정보의 대부분을 차지한다. 전면 세이프가드협정과 추가 의정서가 발효 중인 국가는 핵물질 계량 보고서, 핵물질의 이전과 시설정보의 사전통지 및 해당국의 기타 핵 활동 및 비핵활동에 관한 정보의 형태로 IAEA에 제공된다.[86]

세이프가드 활동에서 중요한 점은 해당국의 핵 프로그램과 계획에 관한 신고 내용이 IAEA가 가용 가능한 기타 세이프가드 관련 정보와 일치하느냐이다. IAEA의 정보에는 공개 출처 정보 및 해당국이 아닌 제3자 정보가 포함된다. 특히 제3자, 즉 다른 국가 또는 기관이 자발적으로 제공하는 정보는 IAEA가 활용 가능한 정보의 극히 일부이지만 일단 사실로 입증되면 IAEA는 이 정보를 철저히 분석하여 다른 세이프가드 관련 정보와 함께 활용한다. 이러한 과정을 통해 IAEA는 해당국과 협의하여 해당국이 신고한 정보의 정확성과 완전성을 해결하기 위한 후속적인 조치를 취한다.[87]

2. 세이프가드 접근방식의 개발

IAEA는 핵무기 또는 기타 핵 폭발장치의 사용에 적합한 핵물질이 어떤 경로를 통해 입수되었는지 아니면 부분 또는 자발적 세이프가드 대상 시설에서 전용되었는지를 분석하기 위하여 구조적이고 기술적인 방법을 이용하여 해당국에 대한 국가 차원의 세이프가드 접근방식(State-Level Approach: SLA)을 개

---

86) *Ibid*, p. 8.
87) *Ibid*.

발한다. 이를 토대로 입수경로와 관련된 기술적 목표가 수립되고 해당국에 대한 세이프가드 활동의 기획, 수행 및 평가에 활용된다. 아울러 기술적인 목표를 달성하기 위하여 해당국과의 세이프가드협정에 따라 구체적인 세이프가드 조치가 취해진다.[88]

3. 세이프가드 활동 계획, 수행 및 평가

IAEA는 상기 SLA를 바탕으로 해당국에 대해 해당 연도에 수행할 현장과 본부에서의 세이프가드 활동을 구체화하는 연간 이행계획을 준비한다. 일단 세이프가드 활동이 수행되면 IAEA는 세이프가드 활동으로 달성한 기술적 목표의 범위를 평가하고 후속 활동이 필요한 의문, 불일치나 비정상적인 사항을 찾아내어 업데이트된 연간 계획에 반영한다. 현장 세이프가드 활동은 본부에서의 활동으로 보완되는데, 여기에는 현장 세이프가드 활동, 핵시설에 설치된 장비, 공개 출처 및 다른 정보원에서 얻은 해당국 정보의 처리, 검토 및 입증하는 작업이 포함된다. 본부에서의 활동은 세이프가드 장비와 세계 곳곳의 핵시설에 설치된 카메라에서 원격 전달되는 데이터의 검토, 봉인의 검증 및 현장에서 수집되는 세이프가드 표본을 통한 분석적 결과물의 평가를 통하여 세이프가드 관련 정보를 생산한다. IAEA는 현장 및 본부에서의 세이프가드 활동을 수행하면서 당해국이 제공하는 정보를 입증하기 위하여 장비, 기술적 조치 및 다양한 기법을 활용한다.[89]

4. 세이프가드 결론 도출

IAEA는 세이프가드 이행 활동의 결과 세이프가드협정이 발효 중인 각국에 대해 매년 국별로 결론을 도출한다. 이 결론은 IAEA가 충분한 수준의 세이프가드 활동과 해당국의 모든 세이프가드 관련 정보에 대한 종합적인 평가 등 IAEA의 독립적인 검증과 결과를 바탕으로 한 것이다. IAEA 사무국(Secretariat)은 국별로 도출된 결론을 세이프가드 이행보고서(Safeguards Implementation

---

88) *Ibid*, p. 9.
89) *Ibid*, pp. 9－10.

Report)의 형태로 IAEA 이사회에 보고한다.

IAEA가 도출한 국별 세이프가드 결론의 형태는 각국이 IAEA와 체결한 세이프가드협정의 유형에 따라 다르다. 우선 ① CSA와 AP가 발효 중인 국가에 대해서는 IAEA에 신고된 핵물질이 평화적 활동으로부터 전용된 조짐이 없고, 국가 전체로서 미신고 핵물질 또는 활동이 없다고 평가될 경우 IAEA는 "모든 핵물질이 평화적 활동상태에 있다."는 결론을 내린다.[90] 이는 CSA와 AP에 의거 다년간의 검증 활동의 결과 도출된 '포괄적 결론(broader conclusion)'이다. IAEA는 이러한 결론의 국가에 대해 통합 세이프가드(integrated safeguards)를 적용하고 상호 협력하고 신뢰하는 관계를 형성한다. 그리하여 가능하다면 현장 사찰을 줄여 사찰 비용을 절감하고 핵 시설 운영에 대한 간섭을 줄인다. 그러나 신고된 핵물질이 전용된 징후는 없으나 미신고 핵물질과 활동에 관한 평가가 진행 중인 경우는 "신고된 핵물질이 평화적 활동상태에 있다."고만 결론짓는다.[91]

② AP가 없는 CSA 국가에 대해서는 신고된 핵물질이 평화적 활동으로부터 전용된 조짐이 없는 경우의 결론은 "신고된 핵물질이 평화적 활동상태에 있다."이다. ③ 부분적 세이프가드협정 국가에 대해서는 세이프가드가 적용된 핵물질이 전용되었거나 시설이나 기타 품목이 평화적 이용 외의 용도로 사용된 조짐이 없는 경우는 "세이프가드가 적용된 핵물질, 시설 또는 기타 품목이 평화적 활동상태에 있다."고 결론 내린다. ④ 자발적 세이프가드협정 국가에 대하여는 세이프가드가 적용된 핵물질이 전용된 징후가 없을 경우의 결론은 "세이프가드가 적용된 선별된 일부 시설의 핵물질이 협정에 규정된 경우 이외에는 세이프가드로부터 철회되지 않았고 평화적 활동상태에 있다."이다.[92]

---

90) <https://www.iaea.org/topics/drawing-safeguards-conclusions>.

91) IAEA, "IAEA Safeguards: serving nuclear non-proliferation," IAEA Bulletin, Vol. 57-2 (IAEA, June 2016), p. 7.

92) 2019년 IAEA가 183개국을 대상으로 세이프가드를 집행한 결과 내린 결론은 ① 모든 핵물질이 평화적 활동상태에 있다(69개국), ② 신고된 핵물질이 평화적 활동상태에 있다(106개국), ③ 세이프가드가 적용된 핵물질, 시설 또는 기타 품목이 평화적 활동상태에 있다(3개국), ④ 세이프가드가 적용된 선별된 시설의 핵물질이 평화적 활동상태에 있다(5개국)이다. IAEA Annual Report 2019, p. 85, available at <https://www.iaea.org/opic/annual-report-2019>.

Ⅲ. IAEA 세이프가드조치

IAEA의 세이프가드조치는 사찰(inspection)을 통해 해당 국가의 핵물질, 핵시설 또는 관련 물자가 실제 장부상의 기재 내용과 일치하는지를 확인하고 검증한다. 세이프가드의 가장 근본적인 조치는 핵물질 계량(accountancy)이다. 이는 당해국의 핵물질 보유량과 시설 간 핵물질의 이동을 파악하는 것이다. 사찰관은 현장(in-field)에서 핵물질 계량기록, 장부 및 시설보고서를 IAEA에 신고된 당해국의 자료와 비교하여 궁극적으로 핵물질이 신고된 대로 시설에 실제 존재하는지를 검증한다.[93]

다음은 시설 설계정보(design information)의 검증이다. 이는 기본적으로 핵시설의 건설 개시부터 시설이 해체될 때까지 시설의 전 생명주기에 걸쳐 수행된다. 이 역시 신고된 설계정보를 현장 관찰로 비교하여 정보가 정확하고 완전한지 그리고 당해 시설이 목적 외의 용도로 오용되지 않았는지 확인한다.[94]

또 하나의 중요한 조치는 격납(containment)과 감시이다. 이는 핵물질의 분실 유무를 확인하기 위하여 봉인(sealing)하고 핵시설에서 이루어지는 활동을 녹화하는 카메라를 설치하여 봉인 상태나 핵물질의 이동을 감시한다. 구체적으로는 선행 사찰 이후 핵연료 집합체(fuel assembly)가 사용 후 핵연료 저장조(spent fuel pool)에서 제거되지 않았는지 확인할 수 있다.[95]

사찰에는 정기적으로 실시하는 일반사찰(routine inspection), 비정기적으로 수시로 실시하는 수시사찰(ad hoc inspection)과 일반 또는 수시사찰에 추가하여 정보를 획득하거나 특정 장소에 출입하는 특별사찰(special inspection)이 있다. 일반사찰은 가장 빈번한 사찰로 해당 국가가 IAEA에 제출한 보고서와 실제 기록과의 일치 여부, 핵물질의 위치, 정체(identity), 수량과 조성(composition), 기록 및 재고의 계량 여부, 선적 및 인수 수량 간의 차이, 불확실성에 관한 정보를 파악한다. 수시사찰은 국가의 핵물질에 관한 최초보고서에 포함된 정보의 검증, 최초보고 이후에 발생한 상황변동의 파악과 검증, 핵물질이 해당 국가로

---

93) IAEA, *supra* note 69. p. 11.
94) KINAC, "22nd INSA International Training Course: Lecture Book" (KINAC, 2019), p. 19.
95) *Ibid.*

부터 반출입되기 전에 핵물질의 수량 및 조성을 파악하고 검증한다. 특별사찰은 특별보고서에 포함된 정보의 검증이나 해당국 정보의 설명 등 이용 가능한 정보 및 일반사찰을 통하여 획득한 정보가 세이프가드협정에 따른 책임 수행에 충분하지 못하다고 간주할 경우 실시된다.[96]

Ⅳ. 세이프가드조치 강화

IAEA는 1990년대 초 이라크와 북한에서의 사찰 경험을 통하여 그간 신고된 핵물질과 핵시설에 대한 검증 활동은 제대로 이루어졌으나 미신고된 핵물질과 활동에 대한 검증 활동은 한계에 봉착했다. 이에 IAEA는 앞서 논의된 바와 같이 미신고 핵 활동에 대한 탐지능력을 개선하기 위하여 2년 내 세이프가드 이행을 강화하는 내용의 Program 93+2를 통해 기존 세이프가드협정에 대한 추가 의정서를 채택하여 특정 국가의 정보와 장소에 대한 접근권이 확대되었으며 국가의 핵 프로그램, 계획, 핵물질 보유량 및 무역에 대해 더욱 큰 안목으로의 접근이 가능하게 되었다.[97] 이 프로그램에는 ① 회원국은 IAEA에 의심스러운 핵 활동에 관한 첩보와 정보 제공, ② 사찰관은 어느 장소든 적기에 접근 가능, ③ 모든 핵 거래의 완전한 투명성을 촉진하기 위한 조치 및 보고, ④ IAEA의 확대된 책임 수행을 위한 충분한 재원 확보 등이 포함되어 있다.[98]

IAEA는 1990년대 초 CSA 협정 국가에 대한 세이프가드 이행에서 '국가 전체(State as a whole)'를 고려하기 시작하여 1995년에 국가의 핵 활동과 계획에 관하여 IAEA가 가용한 모든 정보를 통합하고 평가한 첫 번째 국가평가보고서를 작성하였다. 특히 IAEA는 AP의 도입으로 국가의 핵 및 핵 관련 활동과 능력에 관한 더 많은 정보를 확보하게 되었으며 국가 전체를 고려하는 능력이 향상되었다. 그리하여 1999년 IAEA는 첫 번째 소위 포괄적 결론, 즉 해당국이 CSA와 AP에 의해 세이프가드를 정확하고 빠짐없이 이행하고, IAEA가 사찰 등을 통해 상기 협정의 이행사항을 점검, 평가한 결과 "모든 핵물질이 평화적 활

---

96) <https://www.iaea.org/publications/factsheets/iaea-safeguards-overview>.
97) <https://www.iaea.org/topics/additional-protocol>.
98) Joseph Cirincione (ed), "Reparing the regime" (Routledge, 2000), pp. 285-286.

동상태에 있다."는 결론을 내릴 수 있었다.[99]

아울러 IAEA는 2001년에 포괄적 결론이 나온 국가를 위하여 국가 차원의 접근방식(SLA)을 개발하고 이행하기 시작하였다. SLA는 CSA와 AP가 발효 중인 개별 국가의 세이프가드 이행을 위한 맞춤형 접근방식이다. 나아가 IAEA는 한정된 예산과 인력을 효율적으로 활용하고 세이프가드의 효과와 효율성을 높이기 위하여 IAEA가 이용 가능한 모든 자원과 세이프가드조치를 최적으로 통합한 통합 세이프가드(integrated safeguards) 체제를 확립하였다.[100] 이 체제하에서 IAEA는 민감시설(농축, 재처리)의 사찰은 강화하고 원전 등 비민감시설의 사찰을 축소하는 한편 기존의 정기사찰 대신 최소한의 불시사찰(random inspection)을 시행하고 원격감시 등을 확대하는 방식을 쓰고 있다.[101] 더욱이 최근 IAEA는 국가 차원의 개념(State-level concept: SLC)의 맥락에서 세이프가드 이행에 있어서 '국가 전체'의 개념을 더욱 발전시켰는데, 이는 세이프가드협정의 범위 내에서 국가의 핵 및 핵 관련 활동과 능력을 전체적으로 고려하는 방법으로 세이프가드를 이행하는 것이다.[102]

V. 세이프가드협정 위반 제재

IAEA는 IAEA 회원국이 IAEA 헌장 또는 세이프가드협정 위반 시 불이행의 시정을 요구하고 합리적인 기간 내에 시정조치를 취하지 않으면 위반 국가에 대하여 원자력 관련 지원의 정지 또는 종결, IAEA가 제공한 핵물질과 장비의 회수 및 회원국으로서의 특권과 권리에 대한 행사를 정지하는 등의 벌칙을 과할 수 있다.[103] 그런데 IAEA 자체의 제재보다 더 중요한 것이 유엔의 제재이다. IAEA는 유엔과 체결한 '유엔과의 관계를 규율하는 협정'에 따라 핵분열성 물질에 대한 군사적 용도로의 전용 등 모든 불이행(non-compliance)의 사실을 유엔 총회와 안보리 및 IAEA의 모든 회원국에 보고해야 하며,[104] 안보리는 유

---

99) *Ibid*, p. 14.
100) *Ibid*.
101) 한국원자력통제기술원 국제핵안보교육훈련센터, 『원자력 통제』 (지성토탈, 2018), p. 112.
102) IAEA, *supra* note 69, p. 15.
103) IAEA Statute Art.XII.C.

엔헌장 제7장(제39조, 제41조와 제42조)에 근거하여 경제적, 외교적 또는 군사적인 제재를 과할 수 있다.

1. 이란 제재

이란은 1970년 2월 NPT에 가입했으며 1974년 5월 IAEA와 전면 세이프가드협정을 체결하였다. 그런데 2002년 8월 이란의 반정부단체인 이란저항협의회는 기자회견을 통해 이란정부가 핵 개발과 연계된 나탄즈(Natanz) 우라늄 농축시설과 아라크(Arak) 중수 생산시설을 비밀리에 건설하였으며 이를 IAEA에 신고하지 않았다고 폭로하였다. 이를 계기로 이란이 오랫동안 IAEA와의 전면 세이프가드협정을 위반한 사실이 명백해졌다. 이에 IAEA 이사회는 2003년 9월 이란에 대해 모든 우라늄 농축 및 재처리 활동의 중단을 요청함과 동시에 우라늄 농축 프로그램과 관련된 모든 핵물질을 2003년 10월 말까지 신고하고 IAEA 사찰을 수용하고 IAEA의 활동에 협력할 것을 촉구하였다. 이에 이란은 IAEA의 요구를 수용하고 우라늄 농축 활동을 중단하기로 하였으며 2003년 12월에는 추가 의정서에 서명하였다.[105]

그러나 2004년 6월 IAEA는 이란이 IAEA 사찰에 협력하지 않았다고 비난하자 이란은 IAEA에 약속했던 우라늄 농축 활동 중단을 거부하였다. 2005년 9월 IAEA는 이란이 IAEA와의 세이프가드협정을 위반한 내용의 결의를 채택하고 이란이 자국의 핵 활동이 평화적이라고 주장하지만 이를 뒷받침하는 확신이 없으므로 향후 이 문제가 안보리에서 처리될 것이라고 언급하였다. 2006년 2월 IAEA 이사회는 특별회의를 통해 이란 문제를 안보리에 회부하기로 결정하였다. 아울러 이란에 대하여 농축 관련 활동을 중지하고 중수원자로 건설을 재고하며 추가 의정서에 비준할 것을 재차 촉구하였다.[106]

---

104) INFCIRC/11(30 Oct. 1959) "Agreement governing the relationship between the UN and the IAEA," Art.Ⅲ(2) 및 The Statute of the IAEA, Art.Ⅻ.C.
105) CNS, "Inventory of International Nonproliferation Organization & Regimes," 2009 Edition, p.96; Arms Control Association, "Timeline of Nuclear Diplomacy With Iran," (Last Reviewed: July 2021). Available at
<www.armscontrol.org/factsheets/Timeline−of−Nuclear−Diplomacy−With−Iran>.
106) *Ibid.*

그러나 이란이 IAEA와 안보리의 요구사항을 계속 이행하지 않음에 따라 2006년 7월 유엔 안보리는 동년 8월 말까지 이행하지 않으면 경제제재를 취할 것을 의도하는 내용의 결의 1696호를 채택하고, 이란의 농축 관련 및 재처리 활동의 중지를 재차 촉구하였다.[107] 2006년 7월, 안보리는 이란에 대하여 모든 우라늄 농축 관련 및 재처리 활동의 중단을 강제하는 법적 구속력 있는 1696호를 채택하였다.[108] 그런데도 2006년 12월 이란이 농축 관련 활동을 중지하지 않자 안보리는 유엔헌장 제7장 제41조(경제제재)에 근거한 결의 1737호를 만장일치로 채택하고, 민감한 핵 및 미사일 관련 기술의 대이란 이전을 금지하였으며 이란의 핵 및 미사일 프로그램에 관련된 단체(10개)와 개인(12명)의 자산을 동결하였다.[109] 그 후에도 안보리의 요구사항에 대한 이란의 지속적인 불이행에 대하여 안보리는 결의 1747호(2007년), 1803호(2008년) 및 1929호(2010년)를 통해 대이란 금수물자를 재래식 무기 등으로 확대하고, 자금동결 대상 이란 단체와 개인목록을 추가하는 등 이란에 대한 제재를 더욱 강화하였다.[110]

2. 북한 제재

1992년 IAEA 이사회는 6차례의 수시사찰 결과와 회원국으로부터 입수한 추가 첩보와 정보를 토대로 북한이 신고한 플루토늄과 실제 생산량 간에 중대한 불일치가 존재한다는 결론을 내리고 이를 해소하기 위해 북한에 대한 특별사찰을 결의하였으며 1993년 2월 사상 처음으로 핵 폐기와 관련된 북한의 2개 미신고 시설에 대해 특별사찰을 요청하였으나 북한은 이들 시설은 비핵 군사시설로서 세이프가드 대상이 아니라며 접근을 불허하였다. 북한은 IAEA의 지속적인 접근요청에도 불구하고 1993년 3월 NPT 탈퇴를 선언하였다.[111] 이에

---

107) 이는 안보리가 유엔헌장 제39조에 의거 경제제재(제41조) 또는 군사적 제재(제42조)를 결정하기 전에 사태의 악화를 방지하기 위하여 제40조에 근거하여 취한 잠정조치이다.

108) Daniel H. Joyner, *supra* note 8, p. 51.

109) Arms Control Association, *supra* note 105.

110) 결의의 세부내용은 UN S/RES/1737 (2006), S/RES/1747 (2007), S/RES/1803 (2008), S/RES/1803 (2010) 참조.

111) 북한의 NPT 탈퇴 후 법적 지위에 관해서는 논란이 있다. 북한 NPT 탈퇴의 법적 쟁점 및 평가에 관해서는 박민, 원재천, 전은주, "핵확산금지조약(NPT)의 실효성 강화를 위한 국제법적 고찰," 『국제법학회논총』, 제66권 제1호 (2021년 3월), pp. 79-90; 이용호, 『현대 국

IAEA는 1993년 4월 채택한 결의에서 북한이 세이프가드협정상의 의무를 이행하지 않았다고 지적하고,[112] 이 사안을 안보리에 회부하였으며 안보리는 같은 해 5월 결의 825호를 채택하여 북한에 대하여 NPT 탈퇴 결정을 재고할 것과 NPT의 의무를 이행할 것을 촉구하였다.[113]

그러나 북한은 이에 반발하여 1994년 6월 IAEA를 공식 탈퇴하고 영변에 있는 원자로를 재가동한다고 선언하였다. 그 후에도 북한이 2002년 IAEA 동결 감시를 해제하고 IAEA 사찰관을 추방하였으며, 급기야 2003년 1월 NPT를 탈퇴하기에 이르자 IAEA는 더는 북한의 핵물질 전용을 확인할 수 없으며 북한이 세이프가드협정을 추가로 위반하였음을 밝히고 북한의 핵 문제를 안보리에 회부하였다. 이후에도 북한은 핵 개발 활동을 지속하여 2006~2017년의 기간 중 총 6차례 핵실험을 감행하였으며 이에 안보리는 결의 1718호와 1874호 등 총 9건의 결의를 채택하여 북한에 대해 강도 높은 경제제재를 부과하였다.[114] 한편, 이란과 북한 외에도 NPT를 위반한 국가로는 이라크, 리비아, 루마니아가 있다.[115]

제군축법의 이론과 실제』(박영사, 2019), pp. 271-274 참조.

112) 결의의 세부내용은 IAEA 문서 INFCIRC/403 참조.

113) UN S/RES/825 (11 May 1993).

114) 총 9건의 유엔 안보리 대북 결의는 1695호(2006), 1718호(2006), 1874호(2009), 2087호(2013), 2094호(2013), 2270호(2016), 2321호(2016), 2371호(2017), 2375호(2017)이다. 자세한 제재내용은 <https://www.un.org/securitycouncil/sanctions/1718> 참조.

115) 루마니아는 1992년 4월 차우체스쿠 정부 시절인 1985년 실험실 규모의 비밀 핵 개발 연구를 했다는 특별보고서를 IAEA에 제출하고 특별사찰을 요청하였다. 이에 IAEA는 2개월간 특별사찰을 실시하였으며 IAEA는 그 결과를 의무 불이행으로 간주하고 유엔 안보리에 회부하였으나 안보리는 아무런 조치를 하지 않고 사안을 종결했다. 류광철 외, 『군축과 비확산의 세계』, (평민사, 2005), p. 395.

제3장

생화학무기 비확산체제

I. 탄생배경 및 의의

1925년 제네바의정서[1]는 제1차 세계대전 중 화학무기가 사용되어 처참한 살상을 초래한 것에 대한 인도적인 비난이 높아짐에 따라 1925년에 합의된 조약이다.[2] 이 의정서는 전시에 화학무기와 생물무기의 사용만을 금지하는 국제조약이며 WMD의 사용을 금지하는 국제규범을 확립하기 위한 최초의 시도로 평가받고 있다. 이 의정서는 독소 또는 독소 무기를 금지한 1874년 브뤼셀 선언, 질식성 또는 유해 가스의 유일한 살포수단인 발사체(projectile)의 사용을 제한하는 1899년 질식성가스에 관한 헤이그 평화회의 선언과 1899년 헤이그 평화회의에서 1874년 브뤼셀 선언의 금지사항을 조약의 형태로 채택한 1907년 육전의 법규 및 관습에 관한 헤이그협약(IV) 및 1919년 베르사유조약에 바탕을 두고 있다.[3] 베르사유조약 제171조는 독일은 질식성, 독성가스 또는 기타 가스 및 유사한 액체, 물질 또는 장치의 사용을 금지하며 그의 제조와 수입 또한 엄격히 금지한다고 규정하고 있다.[4]

---

1) 1925년 제네바 의정서의 공식 명칭은 질식성가스, 독성가스 또는 기타 가스 및 세균학적 수단의 전쟁에서의 사용금지를 위한 의정서(Protocol for the Prohibition of the Use in War of Asphyxiating, Poisonous or Other Gases, and of Bacteriological Methods of Warfare)'이다. 1925년 5월 4일~6월 17일 당시 국제연맹의 후원하에 제네바에서 개최된 무기와 탄약 무역 감시 회의(Conference for the Supervision of the International Trade in Arms and Ammunition)에서 작성되어 동년 6월 17일 서명을 위해 개방되었고 1928년 2월 8일에 발효되었다. 2021년 9월 현재 당사국은 145개국이다.

2) 화학무기가 현대전에서 최초로 사용된 것은 제1차 세계대전 중인 1915년 4월 벨기에 이프레(Ypres) 전투에서 독일군이 연합군에 대하여 압축 실린더에서 염소가스를 살포했을 때이다. 제1차 대전 말까지 113,000톤의 화학무기 작용제가 사용되어 10만 명의 사망자를 포함하여 120만 명의 사상자가 발생하였다. Australia Group Booklet, *The Australia Group: Fighting the spread of chemical and biological weapons* (July 2007), p. 4; Paul F. Walker, "Abolishing Chemical Weapons: Progress, Challenges, and Opportunities," *Arms Control Today* (November 2010), p. 9.

3) World Health Organization, *Public Health Response to Biological and Chemical Weapons: WHO Guidance* (Geneva: World Health Organization, 2004), p. 109; William H. Boothby, *Weapons and the Law of Armed Conflict* (Oxford: Oxford University Press, 2009), p. 16.

그러나 이들 국제문서는 금지대상을 "질식성가스 또는 유독가스의 살포를 유일한 목적으로 하는 발사체(projectile)의 사용"으로 한정하고 있어 내재적인 한계가 있었다. 즉 제1차 세계대전 당시 화학무기를 사용한 국가들은 독가스 발사전용의 발사체를 사용하지 않고 독가스탄을 일반적 발사체로 사용하였기 때문에 화학무기의 대량 사용을 규제하지 못했다. 따라서 동 선언들은 제1차 세계대전 이후 독가스의 사용에 대하여 아무런 규제도 하지 못하는 조약으로 인식되었다.[5]

한편, 이란—이라크 전쟁에서 화학무기의 광범위한 사용과 화학무기의 수평적 확산 증대에 대응하여 1989년 1월 파리에서 화학무기사용회의가 열렸으며, 이 회의에서 참가국들은 1925 제네바 의정서의 중요성을 인식하고 생화학무기의 전시 사용금지 사항을 재확인함과 동시에 가입하지 않은 모든 국가들에게 가입을 촉구하였다. 이 의정서는 후술하는 생물무기금지협약(BWC)과 화학무기금지협약(CWC) 및 일부 지역 군축협정의 근거를 제공하였다.[6]

II. 주요 내용

이 의정서는 전시에 당사국 상호 간에 질식성 가스, 유독가스, 기타 가스 및 이와 유사한 모든 액체 또는 장치 등의 화학무기 외에도 세균학적 수단, 즉 생물무기의 사용도 금지한다. 이 의정서는 전쟁에서 화학무기와 생물무기의 사용이 "문명 세계의 여론에 의하여 정당하게 비난받고 있으므로 모든 국가들의 양심과 행동을 다 함께 구속하는 국제법의 일부로서 보편적으로 수락되어야 한다."고 조약문은 밝히고 있다.[7] 그런데 이 의정서에서 "가스 및 이와 유사한 모든 액체, 물질 또는 장치"에 관한 부분은 기존의 금지사항으로서 이전에 서명된 여러 국제문서에서 선언된 것을 단순히 재확인한 것에 불과하다.[8]

---

4) <https://ihl-databases.icrc.org/applic/ihl/ihl.nsf/INTRO/280>.
5) 이민호, 『무력분쟁과 국제법』(연경문화사, 2008), pp. 312-313.
6) James Martin Center for Nonproliferation, <http://cns.miis.edu/inventory/pdfs/genev.pdf> 참조.
7) 제네바 의정서의 全文은 <treaties.unoda.org/t/1925> 참조.
8) 淺田正彦 譯, 『軍縮條約ハンドブック』(東京: 日本評論社, 1994), p. 87.

이 의정서의 의무의 범위는 수년간 해석상의 쟁점이었다. 유엔 총회는 그간 채택한 수차례의 결의를 통하여 제네바 의정서는 어떠한 기술적 발전과 관계없이 국제적 무력분쟁에서 모든 생물학적, 화학적 전쟁방법의 사용을 금지하는 일반적으로 승인된 국제법 규칙을 규정하고 있음을 승인하였으며, 모든 당사국들에게 1925년 제네바의정서의 목적과 원칙을 엄격히 준수할 것을 요청하고 있다. 아울러 국제적 무력분쟁에서 특히 모든 전쟁용 화학작용제로서 사람과 동식물에 대한 직접적인 독성효과 때문에 사용될 우려가 있다는 점 그리고 모든 전쟁용 생물작용제로서 사람과 동식물에 질병 또는 사망 발생을 의도하거나 공격목표가 된 사람 또는 동식물에 있어서 자체의 증식능력에 그 효과를 의존하는 것을 국제법 규칙에 반하는 것으로 선언하였다.9)

Ⅲ. 제네바의정서의 결점

제네바의정서에서 지적되는 가장 큰 문제점은 생화학무기의 개발·제조·비축·보유를 금지하지 않아 과거 미국과 소련 등 많은 국가들의 생화학무기 개발 및 생산을 저지하지 못했다는 점이다. 아울러 이 의정서는 전시에만 사용을 금지하기 때문에 내분 또는 내란 등 국내 분쟁에는 적용되지 않는 문제점이 있다.10) 더구나 불행히도 많은 국가들이 이 의정서의 서명·비준 또는 가입과 함께 화학무기로 공격한 국가에 대하여 화학무기를 사용하여 보복하는 권한을 유보하였기 때문에 사실상 선제 사용금지(no-first-use) 조약이라고 할 수 있다. 또 일부 당사국은 당사국이 아닌 국가에 대한 화학무기의 사용 권한을 유보하였다.11)

---

9) A/RES/2603A(XXIV) (16 December 1969).
10) 淺田正彦 譯, 전게서, pp. 88-89.
11) BWC와 CWC 발효 후 수년간 많은 국가들이 유보사항을 철회하였다. 그러나 아직 유보 상태를 유지하고 있는 국가는 중국, 인도, 북한, 이라크, 리비아, 시리아, 미국, 이스라엘, 베트남, 한국 등 23개국이다. <http://cns.miis.edu/inventory/pdfs/genev.pdf> 참조. 이와 관련 2020년 유엔 총회는 제네바 의정서 준수의 중요성을 재확인하고 유보를 유지하고 있는 국가에 대하여 유보의 철회를 요청하였다. A/75/399 (7 December 2020) 참조.

중국, 프랑스, 영국과 러시아는 모두 1920년대에 이 조약의 당사국이 되었으나 일본은 1970년에 서명하였고 미국은 1975년이 되어서야 상원의 비준을 받았다.[12] 그러나 BWC와 CWC가 발효됨에 따라 일부 국가들은 유보를 철회하였다. 그리고 이 의정서는 화학무기의 사용을 직접적으로 금지한 최초의 조약임에도 불구하고 '기타 가스'의 범주에 최루가스 등 비살상(non-lethal) 화학작용제와 고엽제 등 식물에 대한 화학작용제의 포함 여부가 논란이 되는 등 화학무기의 범위가 명확하지 않다는 문제점이 있다.[13]

아울러 이 의정서에는 생화학무기 사용금지 규범의 이행을 검증하는 조항이 없어 그 효과가 크게 제한적이다. 그러나 1980년대 이후 이 의정서의 위반 가능성에 관한 조사 권한을 유엔 사무총장에게 부여하는 유엔 총회 결의를 통하여 이러한 공백은 메워졌다. 즉 1980년 유엔 총회는 사무총장에게 안보리의 사전승인 없이 화학무기 사용혐의를 조사할 수 있는 권한을 부여하였으며 조사 수행 시에 관련 전문가의 조력을 받도록 하였다.

1982년에는 1925년 제네바 의정서의 생물무기의 사용금지 위반 여부도 조사대상에 포함하였다.[14] 아울러 1987년 11월 유엔 총회는 생화학무기 사용 의혹에 대한 사무총장의 조사 권한을 재확인하였다.[15] 그런데 이 권한은 유엔 회원국만이 제기하는 혐의의 조사에 국한하였으며, 이 권한은 1980년대부터 1990년대 초 아제르바이잔, 이란, 이라크, 모잠비크 및 동남아의 생화학무기 사용 의혹 조사에 행사되었다. 1997년 4월부터는 화학무기금지기구(OPCW)에도 화학무기 사용 의혹에 대한 조사 권한이 부여되었다.[16]

---

12) Ian R. Kenyon, "Why we need a Chemical Weapon Convention and an OPCW?" in I. R. Kenyon & D. Feakes (eds), *The Creation of the Organization for the Prohibition of Chemical Weapons* (T.M.C. Asser Press, 2007), p. 5.

13) 이민호, 전게서, p. 312.

14) A/RES/35/144C (12 December 1980), para. 5.

15) A/RES/42/37C (30 November 1987), para. 4.

16) Nathan E. Busch and Daniel H. Joyner (eds), *Combating Weapons of Mass Destruction: The Future of International Nonproliferation Policy* (Athens: The University of George Press, 2009), p. 101.

I. 성립배경

1925년 제네바의정서의 서명 이후 화학무기와 생물무기의 보유를 동시에 금지해야 한다는 견해가 일반적이었다. 1945년 유엔이 창설된 후 첫 20년간 군축협상의 의제는 주로 핵무기에 집중되었다. 그 후 1960년대 말부터 미국이 베트남 전쟁에서 고엽제와 최루가스를 사용한 것을 기화로 생화학무기에 대한 우려가 깊어지기 시작하였다. 이 문제는 1966년 유엔 총회에서 제기되어 1968년 제네바 군축회의(CD)의 의제로 채택되었다. 1969년 우탄트 유엔 사무총장은 '화학·생물무기와 그 사용의 영향에 관한 보고서'에서 이들 무기는 사람과 자연에 대하여 불가역적인 귀결을 초래할 수가 있다는 결론을 내렸다. 1970년 세계보건기구(WHO)가 발표한 '화학·생물무기의 보건적 측면에 관한 보고서'에서도 화학무기와 생물무기 사용의 영향은 극히 불확실하고 예측 불가능하다는 점을 지적하였다.

그러나 영국 등 일부 서방국가는 화학무기와 생물무기의 이슈를 서로 분리하여 다룰 것을 제안하고 먼저 생물무기만을 금지하는 조약안 문서를 제출하였다.[17] 이들 무기를 별도로 취급하는 주된 이유는 생물무기의 금지는 화학무기와는 달리 검증이 필요치 않고 즉 중대한 위험을 수반하는 일이 없이 신속하게 조약을 체결할 수 있다는 것이었다. 이러한 가운데 1969년 11월 미국의 닉슨 대통령이 화학무기를 선제공격용으로 사용하지 않을 것과 생물무기를 일방적으로 포기할 것을 선언하고 생물무기의 개발 및 생산 중단과 동시에 생물무기의 폐기에 착수하였다. 이어서 1970년 전쟁목적을 위한 독소의 생산·비축 및 사용의 정식 포기와 함께 생물작용제와 독소에 관한 군사계획은 방호목적의 연구개발에 한정하기로 하고 구소련에 동참하라는 압력을 가한 것을 계기로 생물무기금지협약(BWC)이 탄생하게 되었다.[18]

---

17) Ian R. Kenyon, *supra* note 12, p. 7; The CBM Conventions Bulletin, Issue No. 48, June 2000, p. 4.

18) Amy F. Woolf et al, "Arms Control and Nonproliferation: A Catalog of Treaties and

Ⅱ. 당사국의 기본의무

BWC는 모든 생물무기의 개발·생산과 비축 등을 금지하는 최초의 다자간 군축·비확산 조약이다.[19] BWC는 방역, 신체보호 또는 기타 평화적 목적에 의하여 정당화할 수 없는 종류 및 수량의 생물작용제 및 독소(toxins)의 개발·생산·비축·획득 및 이전을 금지한다. 아울러 적대적 목적이나 무력충돌 시에 그러한 생물작용제와 독소를 사용하기 위해 설계된 무기, 장비 및 운반수단의 개발, 생산, 비축, 획득 및 보유를 금지한다(제1조).

BWC 제1조는 생물무기의 사용금지에 대해서는 명백한 언급은 없지만 BWC 1996년 제4차 및 2006년 제6차 검토회의에서 당사국들은 제1조가 생물무기의 사용에 관한 암묵적인 금지를 포함하는 것으로 해석하였다.[20] BWC 제3조는 직접 또는 간접적으로 생물작용제와 독소 및 이를 사용하기 위해 설계된 무기, 장비 및 운반수단의 이전을 금지하며 또한 어떠한 방법으로든 그의 제조 또는 획득에 대한 지원, 장려 또는 권유를 금지한다.

한편 당사국은 제1조에서 규정한 생물무기 및 독소 등의 개발·생산·비축·획득 및 보유를 금지 또는 방지하기 위하여 필요한 모든 조치를 해야 한다(제4조). 그리고 당사국은 가능한 한 조속히, 늦어도 협약 발효 후 9개월 안에 모든 생물작용제, 독소, 무기, 장비 또는 운반수단을 폐기하든지 아니면 평화적 목적으로 전환해야 한다(제2조). 이때 인명과 환경보호를 위하여 필요한 모든 사전주의 조치를 준수해야 한다.[21]

Agreements," *CRS Report for Congress RL33865* (March 18, 2019), p. 52.

19) 생물무기금지협약(BWC)의 공식명칭은 세균무기(생물무기) 및 독소 무기의 개발·생산 및 비축의 금지와 그 폐기에 관한 협약(Convention on the prohibition of the development, production and stockpiling of bacteriological (biological) and toxin weapons and on their destruction)이다. BWC는 1972년 4월 10일에 서명을 시작하여 1975년 3월 26일에 발효하였으며 효력은 무기한이다(제13조). 가입국은 2021년 9월 말 기준 총 187개국이다. BWC 당사국들의 검토회의(Review Conference)는 5년마다 개최된다.

20) Final Document (BWC/CONF.VI/6) of the Sixth Review Conference(20 November~8 December 2006) & the Final Declaration of the Fourth Review Conference(5 November~6 December 1996).

21) Arms Control Association, "The Biological Weapons Convention (BWC) at a Glance," available at <www.armscontrol.org/factsheets/bwcataglance>.

표 3-1 BWC 당사국 의무 및 권리

제1조: 평화적 목적 외의 생물무기 개발·생산·보유 등 금지

제2조: 생물무기를 평화적 목적으로 전환 또는 폐기(협약 발효 9개월 이내)

제3조: 생물무기 이전·원조·장려·권유의 금지

제4조: 조약준수를 위한 국내조치 이행

제5조: 문제해결을 위한 당사국 간 협력

제6조: 타국의 조약 위반에 대해 유엔 안보리에 불만 청원

제7조: 협약 위반으로 위험에 노출되어 있는 당사국에 대한 원조 및 지원

제8조: 1925년 제네바의정서 준수

제9조: 생물무기 금지 및 폐기를 위한 협상 계속

제10조: 평화적 목적을 위한 기자재 및 정보교환, 국제협력

제11조: 조약의 개정요건 (과반수 찬성)

제12조: 검토회의 개최 (협약 발효 5년 후)

제13조: 협약의 무기한 효력 및 탈퇴 3개월 전 탈퇴 통고

제14조: 서명·비준·발효 등

주: 각 조항의 세부내용은 부록 2. 참조

Ⅲ. BWC 수출통제

BWC는 수출통제와 관련하여 제3조에서 생물무기 등의 이전을 금지하지만 제10조는 당사국들 간에 생물작용제 및 독소의 평화적 목적의 이용을 위하여 생물작용제에 관한 장비·물자 및 과학 기술적 정보의 이전 및 교류를 촉진하며, 질병 방지 또는 기타 평화적 목적을 위하여 생물학 분야의 개발 및 과학적 발견의 응용을 확대하는데 기여하도록 상호 협력을 요구하고 있다. 이와 관련 1986년 제2차 BWC 검토회의는 특히 평화적 목적의 바이오기술, 생물작용제 및 독소 분야에서 최근의 과학기술 발전에 비추어 제10조의 중요성을 강조하고 당사국 간 정보·물자 및 장비의 이전 및 교환을 확대하기 위한 구체적으로 조치할 것을 촉구하였다.[22] 따라서 생물무기의 능력개발에 필요한 물자의 거래

를 규제하기 위한 효과적인 체제가 존재하지 않는다고 볼 수 있다. 더욱이 BWC는 그러한 물자의 거래에 대한 검증을 고려하지 않고 있다.

Ⅳ. BWC 이행검증

1. 검증체제 및 검증기구 부재

BWC는 국가의 이행조항이 있는 최초의 WMD 관련 조약이다. BWC 제4조는 "각 당사국은 헌법상의 절차에 따라 당사국의 영역 내에서 그리고 당사국 관할 하의 또는 지배하의 모든 장소에서 제1조에 명시된 생물작용제·독소·무기·장비 및 운반수단의 개발·생산·축적·획득·보유를 금지 및 방지하는데 필요한 모든 조치를 해야 한다."고 규정하고 있다. 그러나 구체적인 조치에 대해서는 세부규정이 없고 당사국의 재량에 맡기고 있다. 더구나 BWC에는 CWC와는 달리 BWC 의무의 이행을 감시하는 공식적인 검증체제가 없어 실효성에 한계가 있다.23) 이러한 검증장치의 부재는 의약실험 활동을 감시하거나 전염 작용제의 실험을 금지하기가 불가능하다는 일반적인 신념에 기인한다.

BWC에 공식적인 검증장치가 결여된 이유는 BWC가 냉전이 한창일 때 협상이 진행되었었고 당시 소련이 현장사찰(on-site inspection)은 간첩행위와 다름없다는 이유로 거절했기 때문이다. 그런데 BWC를 검증하는 작업은 많은 이유로 지나치게 어려운 측면이 있다. 첫째, 생물 병원체와 생산장비가 이중용도

---

22) Second Review Conference Final Declaration, Art. 10 (BWC/CONF.II/13/II).

23) 1968년 영국이 처음 협상테이블에 제출한 협약안에는 검증조항이 들어있었다. 미국은 당시 소련이 영국의 제안을 거절할 것으로 가정하고 검증장치가 없는 협약안을 가지고 영국과 함께 소련과 협상을 벌였다. 1969년 미국과 소련은 같은 날에 동일한 조약안을 상정했다. 1969년 미국은 일방적으로 생물무기 개발 프로그램의 종료를 선언하고 생물무기 이슈를 화학-생물무기 제네바 군축협상에서 분리할 것을 제안하였고 이 제안에 의하여 협상이 종결되기까지 3년이 소요되었다. Mary Beth Nikitin, "Proliferation Control Regimes: Background and Status," *CRS Report for Congress RL31559* (January 31, 2008), p. 31; 가칭 생물무기금지기구(OPBW)의 설립과 동 기구가 당면할 문제점 및 동 기구에 의해 집행될 검증조치의 유형에 관한 검토에 대해서는 Raymond A. Zilinskas, "Verifying Compliance to the Biological and Toxin Weapons Convention," *Critical Reviews in Microbiology*, Vol. 24, No. 3 (Fall 1998) 참조.

(dual-use)이기 때문에 합법적인 활동과 금지된 활동을 구별해 내기가 쉽지 않다. 둘째, BWC가 방어적 조치의 개발을 허용하고 있지만 공격적 조치와 구분하기가 어려워 종종 의도의 평가에 의존한다. 셋째, 세계 도처 수만의 민간 백신 공장, 발효시설 및 합법적인 생물방어(bio-defense) 센터들은 상당한 양의 생물작용제를 생산할 수 있는 잠재적인 능력이 있기 때문에 실제 불법 활동에 가담하고 있는 시설의 일부 조차 찾아내기가 힘들다. 넷째, BWC 위반을 적발하는데는 상업적 생명공학(biotechnology) 공장에 대한 고도의 침투적 사찰이 요구되므로 이는 자칫 약품 및 백신 생산에 사용되는 유전자변형 미생물에 관한 재산적 정보가 노출될 위험이 있다.[24]

아울러 BWC는 또 NPT와 CWC와는 달리 협약상의 의무 이행을 감시하고 집행할 독립적인 국제기구가 없다. 당사국의 불이행 문제가 있는 경우 안보리에 청원하는 절차가 있지만 문제의 제기는 당사국이 해야 한다. 여기에서 안보리의 역할은 CWC와 마찬가지로 주로 유엔헌장에 의해 결정되므로 안보리는 직권으로 조사를 개시하거나 어떠한 조치를 할 의무가 없다.

그러나 안보리가 당사국의 청원에 의하여 조사를 개시하기로 결정할 경우 협약 당사국들은 안보리의 결정을 존중하고 조사에 협조할 법적 의무를 진다. 이러한 협력 의무에 대하여 안보리가 요구할 경우 위반혐의 국가가 자국 영역에서 현장사찰을 허용하는 의무를 포함하는지에 대해서는 논란이 있다. 아울러 BWC는 협약의 이행을 검증하고 집행할 국제기구가 없기 때문에 당사국은 생물 방호 관련 모든 활동에 관한 사항을 유엔 군축과에 보고하며, 보고된 모든 정보를 유엔을 통해 통보받는 실정이다.

2. 검증의정서 제정추진

BWC는 검증수단을 도입하기 위하여 1994년 이후 검증의정서(verification protocol)를 추진하고 있으나 그 진전 속도가 매우 느리다. 그간의 경과를 보면,

---

24) Jonathan B. Tucker, "Addressing the Spectrum of Biological Risks: A Policy Agenda for the United States, Testimony before the House Committee on Foreign Affairs, Subcommittee on Terrorism, Nonproliferation, and Trade," *National Strategy for Countering Biological Threats: Diplomacy and International Programs* (March 18, 2010), p. 3.

1991년 제3차 BWC 검토회의는 BWC 이행강화의 필요성을 인식하고 정부전문
가그룹(VEREX)을 설치하여 과학적, 기술적 관점에서 향후 BWC 의정서에 사용
할 잠재적 검증조치를 발굴, 조사하도록 하였다.25) 1994년 9월 제네바에서 개
최된 특별회의는 VEREX가 제출한 관련 보고서를 바탕으로 BWC 당사국 임시
그룹(Ad Hoc Group)을 설치하여 법적 구속력 있는 검증체제를 개발하도록 위
임하였다.

　이에 임시그룹은 4가지 세부사항, 즉 용어의 정의 및 객관적 기준, 기존 또
는 추가적인 신뢰구축 및 투명성 조치의 강화, BWC 이행촉진을 위한 조치 및
평화적 생물학 활동 분야에서의 국제협력과 교류에 관한 제10조의 효과적이고
완전한 이행을 위한 세부조치를 강구하고 있다. 1996년 제4차 BWC 검토회의
에서 당사국들은 그간 임시그룹의 논의내용과 결과를 환영하고 늦어도 2001년
제5차 검토회의 전까지 검증의정서에 관한 작업을 마무리하도록 위임했다.
1998년 9월 뉴욕에서 개최된 협정 당사국의 비공식 각료회의에서 검증의정서
논의에 대한 정치적 지원을 과시하였으나 임시그룹은 기한대로 의정서 초안을
마련하지 못하였다.26)

　2001년 11월 제5차 검토회의에서도 일부 주요 이슈에 대해 당사국들 간에
의견과 입장이 다양하여 최종선언에 합의되지 못했다. 난제는 BWC의 이행 감
시 및 집행을 강화하기 위한 의정서였다. 2001년 7월 미국은 의정서 초안이 은
밀한 위반에 대한 충분한 보안장치를 갖추지 않았으며 따라서 미국의 생물방
어(bio-defense) 프로그램과 상업적 지적재산 정보의 보안이 위험에 처할 수
있다는 이유로 향후 협상안으로는 받아들일 수 없다고 반대함에 따라 협상이
일단 중단되었다. 대신 미국은 2001년 제5차 검토회의에서는 BWC 위반을 범
죄로 다스리고 위반자를 신속히 추방하며, 의심되는 질병 발생과 생물무기 사
용혐의를 조사하여 국제 질병 관리를 개선하는 내용을 제안하고 당사국들의
채택을 촉구하였다.27)

　한편 제5차 검토회의에서는 BWC의 규범강화를 위한 3개년(2003~2005년)의

---

25) VEREX의 검증조치에 관한 세부내용은 Raymond A. Zilinskas, *op cit*, pp. 199-209 참조.
26) 유엔 군축 웹사이트 <http://www.un.org/disarmament/WMD/Bio/BioSecondPageBWC.-
　　shtm>.
27) Mary Beth Nikitin, *supra* note 23, pp. 39-42.

작업계획이 채택되었다. 이에 근거하여 당사국들은 2006년 제6차 검토회의를 앞두고 다음 5개 분야를 순차적으로 검토하여 공통의 이해와 실효적인 조치의 실시를 촉진할 것을 목적으로 매년 당사국회의(intersessional process)와 그 준비를 위한 전문가회의를 제네바에서 개최하였다.

(1) 벌칙 등 조약의 금지사항을 담보하기 위한 국내 조치(2003년)

(2) 병원체·독소의 보안 관리 및 관리체제를 확립하고 유지하기 위한 국내조치(2003년)

(3) 생물무기 사용의 의혹 및 우려가 있는 질병의 발생에 대처하여 조사 및 피해를 완화하기 위한 국제적 대응능력의 강화(2004년)

(4) 인간과 동식물에 악영향을 끼치는 전염병의 감시·탐지·진단 및 퇴치를 위한 기존 메커니즘과 국내 및 국제적 노력 강화 및 확대(2004년)

(5) 과학자를 위한 행동규범의 공포 및 채택(2005년)

2006년 제6차 검토회의는 앞으로도 전문가회의와 당사국회의를 2011년 제7차 검토회의 전까지 매년 개최하고 각국 국내법의 강화 및 병원균의 안전관리, 당사국 간 상호지원, 국제기구와의 연대 등에 대하여 논의하기로 합의하였다. 아울러 신뢰구축조치(CBM)[28]의 제출 간소화 및 당사국들의 BWC 이행과 신뢰구축조치를 지원하고 사무국 기능을 겸하는 이행지원단(Implementation Support Unit)을 설치하기로 합의하였다. 2011년까지 당사국회의에서는 연도별로 다음과 같은 의제가 논의되었다.[29]

(1) 국내 법제도 및 기관의 강화와 법집행기관 간의 연대를 포함한 국내이행 강화를 위한 수단과 방법(2007년)

(2) BWC 이행에 관한 지역적 협력(2007년)

---

28) 신뢰구축조치(Confidence-Building Measures: CBM)은 당사국 간 투명성을 제고하여 조약 준수의 신뢰를 조성하는 수단으로서 조약상의 의무는 아니고 1986년 제2회 검토회의의 최종선언 및 유엔 총회 결의에 따른 조치로서 당사국은 국내 연구시설, 생물방어 계획 및 질병 발생상황 등에 관한 당사국 간의 정보교환을 위하여 매년 유엔 군축실(UNODA)에 정보제출이 요망된다. Nicolas Isla and Iris Hunger, "BWC 2006: Building Transparency Through Confidence Building Measures," *Arms Control Today*, Vol. 36, No. 6 (July/August 2006), p. 1.

29) 日本 外務省, 『日本の軍縮·不擴散外交(第4版)』(2008), pp. 93-94.

(3) 병원균 독소의 실험실에서의 안전을 포함한 생물안전(biosafety) 및 생물 보안(bio-security) 향상을 위한 국내적, 지역적 및 국제적 조치(2008년)

(4) BWC의 금지목적에 이용되기 쉬운 바이오 과학기술의 악용을 예방하기 위한 감시, 교육, 인식 제고 및 행동규범의 채택(2008년)

(5) 평화적 목적의 생물학적 과학기술의 국제협력 강화를 위하여 전염병의 감시, 탐지 및 진단 등의 분야에서 역량 강화 촉진(2009년)

(6) 질병감시, 탐지, 진단 및 공중보건 시스템의 국내능력 향상을 포함한 생물 독소무기의 사용 의혹에 대하여 지원제공과 관계기관과의 연계 (2010년)

2011년 제7차 검토회의에서 BWC의 이행검증과 관련하여 서방은 신뢰구축조치의 중요성을 강조하는 반면, 비동맹 국가들은 법적 구속력이 있는 검증의정서의 도출을 주장하고 국제협력의 법적 의무를 강조함으로써 상호 의견이 대립하였다. 2016년 제8차 검토회의에서도 양측의 이견이 여전한 가운데 제10조(국제협력)와 관련하여 BWC의 어떠한 조항도 평화적 목적의 생물작용제와 독소에 대한 연구개발 권리를 저해하지 않음을 확인하는 선에서 회의가 종료되었다.[30]

3. 신뢰구축조치의 이행

전술한 바와 같이 BWC에 아직 이행 검증수단이 없는 상태에서 당사국들 간에 협약준수의 투명성을 높이기 위한 유일한 수단은 신뢰구축조치이다. 그리하여 BWC 당사국들은 당사국 간 신뢰 제고 및 협력 강화를 위하여 1986년 제2차 검토회의에서 아래 ①~④의 조치에 합의하였다. 그 후 1991년 제3차 검토회의에서는 아래 ①의 조치가 국가별 생물방어(bio-defense) 프로그램으로 확대되었고 ②와 ④의 조치는 다소 수정되었으며 다음 3가지 조치(⑤~⑦)가 추가되었다. 그런데 문제는 이들 조치들이 정치적으로만 구속력을 가질 뿐 법적 의무가 없다는 점이다.[31]

---

30) 외교부, 『2021 군축·비확산편람』 (2021년 1월), pp. 78-79.
31) Nicolas Isla and Iris Hunger, *supra* note 28, p. 2.

① 매우 높은 국내 또는 국제안전기준을 충족하는 연구소와 실험실 또는 국내 생물방위 연구개발(R&D) 프로그램에 관한 자료 교환
② 비정상적 전염병 발생에 관한 정보교환
③ BWC 관련 생물학 연구결과의 발표 및 이 연구로부터 얻은 지식의 이용 촉진
④ BWC 관련 생물학 연구에 관한 과학교류 촉진
⑤ BWC에 따른 병원성 미생물의 수출입, 관련 법령 및 기타 조치의 신고
⑥ 1946년 1월 1일 이후 존재하는 공격적 또는 방어적 생물학 연구개발 프로그램에 관한 과거 활동 신고
⑦ 인간 보호를 위하여 당사국으로부터 허가받은 백신 생산시설 신고

당사국들은 매년 4월 15일까지 상기 7개 조치에 관한 내용을 신고해야 하나 다수의 당사국들이 이를 이행하지 않음에 따라 이러한 신뢰구축 노력은 크게 성과를 거두지 못하고 있다. BWC 당사국의 40% 이상이 전혀 신고서를 제출하지 않았으며 제출한 국가들의 과반수는 비정기적으로 이행한 것으로 나타났다. 1987~2005년 기간 중 신고서를 제출한 국가는 미국·러시아·독일 등 8개국이었다. 가장 많이 제출한 연도는 1996년으로 53개국이었으나 2003년에는 33개국으로 줄었다. 특히 인도는 1997년에만 이란은 1998년, 1999년과 2002년에만 각각 제출하였으며 스웨덴은 2002년과 2003년에 그리고 영국은 2001년에 각각 신고서를 제출하지 않았으며, 게다가 제출된 신고서도 불완전하고, 부정확한 것이 많았다. 1987~2008년 중 1회라도 제출한 국가는 140개국이었다.[32]

4. 위반 제재

BWC에는 협약 불이행에 대한 직접적인 제재 규정이 없다. 다만 협약의 목적과 관련하여 또는 협약의 적용에 있어서 발생할 수 있는 문제의 해결에 있어서 당사국 간에 또는 다자적으로 상호 협의하고 협력해야 하며 이러한 협의와 협력은 유엔헌장에 따라 유엔의 틀 내에서 적절한 국제절차를 통하여 수행될

---

32) *Ibid*, pp. 1-2.

수 있다고만 규정되어 있다(제5조). 그리하여 당사국은 다른 당사국이 협약을 위배하는 행동을 하고 있음을 발견할 경우 가능한 모든 증거를 첨부하여 유엔 안보리에 청원할 수 있고 당사국들은 안보리의 조사에 협력할 의무가 있다(제6조). 유엔 안보리는 당사국의 청원 사항을 조사할 수 있으나 아직 이 권한이 행사된 적은 없다.[33]

과거 BWC 위반사례가 적지 않다. 구소련은 BWC 비준 후에도 엄청난 생물무기 프로그램을 운영했으며, 러시아는 동 프로그램이 종료되었다고 주장하나 의문은 여전히 남아 있다. 이라크는 1991년 걸프전 중단의 조건으로 BWC를 비준했다. 그러나 걸프전 이후 유엔특별위원회에 의해 생물무기 프로그램이 적발되었으며 미국은 이라크가 BWC 당사국이 된 이후에도 협약 위반을 계속하고 있다고 믿고 있다. 2001년 11월 미국은 BWC 위반사례로 이란의 생물무기 프로그램의 개연성 및 북한의 생물무기 능력 보유를 지적하였다. 이에 대해 이란은 미국의 주장은 근거가 없으며 이는 BWC의 조항에 반하는 것이라고 반박했다. 미국은 시리아가 BWC를 비준하지 않은 채 생물무기를 개발하고 있다고 주장했다. 아울러 미국은 중국과 쿠바의 BWC 준수 여부에 대하여 의구심을 제기하였다.[34]

어느 국가도 생물무기 프로그램이나 비축 사실을 공개적으로 인정하지 않는다. 그러나 확실성의 면에서 정도의 차이는 있으나 생물무기 프로그램을 보유했거나 현재 보유하고 있다고 의심받는 국가들로는 중국, 쿠바, 이란, 이스라엘, 북한, 러시아, 시리아, 캐나다, 프랑스, 독일, 이라크, 일본, 리비아, 남아공, 영국, 미국 등 16개국과 대만이다.[35] 2001년 미국 주도의 아프가니스탄 침공 전에 알카에다가 생물무기 개발 프로그램이 있었다는 증거가 있다. 리비아도 과거 생물무기 프로그램이 있는 국가로 지목되었으나 2003년 리비아가 WMD 개발 프로그램을 철폐하였다고 발표한 이후 어떠한 증거도 발견되지 않았다.[36]

---

33) <https://www.armscontrol.org/factsheets/bwc>
34) Oliver Meier, "NEWS ANALYSIS: States Strengthen Biological Weapons Convention," *Arms Control Today*, Vol. 37, No. 1 (January/February 2007), p. 1; "The Biological Weapons Convention(BWC) At a Glance," available at <http://www.armscontrol.org>.
35) <https://www.nti.org/learn/biological/>.
36) Paul K. Kerr et al, *Nuclear, Biological, and Chemical Weapons and Missiles: Status and Trends*, CRS Report RL30669 (February 20, 2008), pp. 14-15.

I. 성립배경 및 의의

화학무기는 제1차 세계대전 중인 1915년 독일군이 이프레(Ypres) 전선에서 대량의 염소가스를 사용한 이래 수차례의 전쟁에서 화학무기의 사용이 증가하였다. 이에 1925년 제네바의정서는 생물무기 및 화학무기에 대해 전쟁에서의 사용을 금지하였지만 제2차 세계대전과 1980−88년의 이란−이라크 전쟁에서도 화학무기가 사용되었으며 다른 한편으로는 세계 각국의 화학무기 개발 경쟁이 격화되었다. 1969년 당시 우탄트 유엔 사무총장이 "화학무기와 그 사용의 영향"이라는 제목의 보고서를 제출한 것을 계기로 유엔 등에서 화학무기 금지에 관한 논의가 본격화되었다. 군축협상이 난항을 겪고 이란−이라크 전쟁에서 화학무기가 사용된 데다 걸프전에서도 이라크가 화학무기를 사용한 것이 아닐까 하는 우려 등의 영향으로 인하여 조약협상을 조기에 타결해야 할 필요성이 고조되었고 그 결과 화학무기금지협약(CWC)이 성립되기에 이르렀다.[37]

화학무기는 생명과정에 대한 화학작용을 통하여 사람 또는 동물을 사망, 일시적 무능화 또는 영구적 해를 유발하는 무기로서 CWC에서는 ① 독성화학물질(toxic chemicals)과 그 원료물질인 전구체(precursors)이며 그 종류 및 수량이 "이 협약으로 금지되지 않은 목적"[38]에 적합하지 않는 것, ② 탄약과 장치로 사용하여 방출되는 ①에 규정한 독성화학물질의 독성에 의하여 사망 또는 상해를 일으킬 수 있도록 특별히 설계된 것과 ③ 탄약과 장치의 사용에 직접

---

[37] 화학무기금지협약(CWC)의 정식 명칭은 "Convention on Prohibitions or Restrictions on the Use of Certain Conventional Weapons Which May Be Deemed to Be Excessively Injurious or to Have Indiscriminate Effects"이며 1997년 4월 29일 발효하였다. 당사국은 2021년 9월 기준으로 총 193개국이다. 앙골라, 이집트, 북한, 소말리아, 미얀마, 이스라엘, 시리아, 대만 등 8개국은 아직 가입하지 않았다. 이스라엘은 서명하였으나 아직 비준하지 않았다. 대만은 가입을 원하지만 1971년부터 유엔 회원국이 아니어서 가입할 수 없는 상황이다.

[38] ① 공업, 농업, 연구, 의료 또는 제약의 목적과 기타 평화적 목적, ② 방호목적, 즉 화학무기와 독성화학물질의 방호와 직접 관계있는 목적, ③ 화학무기의 사용과 관련이 없는, 즉 화학물질의 독성을 전쟁의 수단으로 이용하는 것이 아닌 군사적 목적 및 ④ 국내의 폭동진압을 포함하여 법 집행을 위한 목적을 말한다. CWC Art 2, para. 9.

관련하여 사용하도록 특별히 설계된 장치를 말한다.[39] CWC는 화학무기를 완전히 금지하고 폐기할 뿐만 아니라 협약상 의무의 준수를 확보하는 수단으로서 실효적인 검증제도를 가진 최초의 가장 성공적인 군축·비확산 조약이라는 데 큰 의미가 있다.[40]

Ⅱ. 당사국의 기본의무

CWC 당사국은 화학무기의 개발·생산·취득·비축·보유 또는 이전을 금지하며, 화학무기의 사용과 사용을 위한 군사적 준비 활동을 무조건 금지한다(Art. 1(1). 또한 전쟁수단(a method of warfare)으로서 폭동진압제[41]의 사용을 금지한다(Art. 1(5).[42] 그러나 법 집행이나 국내 폭동진압을 위해서는 사용될 수 있다. 당사국이 소유 또는 점유하거나 자국 관할 하의 장소에 있는 화학무기는 원칙적으로 CWC 발표 후 10년 내에 완전히 폐기해야 된다(Art. 1(2). 아울러 당사국은 소유 또는 점유하거나 자국 관할 하의 장소에 있는 모든 화학무기 생산시설을 파괴해야 한다(Art. 1(4). 또 당사국은 협약의 의무를 이행하기 위하여 벌칙 조항을 포함한 법령의 제정 등 모든 필요한 국내조치를 취해야 한다(Art. 7).

아울러 이 협약으로 금지되지 않은 목적을 위한 독성화학물질의 개발 또는 생산하는 권리는 인정되나 특정 독성화학물질 및 관련 시설은 검증조치의 대상이며 따라서 당사국은 그에 관한 활동을 신고해야 한다. 신고사항(요건)은 화학무기 비축량, 화학무기 생산시설, 관련 화학시설 및 기타 화학무기 관련 정보, 1946년 이후 화학무기 또는 화학무기 생산시설의 모든 이전 또는 수령, 타국 영토에 유기한 화학무기, 1946년 이후 주로 화학무기의 개발 목적으로 설계·건설

---

39) CWC Art. 2, para. 1(a) (b) (c).
40) William H. Boothby, *supra* note 3, p. 134.
41) 폭동진압제(riot control agent)란 화학물질 목록에 열거되지 아니한 화학물질로서 노출 종료 이후 단시간에 소실하며 사람에 대한 자극 또는 행동을 곤란하게 하는 신체의 효과를 신속하게 유발하는 것을 말한다. CWC Art. 2(7).
42) 1985년 미국 포드 대통령은 오로지 인명을 구하기 위한 방어적 군사수단으로만 폭동진압제를 사용할 것을 허용하는 행정명령 제11850호를 발부하였다. 허용되는 구체적인 예로는 전쟁포로의 진압이나 민간인을 공격의 방패막이로 이용할 경우이다. William H. Boothby, *supra* note 3, p. 135.

또는 사용된 시설, 화학무기 및 시설 폐기계획 등이다.[43] 예외적인 상황에서 화학무기 생산시설(CWPF)은 폐기하지 않고 다른 목적으로 전환할 수 있다. 특정한 경우 어느 국가가 다른 국가의 영토에 버린 화학무기는 회수해서 폐기해야 한다. 한편 CWC는 1985년 전에 바다에 투기한 화학무기의 문제에 대해서는 언급이 없다.

표 3-2 CWC 당사국 의무 및 권리

> 제1조: 일반적 의무
> · 화학무기 개발·생산·취득·저장·보유·이전 및 사용 금지
> · 화학무기·시설 및 유기화학무기의 폐기
> · 전쟁수단으로 폭동진압제의 사용금지 등
> 제2조: 정의 및 기준
> 제3조: 화학무기·시설·유기 화학무기의 신고(비준 후 30일 이내)
> 제4조: 화학무기 사찰 및 폐기(협약 발효 후 10년 이내 폐기 완료)
> 제5조: 화학무기 생산시설 사찰 및 폐기(협약 발효 후 10년 이내 폐기 완료)
> 제6조: 금지 활동(개발·생산·보유·이전·사용 등)의 권리
> 제7조: 국내조치(국내법 정비, 벌칙 등)
> 제8조: 화학무기금지기구(OPCW) 설립, 당사국회의 등
> 제9조: 협의, 협력, 조사(위반 가능 국가에 대한 강제사찰 요청 및 절차)
> 제10조: 화학무기에 대한 방위 제공, 방위 연구 등의 권리
> 제12조: 제재를 포함한 상황 치유 및 준수 조치
> 제14조: 분쟁해결
> 제15조: 개정
> 제16조: 탈퇴(90일 전 통고, 탈퇴해도 기존 이행 의무 존속)

주: 각 조항별 세부내용은 협약문 <treaties.unoda.org/t/cwc> 참조.

---

43) CWC Art. 6, para. 1.

Ⅲ. CWC 수출통제

CWC는 제1조에서 화학무기의 이전(수출)은 원칙적으로 금지하고 있으나 제6조에서는 평화적 목적 및 방호목적으로의 수출은 보장한다. CWC 통제대상 화학물질은 CWC의 화학물질에 관한 부속서(Annex on Chemicals)에 1~3종으로 분류되어 있다. 제1종(Schedule 1) 화학물질은 ① 실제 화학무기로 개발·생산·저장·사용된 적이 있는 화학물질, ② 화학물질로 사용될 잠재적 위험성이 높거나, ③ 화학구조가 화학무기와 밀접한 관련이 있는 주요 원료물질(머스터드·사린가스 등), ④ 화학무기로 전용될 위험이 높거나, ⑤ 기타 평화적 목적으로 사용된 적이 거의 없는 화학물질[44]로서 당사국은 연구·의료·제약 또는 방호 등 평화적 목적 이외에 화학물질의 생산·취득·보유·이전 또는 사용을 금지한다. 아울러 평화적 목적으로 사용하더라도 그 총량을 연간 1톤 이하로 제한한다.

수출에 관하여는 평화적 목적일지라도 극히 제한적인 목적 외에는 협약 비당사국과의 교역이 금지된다.[45] 또 협약 당사국에 수출하는 경우에도 제3국으로의 재수출을 금지하며, 이전과 관련된 양 당사국은 수출 30일 전에 화학무기금지기구(OPCW)의 기술사무국(Technical Secretariat)에 통보해야 한다. 또한 모든 당사국은 제1종 화학물질의 수출입에 관한 자세한 연례보고서를 기술사무국에 제출해야 한다.[46]

제2종(Schedule 2) 화학물질은 화학무기로 사용 가능한 화학작용제 및 전구물질로서 민간용으로는 대량으로 사용되지 않는 상당히 위험한 화학물질이다. 제2종 화학물질은 CWC가 발효되고 3년(2000년 4월 29일) 후부터 비당사국과의 수출입이 금지되며, 협약 발효 후 3년까지는 최종용도 증명하에서만 비당사국에 대한 수출이 허용된다. 이때 당사국은 이전하는 화학물질이 CWC에 의해 금지되지 않는 목적으로만 사용될 것을 보증하기 위한 필요한 조치를 해야 한다. 특히 당사국은 ① 수입국에 대하여 이전하는 화학물질이 평화적 목적으로만 사용하고, ② 재수출하지 않으며, ③ 종류·수량·최종용도 및 최종사용자의 명

---

44) CWC Annex on Chemicals, Part A.
45) CWC Verification Annex, Part Ⅵ (B) (3).
46) Verification Annex, Part Ⅵ (B) (5) - (6).

칭 및 주소를 증명하는 보증서를 받아야 한다.[47] 제2종 화학물질의 경우도 각 당사국은 최초에 그리고 매년 수출입 실적을 신고하여야 한다. 게다가 이 신고서에는 관련국의 수출 및 수입에 관한 세부적인 수량 내역을 포함해야 한다.[48]

제3종(Schedule 3) 화학물질은 화학무기 제조에 사용하거나 화학무기로 사용될 수 있으나 플라스틱, 석유정제 등 민간용으로 대량 사용되고 있는 화학물질이다. 당사국 또는 비당사국에 이전할 수 있으나 비당사국에 수출하는 경우에는 평화적 목적으로만 사용할 것을 보증하는 조치를 해야 한다. 이를 위해 수출국은 수입국으로부터 평화적 목적으로만 사용하고, 재수출하지 않으며, 종류·수량·최종용도 및 최종사용자의 명칭 및 주소를 증명하는 보증서를 받아야 한다.[49] CWC는 당사국들에게 발효 후 5년이 경과한 때에 비당사국에 대한 제3종 화학물질의 이전에 관하여 추가 조치의 필요성을 검토할 것을 요구하고 있다.[50]

CWC는 이중용도 시설이나 장비의 이전을 명백하게 제한하지 않는다. 어느 당사국이 CWC의 금지규범을 이행하기 위한 일반적인 보증의 일환으로 이중용도 기술 및 화학물질의 수출 또는 수입을 통제할 수 있으나 CWC 상의 의무와 양립하지 않는 목적으로 평화적 목적의 화학물질·의약품 또는 살충제의 거래를 제한하거나 방해할 수 없다. 따라서 각 당사국은 화학물질의 교역에 관한 기존의 국내법규가 CWC의 대상과 목적에 부합되도록 검토하여야 한다.[51] 각 당사국은 <표 3-3> 화학물질의 수출입 실적도 세부적인 수량의 내역을 포함하여 최초에 그리고 매년 신고해야 한다.[52] <표 3-4>는 CWC 통제대상 화학물질의 제조공정을 예시한 것이다.

---

47) Verification Annex, Part Ⅶ (C) (31)−(32).
48) Verification Annex, Part Ⅶ A.
49) Verification Annex Part Ⅷ (C) (26).
50) Verification Annex Part Ⅷ (C) (27).
51) CWC Art. 11 (economic and technological development), para. 2(c), (e).
52) Verification Annex Part Ⅷ, Art. Ⅵ, para. 5.

표 3-3 CWC 통제품목 분류 및 화학물질

제1종	화학작용제 및 전구물질
1. A	사린, 타분, 소만, VX, 머스터드, 루이사이트, 키신, 리신 등
1. B	DF, QL, 클로로사린 등
제2종	화학무기에 사용 가능한 화학작용제 및 전구물질
2. A	아미톤, PFIB, BZ
2. B	메칠포스포닐 디클로라이드, 삼염화비소, 씨오디글리콜 등
제3종	화학무기에 사용 가능한 민수용 화학물질 및 전구물질
3. A	포스겐, 시아노겐화수소, 클로로피크린, 염화시안
3. B	삼염화린, 아린산토리에칠, 일염화유황, 염화치오닐 등

출처: (株)東芝輸出管理部 編,「キャッチオール輸出管理の實務」(日刊工業新聞社, 2005), p. 132.

표 3-4 화학무기(화학작용제) 단위 제조공정

생산 공정	화학작용제	일반 상업제품
클로린화 (Chlorination)	설퍼 머스터드 질소 머스터드 루이사이트 사린(Sarin) VX	살충제(Insecticides) 제초제(Herbicides) 고분자(Polymer), 염료(Dyes) 의약품(Pharmaceuticals) 용매(Solvent)
불소화 (Fluorination)	사린 소만(Soman)	고분자, 용매 의약품 구충제(Pesticides), 제초제 냉동가스(Refrigerant gases) 마취가스(Anaesthetic gases)
에스터화 (Esterification)	사린 타분(Tabun) BZ	살충제 용매 향료(Flavors) 의약품
인산화 (Phosphorylation)	사린 타분 VX	살충제 내연제(Flame retardants) 오일 첨가제(Oil additives)
알킬화 (Alkylation)	사린 소만 VX	내연제 오일첨가제 석유화학제품(Petrochemicals)

출처: Malcolm Dando, *Preventing Biological Warfare* (Palgrave, 2002), p. 31.

IV. CWC 이행 검증

1. 화학무기 및 생산시설 등 신고

CWC 제3조에 따라 당사국들은 CWC 비준 후 30일 이내에 화학무기 및 화학무기 생산시설 등을 신고하고 검증을 받아야 한다. CWC의 목적 달성에 있어서 신뢰 조성의 기본 토대는 신고제도이다. 신고는 화학무기의 생산, 보유 및 폐기의 모든 측면에서 상세히 요구되며, 신고는 또 각 당사국 화학산업의 생산 능력을 파악하기 위해서도 필요하다. 신고의 범위는 화학물질의 위험(risk) 정도에 따른다.

제1종(Schedule 1) 화학물질의 생산시설은 완전한 신고가 요구되고 각 당사국 내의 "단일 소규모 시설"에 한하여 제1종의 모든 화학물질은 총량으로 연간 1톤 이하의 생산이 허용된다. 방호·연구·의료 또는 제약 목적의 연간 1톤 이내의 소량을 제외한 모든 화학물질은 폐기해야 한다. 방호목적의 기타 시설에서는 연간 10kg 이하의 생산이 가능하다. 연구·의료 또는 제약 목적으로 제1종의 화학물질을 생산하는 기타 시설은 연간 생산량이 10kg 미만으로 제한된다. 제2종 화학물질은 (a) Schedule 2, Part A에 *로 지정된 화학물질(BZ)은 1kg, (b) Schedule 2, Part A에 수록된 기타 화학물질은 100kg 또는 (c) Schedule 2, Part B에 수록된 화학물질은 1톤을 각각 생산·가공 또는 소비하는 화학시설의 경우 이를 신고해야 한다. 제3종(Schedule 3)의 화학물질은 가공 또는 소비를 제외하고 연간 30톤 이상 생산하는 경우 신고해야 한다.[53]

현재 CWC 부속서(Annex) 제1~3종에 수록된 화학무기 작용제 또는 전구물질을 생산하지 않지만 기술적으로 생산이 가능한 시설로서 단일유기화학물질(Discrete Organic Chemical: DOC)[54]을 생산하는 "기타 화학생산시설(Other Chemical Production Facility: OCPF)"은 그 생산량이 연간 200톤을 초과할 경우는 신고 및 검증 대상이다. 아울러 인·황·불소(PSF) 화학물질의 성분을 함유한 DOC의 경우는 연간 30톤을 초과하여 생산하는 OCPF도 역시 신고 및 검증 대

---

53) Ian R. Kenyon, "Chemical Weapons in the Twentieth Century: Their Use and Their Control," *The CBW Conventions Bulletin*, Issue No. 48 (June 2000), pp. 7–9.
54) 단일유기화학물질은 산화물·황화물·금속탄산염(metal carbonates)을 제외한 모든 탄소화합물로 구성된 화학화합물에 속하는 모든 화학물질을 말한다.

상이며, 신고사항은 각 시설의 명칭 및 소재지이다. 그런데 화학산업이 세계적으로 확산함에 따라 중국과 인도와 같은 경제대국은 다수의 OCPF를 건설하고 있으며 이 중 10~15%가 화학무기 작용제 생산에 쉽게 전용 가능한 유연한 제조시설로 추정된다. 따라서 OCPF의 세계적 확산이 CWC의 대상과 목적에 상당한 위험을 초래하고 있다. 현재 신고된 약 4,500개 OCPF 중에서 매년 극히 일부만이 사찰대상으로 지정되고 있는 실정이다.[55]

2. 화학무기금지기구(OPCW)

CWC 당사국의 신고사항에 대한 검증은 화학무기금지기구(OPCW)가 수행한다. OPCW는 1997년 4월 발효한 CWC 제8조에 의거 같은 해 5월에 설립되었고, 네덜란드 헤이그에 본부를 두고 있으며 회원국은 2021년 10월 현재 193개국이다.[56] 국가는 CWC의 비준·가입 또는 승계에 의하여 관련 문서를 유엔 사무총장에게 기탁하면 OPCW의 회원국이 된다. OPCW는 독립적이고 자치적인 기구이며 유엔과 업무협력 관계를 맺고 있다.[57] OPCW는 화학무기의 전면금지 및 비확산 등 협약의 목적과 목표를 달성하고 국제 검증체제를 통하여 CWC의 준수를 보장하며 당사국 간의 협의와 협력의 장을 제공한다. 아울러 분쟁해결 및 불이행에 대한 제재 또는 기타 대응에 관한 결정 등 중요한 기능을 담당한다. OPCW의 분쟁해결제도와 제재제도는 어느 정도 자율적이지만 유엔에 사건을 회부하는 문은 열려 있다.[58]

OPCW의 조직에는 당사국회의(Conference of States Parties), 집행이사회(Executive Council) 및 기술사무국(Technical Secretariat)이 있다. 당사국회의는 최고 의결기구로서 모든 회원국으로 구성되며 회의는 연 1회 정기총회 외에도 필

---

55) Jonathan B. Tucker, "The Future of Chemical Weapons," *The New Atlantis*, No. 26 (Fall 2009/Winter 2010), p. 13.

56) OPCW 웹사이트 <https://www.opcw.org/media-centre/opcw-numbers> 참조.

57) OPCW는 유엔헌장 제57조 및 제63조에서 의미하는 유엔 산하의 전문기구(specialized agency)가 아니다. OPCW는 CWC 제8조(para. 34(a)에 의거 국가 또는 국제기구와 협정을 체결할 수 있다. 이에 따라 OPCW는 2000년에 유엔과 업무협력 협정을 체결하였으며 동 협정은 2001년 발효하였다. OPCW 웹사이트 <http://www.opcw.org/> 참조.

58) Michael Bothe et al. (eds), *The New Chemical Weapons Convention—Implementation and Prospects* (The Hague: Kluwer Law International, 1998), pp. 5-6.

요시 특별회의가 개최된다. 집행이사회는 전체 당사국의 지리적 분포와 화학산업의 중요성 등의 기준을 토대로 선출된 41개국으로 구성되며 임기는 2년이고 연 4회 개최되며 OPCW가 제 기능을 할 수 있도록 정책 결정을 수행한다. 기술사무국은 당사국회의와 집행이사회를 보좌하며 CWC의 이행 및 OPCW의 운영을 담당한다. 그 밖에 보조기구로서 과학자문원, 행정·재정문제 자문단, 기밀위원회가 있다. 특히 기술사무국은 CWC에 의거 신고와 사찰이라는 검증을 통해 화학무기 및 생산시설의 폐기에 관한 진척사항을 감시하며 화학무기의 비확산을 위해 독성화학물질을 취급하는 산업시설 등에 대한 검증 활동을 수행한다.[59]

3. CWC 검증시스템

CWC는 제3조에서 제11조에 걸쳐 제1조의 기본의무에 대한 이행 감시 및 검증에 관한 조항을 담고 있으며 CWC 검증부속서(Verification Annex)에서 세부사항을 규정하고 있다. 특히 제6조는 "각 당사국은 독성화학물질 및 그 전구체가 이 협약에서 금지하지 않는 목적으로 개발·생산·취득·보유·이전 또는 사용되도록 필요한 조치를 해야 한다."고 규정하고 이를 위해 독성화학물질과 이와 관련된 시설 및 기타 시설에 대하여 검증을 받아야 한다고 규정하고 있다. 검증을 위해 모든 CWC 당사국은 보유하고 있거나 그의 영역 내에 있는 화학무기와 화학무기 생산시설을 신고해야 하며 아울러 모든 화학무기와 화학무기 생산시설에 대한 세부적인 폐기계획을 제출해야 한다(제4조).

CWC 당사국은 CWC의 지침과 일정에 따라 모든 화학무기 및 화학무기 생산시설의 폐기를 진행해야 한다. 각 당사국은 OPCW가 현장사찰과 검증의 목적을 수행할 수 있도록 모든 화학물질과 시설에 대한 접근을 허용해야 한다. OPCW 기술사무국 직원이 수행하는 사찰은 OPCW와 당해 당사국 간에 합의된 일정에 따라 진행된다. OPCW는 비디오와 기타 전자탐지 장비를 이용하여 현장감시를 계속할 수 있도록 당사국과 상시 협정을 체결한다. <표 3-5>는 OPCW 검증시스템의 주요 내용을 표시한 것이며 <표 3-6>은 IAEA와 OPCW 검증시스템을 상호 비교한 것이다.

---

59) OPCW에 관한 자세한 사항은 Ian R. Kenyon & Daniel Feakes (eds), *The Creation of the Organization for the Prohibition of Chemical Weapons* (TMC Asser Press, 2007) 참조.

표 3-5 OPCW 이행 검증시스템

구 분	주요 내용
법적 근거	• CWC(제4조~10조) 및 검증부속서(Verification Annex) • 시설협정
감시활동	• 화학무기 임시저장 및 폐기(제4조) • 화학무기 생산시설 폐기 또는 전환 • 목록(Schedules) 화학물질의 생산·취득·이전(제6조) • 여타 시설에서의 목록 외 화학물질의 생산 • 화학무기 사용 혐의(제10조)

사찰대상
화학물질
	• 목록 화학물질: 43개 독성화학물질 및 전구체
	  − 제1종: 고위험물질(신경작용제 등)
	  − 제2종: 상당한 위험물질
	  − 제3종: 상업적 대량생산 위험 화학물질·원료
	• 목록 외 단일유기화학물질(특히 PSF 화학물질)

사찰대상 화학시설	• 화학무기 생산·저장 및 파괴시설 • 단일 소규모 시설(제1종 화학물질 생산) • 이중용도 물질 생산·가공 및 소비시설 • 강제사찰의 경우, 이론적으로 사찰대상의 모든 시설 또는 장소
이행감시 방법	• 신고 • 데이터 감시 • 현장사찰: 최초사찰, 정기사찰, 강제사찰
감시실적	• 최소 130개국(파리 서명회의에서 최초 서명한 국가 수 기준)
접수정보 유형	• 국별 총 데이터 및 공장 소재지 신고 내용 • 이전신고(제6조) • 기타 제공 희망국의 정보(제9조)
사찰주기	• 최초사찰: 시설신고 후 즉시 • 제1종 화학물질 시설: 기술사무국 결정 및 시설협정 • 제2종 화학물질 시설: 기술사무국 결정(시설별 2회 이내) • 제3종 화학물질 시설 및 기타 시설: 시설별 2회 이내

사찰통지	• 대개 24시간
	  − 최초: 72시간
	  − 제1종: 24시간, 제2종: 48시간, 제3종: 120시간
	• 기타: 120시간, 특별사찰: 12시간

출처: A. Walter Dorn and Ann Rolya, "The Organization for the Prohibition of Chemical Weapons and the IAEA: A Comparative Overview," *IAEA Bulletin* (3/1993), pp. 46−47.

당사국들은 협약의 준수에 관하여 '의혹의 원인이 될 수 있는 사안' 또는 '모호하다고 간주될 수 있는 사안에 관하여 우려가 야기되는 사안'이 있을 경우 먼저 상호 정보교환 및 협의를 통하여 당해 사안을 명료화하고 해결하는데 모든 노력을 다해야 한다(제9조 제2항). 타 당사국으로부터 명료화 요청을 받은 당사국은 가능한 한 빨리 또는 어떤 경우든 요청받은 후 10일 안에 요청 당사국에게 의혹 또는 우려를 해소하는데 충분한 정보를 제공해야 하며 이때 제공하는 정보가 어떻게 문제를 해결하는지에 대한 설명도 덧붙여야 한다(제9조 2항). 당사국은 모호하거나 타 당사국의 불이행에 관한 우려 상황의 명료화에 대하여 집행이사회에 도움을 요청할 수 있고(제9조 제3항), 아울러 당사국은 집행이사회를 통하여 타 당사국에게 모호 또는 우려 상황에 관한 명료화를 요청할 수 있다. 이때 요청받은 당사국은 가능한 한 빨리 또는 어떤 경우이든 명료화에 대한 결과를 집행이사회에 통지해야 한다(제9조 제4항).

의혹이나 우려를 갖고 있는 당사국은 명료화 요청절차를 원용하는 것 이외에도 협약 조항의 불이행에 관한 문제를 명료화하거나 이를 해결할 목적으로 항상 OPCW에 다른 당사국의 관할 또는 지배하에 있는 모든 시설 또는 장소에 관한 강제사찰(challenge inspection)을 요청할 수 있다(제9조 제9항). 강제사찰을 요청받은 당사국은 OPCW 집행이사회(순번에 의해 41개국으로 구성)가 사찰의 요청이 "사소하거나, 악용하거나 협약의 범위를 명백히 벗어난다."고 3/4의 다수결로 결정하지 않는 한 OPCW 기술사무국의 강제사찰에 협력할 기본의무가 있다(제9조 17항).

따라서 당사국은 3가지 방법 즉 ① 다른 당사국에 명료화 요청, ② 집행이사회에 명료화 요청, ③ 강제사찰 요청을 택할 수 있다. 집행이사회에 요청하면 결국은 당사국단의 특별회의(제9조 4(f)항)로 귀결되고 강제사찰의 결과 최종보고서는 대개 집행이사회의 검토를 받게 된다. 상황이 긴급한 경우에는 4번째 옵션 즉 당사국은 긴급히 검토가 필요한 의혹이 있다고 믿을 경우는 강제사찰 요청권이 있음에도 불구하고 특별회의를 요청할 수 있다. 이 특별회의는 집행이사회 회원국의 1/3의 찬성으로 개최된다. 긴급한 상황이 아닌 상태에서 당사국의 의혹 또는 우려가 해결되지 않은 경우에는 집행이사회에 명료화 요청서 제출 후 60일 이내에 특별회의를 요청할 수 있다(제9조 제7항).

표 3-6 IAEA와 OPCW 검증체제 비교

구분	IAEA 세이프가드	OPCW 검증시스템
법적 근거	• IAEA헌장(제3조, 제12조) • NPT(제3조 1항) • INFCIRC/153 및 /66/Rev	• CWC(제4조~10조) 및 검증부속서(VA) • 시설협정
감시활동	• 핵연구, 핵연료 가공 • 연료농축, 재처리, 원자로 가동 • 폐기물 처리	• 화학무기 임시저장 및 폐기(제4조) • 화학무기 생산시설 폐기 또는 전환 • 목록 화학물질의 생산, 취득, 이전(제6조) • 여타 시설에서의 목록 외 화학물질의 생산 • 화학무기 사용 혐의(제10조)
사찰대상 물질	• 특수핵분열성물질 – 농축우라늄, 플루토늄 • 원료물질 – 천연 및 열화우라늄, 토리움 • 일부 비핵물질(제20조)	• 목록 화학물질: 43개 독성화학물질 및 원료 – 제1종: 고위험물질(신경작용제 등) – 제2종: 상당한 위험물질 – 제3종: 상업적 대량생산 위험 화학물질·원료 • 목록 외 유기화학물질(특히 PSF 화학물질)
사찰대상 시설	• 세이프가드대상 핵물질 보유시설 • 재처리공장 등 핵물질 가공시설 • 분리저장시설 • 연구원자로 및 임계원자로 • 변환시설, 연료가공시설, 농축시설	• 화학무기 생산, 저장 및 파괴시설 • 단일 소규모 시설(제1종 화학물질 생산) • 이중용도 물질 생산, 가공 및 소비시설 • 강제사찰의 경우, 이론적으로 사찰대상의 모든 시설 또는 장소
이행감시 방법	• 설계정보 검토, 핵물질 계량 • 특정가동기록(제12조A.3) • 현장사찰: 일반·수시·특별사찰	• 신고 • 데이터 감시 • 현장사찰: 최초·정기·강제사찰
감시실적	• 68개국(현저한 핵 활동 국가) • 세이프가드협정 시행: 110개국	• 최소 130개국 * 파리서명회의에서 최초 서명국가 수 기준
접수정보 유형	• 국별 신고내용 • 사찰활동에서 얻은 정보 • 신고국 보고, 제3자 정보 • 기타 제공 희망국의 정보(제8조)	• 국별 총 데이터 및 공장 소재지 신고내용 • 이전 신고(제6조) • 기타 제공 희망국의 정보(제9조)
사찰주기	적용대상 활동의 성격과 핵물질의 형태에 따름	• 최초사찰: 시설신고 후 즉시 • 제1종 시설: 기술사무국 결정 및 시설협정 • 제2종 시설: 기술사무국 결정(시설별 2회 내) • 제3종 시설 및 기타 시설(시설별 2회 이내)
사찰통지	• 당사국별 사찰 종류에 따름 – 일반사찰: 24시간~1주 – 수시사찰: 24~48시간 – 특별사찰: 가능한 한 즉시	• 대개 24시간 – 최 초: 72시간 – 제1종 24시간, 제2종 48시간, 제3종 120시간 • 기타: 120시간, 특별사찰: 12시간

출처: A. Walter Dorn and Ann Rolya, "The Organization for the Prohibition of Chemical Weapons and the IAEA: A Comparative Overview," *IAEA Bulletin* (3/1993), pp. 46-47.

한편 CWC 감시 및 검증시스템에서 강제사찰은 가장 혁명적인 성과로 평가받고 있다. 한 당사국이 다른 당사국의 지배에 있는 어떤 화학시설에 대한 사찰 요청권의 폭은 CWC의 실효성을 궁극적으로 보장하는 잠재력을 갖고 있다. 아울러 이 시스템은 억지력과 신뢰구축 장치로서의 역할도 겸할 수 있다. 그러나 그러한 잠재력에도 불구하고 최근까지 강제사찰 제도를 이용하거나 요청한 사례는 단 한 건도 없다. 당사국들이 이러한 절차의 이용을 꺼려하는 이유는 아마도 OPCW 사찰관이 의도적으로 숨겨진 위반 사실을 발견할 수 있느냐에 대한 신뢰 부족, 민감한 분야에서 강제사찰의 이용을 꺼리는 정치적인 고려 및 보복적 강제사찰에 대한 두려움 등을 들 수 있다.[60]

CWC의 검증체제는 대단한 혁신이며 IAEA의 세이프가드(safeguards)와는 다르다. IAEA의 세이프가드는 매우 제한적이고 고도로 규제받는 산업에 관계되는데 반하여 CWC 검증체제의 적용대상 활동은 다양하고 제한된 범위에서만 정부 감독을 받는 광범위한 기업을 대상으로 한다. <표 3-6>은 IAEA와 OPCW의 검증체제를 상호 비교한 것이다.

4. 불이행 분쟁해결

기술사무국(TS)은 준수에 관한 의혹, 모호함 또는 불확실성을 포함하여 그의 기능수행에 관하여 발생한 모든 문제를 집행이사회에 통보한다(제8조 제40항). 집행이사회는 준수에 관한 우려와 불이행 사례를 포함하여 CWC와 CWC의 이행에 영향을 미치는 그의 권한 내에서 모든 이슈 또는 사안을 검토한다(제8조 제35항). '특히 중대하고 긴급한 사안'의 경우 집행이사회는 이를 당사국단의 동의 없이 직접 유엔 총회와 안보리에 회부한다(제8조 제36항). 당사국회의는 최종적으로 당사국의 요청, 당사국회의의 자체 결정 또는 집행이사회(EC)의 요청에 의하여 특별회의를 소집할 수 있다(제8조 제12항). 당사국회의는 CWC의 준수 여부를 검토하고 협약의 준수를 보장하고 CWC의 조항에 위배되는 상황을 시정하고 치유하는데 필요한 조치를 취해야 한다.

이상 논의한 CWC의 준수를 보증하기 위한 절차는 다음 3가지로 요약할

---

60) Daniel H. Joyner, *International Law and the Proliferation of Weapons of Mass Destruction* (Oxford: Oxford University Press, 2009), pp. 115−116.

수 있다. ① 일반적인 사안(a matter of routine), 혐의(alleged) 또는 분명한 불이행의 사례에 관하여 관련 사실을 확인하는 절차(검증), ② 분쟁해결, ③ 상황을 치유하고 제재를 포함한 준수를 보증하기 위한 조치이다.

OPCW 집행이사회(EC)는 기술사무국이 작성한 보고서를 토대로 협약 의무의 불이행이 발생하였는지를 결정하고 위반 당사국에 대하여 특정 기간 내에 그 불이행을 치유하기 위한 시정조치를 요청할 수 있다. 만약 위반 당사국이 집행이사회로부터 요청받은 사항을 이행하지 않을 경우 집행이사회는 이 사안을 OPCW의 최고기구이며 모든 회원국으로 구성되는 당사국회의(CSP)에 회부할 수 있다.

당사국회의는 집행이사회의 권고에 의하여 문제의 당사국이 협약상의 의무 준수를 위해 필요한 조치를 할 때까지 위반 당사국에 대하여 협약상의 권리와 특권을 제한하거나 정지할 수 있다(제12조 제2항). 이때 제한 또는 정지될 수 있는 권리와 특권에는 당사국회의와 집행이사회에서의 투표권, 현장사찰 방식에 반대할 권리, 화학물질·장비 및 화학 개발과 적용에 관한 과학적·기술적 정보교환에 참가할 권리 등이 포함될 수 있다. 그러나 당사국의 회원자격을 박탈할 수는 없다(제8조 제1항). 더욱이 당사국회의는 화학무기의 공격을 받지 않을 권리 또는 화학무기의 개발 및 획득을 금지하는 권리와 같이 대세적(erga omnes) 성격에 상응하는 의무를 가진 권리를 제한 또는 정지할 수 없다.[61]

당사국회의는 '특히 중대한 사안의 경우'에는 관련 정보와 결론을 포함하여 관련 사안을 유엔 총회와 안보리에 회부해야 한다(제12조 제4항). 다시 말해 당사국회의와 집행이사회는 사안이 특별히 중대하고 긴급한(particular gravity and urgent) 경우에는 원칙적으로 유엔에 회부할 의무가 있다. CWC에는 유엔 총회와 안보리가 취할 수 있거나 취해야 할 구체적인 조치에 관해서는 규정하고 있지 않다. 두 기관의 권한과 의무는 유엔헌장에 의해 결정되지만 유엔은 CWC 체제에 일반적인 지원 약속을 하고 있기 때문에 이러한 점에서 어느 정도는 책임을 질 것으로 보인다. 당사국회의는 당사국들에게 CWC 특히 제1조의 대세적 의무로부터 이탈을 권고할 수 없으며, 마찬가지로 유엔헌장 상의 의무 특히 무력의 위협과 사용을 금지하는 제2(4)조의 의무로부터의 이탈을 권고할 수 없다. 어떤 당사국이 화학무기의 공격을 받는다고 할 경우 당사국회의가 당사국

---

61) Michael Bothe et al. (eds), *supra* note 58, p. 438.

들에게 유엔헌장 제51조에 의한 집단 자위조치를 권고할 수 있느냐에 대해서는 적어도 일반적으로는 당사국회의가 그러한 권고를 해서는 안 되지만 CWC 제12조 제4항을 원용하여 유엔 총회와 안보리에 회부해야 한다.[62] [그림 3-1]은 CWC 당사국이 타 당사국의 이행에 의심이 가거나 모호 또는 불확실한 경우에 이를 치유하는 일련의 절차를 그림으로 나타낸 것이다.

그림 3-1 CWC 이행 문제 해결절차

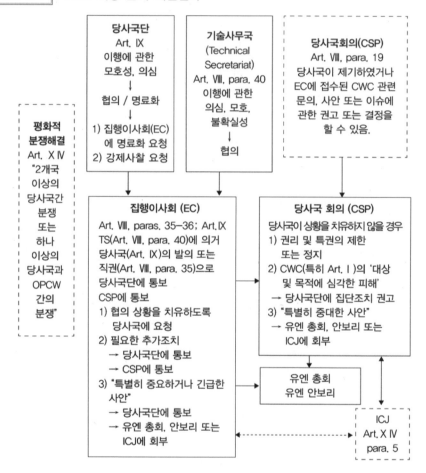

자료: Bothe, M., N. Ronzitti and A. Rosas (eds.), The New Chemical Weapons Convention-Implementation and Prospects, Kluwer Law International, 1998, p. 434.

---

61) *Ibid*, pp. 440-441.

2005년 미 국무부 보고서는 중국이 CWC 상의 당사국의 의무를 위반하여 과거 화학무기를 이전한 사실을 인정하지 않고 있으며 화학무기 관련 시설을 완전히 신고하지 않았을 수도 있다고 말했다. 그러나 이 보고서는 중국이 활발한 화학무기 연구개발 프로그램을 보유하고 있는지를 결정하는데 필요한 정보가 불충분하다고 말했다. 아울러 이 보고서는 이란이 화학무기 연구개발을 포함하여 인프라, 미신고 비축량 및 생산능력 등을 유지하고 현대화함으로써 CWC를 위반하고 있다고 평가하였다.[63]

한편 CWC에 가입하지 않은 북한, 시리아, 이집트, 이스라엘은 화학무기를 보유하고 있는 국가로 거명되고 있다. CWC 가입국 중 중국, 이란, 러시아는 일부 화학무기의 개발 또는 생산시설을 신고하지 않음으로써 조약상의 의무를 위반한 것으로 의심받고 있다.[64] 한편 1991년 걸프전 이후 이라크의 WMD 개발 프로그램을 제거하기 위해 설치된 유엔특별위원회(UNSCOM)는 이라크에서 3,600톤이 넘는 화학무기 원료와 독가스(vesicants), 겨자가스 및 사린을 포함한 신경작용제 690톤을 발견하고 폐기하였다.[65]

북한은 아직 CWC에 서명하지 않고 있다. 북한의 화학무기 생산능력은 연간 4,500톤 정도이지만 전시에는 이 능력을 연간 12,000톤으로 증산 가능할 것으로 전해졌다. 북한은 특히 머스터드 가스, 포스젠(phosgene), 사린, V형 화학작용제를 보유하고 있는 것으로 추정된다. 북한이 약 12개의 화학무기 생산시설을 통해 화학원료, 전구물질 및 화학작용제를 생산 및 저장하고 있으며, 화학무기를 보관할 대형창고 6개를 보유하고 있음이 보고되었다. 북한은 또 화학무기 운반에 특히 효과적인 다용도 발사 로켓시스템을 비롯하여 수천 개의 공포시스템을 비무장지대(DMZ) 및 서울 사정거리에 배치한 것으로 알려졌다.[66]

---

63) Amy F. Woolf et al, *supra* note 18, p. 46.
64) Jonathan B. Tucker, *supra* note 55, p. 4.
65) The CBW Conventions Bulletin, Issue No. 48 (June 2000), p. 3.
66) 한국무역협회, 『국가별 WMD 보유 및 개발 현황』 (전략물자무역정보센터, 2005), p. 23.

V. 주요국의 CWC 이행

1. 미국의 CWC 이행

미국의 화학무기와 생물무기 확산금지에 관한 법령 중에서 가장 중요한 법률은 수출통제법(ECA)과 무기수출통제법(AECA)이다. 이들 법률은 원칙적으로 특정 품목의 수출 시 허가를 요구하지만 미국 정부는 WMD 비확산 정책상 화학무기와 생물무기의 확산에 기여할 위험이 있을 것으로 판단될 경우 허가를 거부하고 있다. 수출통제법은 수출을 통하여 생화학무기 확산에 기여하는 외국인에게 정부조달 참가 배제 및 수입금지의 제재를 부과한다. 무기수출통제법도 수출을 통하여 화학무기 또는 생물무기의 확산에 기여하는 외국인을 형사 처벌하고 화학무기 또는 생물무기를 사용하는 국가에게 제재를 가한다.[67] 특히 미국은 1994년 화학무기금지협약 이행법률을 제정하여 화학무기 관련 활동을 금지하고 위반자를 처벌함과 아울러 비당사국으로의 이전금지 등 제1종 및 제2종 화학물질과 관련된 협약의 의무를 이행하고 있다.[68]

미국은 같은 해 11월 행정명령 제12938호를 발부하여 어느 나라에서든 화학무기와 생물무기 프로그램에 기여하는 외국인을 제재하고 있다. 아울러 수출관리규정(EAR)에 확산방지강화구상(Enhanced Proliferation Control Initiative: EPCI)에 관한 조항을 도입하여 수출업체가 화학물질을 포함한 이중용도 품목이 화학무기에 사용되거나 그러한 사용에 관련된 국가 또는 지역으로 수출된다는 사실을 알거나 정부로부터 그러한 사실을 통보받은 경우 이를 통제한다.[69]

미국은 CWC 이행검증체제의 관련 조항[70]에 따라 제1종 화학물질을 다른 당사국에 수출하기 전 30일 이내에 OPCW에 건별로 수량, 수출목적(최종용도), 수출계획 일자, 수입자 이름 등 수출 내역을 통보하고 매년 여타 당사국에 대한 제1종 화학물질의 총수출 실적을 보고한다. 이를 위해 상무부와 국무부는 기업들에게 건별로 수출계획을 수출하기 전 45일 이내에 통보하고 전년도에

---

67) Mary B. Nikitin et al, *supra* note 23, pp. 32−33.
68) The Chemical Weapons Convention Implementation Act 1998, P. L. 105−277.
69) Michael Bothe et al. (eds), *supra* note 58, pp. 500−501.
70) CWC Verification Annex, Part Ⅵ, (B) (6).

수출한 연간 실적을 다음해 2월 13일까지 보고하도록 요구하고 있다.[71] 아울러 제3종 화학물질을 CWC 비당사국에 수출 시에는 사전에 수하인(consignee)으로부터 수입국 정부가 발행하는 최종용도증명서를 제출하도록 하고 있다.[72]

2. 일본의 CWC 이행

일본은 1982년 6월 BWC를 비준하고 국내이행을 위하여 '생물무기 및 독소무기의 개발, 생산 및 저장의 금지 및 폐기에 관한 조약의 이행에 관한 법률(BWC 이행법)'을 제정하여 생물·독소무기의 제조, 보유, 양도 및 양수를 전면 금지했다. 아울러 2001년 12월에는 폭탄테러방지조약 체결에 즈음하여 BWC 이행법을 개정하여 생물·독소무기의 사용 및 생물작용제와 독소의 확산을 처벌하는 조항을 신설하고 이 죄에 대하여는 국외범도 처벌 대상으로 하였다.[73]

아울러 일본은 1995년 9월 CWC를 비준하고 국내이행을 확보하기 위하여 '화학무기 금지 및 특정물질의 규제 등에 관한 법률(화학무기금지법)'을 제정하여 화학무기의 사용, 제조 또는 이전 등을 금지하고 관련 벌칙조항을 도입하였다. 또 화학무기의 제조에 이용될 수 있는 화학물질에 대하여는 경제산업성 장관의 허가를 의무화하였다. 2001년 12월 폭탄테러방지조약 체결에 관하여는 화학무기금지법을 개정하여 독성물질 또는 이와 동등한 독성을 갖는 물질의 발산을 범죄로 취급하고 국외범도 처벌 대상으로 하였다.[74]

세계 유수의 화학산업 국가인 일본은 1997년 4월 CWC 발효와 함께 화학산업 관련시설을 OPCW에 신고하였으며 이 외에도 매년 약 500곳이 넘는 시설을 OPCW에 신고하고 있다. 이들 신고시설에 대하여 OPCW로부터 2007년 말까지 74회에 걸쳐 사찰을 받았으나 모두 문제없이 종료되었다. 더욱이 1995년 3월 지하철 사린가스 사건에서 사용된 사린의 제조시설은 일본 정부가 화학무기 생산시설로 신고하고 OPCW 사찰관의 검증하에 1998년 12월에 폐기하였다.[75] 한편 일본은 1995년에 사린(Sarin)법도 제정하였는데 이는 옴(Aum) 진리

---

71) Export Administration Regulations §745.1.
72) Export Administration Regulations §745.2.
73) 日本 外務省, 『日本の軍縮·不擴散外交(第4版)』 (2008), p. 93.
74) 상게서, p. 95.
75) *Ibid.*

교 교주가 저지른 동경 지하철 사린가스 살포사건이 계기가 되었다. 이 법률은
독성화학물질의 제조, 보유 및 사용을 규제한다.[76]

제4절	호주그룹

I. 발족 배경

1980년 이후 화학무기 금지에 관한 군축협상이 난항을 겪고 있는 가운데
이란-이라크 전쟁에서 이라크가 화학무기를 사용함으로써 1925년 제네바의정
서를 위반한 사실과 화학무기 프로그램에 사용된 일부 화학 전구물질 및 관련
물자가 합법적인 무역 경로를 통하여 조달되었다는 사실이 1984년 초 유엔 조
사팀에 의해 발견되었다. 이에 일부 국가들이 화학무기 제조에 사용될 수 있는
일부 화학물질에 대해 수출통제제도를 도입하였다.

그러나 수출통제는 국가 간에 제도가 통일되지 않아 확산국가가 동 제도
를 우회하는 시도가 발생함에 따라 호주가 개별 국가의 허가정책을 조화하고
협력을 강화할 목적으로 포럼을 제안하였다. 이에 1985년 6월 브뤼셀에서 개
최된 첫 회의에서 호주를 비롯한 15개 참가국[77]과 EC 집행위원회는 기존의
수출통제에서 화학무기 확산방지에 더 효과적인 방안을 모색하는데 가치가
있다는 점에 동의하고 비공식 협의체로 호주그룹(AG: Australia Group)을 발
족하였다.[78]

호주그룹의 가입기준은 ① CWC 및 BWC 가입 등 생화학무기의 확산방지
약속, ② 호주그룹 통제품목의 제조, 수출 또는 환적 국가, ③ 호주그룹 수출통

---

76) Masahiko Asada, "Security Council Resolution 1540 to Combat WMD Terrorism:
Effectiveness and Legitimacy in International Legislation," *Journal of Conflict and
Security Law*, Vol. 13, No. 3 (2008), p. 6.
77) 호주그룹의 최초 참가국 15개국은 EC 10개국(벨기에·덴마크·프랑스·독일·그리스·아일
랜드·이탈리아·룩셈부르크·네덜란드·영국) 및 미국·캐나다·호주·뉴질랜드·일본이다.
78) 호주그룹 웹사이트 <http://www.australiagroup.net/en/origins.html> 참조.

제 지침(guideline)의 채택 및 이행, ④ 호주그룹의 모든 통제품목에 대한 허가 및 집행 등 효과적인 수출통제 제도 이행, ⑤ 수출통제 위반에 대한 벌칙 및 제재 근거 설정, ⑥ 정보교환과 기밀 유지 등 관련 채널 및 상업적 기밀을 보호하기 위한 거부통보시스템 구축 등이다.[79] 호주그룹 참가국은 2021년 10월 현재 42개국이고 유럽연합(EU)도 참여하고 있다.

II. 설립 목적

호주그룹은 참가국 간에 생화학무기의 관련 물질과 그의 제조에 전용될 수 있는 장비 및 설비에 대한 수출통제 정책의 조화를 도모하고 확산 우려국에 관한 정보공유를 통하여 생물무기 및 화학무기의 확산을 저지하는데 그 목적을 두고 있다. 아울러 호주그룹 참가국들은 자국의 수출품목을 생화학무기의 개발에 이용하지 못하도록 특정 화학물질, 생물작용제 및 생화학무기의 개발 및 제조에도 사용될 수 있는 이중용도 화학 및 생물제조 장비의 수출에 대하여 허가제를 시행한다.

호주그룹 참가국들은 모두 CWC와 BWC의 당사국이며 그 시행근거도 각각의 협약에 근거하고 있다. BWC는 현재 국제적으로 정해진 통제목록이 없으며 검증장치도 없기 때문에 호주그룹은 BWC 이행에 있어서 효과적인 통제수단이 되고 있다. 호주그룹은 비참가국 정부에게 참가국과 유사한 수출통제 조치를 이행하도록 장려하고 비참가국과도 협의를 통하여 생화학무기의 확산방지를 위하여 노력하고 있다. 호주그룹은 어떠한 헌장이나 헌법에 근거하지 않으며 의사결정은 총의(consensus) 방식으로 이루어진다.[80]

---

79) 호주그룹 홈페이지 <www.australiagroup.net/en/membership.html> 참조.
80) Australia Group, *The Australia Group: Fighting the spread of chemical and biological weapons* (July 2007), p. 2.

Ⅲ. 수출통제 원칙

호주그룹은 지침에서 CWC 제1조, BWC 제3조 및 유엔 안보리 결의에 따라 국가 또는 비국가행위자가 생화학무기 활동에 기여할 수 있는 유형 또는 무형의 이전을 통제함으로써 생화학무기 관련 확산 및 테러의 위험을 감소시키는데 수출통제의 목적을 두고 있으며, BWC 제10조와 CWC 제11조에 따라 생화학무기 활동 또는 테러에 기여하지 않는 생화학 관련 품목의 무역을 방해하지 않는다고 명시하고 있다.[81]

호주그룹의 참가국들은 국내 입법을 통하여 이 지침을 이행한다. 이 지침은 통제목록의 모든 품목에 적용되는데 통제대상국과 통제범위는 참가국 정부의 재량사항이다. 따라서 통제품목이 생화학무기 활동 및 테러에 사용되거나 그러한 용도로의 전용 가능성이 상당한 경우 참가국 정부의 판단에 따라 수출이 거부되기도 하는데 수출허가 여부에 관한 결정은 전적으로 참가국 정부의 주권적인 판단에 맡기고 있다.[82] 그러면서도 이 지침은 위반에 대한 집행 및 제재를 포함하는 참가국의 국내 수출통제 법령이 중요한 역할을 한다는 점을 강조하고 있다.[83]

이러한 지침의 목적을 달성하기 위하여 호주그룹 참가국들은 수출허가 심사 시에 ① 거래당사자의 불법조달 활동 등 생화학무기 관련 확산 및 테러에 관한 정보, ② 생물 또는 화학에 관한 수입국의 능력 및 목적, ③ 최종용도 또는 최종사용자의 타당성 및 생물·화학무기의 개발 가능성 면에서의 이전의 중요성, ④ 최종용도 및 종전 최종사용자에 대한 수출거부 여부에 관한 평가 및 ⑤ BWC 및 CWC을 포함한 관련 비확산조약의 적용 가능성 등을 고려한다.[84] 그리고 수출은 생화학무기에 사용될 우려의 근거가 충분한 경우에만 거부된다.

참가국의 수출자는 통제목록의 기술 사양과 일치하지 않은 품목(non-listed items)이라도 생화학무기 개발과 관련이 있음을 알게 된 경우(aware) 이를 정부

---

81) Guidelines for Transfers of Sensitive Chemical or Biological Items, para. 1.
82) *Ibid*, para. 2.
83) *Ibid*, para. 3.
84) *Ibid*, para. 4.

당국에 통보해야 하며 당국은 수출승인 여부를 결정해야 한다. 아울러 동 품목의 전부 또는 일부가 생화학무기 활동과 관련하여 사용될 것이라고 정부 당국으로부터 통보받은 경우는 당국에 허가를 신청하는 등의 캐치올(catch – all) 통제를 이행해야 한다. 그리고 참가국은 이러한 조치에 관한 정보 및 허가 승인 거부에 관한 정보교환이 권장되고 있다.[85] 한편 참가국 정부는 재량으로 필요시에 지침상 요건 외에 수출조건을 추가하거나, 통제목록 외의 품목에도 이 지침을 적용할 수 있고, BWC 및 CWC 등 생화학무기 협약과 부합하는 공공정책 등의 기타 이유로 수출제한 조치를 할 수 있다.[86]

Ⅳ. 호주그룹과 교역

호주그룹 참가국들은 수출허가제를 화학물질, 생물작용제 및 관련 장비의 합법적 교역이 자유롭게 이루어질 수 있도록 하는 중요한 수단으로 보고 있다. 잠재적 민감품목의 수출관리를 통하여 기업이 생화학 프로그램에 사용 가능한 품목을 부지불식간에 수출할 위험을 줄여주는 것이다. 이는 기업에게 생화학무기 생산에 사용될 잠재성이 있는 상품 교역에 더 큰 신뢰감을 준다.

수출허가제가 화학물질, 생물작용제 및 이중용도 품목 및 장비의 전체 교역에 미치는 영향은 미미하다. 수출허가제는 관련 물자의 교역에 투명성을 제고함으로써 확산을 저지하고 당해 품목이 생화학무기 프로그램에 기여할 가능성이 있을 경우 판매를 중단할 권한을 부여한다. 따라서 호주그룹 참가국들의 수출허가 조치는 생화학무기 능력의 개발 또는 유지에 관심이 있거나 테러단체에 이전할 위험이 있는 소수 국가에 대한 판매에만 영향을 미칠 뿐이다. 호주그룹의 활동은 비확산 조치에만 국한될 뿐 참가국의 산업발전을 우대하거나 여타 국가들의 합법적인 경제발전을 저해하려는 것이 아니다.[87]

---

85) *Ibid*, Catch – All.
86) *Ibid*, para. 8.
87) <http://www.australiagroup.net/en/trade.html>.

V. 통제품목

　　호주그룹의 수출통제 대상품목은 화학작용제 및 전구체(63종), 이중용도 화학물질 제조시설, 장비 및 관련 기술(반응기·저장탱크·열교환기·응축기·증류탑·펌프 등), 이중용도 생물장비 및 관련 기술(밀폐식 발효조·연속식 원심분리기·동결건조기·교차흐름접선 여과장치 등), 생물작용제(바이러스·리케차·박테리아·곰팡이균 등), 식물성 병원균(바이러스·박테리아·진균 등) 및 동물성 병원균(구제역 바이러스) 등 6개 범주로 구성되어 있다.[88] 통제품목 중 물자 외의 기술은 화학무기 작용제, 전구체 및 이중용도 화학물질 제조시설 및 장비와 직접 관련된 기술[89]이며, 이중용도 통제품목의 수출승인은 동일한 최종사용자에게 동일한 품목의 설치·작동·유지와 수리에 필요한 최소한의 사용기술도 수출 승인한 것으로 간주한다.

　　그리고 생물작용제의 개발·생산을 위한 기술 및 이중용도 생물제조 시설과 장비 관련 기술 및 설명(instructions), 기능(skills), 훈련(training), 작업지식, 컨설팅 서비스 등의 기술지원(technical assistance)도 통제하고 있다. 그러나 일반에 공개된(in the public domain) 기술, 기초과학연구 및 특허출원에 필요한 최소한의 정보는 통제대상에서 제외된다. 그리고 호주그룹은 수출을 호주그룹 통제품목의 국외로의 선적 또는 전송이라고 정의하고 여기에는 전자매체, 팩스 또는 전화에 의한 기술의 전송 즉 기술의 무형이전(ITT: Intangible Transfer of Technology)도 포함한다.[90]

　　한편 호주그룹 통제품목을 CWC 및 BWC의 통제품목과 비교해 보면 먼저 CWC에서 수출 등이 엄격히 규제되고 있는 화학작용제와 일부 전구물질은 호

---

88) AG Common Control Lists ＜http://www.australiagroup.net/en/controllists.html＞.
89) Control List of Dual－Use Chemical Manufacturing Facilities and Equipment and Biological Equipment and Related Technology (June 2004). 여기서 기술이라 함은 다자간 수출통제체제에서 통제하는 무기와 전략물자의 개발·생산·사용에 필요한 세부정보를 말하며, 일반적으로 기술은 기술데이터(technical data)와 기술지원(technical assistance)으로 구분한다.
90) Statement of Understanding, Control list of Dual－Use Chemical Manufacturing Facilities and related Technology (April 2005) 참조.

주그룹에서는 통제하지 않으며, CWC 규제품목이 아닌 호주그룹의 독자적 통제품목인 화학물질, 제조 장비와 이들 관련 기술 등의 이중용도 품목을 폭넓게 통제대상으로 하고 있다. 호주그룹의 독자적 통제 화학물질로는 불화수소, 불화칼륨, 시안화칼륨, 유화나트륨 등이 있고, 제조설비로는 내식성 반응기·열교환기·증류탑·펌프 등이 있다. BWC는 미생물·독소·생물무기 등을 통제대상으로 하나 대상 품목을 구체적으로 규정하고 있지는 않다. 반면 호주그룹은 바이러스·세균·독소 등을 자세히 규정하고 있다.[91]

Ⅵ. 수출거부존중규칙

호주그룹 참가국은 다른 참가국에 의해 수출이 거부된 본질적으로 동일한 (essentially identical) 품목의 수출에 대해서는 동 수출거부가 만료 또는 철회되지 않는 한 수출 거부한 참가국과의 협의 없이는 수출허가를 승인할 수 없다. 이를 수출거부존중의 규칙(No undercutting rule)이라고 하는데, 여기에서 본질적으로 동일한 품목은 동일한 생물작용제 또는 화학물질을 말하며 이중용도 품목의 경우는 동일 수하인(consignee)에게 판매되고 규격과 성능이 같거나 유사한 품목을 의미한다. 그런데 이 규칙의 요건은 참가국의 캐치올(catch-all) 조항에 따라 수출이 거부된 품목에는 적용되지 않는다.[92]

---

91) (株)東芝輸出管理部 編,『キャッチオール輸出管理の實務』(日刊工業新聞社, 2010), p. 136.
92) Guidelines for Transfers of Sensitive Chemical or Biological Items, January 2009, available at <http://www.australiagroup.net/en/guidelines.html>.

미사일 비확산체제

WMD를 탑재한 미사일 공격은 대량으로 무차별 살육을 초래하기 때문에 WMD 확산방지와 아울러 미사일 확산을 방지하는 것도 중요한 과제이다. WMD 운반수단으로는 탄도미사일, 순항미사일, 항공기(폭격기)와 무인비행기(드론)이 있으며 이중 가장 선호되는 것이 미사일이다. 오늘날 50개가 넘는 국가들이 독자적으로 또는 다른 국가들과 협력하여 미사일을 생산하고 있다. 아울러 헤즈볼라, 하마스와 후티스(Houthis) 등 많은 비국가행위자들이 미사일 개발을 추진하고 있다. 1970~80년대 많은 국가가 소련제 단거리 스커드(Scud) 미사일을 재생산, 개조 또는 개량하는 방법을 습득하였으며, 이와 같은 역설계(reverse engineering)를 통하여 자체적으로 새로운 미사일을 생산하고 있다. 심지어 북한 등 일부 국가들은 상업적 목적으로 설계도, 부품 및 전문지식을 판매함으로써 확산 우려를 가중하고 있다.

탄도미사일과 평화적 목적의 우주발사체는 기술적으로 매우 유사하다. 일부 중요한 차이점은 있으나 특정 기술은 양자 모두에 필수적이다. 일부 국가들은 우주로켓 개발 등 평화적 프로그램으로 가장하여 미사일을 개발하고 있어 탄도미사일의 확산 통제를 더욱 어렵게 하고 있다. 이러한 탄도미사일의 확산 위험에도 불구하고 미사일은 방위목적인 방패의 역할도 겸하기 때문에 미사일을 폐기하고 그의 확산을 통제하는 법적 구속력 있는 국제협정은 아직 없는 상태이다.[1]

이러한 상황에서 1987년에 미사일, 제조설비 및 관련 기술의 수출을 통제하기 위한 미사일기술통제체제(MTCR)가 발족하였다. 이와 함께 2002년에는 탄도미사일 확산을 방지하기 위한 국제규범으로서 법적 구속력이 없는 정치적 합의 문서인 '탄도미사일 확산방지를 위한 헤이그 행동규범(Hague Code of Conduct Against Ballistic Missile Proliferation: HCOC)'이 채택되어 현재의 미사일 비확산체제를 구성하고 있다.

---

1) <https://www.nti.org/learn/delivery−systems/>.

미사일기술통제체제(MTCR)

I. 법적 성격 및 성립배경

미사일기술통제체제(MTCR)는 WMD 운반시스템의 비확산 목표를 공유하고, 미사일 확산방지를 위하여 수출허가 정책을 조화시키기 위한 국가 간의 비공식, 자발적인 협의체(association)이다.[2] 아울러 MTCR은 조약이 아니라 무인비행체에 의해 핵무기의 운반을 쉽게 할 수 있는 기술의 이전을 통제함으로써 핵확산의 위험을 감소시키기 위한 일련의 자발적인 지침(Guideline)이다. MTCR 참가국들은 이 지침을 공통의 수출정책으로 채택하고 통제목록에 적용하여 미사일 관련 품목의 이전을 제한한다. 아울러 참가국들은 기술이전 거부(denial)를 포함하여 수출허가에 관한 정보를 교환한다.[3]

MTCR의 배경은 WMD 운반시스템의 획득 또는 개발을 중단 또는 지연시킬 수 있으며, 주요 생산국들이 수출을 규제할 경우 획득 또는 개발이 어렵고 비용이 많이 든다는 가정에 근거를 두고 있다. 분석가들은 MTCR이 노력한 결과 아르헨티나, 이집트와 이라크가 공동 콘도르(Condor Ⅱ) 탄도미사일 개발 프로그램을 포기하였으며, 폴란드와 체코 공화국 등 일부 동구 국가들은 MTCR에 가입하기 위해 탄도미사일을 폐기하였고, 브라질, 인도, 리비아와 시리아의 미사일 개발을 저지시켰으며 남아공과 헝가리의 미사일 프로그램을 제거하는데 기여한 것으로 평가하고 있다. 다른 한편으로 일부 참가국은 수출을 자제하지 못했는데 러시아는 이란에 그리고 영국은 UAE에 미사일 기술을 수출한 것이 그 예이다.[4]

그럼에도 불구하고 MTCR은 한계가 있다. 즉 이란, 인도, 북한과 파키스탄이 계속 미사일 프로그램을 고도화하고 있다는 사실이다. 이들 4개국은 다양한 수준의 외국지원을 받아 1,000km 이상의 준중거리 탄도미사일(MRBM)을 개발

---

2) MTCR website, available at <http://www.mtcr.info/english/index.html>.
3) MTCR 거부통보의 내용은 품목, 수량, 금액, 통제번호, 수하인, 최종사용자와 최종용도이다.
4) Amy F. Woolf et al, "Arms Control and Nonproliferation: A Catalog of Treaties and Agreements," *CRS Report for Congress RL33865* (March 18, 2019), p. 44.

하였으며 그 이상의 미사일도 개발하고 있다. 그런가 하면 인도는 대륙간탄도 미사일(ICBM)을 보유하고 있다. 인도를 제외한 4개국은 세계 무기시장에서 단순히 구매자라기보다는 판매자가 되고 있다. 가령 북한은 오늘날 세계에서 탄도미사일 확산의 진원지로 알려지고 있다. 이란은 미사일 생산품목을 시리아에 공급하였다.

II. 수출통제의 목적과 원칙

MTCR 지침은 WMD 운반시스템의 수출통제를 통하여 WMD 확산 위험을 감경하고 테러단체와 테러리스트들이 통제대상 물자와 기술을 획득하지 못하도록 그 가능성을 차단하는 것이 목적이다. 동 지침은 수출통제가 WMD 운반시스템 개발에 소용되지 않는 한 개별 국가의 평화적인 항공우주 개발 프로그램을 방해하거나 그 프로그램이 WMD 운반시스템 개발에 사용될 수 없는 한 그 프로그램에 관한 국제협력을 방해하지 않는다. 또 평화적 경제발전에 필요한 기술의 이용을 제한하지 않는다. 아울러 MTCR 지침은 공급국 간에 자국의 기술이 WMD 운반시스템의 개발에 전용되는 일이 없이 기술을 제공할 수 있다는 신뢰 구축에 도움을 준다.[5] 그리고 수출허가는 수출금지가 아니라 WMD 운반시스템에 이용되지 않도록 이전을 방지하기 위한 노력이다.

MTCR은 탄두중량 500kg(1,100파운드) 이상, 사정거리 최소 300km(186마일) 이상인 로켓시스템 또는 무인비행체(UAV)의 개발을 규제한다.[6] 아울러 완성시스템과 그 구성품 또는 완성시스템과 구성품의 제조기술을 통제한다. 로켓엔진과 첨단소재 등 상업적 우주발사체(SLV)의 제조기술은 군사용 탄도미사일 제조기술과 사실상 동일하기 때문에 참가국의 우주개발 계획을 방해하지 않는다.[7]

---

5) <http://www.mtcr.info/english/trade.html>.

6) 제한기준 500kg은 1세대 핵탄두의 최소 중량이며, 300km는 전략적 타격에 필요한 최소 거리로 여겨진다. <https://www.armscontrol.org/factsheets/mtcr>.

7) Guidelines for Sensitive Missile−Relevant Transfers, para. 1. 아울러 모든 국가는 1967년 우주조약 제1조에 의거 경제 또는 과학발전의 수준과 관계없이 평등하게 자국의 혜택과 이익을 위하여 달과 기타 천체를 포함한 외기권을 자유롭게 탐사하고 이용할 수 있는 권리가 보장되어 있다.

한편 MTCR은 미사일의 자체 개발 및 생산, 실험 및 보유 등을 통제하지 않는다.

Ⅲ. 통제품목 및 수출요건

수출통제 대상 품목은 통제목록(Equipment, Software and Technology Annex)으로서 가이드라인에 부속되어 있으며 이 목록은 Category Ⅰ과 Category Ⅱ로 구분되어 있다.[8] Category Ⅰ(초민감 품목)은 WMD의 운반과 직접 관계가 있는 미사일 등의 장비와 기술로서 여기에는 미사일(탑재중량 500kg 이상, 사정거리 300km 이상), 완성로켓시스템(탄도미사일, 우주발사체 및 관측로켓 포함), 순항미사일 등 무인항공기(UAV) 및 그 제조설비 등이 포함된다. 이들 품목과 생산기술은 원칙적으로 수출이 금지되며, 수출 시에는 수입국으로부터 ① 신청목적으로만 사용하고, ② 수출국의 사전동의 없이 개조 또는 복제하지 못하며, ③ 수출국의 사전동의 없이는 수출품목 또는 복제품(replicas)을 재수출하지 않겠다는 확약서(assurance)를 받아야 한다.[9]

Category Ⅱ(민감품목)는 Category Ⅰ 품목에 비해 덜 민감한 미사일 관련 구성품인 이중용도 물자와 기술로서 여기에는 탑재 중량을 불문하고 사정거리 300km 이상의 WMD 운반시스템(미사일·로켓·UAV) 및 그 시스템을 구성하는 로켓의 각단(inter-stages), 로켓추진장치, 발사 장비, 관련 컴퓨터 및 생산 장비 등이 포함된다. 이들 품목은 수출이 금지되는 것은 아니나 WMD 운반과의 관계 여부를 신중히 판단하여 수출 여부를 결정한다.

이때 최종용도 증명이 요구되며 이전 신청서 심사 시에는 다음 사항을 고려해야 한다. 즉 1) WMD 확산에 대한 우려, 2) 수입국의 미사일 능력과 목표 및 우주개발계획, 3) WMD 운반시스템(유인 항공기 제외)의 잠재적인 면에서 이전(transfer)의 중요성, 4) 이전의 최종용도 평가, 5) 관련 다자간 협정의 적용 가능성과 통제품목이 테러조직과 개인의 수중에 들어갈 수 있는 위험이다. 그리고 통제품목과 직접 연관된 설계 및 생산기술의 이전은 장비와 같은 수준의 심사와 통제가 필요하다. 그리고 이전이 WMD 운반시스템에 기여할 경우 수출

---

8) Guidelines for Sensitive Missile-Relevant Transfers, paras. 1-2.
9) *Ibid*, para. 5.

국은 수입국 정부로부터 적절한 보증을 받고 이전을 승인해야 한다[10]

그런데 MTCR의 주요 결점은 획득하기가 더 쉬운 Category Ⅱ 품목을 가지고 Category Ⅰ 품목의 미사일 완성시스템을 조립할 수 있다는 점이다. 더욱이 어느 국가라도 수출통제 지침에 약간 못 미치는 다수의 장비를 획득함으로써 통제를 피할 수 있고 그런 다음 그 장비를 이용하여 더욱 엄격히 통제되는 품목으로 조립할 수 있는 것이다.[11]

MTCR은 1993년에 지침을 개정하여 참가국은 미사일이 WMD 운반에 사용될 것으로 판단될 경우 모든 미사일 또는 관련 기술의 수출을 특히 자제할 것을 요청하고 있다. 그에 따라 500kg 미만의 탄두운반이 가능한 미사일도 수출통제 대상이 되었다. MTCR 발족 당시에는 미사일의 핵무기 탑재 가능성이 통제기준이었으나 1993년 1월부터는 핵무기뿐만 아니라 생물무기와 화학무기의 탑재가 가능한 소형 미사일과 무인 운반체(unmanned delivery vehicle)로 그 통제범위가 확대되었다.

그에 따라 참가국들은 탑재 중량과 사정거리의 통제기준을 고려하되 수입자의 의도에 대해 더욱 면밀하고 주관적인 평가가 요구되는데, 이는 미사일과 무인 운반체가 핵무기보다 더 가벼운 화학무기와 생물무기의 운반이 가능하도록 개작될 수 있기 때문이다. 한편 미국은 2020년 7월 시속 800km 이하로 비행이 가능한 드론(drone)에 관한 Category Ⅰ 통제기준을 변경한다고 발표했다. 즉 Predator와 Reaper와 같은 일부 미국산 드론에 대하여 엄격한 수출통제를 해제하여 수출할 수 있게 한 것이다.

MTCR은 참가국에게 통제품목을 이전하기 전에 이전할 품목의 용도와 최종사용자에 관한 진술서와 필요할 경우 당해 기업의 영업활동과 조직을 설명하는 자료, 이전이 WMD 운반시스템의 개발 또는 생산 관련 활동에 이용하지 않겠다는 확약서, 그리고 필요하다면 수출국 또는 수출국 정부가 선적 후 검사가 가능하다는 확약서를 받을 것과 참가국은 또 제3국으로 장비, 소재 또는 관련 기술을 재이전하기 전에 국내법과 관행에 일치하는 방법으로 상대국의 동의를 받을 것을 권고한다.

---

10) *Ibid*, paras. 3－4.
11) Barry Kellman, "Bridling the International Trade of Catastrophic Weaponry, *American University Law Review*, Vol. 43, Issue 3 (Spring 1994), p. 823.

MTCR은 또 모든 비참가국들에게 공통의 안보 목적을 위하여 미사일과 관련 기술의 이전에 관한 MTCR 지침을 준수할 것을 권장한다. 비참가국은 MTCR에 가입하지 않고도 지침을 이행할 수 있다. 중국, 이스라엘, 루마니아와 슬로바키아 공화국 등 비참가국들은 MTCR의 수출통제 기준에 따르기로 약속했다. 그러나 공식적으로 알려진 자발적으로 지침을 준수하는 국가는 에스토니아, 카자흐스탄과 라트비아 등 3개국이다. MTCR과 그 참가국들은 비참가국들과의 기술교류와 확산 이슈에 관한 폭넓은 대화를 환영한다.

Ⅳ. 기술통제

MTCR의 수출통제 대상기술[12]은 MTCR 통제품목과 직접 관련된 기술로서 참가국이 국내법이 허용하는 범위 내에서 통제하며, 통제품목의 수출승인은 그 품목의 설치, 작동 및 유지와 수리에 필요한 최소한의 기술에 대한 수출은 승인한 것으로 간주한다. 그리고 통제품목과 직접 연관된 개발 및 생산기술의 이전은 참가국의 국내법이 허용하는 범위 내에서 품목과 동일하게 높은 수준으로 심사하고 통제한다.[13] 한편 MTCR은 바세나르협정과 같이 일반에 공개된 기술, 기초과학연구 및 소매시장에서 제한 없이 시중에 판매되는 소프트웨어는 통제대상에서 제외된다. 2006년 MTCR 총회는 MTCR 관련 기술 및 소프트웨어의 무형이전 통제의 중요성을 강조하고 민감 미사일 관련 이전에 관한 MTCR 지침에서 명시한 이전(transfers)에는 유형이전뿐 아니라 무형이전(intangible transfer)도 포함하기로 합의하였다.[14]

---

12) MTCR Equipment, Software and Technology Annex, MTCR/TEM/2004/Chair/002 참조.
13) Guidelines for Sensitive Missile−Relevant Transfers, para. 4.
14) Plenary Meeting of the Missile Technology Control Regime, Copenhagen, Denmark (2−6 October 2006), Press releases, available at <www.mtcr.info/english/press.html>.

Ⅴ. 캐치올 통제

통제목록에 없는 품목이라도 유인 항공기(manned aircraft)를 제외한 WMD 운반수단과 관련하여 완성품 또는 구성품의 형태로 사용될 것이 예상된다는 정부 허가 당국의 통보가 있거나(informed), 수출자가 통제목록 상의 사양과 다른 품목이 완성품 또는 부품의 형태로 WMD 운반수단의 개발 등에 사용될 의도가 있음을 수출자가 알게 되어(aware) 정부에 통보한 경우 정부는 허가가 적절할 것인지를 결정해야 한다.[15]

Ⅵ. 검증, 벌칙 및 조직

MTCR은 본질상 비확산의 공통이익을 공유하는 정부 간의 비공식 협의체로서 그 규범인 지침은 법적 구속력이 없고 이행을 감시하고 검증하는 공식 메커니즘이 없으며, 또한 위반국에 대한 처벌 규정도 없다. MTCR의 지침과 부속서(통제품목)의 이행은 강제사항이 아니다. 참가국들은 MTCR의 수출통제 지침과 통제품목을 각국의 주권적 재량에 의하여 국내법과 관행에 따라 이행하며 그 이행의 정도는 국가별로 다르다.

미국은 MTCR 참가 여부에 관계없이 확산국 또는 미국의 국가안보에 잠재적 위협을 초래하는 국가를 지정하고 이들 특정국에 대해서는 MTCR 통제품목의 수출을 통제한다. 또 어떤 이전이 MTCR의 정책에 반한다고 판단되면 제재를 부과할 수 있다. 대개 미국은 혐의가 있는 기업과 단체에 대하여 2년간 미국 정부와의 무기 구매 또는 원조를 금지한다. 그리고 사안에 따라서는 제재 기간을 연장하거나 상업적 수입과 수출로 제재 범위를 확대한다.

아울러 미국은 1990년 미사일기술통제법을 제정하여 MTCR 지침을 이행하는 반면 다른 국가들은 소극적으로 이행하고 있다. 공식 핵보유국 외에 장거리

---

15) Guidelines for Sensitive Missile—Relevant Transfers, para. 7. 2003년 9월 MTCR 총회에서 채택되어 이 지침에 포함되었다.

미사일 또는 우주발사체(SLV)를 가진 국가는 인도, 이스라엘, 일본, 사우디아라비아 등 4개국이다. 중국이 1988년 사정거리 3,000㎞ DF−3(CSS−2) 미사일 수십 기를 사우디아라비아에 판매하여 국제사회의 분노를 산 일이 있어 MTCR이 강화되는 계기가 되었는데 그 후로는 추가 판매가 없었다.16)

　　MTCR은 상설 사무국이 없고 현재 프랑스 외무성이 연락처(Point of Contact) 역할을 하고 있다. 회원가입 등에 관한 의결방식은 총의(consensus)에 따른다. 한편 MTCR은 정기적으로 참가국 상호 간에 수출허가 및 집행 관련 이슈에 관한 정보를 교환하는데 이러한 정보교환 및 결정은 최고의결기구인 총회(Plenary Meeting), 부속서(Annex)를 논의하는 협의 그룹(Consultative Group), 통제목록을 개정하는 기술전문가회의(Technical Experts Meeting: TEM), 정보교환회의(IEM) 및 허가집행전문가회의(Licensing and Enforcement Experts Meeting: LEEM)에서 이루어진다.17)

Ⅶ. 가입요건

　　MTCR은 1987년 4월, G−7 국가(프랑스, 독일, 이탈리아, 영국, 미국, 캐나다, 일본)에 의해 설립되었으며 2021년 9월 현재 인도 등 35개국이 참가하고 있다.18) 특히 1987년 이후 2006년 4월까지 핵 운반 미사일을 보유 또는 생산하는 국가들이 MTCR에 많이 가입하였다. MTCR 가입 결정 시 고려요소는 후보국의 국제 비확산 강화 노력, 비확산에 대한 지속적이고 지속 가능한 의지, MTCR 지침과 절차를 실행하기 위한 법적 기반의 효과적인 수출통제 시스템 구비 및 수출통제의 효과적인 집행이다.19)

　　MTCR 가입에 가입하려면 총의 방식에 의해 기존 참가국 모두의 합의가 필요하다. 이에 관한 미국의 정책은 공식 핵보유국으로 인정받지 않은 국가들은 탑재 중량 500kg, 사정거리 최소 300km의 운반능력을 가진 탄도미사일

---

16)　<http://cns.miis.edu/inventory/pdfs/mtcr.pdf>.
17)　<http://www.mtcr.info/english/objectives.html>.
18)　<http://www.mtcr.info/english/partners.html>.
19)　<https://mtcr.info/partners/>.

을 폐기하거나 포기하는 것인데 1988년 우크라이나에 대해서는 예외를 인정하여 스커드 미사일을 보유하도록 했다. 3년 후 미국은 한국이 MTCR에 가입할 수 있도록 최고 사거리 300km의 미사일 개발을 허용하였는데 그전인 1979년에는 180km 미만으로 제한하였었다. 2012년 10월 한미 양국은 탑재 중량 500kg, 사거리 800km로 확대하기로 합의하여 북한 전역을 사정거리에 두게 되었다. 한국은 2015년 6월 사정거리 500km의 탄도미사일을 시험 발사하였으며 그해 10월에는 사정거리 800km의 운반시스템을 2017년에 배치할 것이라고 발표했다.

중국은 미국이 수년간 미사일과 미사일 기술 판매를 감축한 끝에 2000년 11월 다른 나라의 탄도미사일 개발을 돕지 않겠다고 발표했다. 파키스탄의 미사일 개발에 핵심 역할을 하였고 과거 북한과 이란에 민감기술을 제공했던 중국은 수출 전 정부 승인이 필요한 포괄적인 통제목록을 발표하기로 약속했다. 2004년 중국은 MTCR 가입을 신청하였고 당시에 MTCR 수출통제 기준을 자발적으로 준수하겠다고 공언했다. 비록 중국이 완성 미사일시스템을 더는 판매하지 않고 수출통제를 강화하였으나 중국 기업들이 북한 등 탄도미사일 개발 국가에 민감기술을 제공할 것으로 우려된다는 이유로 가입이 거부되었다.

인도는 2008년 MTCR 수출통제 지침을 자발적으로 준수하기로 약속했고, 이는 그 당시 미국이 인도를 MTCR에 가입시키기 위해 노력한데 따른 것이었다. 인도의 약속은 NSG가 자체 탄도미사일 프로그램을 계속 개발하고 있는 인도에 면제를 부여하기 직전에 나온 것이다. 2015년 6월 인도는 정식으로 MTCR에 가입을 신청하여 그해 10월 총회에서 이탈리아의 반대로 총의에 이르지 못했으나 2016년 6월 가입하였다. 그리고 2015년에는 9개국이 가입을 신청했으나 아직 가입하지 못하였다.

탄도미사일 확산방지를 위한 헤이그 행동규범

I. 채택 배경

  냉전 종식 후 MTCR 비참가국 간에 미사일이 확산하고 우려국의 미사일 개발이 추진된 결과 1990년대 후반에는 미사일이 세계적으로 확산하기에 이르렀다.[20] 이에 MTCR은 지금까지의 수출통제 협력만으로는 탄도미사일의 확산을 방지할 수 없어 이를 보완하기 위한 국제체제의 필요성이 제기되었다. 이에 MTCR을 중심으로 국제적인 규범 작업에 착수하여 2001년 9월 MTCR 총회에서 규범 초안이 채택되었다. 그 후 2002년 2월 파리회의(78개국 참가)에서의 모든 국가에 개방된 보편적 프로세스에 이어, 같은 해 6월 마드리드회의(96개국 참가)를 거쳐 마침내 2002년 11월 네덜란드 헤이그에서 93개국의 서명으로 탄도미사일 확산방지를 위한 헤이그 행동규범(HCOC)이 채택되었다. 2021년 9월 현재 참가국은 143개국이나 미사일 확산국가로 알려진 중국, 북한, 이란, 시리아, 이집트, 파키스탄은 참가하지 않고 있다.[21]

II. 주요 내용

  HCOC은 탄도미사일의 비확산을 위한 최초의 국제적인 정치적 합의이고 MTCR과 함께 탄도미사일 비확산에 관한 유일한 다자간의 투명성과 신뢰 구축에 관한 국제문서이다. 여기서 투명성(transparency)은 탄도미사일 프로그램에 관한 연례보고서의 제출이고, 신뢰구축 조치는 탄도미사일과 우주발사체의 발사 전 통지와 시험비행에 관한 정보교환을 뜻한다.[22] 그리하여 HCOC은 탄도미사일의 확산방지, 탄도미사일의 개발, 시험, 배치의 자제 등의 원칙 등을 주요 내용으로 한다.

---

20) 1998년 4월 파키스탄(Ghauri), 7월 이란(Shahab), 8월 북한(대포동), 1999년 4월 인도 (Agni−2), 파키스탄(Ghauri, Shahin) 등 미사일 발사가 잇달아 실시되었다.
21) <https://www.hcoc.at/subscribing−states/list−of−hcoc−subscribing−states.html>.
22) HCOC Website <https://www.hcoc.at/>.

구체적으로 HCOC의 주요 내용을 보면 첫째는 일반적 조치로서 이 행동규범에 의하여 ① 참가국들은 국제협력을 통해 WMD 운반능력이 있는 탄도미사일의 확산을 억제 또는 방지하고, ② 탄도미사일의 개발, 시험 발사 및 배치를 최대한 자제하며, 가능한 한 탄도미사일의 보유를 삭감한다. ③ 군축·비확산 조약의 의무 및 규범에 반하여 WMD의 개발 혹은 획득을 시도할 가능성이 있는 국가의 탄도미사일 개발계획에 공헌하거나 이를 지지 또는 지원하지 않는다. 또한 ④ 탄도미사일에 사용되는 기술이 민간 우주발사체의 기술과 유사한 점을 고려하여 우주로켓 계획이 탄도미사일의 개발을 은폐하는데 이용되지 않도록 한다. 둘째는 신뢰 구축 조치로서 ① 탄도미사일 및 우주발사체(SLV)의 발사 및 시험비행에 관한 사전 통보, ② 우주발사체의 정책과 발사 및 실험시설에 관한 연차 보고 및 ③ 발사지점에 국제옵서버의 자발적 초청이다.[23]

표 4-1 탄도미사일과 우주발사체의 비교

구분	탄도미사일	우주발사체
탑재체	탄두(폭약, WMD) * 실험 시 탄두 미장착 경우 존재	인공위성
궤적	초기 수직 궤적 이후 탄두는 포물선 궤적	초기 수직 궤적 이후 위성은 지구 위성 궤적
적용기술	탄두 재진입 기술(마찰열 감소 기술) 지구 중력을 이용하여 낙하	위성 궤도진입을 위해 킥모터를 이용한 방출(ejection) 기술 지구 중력을 벗어나기 위한 기술
목표	지상, 해상 또는 공중 목표물	지구 궤도 목표지점
사거리	100~13,000㎞²	* 사거리 개념 적용 불가
추진력	로켓엔진 사용	좌와 동
발사각도	발사 시 수직 각도로 상승	좌와 동
적용기술	유도조정장치 활용	좌와 동
탑재중량	500㎏~1.5ton	10㎏~10ton (나로호는 100㎏)
식별방법	탑재체 외형이 주로 원추형	탑재체 외형이 원추형 또는 사각형 * 위성 발사 실패 시 구별 어려움

출처: 외교부, 『2021 군축·비확산편람』(2021년 1월), p. 127.

---

23) Text of the HCOC <https://www.hcoc.at/background−documents/text−of−the−hcoc.html> Art.4.

III. 성격, 조직, 참가 및 운영

HCOC은 탄도미사일의 확산방지를 위한 최초의 국제정치적 합의서이며, 서명국을 법적으로 구속하는 국제약속이 아니라 참가국이 동 규범의 원칙과 조치를 준수한다는 정치적으로만 구속력을 가진 문서에 불과하다. 따라서 HCOC의 가입은 자발적이며 모든 국가에 개방되어 있고 그저 오스트리아 정부에 참가 의사를 표명하는 외교문서를 제출하면 된다. 이와 관련 유엔 총회에서 지금까지 9회에 걸쳐 HCOC에 관한 결의가 채택되었고, 이 결의를 통하여 유엔은 아직 참가하지 않은 국가들에 대하여 참가를 권장하고 있다.[24]

아울러 HCOC은 그의 준수를 검증하는 메커니즘이 없으며 규범 위반에 대한 제재도 없다. HCOC은 참가국에게 탄도미사일 프로그램에 관한 연례보고를 이행하고 탄도미사일 시험 발사 시에 다른 참가국에게 경계 통보 등과 같은 일부 조치만을 권장하고 있을 뿐이다. 그리고 참가국은 매년 또는 합의에 따라 정기총회를 개최하는데 실체적이고 절차적 면에서의 모든 결정은 참가국들의 총의(consensus)에 따른다.[25] 한편 HCOC은 상설 사무국이 없으며, 2002년 당시 헤이그 회의에서의 합의에 따라 오스트리아 연방 외무성이 중앙연락처(Immediate Central Contact)로서 참가국 간 정보교류 협력의 창구를 맡고 있다.[26]

---

24) A/RES/75/60 (14 December 2020).
25) Paul Kerr, "Code of Conduct Aims to Stop Ballistic Missile Proliferation," *Arms Control Today*, Vol. 33, No. 1 (January/February 2003).
26) HCOC의 연락처는 다음과 같다. Central Contact(Executive Secretariat): Austrian Federal Ministry for Foreign Affairs, Department of Arms Control, Disarmament, and Non-proliferation, Immediate Central Contact(HCOC), Minoritenplatz 8, 1110 Vienna (Austria), Tel. +43 5 011 50 3356, Fax. +43 5 011 59 328, e-mail: hcoc@bmaa.gv.at.

재래식 무기 비확산체제

I. 탄생 배경

특정 재래식 무기의 사용을 금지하는 국제조약[1]은 있으나 재래식 무기의 전반적인 국제무역과 이전을 규율하는 현행 무기거래조약(Arms Trade Treaty: ATT)이 체결되기 전의 무기 수출입과 이전은 기본적으로 각국의 독자적인 정책하에 수행되었다. 예를 들면 일본의 무기수출 3원칙[2]과 유럽연합(EU)의 무기수출행동규범[3] 등이 그것이다.[4] 이에 유엔은 재래식 무기의 무역 및 이전을 규율하는 공통적인 국제기준의 결여가 분쟁, 사람의 이산, 범죄와 테러의 요인으로 작용하고 그로 인해 평화, 화해, 안전, 안보, 안정성 및 지속 가능한 개발을 저해한다는 점을 인식하였다. 그래서 유엔은 현재 재래식 무기의 수출입 및 이전에 관한 법적 구속력 있는 국제기준 또는 무기거래조약을 마련하기 위한 작업을 진행하였다.[5]

---

1) 주로 일반 시민의 무차별 피해 등 인도적 문제의 해결을 위한 전면금지 조치로서 대인지뢰금지협약(오타와조약), 특정재래식무기사용금지제한협약(CCW) 및 클러스터폭탄금지협약(더블린조약)이 있다.

2) 일본의 '무기수출 3원칙'은 ① 북한·중국·쿠바 등 공산주의 국가, ② 유엔 안전보장이사회 결의에 의거, 무기 등의 수출이 금지되고 있는 국가, ③ 국제분쟁의 당사국 또는 분쟁 우려 국가로의 수출을 금지하는 원칙으로서 1967년 4월 사또내각(佐藤內閣) 때 확립되었다. 그 후 1976년 2월 미키내각(三木內閣)은 ① 무기수출 3원칙 대상 지역에 대해서는 무기의 수출을 인정하지 않는다. ② 3원칙 대상지역 이외의 지역에 대하여는 무기수출을 자제한다. ③ 무기제조 관련설비의 수출에 대해서는 무기에 준하여 취급한다는 정부방침을 표명하였으며, 이외에도 국회 등의 場에서도 무기기술, 무기제조업에 대한 해외직접투자 및 군사시설 등의 공사 수주에 관하여도 무기수출 3원칙에 준하여 취급한다는 방침을 분명히 하였다. 財團法人 安全保障貿易情報センター, 『安全保障貿易管理ガイダンス』(2009), p. 20; 무기수출 3원칙은 그간의 달라진 국제안보 환경을 반영하고 동 원칙에 대한 예외조치를 바탕으로 새롭게 원칙을 설정하여 2014년 4월 1일부터는 국가안전보장회의와 각의의 결정으로 채택된 현행 '방위장비 이전 3원칙'을 운용하고 있다.

3) EU의 무기수출행동규범(EU Code of Conduct on Arms Exports)은 EU 회원국에게 국제인권·인도법 위반의 우려가 있는 국가, 테러행위를 한 국가 또는 분쟁을 조장할 가능성이 있는 국가로의 무기 이전을 금지하고 있다. 자세한 내용은 EU Official Journal (2009/C 66 E/48, 20. 3. 2009) 참조.

4) 佐藤丙午, "武器貿易條約の課題と展望," *CISTEC Journal*, No. 121 (2009. 5), pp. 63-65.

구체적으로는 2006년 12월 유엔 총회 결의에 따라 정부전문가그룹(GGE)이 설치되어 국제기준의 타당성, 대상 범위 및 구성요소를 검토하였다. 정부전문가그룹(GGE)은 2008년 8월 최종보고서에서 무기거래조약은 유엔헌장 제51조에서 규정한 자위권을 침해하지 않는 범위[6] 내에서 그리고 유엔의 틀 안에서 개방되고 투명한 방법으로 총의(consensus)에 입각하여 단계적으로 검토를 진행하기로 하였으며, 아울러 무기가 합법 시장에서 비합법 시장으로 이탈하여 비합법적으로 거래된 무기가 테러행위나 조직범죄 및 기타 범죄 활동에 사용되는 것을 방지할 수 있도록 각국의 국내 무기 관리체계를 강화할 것을 회원국들에게 권고하였다.[7]

무기거래조약(ATT)의 구상은 2001년 개최된 유엔 소형경무기회의[8]에서 합의된 행동계획에서 소형경무기(SALW)의 불법 이전에 대한 국제법적 규제의 필요성을 염두에 둔 문제 제기를 계기로 비정부기구(NGO)가 "무기를 통제하라(Control Arms)"는 캠페인을 전개하고 이를 유럽연합(EU)이 지지하는 등 국제적으로 확산되었다. 이 캠페인이 제시한 무기거래조약의 기본원칙은 다음과 같다.

① 재래식 무기의 국제적 이전은 ATT 당사국의 허가가 있어야 한다.

② 특정 재래식무기 사용금지조약, 대인지뢰금지협약 등 국제법상 의무에 반하는 무기의 이전은 허가하지 않는다.

③ 중대한 인권침해, 대량학살(genocide) 및 국제인도법 위반 범죄 등 국제법 위반의 목적에 사용될 가능성이 있는 무기의 이전은 허가하지 않는다.

④ 당사국은 이전 허가 여부 결정 시 일정한 요건을 고려한다. 고려해야 할 요소는, 예를 들면 폭력범죄에 이용될 가능성, 정치적 안정 및 지역안보에 대한 영향 및 지속 가능한 개발에 대한 악영향 등이다.[9]

---

5) A/RES/61/89(18 December 2006) 참조. 이 유엔 총회 결의의 제목은 "Towards an arms trade treaty: establishing common international standards for the import, export and transfer of conventional arms"이다.

6) 유엔 총회는 결의를 통해 국가가 자위(self-defense) 및 안보상 수요를 위하여 그리고 평화지원 활동에 참가하기 위하여 재래식 무기의 제조, 수입, 수출, 이전 및 보유의 권리를 인정한다. A/RES/61/89 (18 December 2006).

7) A/RES/63/240 (8 January 2009), para. 2.

8) UN Conference on the Illicit Trade in Small Arms & Light Weapons in All Its Aspects, New York (9-20 July 2001).

Ⅱ. 주요 내용

1. 목적 및 이행

무기거래조약(ATT)은 재래식 무기의 국제무역을 규율하기 위한 공통의 기준을 확립하여 불법 거래를 예방 및 척결하고 우회(diversion)를 방지하며, 불법의 무책임한 무기 이전으로 인한 인간의 고통을 덜어주고, 지역 안보와 안정을 개선하며, 아울러 재래식 무기의 국제무역10)에서 당사국들의 협력, 투명성과 책임 있는 행동의 촉진 및 이를 통한 당사국 간 신뢰를 구축하는데 그 목적을 두고 있다.11)

ATT 당사국은 일관되게 객관적이고 비차별적인 방법으로 조약을 이행해야 한다. 또한 이 조약을 이행하기 위하여 통제목록을 포함하여 국내 통제제도를 수립하고 운영해야 한다. 아울러 각 당사국은 통제목록을 사무국에 제출하고 다른 당사국들이 이용할 수 있게 해야 한다.12) 당사국의 통제목록에 포함되어야 할 ATT가 규율하는 재래식 무기는 탱크(Battle tanks), 장갑차(Armoured combat vehicles), 대구경 대포(Large-caliber artillery systems), 전투기(Combat aircraft), 공격용 헬기(Attack helicopters), 군함(Warships), 미사일과 미사일 발사체(Missiles and Missile launchers), 소형 경무기(SALW) 및 그 부품(parts)과 구성품(components)으로 후술하는 유엔 재래식 무기 이전등록 대상의 무기와 같다.13)

2. 준수사항

ATT에 의거 당사국이 준수해야 할 사항은 첫째, 유엔 안보리가 유엔헌장 제7장에 의거 채택한 조치, 즉 안보리 결의상의 의무 특히 무기금수(embargo)

---

9) 財團法人 安全保障貿易情報センター, 전게서, pp. 14-15.
10) 무기거래조약에서 규율하는 재래식 무기의 국제무역, 즉 이전(transfer)은 수출, 수입, 경유, 환적 및 중개(brokering)를 그 대상으로 한다.
11) Arms Trade Treaty, Article 1(Object and Purpose).
12) *Ibid*, Article 5(General Implementation).
13) *Ibid*, Article 2(Scope).

를 위반하는 재래식 무기의 이전을 허가하지 않아야 한다. 둘째, 국제협정상의 의무, 특히 재래식 무기의 이전 또는 불법 거래에 관한 의무를 위반하는 이전은 허가하지 않아야 한다. 셋째, 재래식 무기가 제노사이드[14](genocide), 인도에 반하는 범죄, 1949년 제네바협약[15]의 중대한 위반, 민간인에 대한 공격 기타 국제협약에서 정의하는 전쟁범죄에 사용될 것임을 허가 당시에 알고 있는 경우 이전을 허가하지 않아야 한다.[16]

수출 당사국은 자국의 통제제도에 의거 수출 우회의 위험을 산정하고 수출입 당사국의 신뢰구축과 같은 감경 조치의 수립을 고려하는 등 재래식 무기의 이전에 대한 우회방지를 모색해야 한다. 수입, 경유, 환적 및 수출 당사국들은 우회 위험을 방지하기 위하여 협력하고 정보를 교환해야 한다. 만약 당사국이 이전된 재래식 무기의 우회를 발견할 경우 국내법과 국제법에 따라 이 우회 문제를 다루기 위한 적절한 조치를 취해야 한다. 이들 조치에는 당해 당사국에 주의, 우회된 무기의 심사, 수사 및 법 집행을 통한 후속 조치가 포함될 수 있다. ATT는 당사국들 간의 우회에 효과적으로 대처하기 위한 관련 정보의 공유를 권고한다. 이 정보의 예로는 부정 등 불법 활동, 국제거래 루트, 불법 브로커, 불법 공급원, 은폐방법, 발송처 또는 우회에 가담한 조직그룹이 활용하는 목적지 등을 들 수 있다.[17]

3. 수출입 심사

수출입 심사 시에 수출 당사국은 수출이 동 조약 제6조에 따라 금지되지 않는 경우 수출을 허가하기 전에 수입국에 의해 제공된 정보를 포함하여 평화와 안보에 기여 또는 저해 여부, 국제인도법과 국제인권법의 심각한 위반 여

---

14) 제노사이드는 국민적, 민족적, 인종적 또는 종교적 집단의 전부 또는 일부를 파괴할 의도로 그 집단 구성원을 살해하거나 중대한 신체적 또는 정신적 위해를 야기하는 등 기타 유사한 행위를 하는 것을 뜻한다. 정인섭, 『신국제법 강의』(박영사, 2010), p. 662.
15) 1949년 제네바협약은 육전과 해상에서 군대의 부상자와 병자 등의 상태 개선, 포로의 대우, 전시에서의 민간인의 보호에 관한 협약 등 총 4개의 협약으로 구성되어 있다. 자세한 사항은 대한적십자사, 『제네바협약과 추가 의정서』(2010), pp. 19−163 참조.
16) Arms Trade Treaty, Article 6(Prohibitions), available at UN General Assembly, A/CONF.217/2013/L.3 (27 March 2013) 참조.
17) *Ibid*, Article 11(Diversion).

부, 수출국이 당사국인 테러 또는 조직범죄에 관한 국제협약 또는 의정서상의 범죄를 구성하는 행위 등의 요소를 고려해야 한다. 한편 수입 당사국은 수출 당사국의 심사 시에 요청이 있을 경우 적절한 그리고 관련된 정보를 제공해야 하는데 이 조치에는 최종용도 또는 최종사용자 문서가 포함될 수 있다.[18] 당사국은 필요하거나 합당한 경우 자국 관할하에서 국제법에 따라 자국 영토를 경유(transit) 또는 환적(trans-shipment)을 규율할 적절한 조치를 하여야 한다.[19] 아울러 당사국은 국내법에 따라 자국의 관할하에서 행해지는 중개(brokering)를 규율할 조치를 해야 하며, 이 조치에는 중개인에게 중개하기 전에 등록하거나 서면승인을 얻도록 하는 조치가 포함될 수 있다.[20]

4. 효력, 탈퇴 및 조직

ATT는 2013년 4월 2일 유엔 총회에서 압도적으로 채택되어 2013년 6월 3일부터 서명을 위해 개방되었고 50번째의 국가가 비준서를 기탁 후 90일이 되는 2014년 12월 24일에 발효되었다.[21] 조약의 효력은 무기한이며, 조약 개정은 조약 발효 6년 후에 가능하다. 그리고 조약의 탈퇴는 탈퇴사유서와 함께 90일 전 통보 후 탈퇴가 가능하다.[22] 한편 ATT의 조직으로는 당사국회의(Conference of States Parties)와 사무국(Secretariat)이 있다. 당사국회의는 매년 1회 개최되며 조약의 이행 검토, 보편성 촉진에 관한 건의안 채택 및 조약 개정안을 심의한다. 사무국은 당사국이 제출한 정보를 수집 및 관리하며, 최소의 규모로 운영하면서 당사국에게 조약의 효과적인 이행을 지원한다.

---

18) *Ibid*, Article 7(Export and Export Assessment), Article 8(Import).
19) *Ibid*, Article 9(Transit or trans-shipment).
20) *Ibid*, Article 10(Brokering).
21) *Ibid*, Article 22(Entry into force).
22) *Ibid*, Article 24(Duration and Withdrawal).

특정 재래식무기 사용금지 조약

I. 대인지뢰금지협약

대인지뢰금지협약[23]은 대인지뢰가 일반 시민에게 주는 무차별적인 고통과 피해를 종식시키기 위한 국제적인 노력의 결과로 탄생했다. 이 협약은 1997년 9월 18일 채택되어 12월 3일 캐나다 오타와에서 서명되었고 1999년 3월 1일 발효하였다. 2021년 6월 현재 당사국은 164개국, 서명국은 133개국이다. 그런데 미국, 러시아, 중국, 인도, 파키스탄, 이란, 북한, 시리아 등은 장대한 국경, 인접국과의 긴장, 안전보장 등을 이유로 아직 동 조약을 체결하지 않고 있다.

이 협약은 기본적으로 대인지뢰의 사용, 개발, 생산, 비축, 이전[24] 등을 전면적으로 금지하고 동 조약에서 금지하는 행위를 지원, 장려 또는 권유하지 못한다(제1조). 그리고 비축 지뢰는 조속한 시일 내에 늦어도 본 협약 발효 후 4년 이내에 폐기해야 하며(제4조), 지뢰지대에 매설된 지뢰도 조속한 시일 내에 늦어도 본 협약 발효 후 10년 안에 제거해야 하며 이 기간 내에 폐기하지 못하는 당사국은 10년 안에 폐기하겠다는 계획서를 제출해야 한다(제5조). 아울러 지뢰 제거 및 희생자 지원에 관한 국제협력과 원조 등을 규정하고 있다.

그런데 이 협약은 특정 당사국의 국내 사정에 의한 예외를 허용하지 않는다는 협약의 의지를 나타내기 위하여 다른 조약들과는 달리 특정 조항에 대한 유보(reservation)를 인정하지 않는다(제19조). 대인지뢰는 사람의 존재, 접근 또는 접촉에 의하여 폭발하도록 설계된 지뢰로서 1명 또는 2명 이상 사람의 기능을 현저히 해치거나 살상하는 무기이다. 대인지뢰로 인한 사상자는 15,000~20,000명으로 세계 80개국 이상에서 피해가 발생하는 것으로 알려졌다. 2019년의 경우 5,500여 명의 사상자 발생했으며 이중 80% 이상이 민간인이었다. 2003년까지

---

23) 대인지뢰금지협약의 정식 명칭은 '대인지뢰의 사용, 비축, 생산 및 이전과 폐기에 관한 협약 (The Convention on the Prohibition of the Use, Stockpiling, Production and Transfer of Anti-Personnel Mines and on Their Destruction)'이며, 일명 오타와조약이라고도 한다.

24) 이전(transfer)은 대인지뢰가 국가의 영역으로 또는 영역으로부터의 물리적인 이동은 물론이고 대인지뢰에 대한 소유 및 통제가 이전하는 것을 말한다. 대인지뢰금지협약 제2조(정의) 참조.

400만 개 이상이 제거되었으나 아직 약 50개국이 1억 8천 개를 보유하고 있으며 이 중 1억 개 이상이 매설된 것으로 추정되고 있다. 매설하기는 쉽고 비용도 적게 소요될 뿐만 아니라 일단 매설되면 50~100년간 무해하나 제거하기는 쉽지 않다.[25]

Ⅱ. 클러스터폭탄금지협약

클러스터폭탄(또는 확산탄)은 폭탄, 로켓, 대포알로서 전투기에서 투하되거나 지상에서 발사되어 공중에서 대형용기에 든 대량의 자탄이 분해하여 수 개에서 수천 개로 광범위하게 살포되는 형태의 폭탄으로서 미국, 러시아, 일본 등 75개국이 보유하고 있다. 그간 미국이 1960~70년대에 동남아에서 사용하였고 베트남 전쟁이 끝날 무렵 라오스에만 2천만 개의 불발탄을 남겼으며, 걸프전에서는 이라크에 대해 사용하였다. 2006년에는 이스라엘이 레바논 공격 시 사용하는 등 약 30개국에서 사용되었는데 모두 불발탄에 의해 민간인 특히 어린이의 피해가 막대하였다.

이에 클러스터폭탄의 사용을 전면 금지하자는 국제사회의 요청에 따라 노르웨이의 주도로 2007년 협상을 개시하여 2008년 5월 30일 클러스터폭탄금지협약(CCM: Convention on Cluster Munitions)이 체결되었다.[26] 동 협약은 2008년 12월 3일 오슬로에서 서명을 위해 개방되었고 2010년 8월 1일에 발효되었고 2021년 6월 현재 협정 당사국은 110개국이다.

이 협약의 주요 내용은 ① 클러스터폭탄의 사용, 개발, 저장, 보유, 이전(수출)의 즉각 금지, ② 협약 발효 후 8년 이내에 보유 재고 폐기, ③ 10년 이내에 불발탄 제거 및 폐기 완료, ④ 폭탄 사용국은 제거 및 폐기 지원, 피해자에게 의료, 사회 복귀 및 심리적 지원을 제공토록 하고 있다. 더욱이 이 협약은 준수 문제를 다루기 위한 안내 및 투명성 조치에 관한 내용을 포함하고 있다.[27]

---

25) 財團法人 安全保障貿易情報センター, 『安全保障貿易管理の周辺』 (2008. 10), p. 8.
26) 매스컴 등에서는 이 조약을 '오슬로 프로세스에 의한 전면금지조약'이라고 부르나 회의가 개최된 아일랜드 더블린의 지명을 따라 더블린조약으로도 칭한다. 이 조약에 관한 자세한 분석은 Jeff Abramson, "Treaty Analysis: The Convention on Cluster Munitions," *Arms Control Today*, Vol. 38, No. 10 (December 2008) 참조.

제3절	재래식 무기 이전 등록제

1990년 2월 이라크가 쿠웨이트를 침공했을 때 국제사회는 이라크가 세계 최대 무기 수출국으로부터 아무런 규제도 받지 않고 획득한 엄청난 규모의 무기에 경악을 금치 못했다. 당시 이라크의 무기와 군사기술은 유엔 안보리 5개 상임이사국, 즉 미국, 러시아, 영국, 프랑스 및 중국으로부터 수입한 것이었다. 걸프 전쟁 후 미국과 해외의 정책입안자들은 이라크의 무기 축적을 유발한 규제 없는 무기 시장을 개탄하고 5개 상임이사국은 각국이 무기 이전을 결정할 때 준수해야 할 비구속성 규칙에 합의하였다.[28]

1991년 12월 국제사회는 유엔 감시하에 재래식 무기의 거래를 등록하도록 조치하였다. 이처럼 국제사회가 무기 시장의 부정적 결과를 완화하기 위한 적극적인 대응에도 불구하고 재래식 무기의 무분별한 거래로 말미암아 일례로 유고의 내전을 촉발하고 장기화한 빌미가 되었다. 더욱이 조율된 국제적 조치가 없는 가운데 세계적인 무기 암시장이 성행하였다. 아울러 재래식 무기 시장에 참여하는 신규 수출국이 증가함에 따라 소수 국가의 일방적인 자제만으로는 더는 국제적 무기 공급을 통제할 수 없게 되었다.[29]

1980년대 초 이후 재래식 무기의 이전통제에 대한 국제사회의 관심이 더욱 높아지면서 재래식 무기의 통제 문제를 국제적 책임의 공유 차원에서 진지하게 다루어야 한다는 데 공감대가 형성되었다. 1945~84년 기간 중 유엔은 무기 이전 자제에 관한 몇 가지 제안을 검토하였으나 아무런 조치를 하지 않았다. 그리고 1984년 재래식 무기의 이전 이슈가 유엔 재래식 무기 연구에서 주목을 받았으며, 1988년 제3차 유엔 총회 특별회의에서 미국과 소련을 포함한 다수의 국가들이 무기거래에 관해 심각한 우려를 나타냈다. 1988년 12월 유엔 총회는 결의 43/75 I를 채택하여 유엔 사무총장에게 무기 이전의 투명성을 제고하기 위한 방법과 수단에 관한 전문가 연구를 수행할 것을 요구하였으며 그

---

28) David. G. Anderson, "The International Arms Trade: Regulating Conventional Arms Transfers in the Aftermath of the Gulf War," *The American University Journal of International Law & Policy*, Vol. 7 (1991－1992), pp. 752－754.
29) *Ibid*, pp. 754－756.

결과 재래식 무기 등록제가 수립되어 오늘에 이르고 있다.[30]

　요컨대 유엔 재래식 무기 이전 등록(UN Register of Conventional Arms: UNROCA) 제도는 1991년 걸프 전쟁에서 이라크의 과도한 무기 축적이 지역안보를 해친 다는 반성에서 출발하여 1991년 일본이 EU 국가들과 협력하여 유엔총회에 제출하여 채택된 결의 46/36 L(Transparency in armaments)에 의거 재래식 무기의 이전에 관한 정보 공유 및 군비 투명성 제고를 위하여 회원국의 무기 수출입 실적 및 보유현황 등을 유엔에 등록함으로써 국제적인 신뢰 구축을 목적으로 하고 있다.[31]

　이 제도에 따라 참가국들은 1993년부터 재래식 무기의 수출과 수입에 관한 데이터를 유엔에 등록하고 있다.[32] 등록대상 무기는 탱크, 장갑차, 대구경 야포(구경 75mm), 전투기, 공격용 헬기, 전함(잠수함 포함), 미사일(사정거리 25km 이상, 휴대용대공미사일 포함)과 미사일 발사대 등 7개 카테고리의 공격용 재래식 무기로서 재래식 무기의 대부분을 망라한다. 유엔은 참가국에게 매년 이들 무기별로 과거 1년간의 수출입 실적과 그 수출입 상대국 등을 유엔 사무국에 제출하도록 하고 있다. 이 외에도 군비 보유 및 국내생산을 통한 조달에 관한 정보 등에 관한 데이터의 제출도 권고하고 있다.

　재래식 무기 이전 등록에 관한 총회 자문기구인 정부전문가그룹은 2009년 보고서를 통해 재래식 무기 등록제는 중요한 신뢰구축 조치라고 결론짓고 무기 수출입 실적이 전혀 없는 경우의 "무실적(nil)" 보고서 제출을 포함하여 지속적인 적시 보고의 필요성을 재확인하였다. 2021년 9월 현재 이 등록제에 총 173개국이 협력하고 있다. 그런데 1999~2006년 기간 중 연간 제출국은 100개 국이 넘었으나 2007년에는 1998년 이후 최저수준인 91개국으로 하락했다. 더구 나 매년 5월 31일 제출기한을 지킨 국가는 소수에 불과했다.[33] 그리고 북한 등 49개국은 단 한 차례도 보고서를 제출하지 않았다. 한편 이 등록제의 약점으로 는 ① 무기 하부체계(sub-systems)와 이중용도 품목의 결여, ② 무기거래에 따

---

30) *Ibid*, pp. 769-770.
31) A/RES/46/36 (6 December 1991) L "Transparency in armaments" para. 5는 회원국들에게 특히 긴장 또는 분쟁상황 시 재래식 무기의 수출입을 자제하고, para. 9는 paras. 7-8의 절 차에 따라 재래식 무기 이전에 관한 데이터를 제출하도록 요구하고 있다.
32) A/RES/47/52 L. (9 December 1992).
33) A/64/296 (14 August 2009), pp. 2, 13.

르는 경제적 측면(거래액, 재원 등) 결여, ③ 사전 통보가 필요하지 않음에 따라 군비증강에 대한 조기경보 기능 수행 불가, ④ 과도하고 불안정한 무기 축적을 판명할 무기 유형 및 규모에 대한 객관적 근거 부재, ⑤ 검증 불가 등이 지적되고 있다.[34]

제4절 바세나르협정

I. 탄생 배경, 목적 및 원칙

바세나르협정(Wassenaar Arrangement: WA)[35]은 냉전이 끝난 후 코콤 회원국들은 동서 진영 대립에 초점을 맞춘 코콤(COCOM)이 더는 적절한 수출통제의 근거가 되지 못함을 인식하고, 재래식 무기 및 이중용도 물자와 기술의 확산에 따라 지역안보, 국제안보 및 안정과 관련된 위험(risk)을 다룰 새로운 협정의 필요성에 공감하였다. 그리하여 코콤 회원국들이 주축이 되어 1994년 코콤을 해체하고 1995년 12월 네덜란드 바세나르에서 열린 고위급 회담에서 WA 설립에 합의하였다. 그 후 WA 기본문서(Initial Elements)에 최종 합의하고 1996년 11월부터 통제목록과 정보교환을 이행하기로 하였으며 1996년 12월 네덜란드 헤이그 평화의 전당에서 창립 33개국의 첫 정기총회 개최와 함께 WA가 정식으로 출범하였다.[36]

---

34) 류광철 외, 전게서, p. 193.
35) WA의 정식 명칭은 '재래식 무기 및 이중용도 물자와 기술의 수출통제에 관한 바세나르협정 (The Wassenaar Arrangement on Export Controls for Conventional Arms and Dual–Use Goods and Technologies)'이다. WA는 냉전 시기인 1949~94년 존속하였던 서방권 17개국의 다자간 협의체인 對공산권수출통제위원회(COCOM: Coordinating Committee on Multilateral Export Controls against communist countries)의 후신이다. COCOM의 성립배경과 내용에 관해서는 최승환, 『미국의 대공산권 수출규제에 관한 국제법적 연구』, 서울대학교 법학박사 학위논문 (1991), pp. 56–65; Philip H. Oettinger, "National Discretion: Choosing COCOM's Successor and the New Export Administration Act," *The American University Journal of International Law & Policy*, Vol. 9, No. 2 (Winter 1994), pp. 565–568.

WA는 재래식 무기와 이중용도 품목(dual-use items) 이전의 투명성과 책임성을 제고함으로써 재래식 무기의 불안정한 축적(destabilising accumulation)[37]을 방지하고 이를 통해 지역 및 국제안보와 안정에 기여하는 것을 그 목적으로 한다. 아울러 WA는 테러와의 전쟁에 대한 노력의 일환으로 재래식 무기와 이중용도 물자 및 기술이 테러단체, 테러조직 및 테러리스트에 이전되는 것을 방지하는데도 그 목적이 있다.[38]

WA 참가국들은 국내정책을 통하여 이들 이중용도 품목의 이전이 군사력의 개발이나 증강에 기여하지 않도록 하고 군사력의 지원에 전용되지 않도록 한다.[39] WA는 WMD와 그 운반수단인 탄도미사일의 수출통제체제와 투명성과 책임성을 제고하기 위한 기타 국제적으로 인정된 조치를 보완하고 보강한다.[40] WA는 또 어느 지역의 상황이나 어느 국가의 행위가 참가국들에게 심각한 우려의 원인이거나 원인이 될 경우는 재래식 무기와 군사적 최종용도의 민감 이중용도 품목의 획득을 방지하도록 협력을 강화한다.[41] 또한 WA는 특정 국가 또는 특정 국가군을 대상으로 하지 않으며 선의의 민간거래(bona fide civil transactions)를 방해하지 않는다. 아울러 WA는 유엔헌장 제51조에 따라 참가국의 자위권 발동을 위한 합법적 수단을 행사할 권리를 침해하지 않는다.[42]

---

36) Genesis of the Wassenaar Arrangement (Agreed at the 1998 Plenary, title amended at the 2005 Plenary), available at <www.wassenaar.org/genesis-of-the-wassenaar-arrangement>.
37) WA 기본문서(Initial Elements)는 '불안정한 축적(destabilizing accumulation)'에 관해 정의하고 있지 않다. 그러나 1988년 총회에서 '재래식 무기의 불안정한 축적에 관한 객관적 분석 및 조언을 위한 요소'라는 비구속성 문서가 채택되었다. 이 문서는 무기 및 이중용도 기술(이하 품목)의 수출이 지역안정에 미치는 영향의 평가에 있어서 고려해야 할 다음 몇 가지 기준을 명시하고 있다. 1) 수입국의 품목 획득 동기, 2) 지역안정 및 세력균형에 대한 함의, 3) 수입국의 안보 및 방위태세, 4) 수입국의 작전능력에 대한 수출의 효과 등이다. Elements for Objective Analysis and Advice Concerning Potentially Destabilizing Accumulations of Conventional Weapons 참조.
38) Guidelines & Procedures, including the Initial Elements I. Purposes, para. 5.
39) *Ibid*, para. 1.
40) *Ibid*, para. 2.
41) *Ibid*, para. 3.
42) *Ibid*, para. 4.

II. 수출통제 및 정보교환

WA 참가국들은 자발적으로 참가국들 상호 간의 무기 이전과 민감 이중용도 물자 및 기술에 관한 정보교환을 통하여 투명성을 제고하고, 이러한 정보를 토대로 무기 이전과 관련한 위험을 방지하기 위하여 참가국 간 수출통제 정책의 조화를 도모한다. 모든 통제품목의 이전에 대한 승인(approval) 또는 거부(denial)의 결정은 전적으로 각 참가국의 책임이다. 아울러 수출통제에 관한 모든 조치는 참가국의 국내법령 및 정책에 따르며 참가국은 재량으로 수출통제를 이행한다.43)

참가국은 비참가국에 대한 이전 승인 및 거부 사실을 다른 참가국에 통보한다. 이와 관련 어느 참가국의 거부통보는 다른 참가국들에게 유사한 이전을 거부할 의무, 즉 수출거부존중(No-undercut)의 의무를 부과하지 않는다. 그러나 참가국은 과거 3년 기간 동안 다른 참가국이 거부하였던 '본질적으로 동일한 거래'의 수출을 승인하였을 경우 그러한 사실을 승인한 후 30일 늦어도 60일 이내에 다른 모든 참가국들에게 통보해야 한다.44) 한편 WA는 재래식 무기와 이중용도 품목의 이전 관련 위험에 관한 정보와 분쟁지역에 관한 정보를 교환한다.

이중용도 물자와 기술에 관한 참가국 간 정보교환 절차를 보면 참가국은 비참가국에 대한 일반 이중용도 품목의 수출거부 내용을 연 2회 일괄 통보한다. 그러나 신중한 수출이 요구되는 민감·초민감 품목은 거부일로부터 30~60일 이내에 거부내용을 통보하고, 수출승인 실적은 연 2회 일괄 통보한다. 아울러 참가국은 외교채널을 통하여 구체적 이전 내용에 관한 정보를 요청할 수 있다.45) 재래식 무기에 관한 정보는 무기 개발에 관한 최근 동향과 특정 무기의 축적 등 타 참가국에게 주의를 환기하고자 하는 사안에 관한 정보를 교환하고, 비참가국에 대한 무기 이전(수출)은 수량, 수입국, 모델 및 유형에 관한 정보를

---

43) *Ibid*, II. Scope, para. 3.
44) *Ibid*, para. 4.
45) *Ibid*, V. Procedures for the Exchange of Information on Dual-Use Goods and Technology, paras. 1-6.

6개월마다 교환한다. 참가국은 이중용도 품목과 마찬가지로 외교채널을 통하여 무기의 구체적 이전내용에 관한 정보를 요청할 수 있다.[46]

Ⅲ. 통제목록

참가국은 재래식 무기와 이중용도 품목의 불법 이전 및 재이전(retransfer)을 방지하기 위하여 통제목록에 있는 모든 품목의 수출을 통제해야 한다. WA의 통제품목은 군수품목(Munitions List)과 이중용도 품목(Dual－Use List)[47]으로 분류된다. 전자는 총기류, 폭탄, 탱크, 장갑차, 항공기, 군함, 군용차량, 군용탐조등, 기술 및 소프트웨어 등 22개 카테고리로 구성되어 있다. 후자는 소재, 소재가공, 전자, 컴퓨터, 통신, 정보보안, 센서·레이저, 항법, 해양 및 추진 장치를 포함하여 크게 9개 카테고리와 민감 품목(Sensitive List) 및 초민감 품목(Very Sensitive List)으로 분류되어 있다. 그리고 통제품목은 참가국의 기술발전과 경험을 반영하여 전문가그룹(Expert Group: EG) 회의를 통하여 정기적으로 개정된다.

Ⅳ. 전략기술 수출통제

WA는 재래식 무기와 이중용도 물자의 개발, 생산 및 사용에 필요한 기술도 통제한다. 그러나 ① 수출 승인된 물자의 설치, 작동, 유지와 수리에 필요한 최소한의 기술 ② 배포 즉시 제한 없이 일반에 공개(in the public domain)된 기술 ③ 기초과학연구(basic scientific research), ④ 특허출원에 필요한 최소한의 정보 ⑤ 점두판매, 전자상거래, 우편 주문 또는 전화 주문에 의한 거래 등 소매시

---

46) *Ibid*, Ⅵ. Procedures for the Exchange of Information on Arms, paras. 1－3.
47) 이중용도 품목은 무기의 개발, 생산, 사용 또는 군사력 증강에 중요하거나 핵심적인 품목을 말하며 선정기준은 ① 참가국 밖에서의 획득 가능성, ② 효과적 수출통제의 가능성, ③ 분명하고 객관적인 명세, ④ 다른 국제수출통제체제의 통제 여부이다. Criteria for the Selection of Dual－Use Items <http://www.wassenaar.org/controllists/2005/Criteria_as_updated_at_the_December_2005_PLM.pdf>.

장에서 제한 없이 판매되는 소프트웨어, ⑥ 공급자의 실질적 지원 없이 사용자의 설치를 위하여 제작된 소프트웨어 ⑦ 비통제 재래식 무기의 개발, 생산 및 사용에 관한 기술은 통제대상에서 제외한다.[48]

한편 WA는 기술이전 통제에 있어서 유형 또는 무형의 이전방법과 관계없이 통제하고, 아울러 이메일, 팩스, 전화 및 구두전달에 의한 기술의 무형이전(ITT)의 이행과 집행에 관한 경험을 공유하는 것이 중요하다는데 인식을 같이 하였으며, 더욱이 2006년 WA 총회는 기술의 무형이전 통제를 이행하기 위한 모범규준(Best Practice)을 채택하고 참가국들에게 ① 국내법령에 기술의 무형이전에 대한 정의의 명확화, ② 수출통제 대상기술 무형이전의 구체화, ③ 업계, 학계, 개인의 호응이 중요하므로 이들에 대한 교육 및 홍보 강화, ④ 통제기술을 보유한 기업, 학술기관과 개인 발굴, ⑤ 통제기술 보유 업체와 학술기관의 자율적인 통제를 촉진하고, 정기적으로 기술의 무형이전 규범에 대한 기업의 준수 여부를 확인할 것을 권장한다.[49]

V. 재래식무기 수출통제

WA는 소형 경무기(Small Arms Light Weapons: SALW)의 수출 시 주변지역의 특수한 상황에 비추어 재래식 무기의 과잉축적을 회피할 필요성, 기존의 긴장 또는 무력충돌 등을 감안한 수입국 내외의 상황, 수입국의 비확산 분야 국제의무와 약속의 이행실적, 유엔헌장 제51조에 따른 개별 또는 집단 자위권의 행사 능력 등을 고려해야 한다. 아울러 참가국은 소형무기가 테러 지원, 타 국가의 안보에 대한 위협, 인권 및 기본적 자유권의 위반 또는 억압 목적으로의 사용 또는 조직범죄의 지원 등에 사용될 명백한 위험이 있다고 간주될 경우에는 수출허가 승인을 거부해야 한다.[50]

---

48) General Software Note in the DUAL-USE LIST, WA-LIST (05) 1 Corr., (14 December 2005).
49) 기술의 무형이전에 관한 보다 자세한 내용은 Best Practices for Implementing Intangible Transfer of Technology Controls(Agreed at the 2006 Plenary) 참조.
50) Best Practice Guidelines for Exports of Small Arms and Light Weapons(SALW), paras. 1-2.

WA는 현재 대부분의 테러공격에 재래식 무기가 사용되어 세계평화에 위협을 초래하므로 특히 SALW 뿐만 아니라 휴대용 대공방공시스템(MANPAD: Man-Portable Defence Air System)[51]에 대한 이전통제를 강화하였다. 즉 이들 무기의 생산·개발 및 시험에 관한 기술의 이전을 최대한 자제하고 이들 무기가 테러단체와 테러리스트에게 전용될 위험성을 고려하여 수출허가 심사 시 신중을 기하도록 하고 있다.[52] 특히 MANPAD는 비국가(non-state) 최종사용자에 대한 이전을 금지하며 이를 위해 외국정부 또는 외국정부가 승인한 대리인에게만 수출이 가능하다.[53] 바세나르협정은 SALW를 포함하여 일부 재래식 무기의 이전에 대한 보고요건을 확립하여 참가국들은 6개월 단위로 WA 비참가국에 대한 무기이전 정보를 교환하는데 여기에는 무기의 수량, 수입국, 모델 및 유형에 관한 내용을 반드시 포함해야 한다.[54]

아울러 WA는 무기중개(arms brokering)에 대하여 무기의 계약, 판매, 주선 또는 허가 등에 관한 입법을 통하여 재래식 무기의 중개 활동을 엄격히 통제한다. 그리하여 중개 허가신청은 WA의 기본문서(Initial Elements) 등에 의거 면밀히 심사해야 한다. 또 참가국 상호 간 중개 활동에 관한 정보교환을 통하여 협력을 강화하고 투명성을 높여야 한다. 아울러 참가국들은 중개 허가를 받은 개인 또는 기업에 관한 기록을 보관하고 중개업자에 대해 등록제를 시행하며 무기중개 위반자에 대해 적절한 벌칙 조항과 함께 행정제재를 집행해야 한다.[55] 또한 SALW를 포함한 잉여 군사장비, 즉 군사용으로 지정되었지만 더는 필요치 않은 품목들은 신규 장비에 적용하는 동일한 수출통제를 이행해야 한다. 아울러 이미 판매되었거나 국내 이전된 잉여 군사장비의 불법 수출 및 재판매를 방지하기 위하여 안전조치를 도입해야 한다.[56]

---

51) MANPAD는 한 사람이 휴대하고 발사할 수 있도록 특별히 설계된 단거리 지대공 미사일 시스템으로서 주로 민간항공기를 목표물로 하며 휴대가 간편하고 쉽게 은닉할 수 있으며 파괴력이 굉장하다.
52) 세부내용은 WA "Elements for Export Controls of Man-Portable Air Defence Systems (MANPADS)" 참조.
53) Enhance Transport Security and Control of Man-Portable Air Defence System-MANPADS-A G8 Action Plan, 1.2.
54) Guidelines & Procedures, including the Initial Elements, para. Ⅵ.
55) Elements for Effective Legislation on Arms Brokering, paras. 1-4.
56) Best Practices For Disposal of Surplus/De-militarized Military Equipment (Agreed at the WA Plenary, 1 December 2000).

Ⅵ. 캐치올 통제

WA는 2003년에 통제목록 외의 이중용도 품목(Non-Listed Dual-Use Items)을 일정한 조건하에 통제하는 캐치올 제도를 도입했다. 그에 따라 참가국들은 구속력 있는 유엔 안보리 무기금수(arms embargo) 대상국, 참가국을 구속하거나 참가국이 자발적으로 준수하기로 동의한 지역의 무기금수 대상국 등에 수출 시 수출국 당국이 당해 품목의 전부 또는 일부가 군사적 최종용도(military end-use)로 사용되거나 사용될 수 있음을 수출자에게 통지(inform)할 경우 그에 대한 적절한 조치를 취해야 한다. 만약 수출자가 그러한 사실을 인지(aware)하였을 경우에는 관계 당국에 이를 통보해야 하며, 이때 관계 당국은 관련 수출을 허가할 것인지의 여부를 결정해야 한다. 아울러 바세나르협정은 참가국들에게 군사적 최종용도를 개별적으로 정의하여 다른 참가국들과 공유할 것을 권고하고 있다.[57]

Ⅶ. 준수, 검증, 조직, 의결

바세나르협정은 자발적인 연합체로서 조약에 의해 구속되지 않는다. 따라서 준수를 강제할 공식 메커니즘이 없다. 신뢰구축 개발을 위한 조치로 2000년 12월 제6차 총회에서 수출통제의 효과적인 집행에 관한 '비구속성 모범규준'[58]을 채택하여 잉여 군사장비 처분 및 초민감 품목의 수출통제를 강화하기로 합의하였다.[59] WA는 사무국이 없는 다른 3개의 다자간 수출통제체제와는 달리 오스트리아 비엔나에 상설 사무국을 두고 있다. WA의 조직은 총회와 분과회의로 구성된다. 총회(Plenary meeting)는 분과회의의 논의사항을 최종 의결하는 기

---

57) Statement of Understanding on Control of Non-Listed Dual-Use Items (Agreed at the 2003 Plenary) 참조.
58) 비구속성 모범규준(non-binding best-practices)에 관한 자세한 내용은 Best Practices For Effective Enforcement (Agreed at the WA Plenary, 1 December 2000) 참조.
59) <http://cns.miis.edu/inventory/organizations.htm>.

구이다. 분과회의는 수출통제 정책과 제도를 개발하는 일반실무그룹회의(GWG: General Working Group), 통제목록의 기술적 내용을 개정하는 전문가그룹회의 (EG: Expert Group)가 있다. 아울러 GWG의 후원으로 참가국 간에 수출통제의 제반 이슈와 문제에 관한 의견을 교환하는 허가집행담당관회의(LEOM: License & Export Officers Meeting)가 있는데 연 1회 개최된다. 그리고 모든 회의의 의결 방식은 총의(consensus)에 따른다.[60]

제5절 **북한의 불법 무기거래**

I. 북한의 공식 무기 수출

북한은 유엔제재를 교묘히 회피한 불법적인 수법으로 무기를 판매하고 있다. <표 5-1>에서 보는 바와 같이, 미국 의회조사국의 공식 통계에 따르면 북한은 2000~2007년의 8년간 총 10억 달러(연평균 1.25억 달러) 어치의 무기를 개도국에 수출한 것으로 나타났다. 이 기간 중 북한의 무기 수출액은 세계 11 번째에 해당한다. 그러나 2008년 이후에는 1~11위 순위에서 빠져 규모를 알 수 없는데 이는 2006년 10월부터 유엔 안보리가 북한에 대하여 재래식 무기를 포함한 모든 무기와 관련 물자의 수출을 금지함에 따라 공식적으로 대외판매 를 할 수 없기 때문인 것으로 추정된다.

---

60) Guidelines & Procedures, including the Initial Elements, para. VII.

표 5-1 **표 5-1** 재래식 무기 주요 공급국 및 수출규모 추이

(단위 : 백만 달러)

2000~2007년[1]			2008~2015년[2]		
순위	공급국	수출액	순위	공급국	수출액
1	미국	57,610	1	미국	78,027
2	러시아	34,000	2	러시아	61,800
3	영국	24,600	3	중국	18,400
4	프랑스	14,000	4	프랑스	18,300
5	중국	7,000	5	영국	11,100
6	독일	3,900	6	독일	9,800
7	이스라엘	3,000	7	이탈리아	7,600
8	스웨덴	2,900	8	이스라엘	6,100
9	우크라이나	2,200	9	스웨덴	5,300
10	이탈리아	1,200	10	스페인	4,500
11	북한	1,000	11	우크라이나	3,300

출처: 1) Richard F. Grimmett, "Conventional Arms Transfers to Developing Nations, 2000－2007," CRS Report for Congress RL34723 (October 23, 2008), p. 51.
   2) Catherine A. Theohary, "Conventional Arms Transfers to Developing Nations," 2008－2015, CRS Report for Congress R44716 (December 19, 2016), p. 45.

그러나 북한의 무기 불법 거래에 관해서는 북한의 공식적이고 종합적인 통계가 없어 그 규모가 어느 정도인지 파악할 수가 없다. 유엔 재래식 무기 등록제도의 무역 데이터를 조회해 본 결과 1992~2016년 기간 중 무기 수출입을 보고한 실적은 전무(Nil)한 것으로 나타났다. 이는 북한이 통계정보를 제공하지 않는 데다 북한 무기를 수입하는 국가도 거의 보고를 하지 않기 때문이다. 다만 유엔의 북한 무기금수 조치가 시행되기 전 유엔이 일부 국가들로부터 접수한 데이터를 집계한 무역통계 DB에 따르면 북한은 30년 넘게 무기와 관련 물

자를 수출해 왔는데 2000~2009년의 10년 간 수출액은 겨우 2,290만 달러에 불과하다. 외국 정부와 기타 전문가들은 북한의 재래식 무기와 미사일의 실제 수출액을 연간 1억 달러 이상으로 보고 있다.[61]

　　북한은 유엔의 대북제재가 발동하기 전에는 세계 약 80개국과 교역을 하고 있었으며 중국, 한국, 일본, 러시아, 독일, 이탈리아가 가장 중요한 무역대상국이었으나 2009년 이후 유엔 제재가 강화된 후에는 이들 국가들과의 무역 특히 대북수출이 급격히 하락하였다. 아울러 미국, 호주, 일본, 한국과 EU 국가들은 북한과의 무역, 투자 및 금융거래에 대한 제한을 강화하고 있다.[62] 그런데 북한은 <표 5-3>에서 보는 바와 같이 대외무역에서 만성적인 적자를 면치 못하고 있다.

표 5-2　북한의 주요국에 대한 수입현황

(단위 : 백만 달러)

	2004	2005	2006	2007	2008	2009
한국	439	715	830	1,032	888	745
중국	795	1,085	1,232	1,392	2,033	1,210
미국	24	6	0	2	52	1
일본	89	63	44	9	8	3
러시아	205	224	191	126	97	41
유럽연합	176	202	157	79	145	109
말레이시아	20	17	7	8	17	11
인도네시아	4	7	13	0.4	7	8
싱가포르	55	73	60	55	120	55
태국	239	206	227	192	48	30
총수입	2,616	3,388	2,908	3,437	4,127	-

　출처: 유엔 대북 제재위원회 전문가패널 최종보고서(S/2010/571), p. 19.

---

61) S/2010/571, para. 65, pp. 65-66.
62) *Ibid*, para. 43, pp. 18-20.

표 5-3   북한의 연도별 대외 무역수지 현황

(단위 : 백만 달러)

2008	2009	2010	2011	2012	2013	2014	2015	2016
-1,555	-1,288	-1,147	-778	-1,051	-908	-1,281	-858	-890

출처: KOTRA, 「2016년 북한 대외무역 동향」 (2017. 7. 27), p. 40.

Ⅱ. 북한의 무기 불법 수출

북한이 불법 수출하는 무기는 탱크, 장갑차, 미사일과 관련물자, 소형경무기(SLAW), 탄약, 레이더 등 재래식 무기체계 외에도 WMD 부품과 기술도 밀거래하고 있으며, 어뢰잠수정 등 해군 무기와 GPS 교란 등 전자전 통신장비도 밀매하고 있다. 북한 무기의 주요 판매처는 이란, 시리아, 미얀마, 콩고, 우간다, 에티오피아, 에리트레아 등 국가 외에도 중동의 테러단체인 헤즈볼라와 하마스도 포함되어 있다. 특히 시리아에는 정부군이 사용한 재래식 무기는 물론 스커드 미사일과 화학무기[63]도 수출하였으며, 베네수엘라에는 어뢰와 GPS 교란 장비를 판매한 것으로 알려졌다.[64]

1. 북한의 미사일 개발 및 수출

북한은 1976~81년에 걸쳐 이집트로부터 소련제 SCUD-B 미사일을 구매하여 이를 역설계(reverse engineering)하고 중국의 기술지원을 받아 1978년에 최초로 스커드 미사일 개발에 성공하였다. 북한은 그 대가로 이집트의 미사일 제조에 기술적인 지원을 제공하였다.[65] 북한은 1983년에 미사일 생산기지를

---

63) 북한은 약 5천 톤의 화학무기를 보유하고 있으며 탄저균, 천연두 및 콜레라 등 생물무기의 생산능력을 보유하고 있다. http://www.nti.org/index.php 참조.
64) <https://www.youtube.com/watch?v=rdO66-d5JIU> 참조.
65) 한국판 Newsweek 2017. 10. 2-9, p. 16.

구축하고, 1984년에는 사정거리 300km의 스커드-B 미사일, 1986년에는 이를 개량한 스커드-C(사거리 500㎞) 시험 발사에 각각 성공하였고 1987년부터는 스커드-B/C 의 양산체제에 돌입하였다. 아울러 북한은 이러한 축적된 기술을 바탕으로 이란의 사하브(Shahab)-3 및 파키스탄의 가우리(Gauri) 미사일 개발을 지원, 협력하였다.[66]

북한은 1990년대 들어 무수단 미사일(사거리 3,000~4,000㎞) 개발에 착수했다. 1991년 소련이 붕괴하는 혼란한 상황을 틈타 소련제 잠수함 발사 탄도미사일 SS-N-6(R-27)의 엔진을 도입하고 구소련 출신 미사일 전문가들이 참여한 가운데 무수단 미사일 개발에 성공하였다. 북한은 무수단 미사일을 2007년 실전 배치했지만 시험발사를 제대로 하지 않았다. 이에 북한은 대륙간탄도미사일(ICBM)과 잠수함발사탄도미사일(SLBM) 개발을 추진하여 화성-12형, 북극성-2형, 스커드 개량형을 각각 발사하였다.[67]

탄도미사일 개발에 성공한 북한은 이란을 비롯한 시리아, 리비아, 예멘, 파키스탄, 수단, 베트남 등에 수출하여 국제적인 미사일 커넥션도 구축하였다. 1980년대 북한은 이란, 시리아와 UAE 등 중동지역에 스커드 미사일 500여 기를 수출하였으며, 특히 이란에는 스커드-B의 생산라인을 수출하였다. 1994년부터 이란과 파키스탄에 노동미사일(1,300㎞)을 수출하였고, 2005년에는 무수단(BM-25) 미사일과 그 부품을 이란에 수출하였다.[68]

북한과 이란이 인접한 중국을 통하여 탄도미사일 기술을 불법적으로 교환한 사실이 드러났다. 즉 금수품목인 탄도미사일 관련 부품을 고려항공과 이란항공(Iran Air)의 정기편을 통하여 북한과 이란 간에 이송했는데 이는 선박으로 무기와 관련 부품들을 수송할 경우 물리적 검색이 불가피하므로 전세기편으로 수송하였다. 아울러 이들 항공기는 엄격한 검색 및 보안 검사가 이루어지지 않는 화물기 허브 공항을 주로 이용하였다.[69]

이상과 같이 북한은 1980년대 이후 세계에서 가장 활발하게 탄도미사일을 공급한 국가 중의 하나였다. 1987~2009년 기간 중 북한이 개도국에 수출한 탄

66) 한용섭, 『한반도 평화와 군비통제』 (박영사, 2015), pp. 344-345.
67) "북, 이집트서 스커드-B 들여와 탄도미사일 기술 확보," 중앙일보, 2017. 7. 5.
68) Ibid.
69) "北-이란, 중국 통해 미사일 기술 교환," 연합뉴스, 2011. 5. 15.

도미사일은 세계 전체 1,200기의 40%에 해당하는 510기에 달했으며 이 중 90%가 1987~1993년 기간에 집중되었다. 그 후 최근 들어 미국의 우호국에 대한 외교적 압력과 유엔제재의 영향으로 탄도미사일 완성품의 수출은 대폭 둔화된 가운데 미사일 부품과 자재 쪽으로 수출을 늘리고 있다.[70]

그러나 북한은 여전히 이집트, 이란, 리비아, 파키스탄, 시리아, 예멘 등 아프리카, 중동 및 아시아 국가에 미사일과 관련 기술을 판매하고 있다. 특히 이란과 시리아는 주요 고객으로서 북한으로부터 미사일 수입 및 관련 기술지원을 받고 있다. 아울러 미얀마에도 미사일 관련 협력을 지원한 것으로 알려졌다. 한편 북한은 미사일 수출 감소로 인한 외화 부족을 메우기 위하여 재래식 무기 수출을 증대하는 한편 이란과 시리아 등 종래 북한 미사일 수입국을 대상으로 우라늄 공급은 물론 우라늄 농축 장비 또는 변환기술을 판매할 가능성이 우려되고 있다.[71]

2. 북한의 미사일 수출가격 및 생산비용

북한은 2017년 2월 12일 평북 구성에서 중거리 미사일 북극성-2형(사거리 2,000km) 발사를 시작으로 9월 15일 화성-12형(사거리 5,000km) 추정 미사일 발사에 이르기까지 그 해에만 16차례에 걸쳐 최소 22발의 각종 미사일을 발사하였다. 이를 금액으로 환산하면 약 4억 달러(약 4,500억 원)에 달한다. 국가안보전략연구원이 2016년 말 발간한 '김정은 집권 5년 실정 백서'에 따르면, 북한 스커드(사거리 300~700km인)의 수출가격은 기당 500만 ~700만 달러, 노동미사일(사거리 1,300km)은 1,000만 달러. 백서는 이를 근거로 사거리 3,500km의 무수단은 기당 2,000만 달러로 추정했다.

미사일 가격은 양산 전후에 따라 계산법이 다르고, 생산단가 또는 수출가격을 기준으로 하느냐에 따라 차이가 크기 때문에 정확한 계산이 쉽지 않다. 생산 가격을 기준으로 한 순수한 미사일 단가는 탄두, 엔진, 연료, 산화제 비용을 합친 것이며 사거리가 길수록 엔진 성능이 좋아져야 할 뿐만 아니라 수량도

---

70) Joshua Pollack, "Ballistic Trajectory: The Evolution of North Korea's Missile Market," Nonproliferation Review, Vol. 18, No. 2 (July 2011), p. 411.

71) <www.armscontrol.org/print/3200> 참조.

많아지고, 100% 수입에 의존하는 연료도 많이 들어가기 때문에 가격은 대체로 사거리에 비례한다. 국내 방산업체가 자체 생산해서 군에 납품하는 사거리 300 km의 국산 현무-2A 미사일 단가는 약 200만 달러, 사거리 500km의 현무-2B 는 약 400만 달러다.

이를 근거로 북한이 2017년 발사한 미사일들의 단가를 추정해보면, 그 해 3월 6일 발사한 4발의 스커드 ER(사거리 1,000km)은 700만~1,000만 달러, 2월과 5월에 각각 1회 발사한 북극성-2형은 1,500만 달러, 4월 이후 총 6발을 쏜 화성-12형은 약 3,000만 달러, 7월에 2회 발사한 화성-14형(사거리 12,000km 이상)은 최소 5,000만 달러로 계산된다. 북한은 이 밖에도 무수단 1발, 대함미사일 1발 등 스커드 계열 4발, 지대공 미사일 1발, 2발 이상의 지대함 순항미사일을 발사했는데, 이를 합산하면 3억 8,000만~4억 달러에 달한다.[72)]

Ⅲ. 북한의 불법 무기거래 실태

1. 북한의 불법 무기거래 수법

북한은 갖가지 수법을 동원하여 유엔의 대북제재를 교묘하게 회피하면서 무기 등 금수품목을 밀거래하고 있다. 아울러 그 수법도 점점 더 치밀해지고 있으며 규모와 범위 또한 확대되는 양상을 보이고 있다. 제재대상 단체와 은행들은 제재를 받고 있는 가운데서도 경험이 많고 잘 훈련받은 대리인(agent)을 이용하여 돈, 사람 그리고 무기 및 관련 물자의 이전 등 불법 활동을 지속하고 있다. 북한 대리인들은 외국인을 조력자로 활용하는 한편 수많은 유령회사에 의존하고 있다. 북한 외교관들과 무역대표부는 조직적으로 무기 등 금수품목의 판매, 조달, 금융 및 물류분야에서 핵심적인 역할을 수행하고 있다. 특히 제재대상 기업과 단체들은 광물을 거래함으로써 무기거래와 광물거래 회사 간의 밀접한 관계가 드러나고 있다.

이러한 불법 거래 활동의 이면에는 북한이 지속적으로 접근하고 있는 국제금융시스템의 이용에 있다. 2016년 유엔의 대북 금융제재 강화에도 불구하고

---

72) <http://news.chosun.com/site/data/html_dir/2017/09/16/2017091600209.html>.

북한 네트워크는 벌크캐시(bulk cash)와 금 이전(gold transfer) 뿐만 아니라 공식적인 은행거래 채널에 접근하는 기발한 재주를 발휘하여 제재에 적응해 나가고 있다. 북한 은행들은 외국은행 환거래 결제 계좌와 해외에 지점을 운영하고 있으며 외국기업들과 합작투자 관계를 맺고 있다. 북한은 촘촘하고 광범위한 네트워크를 이용하여 조달 및 금융 활동을 수행하고 있다. 북한은 외국인과 외국기업이나 단체를 이용하여 금융 활동을 은폐하는 능력이 뛰어나 세계 일류 금융센터와의 거래를 지속하고 있다.[73]

일례로 북한의 조선광선은행(KKBC)은 단천상업은행, 조선광산개발무역(KOMID), 조선혁신무역 등 안보리 제재위원회가 지정한 제재대상자를 위하거나 또는 그들을 대신하여 지속적으로 금융거래에 관여하고 있다. KKBC는 KOMID와 미얀마 정부 간에 이루어진 거래와 직접 관련된 수백만 달러에 달하는 여러 번의 거래를 취급했다.[74] 아울러 단천상업은행과 밀접한 관계에 있는 압록강개발은행도 KOMID를 대신하여 환거래 계좌를 통한 외환거래에 가담하였다. 압록강개발은행은 또 KOMID와 이탈리아 회사(SHIG) 간의 탄도미사일 관련 금융거래에 관여하였다.[75]

같은 맥락에서 북한은 금융거래를 은폐하기 위해 해외지사, 유령회사, 중개인(broker), 비공식 이전 장치, 현금택배(cash courier) 및 현물거래의 이용 등 광범위한 수법을 동원하고 있다. 그러나 대부분의 경우에는 [그림 5-1]에서 보는 바와 같이 국제금융시스템에 접근하여 금융 활동을 완료한다. 그리하여 이 같은 금융거래를 구성하는데 있어서 불법 거래를 합법적인 거래와 결합하는 방식으로 불법거래를 은폐하는 것이다. 북한 당국이 소유 또는 지배하는 해외지사와 이들 지사들이 갖고 있는 금융계좌가 북한 모회사를 대신하여 자주 이용되고 있다. 예를 들어 최근 태국 방콕 공항에서 압수된 북한 무기의 사례를 보면 북한은 우크라이나, 홍콩 및 뉴질랜드에 설립된 유령회사들을 이용하여 금융거래를 수행하고 최종목적지를 이란으로 속이고 무기를 오일시추장비로 허위 기재한 라벨링(labelling)을 부착하여 항공운송을 대행시키는 방식을 취하였다.[76]

---

73) 유엔 안보리 제재위원회 전문가패널 2017년 최종보고서(S/2017/150), pp. 3-4.
74) 전문가패널 최종보고서 S/2010/571, para. 99.
75) S/2010/571, para. 100.

| 그림 5-1 | 북한의 전형적인 금융거래 은폐 수법 |

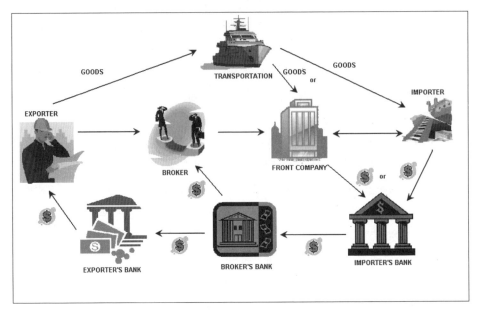

출처: 유엔 대북제재위원회 전문가패널 최종보고서(S/2010/571), p. 38.

북한은 무기와 군사장비의 판매, 획득, 및 마케팅을 위한 매우 정교한 국제적 네트워크를 구축하였다. 북한의 일부 정부기관, 특히 국방위원회 산하 노동당과 인민군은 무기와 관련 물자의 수출에 핵심 역할을 담당하고 있다. 이러한 기관들이 실제로 어떻게 활동하는지는 비밀에 부쳐있다. 그러나 국방위원회 산하 기계공업부의 제2경제위원회가 핵무기 등 WMD와 탄도미사일 개발 및 무기 수출에 가장 크고 가장 중요한 역할을 수행하는 것으로 널리 알려져 있다. 북한 노동당의 군사무기생산국은 영변 핵발전소와 핵무기 프로그램을 감독하며 제2자연과학원은 무기 및 군사장비의 연구 및 개발을 담당하고 아울러 미사일과 부품의 수출 및 미사일의 사용과 유지보수에 관련된 서비스를 제공, 지원하고 있다. 그리고 북한 인민군의 정찰총국은 재래식 무기의 생산 및 판매에 관여하고 있다.[77]

---

76) S/2010/571, para. 97.
77) *Ibid*, paras. 54－55.

2009년 제재위원회가 무기판매를 비롯한 금지된 거래에 가담한 것으로 알려진 개인 5명과 단체 8곳을 제재대상자로 지정하자 북한은 그들의 활동을 맡아 대신 행동할 회사들로 재빨리 대체했다. 이러한 방식으로 조선광물개발무역회사(창광신용사로 알려짐)를 청송연합(백산으로 알려짐)으로 바꿔 무기와 관련물자 수출의 약 절반을 담당하고 있다. 청송연합은 북한 인민군 정찰총국의 지배를 받고 있다.[78]

북한은 종종 자국에 등록된 선박을 이용하여 수입국에 무기를 운송하였다. 2009년 1월 북한에 등록된 비로봉호는 콩고로 무기를 운반하였으며 안보리 결의 1874호가 채택된 직후인 2009년 6월에는 북한이 소유하고 북한 국기를 게양하고 미얀마로 향하는 강남 1호에 의심되는 화물이 실려 있었다. 그 때문에 동남아 국가들의 항구에 입항이 거절되자 강남 1호는 항로를 수정하여 북한 항구로 복귀했다. 북한 해상 선단의 여건이 악화되고 북한 소유 선박 또는 북한 기국(flag state) 선박에 대한 경계가 강화됨에 따라 북한은 불법 화물의 전부 또는 일부를 점차 외국 소유의 외국 기국 선박에 의존하고 있다.[79]

북한은 유엔제재를 회피하고 무기 및 관련 물자의 불법 거래를 은폐하기 위해 여러 가지의 다른 수법을 동원하고 있다. 일부 사례를 보면 북한은 닫힌 박스 또는 컨테이너를 허위로 기재하는가 하면 수출회사들이 맞지 않는 라벨을 부착하고 북한세관의 날인을 찍어 다른 나라 항구로 운송하여 그곳에서 관계없는 품목으로 포장하고 표준형의 해상운송 컨테이너로 재포장한 것이다. 컨테이너 내용물은 추가된 관련 없는 화물로 표시하고 서류화하거나 허위로 기재하고 엉뚱한 라벨을 부착했다. 선적대상인 적하목록(manifest)도 화물의 기재 내용과 일치되게 변조했다.

또한 원래의 송화인(consignor)과 최종수화인(ultimate consignee)에 관한 정보도 모호하게 한다든지 또는 수정하거나 변조하였다. 아울러 일부 사례에서는 송화인이 컨테이너가 동아시아의 주요 환적항을 통과하면 서류를 더욱 세탁하여 실제 내용물을 감추는 조치를 취하기도 했다. 아울러 중개인(broker), 유령회사와 금융기관들이 진짜의 수출자와 수입자를 은폐하는데 이용됐다. 한편 포장과 재포장 절차는 송화인의 지시를 받아 운송주선업체(freight forwarder)가 진행

---

78) *Ibid*, para. 56.
79) *Ibid*, para. 57.

하기 때문에 운송주선업체는 컨테이너의 실제 내용물에 대해서는 전혀 모르고 있었다.[80]

북한은 고가이고 매우 민감한 무기의 수출은 항공화물을 이용하는 것으로 알려졌다. 항공화물은 북한에서 직항으로 목적지에 운송된다. 예를 들면 현대식 화물기들은 북한에서 논스톱으로 이란까지 비행할 수 있다. 그러나 대부분의 항공기들은 인접국 영공 비행권의 존부와 관계없이 재급유하기 위하여 어쩔 수 없이 착륙하기도 한다. 이때 통과 중인 항공기의 화물검사가 쉽지 않고 직항 항공기에게 결의 1874호의 검사절차에 따르라고 할 수 없기 때문에 결의 이행에 관하여 중요한 취약성이 있다.[81]

무기 수출을 은폐하기 위하여 북한이 사용하는 또 하나의 수법은 녹다운 (knock-down kits) 방식으로 무기의 구성품과 부품을 해외 공장으로 보내 그곳에서 완성품으로 조립하는 것이다. 여기에는 북한 과학자, 기술자와 전문가들이 참여하는 턴키(turnkey) 방식으로 진행하는가 하면 해외 현지직원들이 조립을 담당하는 경우도 있다. 콩고로 가던 중 남아공 더번(Durban)항에서 무기 부품 등이 압류된 사례의 경우 수십 명의 기술자와 전문가들이 민간부문의 채널을 통해 계약을 체결하고 콩고에서 조립 작업에 가담한 것으로 밝혀졌다.[82]

2. 북한의 불법 무기거래 사례

(1) PG-7 및 구성품 이집트 해상운송

2016년 8월 15일 이집트는 북한을 출발하여 수에즈 해협으로 향하고 있던 지예순(Jie Shun)호를 저지했다. 이집트 당국의 수색결과 그 선박에는 PG-7 로켓추진식 수류탄 3만개와 관련 구성품이 들어있는 79개의 나무상자가 약 2,300 톤의 철광석 밑에 숨겨져 있었다. 철광석은 안보리 결의 2270호에 의한 금수품목이다. 지예순호는 2016년 북한 해주항을 출발하여 말라카 해협을 통과한 후 수에즈 해협 남단 이집트 영해에서 저지당했다. 다수의 항해에서 동 선박의 자

---

80) *Ibid*, para. 58.
81) *Ibid*, para. 59.
82) *Ibid*, para. 60.

동인식 시스템은 꺼져 있었다.

그림 5-2 무기를 은폐한 철광석 화물의 노출 모습

출처: 1718 제재위원회 전문가 패널 최종보고서(S/2017/571), para. 27.

총 132톤의 PG-7 구성품은 2016년 2월로 제조일자가 표시되어 있었지만 유엔 안보리 전문가 패널의 현장검증 결과 최근에 생산된 것이 아니라 비축된 것이었다. 선하증권(B/L)에는 2016년 3월말에 중국 난징에서 선적하였고 품목 명칭은 "수중펌프의 조립용 부품"으로 허위 기재되어 있었다. 또한 화주(shipper)의 주소는 대련 소재 어느 호텔의 주소를 도용한 대련하오다석유화학 주식회사로 되어 있었다. 그리고 행선지와 수하인도 보이지 않게 숨겨있었다. 더욱이 PG-7 구성품에는 북한을 원산지로 하는 아무런 표시가 없었다.

철광석의 경우는 선하증권(B/L)이 두 개로 하나는 중량 1,998톤, 송화인은 북한인, 수화인은 중국 단동의 어느 회사로 되어 있고, 다른 B/L은 무게 2,300톤으로 북한의 다른 송화인이 이집트로 보내는 것이었다. 2건의 B/L 모두 참조번호(HJ-1)와 날짜(2016. 6. 22.)가 동일하고 원산지는 북한 해주에서 발행한 것이었다. 한편 선박 지에슌호에는 북한인 선장과 22명의 승무원이 승선하고 있었으며 편의기국[83](flag of convenience)의 캄보디아 국기를 달고 항해하였다.[84]

---

83) 선박의 국적은 소유자의 국적 기준이 아닌 등록기준이다. 즉 북한 선박이라도 캄보디아에 등록하면 캄보디아가 기국이 되어 공해상에서 관할권을 행사할 수 있다. 편의기국은 선박소유자가 저렴한 등록비용, 탈세 또는 값싼 노동력을 이용하기 위해 사용하는 수단에 불과하다. 선박의 실제 소유자와 선박에 게양하는 국가와는 진정한 관련(genuine link)이 없다.

84) 1718 제재위원회 전문가패널 보고서 S/2017/150 (27 February 2017), paras. 61-67.

(2) 에리트레아에 군사 통신장비 수송

2016년 7월 중국에서 선적되어 에리트레아의 어떤 회사를 수신인으로 하는 컴퓨터와 통신장비가 들어있는 45개 박스의 항공운송이 저지되었다. 관련 항공화물운송장(airway bill)에 북한산으로 기재되어 있어 북한이 안보리 결의의 무기금수를 위반한 것으로 판명되었다. 45개 박스의 탁송물을 조사한 결과 내용물은 군사용 무선통신 제품과 관련 부속품이었고 일부 박스와 제품에는 글로콤(Glocom)이라는 라벨이 부착되어 있었으며 거의 모든 품목들은 글로콤 웹사이트에 광고된 것들이었다.

화주(shipper)는 북경창성무역회사로 주로 전자제품, 광산장비 및 기계류를 취급하고 있으며 법인대표인 페이민하오(裵民浩)가 대부분의 주식을 소유하고 있다. 제조사는 말레이시아에 기반을 두고 군사용 무선통신장비를 영업하는 글로콤으로 세계 10여 개 나라에 진출해 있으며 2006년부터 국제무기전시회에 참가하여 국제적인 명성을 얻었다. 그런데 글로콤은 말레이시아에 공식 등록된 회사가 아니며 등록된 다른 말레이시아 2개사가 글로콤을 대신하여 영업활동을 하였는데, 결국 글로콤은 싱가포르 회사 Pan System의 북한 지사(팬 시스템 평양)의 유령회사로 드러났다.

이 사건 가담자들은 주로 중국과 말레이시아의 은행계좌, 유령회사와 대리인을 동원하여 통신장비 구성품을 조달하여 완성품으로 조립한 후 판매했다. 그 공급사들은 주로 중국(특히 홍콩)에 소재하면서 다양한 전자제품을 판매하고 있었다.[85] 한편 말레이시아는 '팬 시스템 평양'이 해외 활동 핵심기지로 이용해 왔으며, 아울러 말레이시아는 2011년 태국에서 유령회사인 최종사용자에게 운송 도중에 압류된 무선기어의 환적 또는 경유 허브로서 중요한 역할을 담당한 것으로 추정되고 있다.[86]

---

85) S/2017/150 (27 February 2017), paras. 72-84.
86) Daniel Salisbury and Endi Mato, "How North Korea Evades Sanctions in Southeast Asia: The Malaysia Case", THE DIPLOMAT (July 20), 2017.

(3) 모잠비크에 MANPAD 등 공급

북한은 모잠비크 정부가 운영하는 '몬테빙가'라는 회사에 무기와 관련물자를 공급했다. 최광수 모잠비크 해금강무역회사 대표가 서명한 2013년 11월 28일자 계약서에서 북한은 총 600만 달러에 달하는 휴대용 대공방어시스템(MANPAD) 구성품과 훈련장비 및 P-18 조기경보 레이더 구성품 공급, T-55 탱크 개조 및 모잠비크의 페초라(pechora) 지대공 미사일 시스템을 현대화하기로 되어 있었다. 최광수는 모잠비크 주재 북한 대사관에서 근무하는 3등 서기관으로 밝혀졌다. 안보리 전문가패널은 계약 그 자체 외에도 개조된 탱크 앞에서 북한 상비군의 기술자와 관련 활동사진을 확보했다.[87]

(4) 이란, 레바논 테러단체에 무기 공급

2009년 7월 22일 UAE 당국에 적발돼 압류된 호주 소유의 바하마 국적선 ANL Australia호에는 122mm 다연장 로켓의 뇌관 2,030개와 전자회로, 로켓용 고체연료 등 40피트 컨테이너 10개 분량의 무기와 물자가 실려 있었다. 북한 무기 화물의 화주는 이탈리아 선사인 OTIM사의 평양사무소이고 수화인은 이란 혁명수비대와 이란의 지원을 받는 레바논의 시아파 무장 테러단체 헤즈볼라 및 팔레스타인 무장 정파 하마스 등으로 알려졌다. 북한 무기는 국제사회의 추적을 피하기 위해 석유시추장비 등으로 위장하고 중국과 동남아, 두바이 등 여러 항구에서 다른 선박으로의 환적을 거쳐 이란에 도착하는 방식을 택하였다.

북한 무기를 실은 컨테이너는 2009년 5월 25일 북한의 2차 핵실험 직후인 5월 30일에 북한 선적의 소형 연안 수송선에 실려 남포항에서 출발하여 중국 대련~상해를 거치는 복잡한 경로로 운송되었다. 이즈음 유엔 안보리는 6월 12일 무기금수와 화물검사의 확대 등을 골자로 한 결의 1874호를 채택했다. 이때 북한산 무기들이 들어있는 컨테이너와 선박은 중국 해안에 도착해 있었다. 컨테이너는 유엔 안보리 결의 채택 다음 날인 6월 13일 중국 대련항에서 중국 선박으로 환적되어 상하이로 향했다. 컨테이너는 다시 상하이에서 2주 가량 대기한 후 6월 29일 호주 선적의 대형 화물선 ANL Australia호로 옮겨 싣고 이란으

---

87) S/2017/150 (27 February 2017), paras. 101-102.

로 향하던 중 7월 22일 UAE 코르파칸(Khor Fakkan)항에 들렀다가 UAE 당국에 의해 적발되어 압류됐다. 이 선박은 7월 24일 이란 반다르아바스(Bandar Abbas) 항구에 도착할 예정이었다.[88]

(5) 시리아행 방호복 부산항에서 압수

한국은 기국(flag state)이 파나마이고 스위스 회사 소유의 MSC Rachele호에 적재된 화학무기 방호용 방호복이 실려 있는 4개 컨테이너를 압수했다. 당해 화물은 2009년 9월 11일경 북한 선박에 실려 남포항을 출발하여 중국 대련에 서 MSC Rachele호에 환적이 이루어진 후 부산항에서 압수되었다. 선하증권(Bill of Lading)에는 작업용 방호복이라고 기재되어 있었고, 수화인(consignee)은 시리아의 정부기관인 환경연구센터로 신고가 되어 있었다.[89]

상기와 유사한 사례로 그리스 당국이 2009년 9월 시리아행으로 추정되는 북한 선박에서 화학무기 방호복 약 14,000벌을 압수한 적이 있다. 그러나 그리스는 이를 압수한 지 1년 8개월이 지나서야 유엔 안보리 1718 제재위원회에 보고한 것으로 드러났다. 한 외교소식통은 북한 선박의 최종목적지는 시리아인 것으로 추정했다.[90]

(6) 북한 T-54 탱크 등 남아공 더번항에서 압수

2009년 라이베리아 국적선으로 프랑스 회사가 용선한 웨스터헤버(Westerhever) 호에 선적된 T-54와 T-55 탱크 등의 부품이 콩고로 가는 도중 남아공 더번 항에서 압수되었다. 당해 화물의 송화인(consignor)은 북한회사이고 북한에서 선적하여 중국 대련(大連)으로 출항했다. 대련에서 대량의 쌀 포대와 함께 컨테이너에 실려 영국 국적선이고 프랑스 회사 CMA CGM 소유의 CMA CGM Musca호에 환적되었다. 대련을 출발한 후 말레이시아 칼랑(Calang)항에서 Westerhever호에 다시 옮겨 실어 남아공으로 향한 것이었다. 즉 중국과 말레이시아에서의 복수의 환적, 우회 항해, 적하목록과 선하증권의 허위기재 및 신고

---

88) "북한·이란 무기 밀거래, 올해 5차례… 배 바꿔가며 추적 피해," 조선일보, 2009. 12. 4; 안보리 제재위원회 전문가패널 최종보고서(S/2010/571, para. 61.
89) 淺田 正彦, "國連による北朝鮮制裁と輸出管理," CISTEC Journal, No. 131 (2011. 1), p. 20.
90) "시리아행 북한 선박서 방호복 입수," 중앙일보, 2011. 11. 18, p. 12.

등의 수법으로 금수품목을 위장하였다. 선하증권에는 화주는 북한의 '기계수출입회사'이고 화물 명칭은 불도저 예비품(bulldozer spare parts)으로 기재되어 있었다.[91]

(7) 항공기 수송 무기 태국 공항에서 압수

2009년 12월 11일 러시아제 항공기 일류신-76 항공기가 급유를 받기 위해 태국 돈무앙 공항에 착륙했다가 그 항공기에 실려 있던 145개 박스의 총중량 35톤에 달하는 재래식 무기와 관련 물자가 공항에서 압수되었다. 구체적으로는 240mm 로켓, 로켓추진 수류탄, 휴대용 지대공 미사일 시스템(MANPAD)을 포함한 대량의 무기와 탄약이 압수된 것이다. 수송에 이용된 일류신-76기에는 다수의 기업이 관여되어 있었다. 이 불법 거래에 이용된 항공기는 UAE 소유이고 그루지아(Georgia)에 4L-AWA로 등록되어 있었다. 보통은 항공사 Air Georgia가 운항했으나 이번에는 이를 뉴질랜드에 등록된 유령회사인 SP Trading이 리스(lease)하고, 그런 다음 홍콩의 유령회사인 Union Top Management가 전세(charter)하였으며 또한 항공기의 행선지를 은폐하기 위해 항공기의 착륙 및 이륙 비행노선이 복잡하게 얽혀 있었다. 그리고 항공화물운송장(airway bill)은 고려항공이 발행하였고 선하증권에는 화주가 조선기계산업, 수화인은 이란에 소재하는 Top Energy Institute이고 화물의 명칭은 "석유산업의 예비품"으로 기재되어 있었다.[92]

(8) 수단에 정밀유도 로켓 등 무기 공급

한 유엔 회원국의 보고에 따르면, 북한은 122mm 정밀유도 로켓 100기와 공대지 위성유도 미사일(APG-250) 80개를 수단(Sudan)의 Master Technology Engineering에 공급하였다. 이 거래는 금액이 약 514만 유로이고 2013년 8월 29일 체결된 2건의 계약서에는 KOMID 유령회사 조선금천기술무역회사 사장 강명철(가명 박한세)의 서명이 있었다.[93]

---

91) 淺田 正彦, 전게논문, p. 12; Hugh Griffiths and Michale Jenks, "Maritime Transport and Destabilizing Commodity Flows," SIPRI Policy Paper No. 32 (January 2012), p. 38.
92) 淺田 正彦, 전게논문, pp. 20-21.
93) S/2017/150 (27 February 2017), para 106.

(9) 러시아 공항에서 북한산 아라미드 섬유 압수

2016년 12월 7일 러시아 세관 당국은 블라디보스톡 국제공항에서 8겹 고리형의 북한산 방탄조끼용 아라미드 섬유 40kg을 압수하였다. 이 거래에 가담한 북한인들에 대하여 아라미드 섬유와 같은 이중용도(dual use) 물자의 불법운송에 대한 형사절차가 진행 중에 있으며 대북 제재위원회 전문가패널은 당해 물자가 금수품목의 기준에 해당하는지 확인하여 줄 것을 요청하였다.[94]

(10) 콩고에 무기 및 군사훈련 제공

콩고인민공화국은 북한으로부터 자동권총 및 기타 소형무기를 입수했는데 이는 북한에서 제조된 것과 유사한 특성을 가진 무기로 보아 원산지가 북한인 것이 분명하였다. 이 권총들은 콩고 대통령 경비대와 콩고 특수경찰대에 지급되었는데 이들 중 일부는 중앙아프리카공화국의 유엔 다차원통합안정단(MINUSCA)에 배치된 요원들이었다. 문제의 권총들은 공격용 라이플(rifle)과 대전차지뢰 및 대인지뢰를 포함하여 2014~2015년에 대규모로 이전된 무기와 관련 물자의 일부였다. 권총을 포함한 무기들은 대통령 경비대의 지배를 받는 콩고(Zaire)의 수도인 킨샤사 외곽의 키보망고(Kibomango) 군사기지에서 북한 교관들이 대통령 경호대와 특수경찰 등을 대상으로 한 훈련용으로 사용되었다. 북한 교관들은 킨샤사 빈자(Binza) 지구 내 Gulf Oil사 경내에서 기거하였다.[95]

표 5-4 북한 무기 등 군사장비 적발 및 압수 사례

날짜	장소	검사 또는 압수품목	목적지
2016. 08. 15	이집트 영해	PG-7 로켓추진식 수류탄	이집트
2010. 09. 28	그리스 피라에우스항	로켓 발사대 자재	시리아
2009. 12. 11	방콕 돈무앙 공항	재래식 무기 (로켓포, 로켓추진 수류탄 등)	이란

---

94) S/2017/150 (27 February 2017), para 109.
95) S/2017/150 (27 February 2017), paras 104－105.

2009년 11월	남아공 더반항	T-54/55 탱크 부품 및 장비 * Westerhever호에 적재	콩고공화국
2009. 09. 22	한국 부산항	WMD 보호장비(4 컨테이너) * MSC Rachele호에 적재	시리아
2009년 7월	UAE 사르자항 및 코르파칸항	재래식 무기(지대공미사일 등) * ANL Australia호에 적재	이란
2009. 06. 29	일본 요코하마	탄도미사일 개발용 측정장비	미얀마
2008년	영국	MANPADS(대공방어시스템)	아제르바이잔
2006. 09. 05	키프러스 리마솔항	지상차량(대공레이더 등 탑재) * Gregorio Ⅰ호에 적재	시리아
2006년 9월	미상	스커드 미사일 추진제	중동국가
2003년 8월	대만 카오슝항	알루미늄 파우더(2,200톤) 화학물질(85 드럼) * Be Gaehung호에 탑재	미상
2002. 12. 10	아덴만	스커드 미사일(21기) 및 탄두 * 서산호에 적재	예멘
2000년 4월	스위스 취리히공항	스커드 미사일 부품	리비아
1999. 11. 24	런던 개트윅 공항	탄도미사일 부품(32 상자)	리비아
1999년 6월	인도 칸들라항	구성품, 자재, 공작기계 스커드 B/C 생산 기술자료 * 북한 구월산호에 적재	리비아

출처: Joshua Pollack, "Ballistic Trajectory: The Evolution of North Korea's Missile Market," Nonproliferation Review, Vol. 18, No. 2 (July 2011), p. 427.

Ⅳ. 북한의 불법 무기거래 시사점

이상 북한의 불법 무기거래 사례에서 나타난 무기 밀매의 수법을 통하여 다음과 같은 교훈과 시사점을 도출해 볼 수 있다.[96)]

첫째, 선하증권의 허위 표시이다. 무기와 같은 금수품목의 운송에서는 허위 표시는 불가피하다. 이 문제에 완벽하게 대처하기 위해서는 모든 적하를 선화

---

96) 淺田 正彦, 전게논문, pp. 21−22.

증권과 조회할 필요가 있으나 이는 사실상 비현실적이다. 미국이 주도하는 컨테이너안보구상(CSI)의 경우에도 화물이 X-ray에 확인되는 비율은 겨우 2~3%에 불과하고 이러한 수치는 세계 주요 항구에서 무작위로 확인되는 비율과 거의 다르지 않다. 또 이러한 현상이 가까운 장래에 개선되기도 어렵다. 그리고 당초 선적단계에서 북한에서 신중한 체크가 이루어질 것으로 기대하기도 어렵다. 그러므로 당장의 조치는 각 항구에서 원산지가 북한인 화물에 대해서는 각별한 주의를 기울이는 것 이외에는 별도의 효과적인 대응책이 없는 실정이다.

둘째, 다수의 유령회사(front company)를 이용하는 것이다. 유령회사란 실체가 없는 가공의 회사를 말하는데 이러한 회사를 다수 관여시키는 방식으로 하여 실제 거래를 수행하는 회사의 실체를 파악하기 어렵게 함으로써 당국의 경계심을 늦추는데 그 저의가 있다. 앞서 소개한 2009년 12월에 발생한 태국의 사례에서 보듯이 당해 항공기에는 적어도 4개의 유령회사가 관여했는데 그중 같은 항공기를 리스(lease)한 SP Trading은 같은 해 7월에 설립되었고 동 항공기를 전세(charter)한 Union Top Management는 동년 11월에 막 설립된 회사로서 임대차 관계를 복잡하게 함으로써 운송 직전에 설립된 유령회사라는 것을 강력하게 시사하고 있다. 더욱이 유령회사 설립 자체가 반드시 위법이라고 할 수 없고 국가에 따라서는 기업유치 등을 위하여 비교적 간편한 절차로 회사설립을 인정하는 나라도 있다. 따라서 회사설립 자체가 위법이 아니므로 이러한 문제의 해결이 쉽지 않다.

셋째, 세밀하고 복잡한 운송 루트의 구조를 지적할 수 있다. 복잡한 운송 루트는 상기 두 번째의 은폐 수법과 동일한 목적을 갖고 있다. 즉 운송 루트를 세밀하고 복잡하게 하여 화물을 처음 선적한 북한을 은폐하려는 것이다. 특히 빈번한 환적이 그 자체로서 의심을 초래하는 것은 아니다. 당초의 선적지에서 최종목적지로 향하는 직행 루트가 없는 경우에는 반드시 어느 항구에서든 최종목적지로 향하게 한다든지 또는 최종목적지로 가는 선편이 있는 항구로 향하게 한다든지 별도의 선박으로 화물을 옮길 필요가 있다. 이러한 환적은 운송의 효율화를 고려하면 오히려 합리적이라고 할 수 있다. 당초 선적항에서 최종목적지로 직행하는 선박이 항상 100% 가까운 적재율이 되지 않는 한 허브가 되는 항구에서 화물을 집합하여 거기에서 각각의 목적지로 향하는 배에 옮겨 실어 운송하는 편이 전체적으로 적재율은 높아질 것이다. 그렇다면 항만 경영자는 이윤추구를 위하여 가능한 한 많은 선박이 환적할 수 있는 항만 중심지가 되도록 힘을 쏟게 된다. 이는 항만을 그 이용자인 해운회사에 의하여 매력적으로 해야 하고 환적항에서 환적시간, 육상 체류시간의 단축 및 절차 간소화로 이어진다. 실제 이러한 경향을 반영한 것인지 환적항에서 항만 관계자가 도착 선박으로부터 받는 정보는 어느 항구로부터 도착하여 어느 항구로 향할 것인가 정도의 정보에 그친다. 이 점은 항공기를 이용한 운송의 경우 공항에서도 마찬가지이다. 이 정도의 정보만으로 위반 여부를 효과적으로 적발하기에는 턱없이 부족하다.

이에 대하여 전문가패널의 최종보고서는 북한에서 도착한 화물의 최초 해외 기항지에서 항만 당국은 북한 원산지의 화물에 대해 특별한 경계를 가지고 대응할 것을 권고하고 있다. 적어도 이들 항구에서는 당해 화물이 북한에서 온 것인지 아닌지를 알 수 있기 때문이다. 동시에 북한 원산지의 화물이 최초의 해외 기항지뿐 아니라 그 후의 환적항에서도 마찬가지로 특별한 경계심을 가지고 대응할 수 있기 때문에 그것이 북한에서 온 화물이라는 것을 인식할 수 있는 절차를 도입할 필요가 있다.

한편 선박이 이용된 모든 사례에 있어서 북한에서 선적된 화물이 우선 중국 대련에서 환적되고 있다. 이 자체는 안보리 결의를 위반하는 무기 수출에 중국이 적극적으로 관여한다고 하기 보다는 오히려 중국의 지리적인 위치를 고려하면 당연한 일일지도 모른다. 그러나 그렇기 때문에 중국에는 북한에서 반출된 안보리 결의 위반의 화물이 압수되지 않은 채 목적지로 향하는 일이 없도록 보다 엄격한 주의와 경계가 필요하다.

더구나 이러한 특별한 경계도 위반 화물이 목적지로 직행 운송되는 경우에는 효과가 없다. 그러한 경우에는 항행 중의 선박을 정선시키는 방법을 생각해 볼 수 있으나 공해상인 경우는 기국의 동의가 필요하다. 그러나 기국이 북한인 경우는 사실상 아무것도 할 수가 없다. 항공기에 의한 직행 운송의 경우에는 위험한 강제착륙이라는 수단을 시도해 볼 수 있겠으나 이러한 위험을 무릅쓰고 시도하는 것이 합리적인가 하는 어려운 판단에 직면하게 된다.

넷째, 현지 조립방식이다. 완성품을 운송하는 경우 그 크기나 형상 등으로 인하여 발견되기 쉽기 때문에 완성품 대신에 구성품 또는 부품을 수출하여 수입국에서 부품이나 구성품을 완성품으로 조립하는 것이다. 이는 남아공의 사례에서 그 가능성이 구체적으로 분명하게 된 것이지만 다른 국가에서도 같은 방식이 이용될 가능성을 부정할 수 없다.

　　다섯째, 제재대상자로 지정된 개인이 지정된 후에 명칭이나 이름을 변경한다든지 지정된 단체가 자신을 대신하여 활동하는 별도의 단체를 설립하는 방식으로 쉽게 제재를 회피할 수가 있다. 가령 조선광업개발공사(KMDTC)의 활동은 동사가 금융제재와의 관련으로 지정받은 후 거의 없어지고 대신 청송연합(Green Pine Associated Co.)이 대행하고 있다. 따라서 대북제재 효과를 유지하려면 제재대상자의 명단을 계속 업데이트해야 한다.

제6장

확산방지구상

I. 확산방지구상의 의의

확산방지구상(Proliferation Security Initiative: PSI)은 참가국이 단독 또는 공동으로 WMD 및 미사일과 관련 전략품목을 운송 도중에 차단함으로써 WMD의 확산을 방지하기 위한 확산저지(counter−proliferation)를 중시하는 선제적 무력사용(use of force)의 구상이다.[1] 이는 기존의 소극적인 비확산 수출통제 정책만으로는 확산 우려국과 비국가행위자에 의한 WMD와 그 운반수단 및 관련 물자의 확산을 방지하는데 한계가 있기에 모든 가용수단을 동원하여 더욱 적극적이고 선제적인 방법으로 WMD 확산을 저지하기 위한 것이다.

PSI는 무력사용 또는 무력을 이용한 법 집행 활동을 자국 영역 밖에서 행할 가능성을 염두에 두고 WMD와 운반수단 및 관련 물자의 글로벌 확산에 대응하려는 것이며 기존의 비확산조약 및 다자간 수출통제체제와 함께 이들 무기와 관련 전략품목의 확산을 방지하기 위한 국제사회의 노력에 기반하고 있다. PSI는 또 "모든 WMD의 확산을 국제평화와 안보에 대한 위협으로 규정하고 WMD 연구 및 생산 관련 기술의 확산방지와 이를 위해 적절히 조치할 것을 결의한 1992년 1월 31일 유엔 안보리 의장성명(S/23500)의 이행조치와 맥락을 같이 한다.[2]

---

1) 2003년 5월 31일 부시 대통령은 폴란드의 아우슈비츠(Auschwitz) 강제수용소로 유명해진 크라쿠프(Kracow)에서 가진 연설에서 평화에 대한 가장 큰 위협은 핵무기, 화학무기와 생물무기의 확산이다. 우리는 확산을 중지시키기 위하여 협력해야 하며, (국제사회는) 통과 중(in transit)인 WMD와 관련 물자를 압수할 수단과 권한을 가져야 한다. 그래서 오늘 확산과 싸우기 위한 새로운 노력을 발표한다고 선언함으로써 확산방지구상(PSI)을 출범시켰다.

2) Amitai Etzioni, "Tomorrow's Institution Today: The Promise of the Proliferation Security Initiative," *Foreign Affairs*, Vol. 88, No. 3 (May/June 2009), p. 7; Daniel H. Joyner, *International Law and the Proliferation of Weapons of Mass Destruction* (Oxford University Press, 2009), pp. 299−301; Rebecca Weiner, "Proliferation Security Initiative to Stem Flow of WMD Material," Center for Nonproliferation Studies (July 16, 2003); Harald Muller and Mitchell Reiss, "Counter−proliferation: putting new wine in old bottles," *Washington Quarterly* (Spring 1995), pp. 143−154.

PSI가 발족하게 된 결정적인 계기가 된 것은 후술하는 서산호 사건이다. 이는 2002년 12월 초 미 정부의 요청으로 스페인 해군 함대 2척이 북한에서 예멘으로 항해 중인 서산호를 정지, 수색하여 스커드 미사일과 그 부품을 발견했다. 그러나 국제법상 공해에서 기국의 동의하에 선박의 정지 및 수색은 합법이지만 이를 압수할 수 있는 근거가 없었다. 이에 국제 비확산체제의 결함을 발견한 미국은 글로벌 확산문제에 더욱 역동적이고 선제적으로 대응하기 위하여 PSI를 탄생시켰다. 북한은 PSI를 "바다에서의 테러와 유사한 해적 같은 해상봉쇄이며 국제법의 총체적 위반"으로 규정했다.

II. PSI 저지원칙선언

PSI 참가국[3]의 임무는 단독으로 또는 타국과 공동으로 타국과 협조하여 WMD 등의 수송 및 이전을 저지하기 위하여 육상, 해상 및 공중에서 WMD 및 미사일과 관련 전략물자를 적재한 것으로 의심되는 선박과 항공기를 나포, 수색 또는 압수하는 방법으로 확산을 차단한다. 참가국들은 저지원칙선언(Statement of Interdiction Principle)[4]을 지지하고 이에 근거하여 실질적으로 PSI 활동에 참여하거나 협력한다. 이를 위해 각국은 다른 참가국이 제공하는 정보의 비밀유지에 유의하면서 최대한 정보를 교환할 것이 요구된다(제2항). 또 필요에 따라 관련 국내법의 개정과 아울러 필요한 경우에 적절한 방법으로 관련 국제법 및 국제적인 틀을 강화하도록 노력한다(제3항).

국내법적 권한이 허용하고 국제법상 의무와 합치하는 범위 내에서 WMD와 운반시스템 또는 관련 전략물자의 화물에 관한 저지 노력을 지지하는 세부적인 조치는 다음의 저지원칙 제4항 a~f에 규정되어 있다.

참가국은 확산 우려국과 비국가행위자에게 WMD 등을 운송하거나 운송을 지원하지 않게 하고 자국 관할 대상의 누구도 그러한 행위를 하지 못하게 한다

---

3) 2021년 2월 현재 우리나라를 포함하여 105개국이 전문가그룹회의(OEG) 와/또는 차단훈련에 참가하고 있다.
4) PSI 출범 당시의 11개국(호주, 프랑스, 독일, 이탈리아, 일본, 네덜란드, 폴란드, 포르투갈, 스페인, 영국, 미국)이 출범 3개월 후 '저지원칙선언'을 제정하고, 2003년 9월 4일 파리에서 채택하였다.

(제4항 a). 자국 국적의 선박이 의심의 대상이 되는 경우는 직권으로 또는 타국의 요청 및 정당한 이유를 근거로 자국의 내수·영해 및 타국의 영해 외의 해역에서 자국 국적의 선박에 승선하여 수색하고 의심화물이 확인된 경우에는 압수한다(b). 또 적절한 상황에서는 다른 참가국이 자국 선박에 승선 및 수색하는 것에 동의하는 것을 신중히 고려한다(c). 합리적으로 의심되는 화물 선박에 대하여는 그 선적을 불문하고 내수·영해·접속수역에서 의심 선박을 정지, 수색하고 의심화물을 압수한다. 또 자국의 항만·내수 또는 영해를 출입하려는 의심 선박에 대해 입항 전에 승선, 수색 및 압수를 조건으로 하는 등 적절히 조치한다(d).

각국은 직권으로 또는 타국의 요청 및 정당한 이유를 근거로 확산 우려국이나 비국가행위자들에게로 혹은 이들로부터의 WMD, 운반수단 및 관련 물자의 운송이 의심되는 항공기가 자국의 영공을 통과하는 경우 검색과 압수를 위해 착륙을 요구하고, 그러한 화물의 적재가 의심되는 항공기가 자국의 영공을 통과하지 못하도록 비행 전에 미리 거부한다(e). 자국의 항구·비행장 또는 기타 시설이 확산 우려국이나 비국가행위자로 또는 이들로부터 의심화물의 운송을 위한 환적지로 이용될 경우 그러한 화물의 적재가 의심되는 선박·항공기 및 기타 운송수단을 검사하고 의심이 확인된 화물을 압수한다(f).

이상의 저지원칙선언에서 알 수 있는 바와 같이 PSI는 국제조직의 구축을 목표로 한 것이 아니고 WMD 확산방지를 위하여 참가국의 기동성 있는 행동의 확보를 목표로 한 것이다. PSI 참가국은 정보공유를 포함한 실제적인 수단에 대하여 검토하고 능력 향상과 PSI 이행조건을 준수하기 위하여 육상·해상 및 공중에서 합동 저지훈련을 실시하기로 합의하였다. 저지원칙선언은 확산 우려국을 지칭하지는 않았지만 2003년 7월 호주에서 개최된 PSI 제2차 회의의 의장 성명에서는 북한과 이란을 그리고 미국은 공공연하게 시리아를 역시 확산 우려국으로 지목했다. 그럼에도 불구하고 PSI는 특정 국가를 겨냥하는 것이 아니라 WMD, 운반수단 및 관련 물자의 운송 차단에 그 목적이 있다.

Ⅲ. PSI와 유엔 안보리 결의

1. PSI와 안보리 결의 1540

　PSI는 정보·외교·법 집행 및 기타 가용한 수단을 적용하려는 전체적인 확산차단 노력의 일환이다. 유엔 안보리 결의 1540호와 PSI 저지원칙은 상호 보완적이며 법적, 정치적으로도 양립한다. 결의 1540호에서 저지 또는 PSI를 구체적으로 언급하지 않았지만 WMD 확산이 초래하는 국제평화와 안보에 대한 위협을 인정하고 국가들이 이러한 위협에 대항할 수 있는 구체적인 조치를 규정하였다. 그중에서도 결의 1540호 제10항은 "모든 국가들(all States)에게 자국의 법적 권한 및 법규에 따라 그리고 국제법과 부합되게 WMD와 그의 운반수단 및 관련 물자의 불법 거래를 방지하기 위한 협력 조치를 요청하고 있다." PSI 저지원칙은 결의 1540호가 요구하는 국제협력의 조치들을 정하고 있으므로 결의 1540호와 완전하게 부합한다.[5]

　나아가 유엔헌장 제7장에 의거 채택한 결의 1540호의 결정 즉 "모든 국가는 확산방지를 위하여 효과적인 국경단속, 수출, 경유, 환적, 재수출 및 최종용도 등의 통제 및 WMD와 관련 물자의 생산, 사용, 저장 및 수송에 효과적인 국내통제 제도의 확립 및 집행조치를 강구해야 한다(para. 3.d)."는 결정은 PSI 저지원칙과 부합한다. 이와 동시에 결의 1540호는 국가들에게 수출통제 법규위반에 대하여 적절한 형벌 또는 민사벌칙을 도입하고 집행할 것을 요구하는 등 법집행 권한을 강화함으로써 PSI의 저지원칙을 보완하였다.

2. PSI와 안보리 결의 1874호

　안보리 결의 1874호[6]는 PSI의 주요 활동인 저지 또는 차단과 관련된 요소를 많이 포함하고 있으며, 특히 북한행 또는 북한발 화물 및 해상 검색조치에 관한

---

5) <http://www.state.gov/s/l/2005/87344.htm>.
6) 유엔 안보리 결의 1874호는 북한의 제2차 핵실험(2009. 5. 25)에 대해 경제제재를 부과하기 위하여 2009년 6월 12일에 채택되었다.

사항을 상세히 규정함으로써 비록 저지대상국이 북한 1개국이긴 하나 193개 유엔 회원국에게 이행의무를 부과하였다는 점에서 기존 PSI에 국제법적 근거를 제공한 것으로 풀이된다. 다음은 PSI와 관련된 결의 1874호의 주요 내용이다.

즉 회원국 영토 내에서 북한발 또는 북한행 의심화물을 검색한다(para 11). 의심화물 적재 선박에 대하여 기국(flag state) 동의하에 공해상에서 검색하고 (para. 12), 기국이 동의하지 않으면 적절한 항구로 유도하여 현지 당국이 검색한다(para. 13). 아울러 검색결과 금지품목 발견 시 압류·처분(para. 14)하고, 금지품목을 수송하고 있다고 의심되는 선박에 대해 연료공급 또는 기타 선박 서비스(bunkering services)의 제공을 금지한다(para. 17).

그리고 이러한 조치를 관련 국제법 및 국내법에 따라 실시하고 금지품목을 적재하였다고 믿을만한 합리적 근거(reasonable ground)의 정보를 갖고 있을 경우로 한정함으로써 남용 방지를 위한 장치를 마련하였다. 아울러 이러한 검색 조치의 실질적인 이행을 위하여 검색·압류·처분을 할 경우(para. 15)와 기국의 동의를 얻지 못했을 경우는 관련 세부사항을 제재위원회에 즉각 보고하도록 하였다(para. 16).

Ⅳ. 법적 성격, 운영 및 조직

확산방지구상은 기존의 관련 국제법과 국내법에 따라 WMD와 미사일의 확산방지를 위한 국가들의 비공식이고 자발적인 협력체제이다. 그리고 PSI의 저지원칙은 PSI의 기본정신과 참가국들이 WMD 확산방지를 위해 협조하겠다는 공약을 명시한 기본문서이고 조약이 아닌 정치적 합의에 불과하며 그 자체가 새로운 국제규범을 창설하는 것이 아니다. 따라서 저지원칙은 법적 구속력이 없다.

PSI 활동은 WMD 불법 거래 관련 정보교환, WMD 관련 물자 수출거부, 항만에서의 컨테이너 검색, 선박이나 항공기의 회항 유도 및 항만과 공항 검색 등 4개 의무의 이행으로 구성된다. 그리하여 PSI 참가국들은 실제 상황 시 효과적이고 일사불란한 확산방지를 위하여 수시로 차단훈련(interdiction drill)을 실시한다.7) 차단훈련은 승선, 검색 등 실제 차단훈련과 도상훈련(top table exercise)

으로 구성되며 도상훈련 시에는 컴퓨터와 시뮬레이션 프로그램을 활용하여 국가 간 정보교환과 협조를 위한 훈련을 실시하며 실제 훈련과 연계하여 실시하기도 한다.

PSI는 조직이 아니라 활동이다. 그에 따라 PSI 참가국들은 국제기구를 설치하지 않았으며 비공식 협력체이긴 하나 별도의 사무국이 없고 PSI 활동에 필요한 예산도 없으며 정보공유를 위한 공식적인 채널도 없다.[8] 다만 수시로 개최하는 주요 회의는 장기적인 PSI 운영방안을 논의하고, 운영전문가그룹(OEG)회의는 주요 참가국의 외교, 정보, 세관, 경찰, 군 당국의 전문가들이 모여 확산 우려에 관한 정보와 경험을 공유하고 향후 차단훈련 계획에 대해 논의한다. 이와 관련 PSI 참가국은 차단훈련이나 실제 저지활동에 참가할 의무는 없다.

PSI의 성공 여부는 유용한 정보와 첩보에 달려있다. 그 이유는 WMD의 소재를 모르고 차단할 수는 없기 때문이다. 아울러 WMD의 원산지도 중요하지만 행선지가 훨씬 더 중요하다. 미국이 2002년 12월 스페인 함대가 차단한 북한 스커드 미사일을 예멘이 수령하도록 허용한 것은 이러한 선별적인 접근을 시사한 것이다. 한편 예상된 대로 인도, 이스라엘, 파키스탄 등 WMD 보유국들은 PSI에 참가하지 않고 있다.[9]

제2절 **운송 저지 및 사례**

I. 해상 및 항공운송 저지

선박에 대한 주권은 기국(flag state)에 있기 때문에 타국 선박의 임검에 어려운 점이 있다. 그래서 미국은 2003년부터 2004년에 걸쳐 PSI의 강화책으로서

---

7) 외교통상부, "확산방지구상(PSI) 참여 후속 조치(안)," (2009. 6), pp. 5-7.
8) Jofi Joseph, "The Proliferation Security Initiative: Can Interdiction Stop Proliferation?," *Arms Control Today*, Vol. 34, No. 5 (June 2004), p. 2.
9) Wade Boese, "Implications of UN Security Council 1540," Presentation to the Institute of Nuclear Materials Management Panel Discussion (March 15), 2005.

세계의 주요 선박 보유국이며 편의기국(flag of convenience states)인 사이프러스, 라이베리아, 파나마 등과 여타 국가 간에 이들 국가 선적의 선박에 대해 공해상에서의 임검을 허용하는 양자협정을 맺었다. 이상 3개국을 포함하여 미국은 2010년까지 바하마, 벨리즈, 크로아티아, 몰타, 마샬군도 및 몽골 등 11개국과 양자협정을 체결하였다.

이 협정은 사전 통보로 상대국의 허가를 얻은 다음 상호 영해 및 공해(공해의 경우는 사전에 상대국의 선적을 보유하고 있는지의 여부 확인)에서 마약의 밀수 또는 무허가 어획이 의심되는 선박의 임검을 인정한 사라스베커협정을 보완하여 WMD 및 관련 물자의 밀수를 단속할 것을 목적으로 추가한 것이다. 알려진 사례로는 2006년 9월 사이프러스 해상경비 당국이 지중해에서 북한으로부터 시리아를 향하고 있던 파나마 선적의 선박을 불법 화물을 적재한 의혹으로 나포하여 이동식 레이더 21대를 압수하였다.10)

PSI의 유일한 적용대상 선박인 상선(merchant ship)은 조세회피, 임금 절약 또는 정부규제를 회피하기 위하여 외국에 등록하면 외국이 편의기국이 된다. 편의기국은 확산의 이유로 특별히 우려되는데 이는 선적에 대한 정부의 느슨한 규제와 선박들이 추적을 모면하기 위해 등록대상 국가를 이 나라에서 저 나라로 쉽게 바꿀 수 있기 때문이다. 파나마, 라이베리아와 마샬군도가 적재물량 기준으로 세계 3대 편의기국이며, 현재 선박 소유국과 다른 국가에 등록한 상선이 세계 전체의 70%가 넘는다.11)

WMD 및 관련 물자를 적재한 선박의 영해 통과의 거부는 유엔해양법협약 등에 규정된 무해통항권(right of innocent passage)과의 관계로 어려운 면이 있으나 항공기의 영공 통과는 그러한 제약이 없다. 이 때문에 의심 항공기의 영공 통과의 거부가 WMD 확산방지의 효과적인 수단으로서 주목받고 있다. 2003년 9월 파리에서 개최된 PSI에 참가한 11개국의 선언에서는 WMD 운반이 의심되는 항공기의 영공 통과를 거부한다든지 검사를 위해 착륙을 요구하는 취지가 담겨 있다.

이와 관련된 사례는 중국 등이 북한에서 이란으로 향하는 미사일을 적재한

---

10) 財團法人 安全保障貿易情報センター, 『安全保障貿易管理の周辺』 (2008年 10月), p. 36.
11) Mary Beth Nikitin, "Proliferation Security Initiative (PSI)," *CRS Report for Congress RL34327* (August 8, 2018), p. 3

수송기의 통과를 거부한 사례이다. 2005년 6월 이란의 수송기가 북한에 착륙하여 미사일 부품을 싣고 이란으로 향하려고 할 즈음 이 정보를 입수한 미국의 요청으로 중국과 중앙아시아의 여러 나라가 이 수송기의 영공 통과를 인정하지 않아 수송기는 아무 화물도 싣지 못한 채 북한을 이륙하였다. 가장 최근의 사례는 2009년 12월 12일 북한제 미사일과 중화기 등의 무기를 적재하고 평양을 출발했던 그루지야(Georgia) 국적 수송기가 태국에 억류되었다. 태국 정부는 재급유를 위해 돈므엉 공항에 착륙한 문제의 수송기에서 미사일 등 북한산 무기 35톤을 발견했는데 수송기와 조종사 등 승무원을 억류하고 무기는 전량 압수조치 하였다.

II. 차단훈련 및 저지사례

한국 정부는 Eastern Endeavor 19로 명명된 PSI 아시아태평양지역 연례훈련이 2019년 7월 9~12일 부산에서 실시하였다. 미국, 뉴질랜드, 싱가포르, 호주, 일본, 한국 등이 참여하는 당해 훈련은 학술회의와 도상연습(Table Top Exercise)을 중심으로 이루어졌으며 해상차단훈련(LIVEX)은 실시하지 않았다. 도상연습은 WMD 확산 관련 가상시나리오를 놓고 국가 간 협력방안을 논의하는 것을 뜻하고, 해상차단훈련은 공해상에서 WMD 운반 선박을 발견한 상황을 가정하고 이를 막아내는 훈련을 말한다. 일본이 2018년 7월 말 주관한 PSI 연례훈련에서는 지바현 보소반도 남쪽 해상에서 해상차단훈련이 이뤄졌는데, 이번 훈련에는 러시아·베트남 등 아시아태평양지역 PSI 참여국 전문가와 인도네시아·라오스·미얀마·인도·파키스탄 등 PSI 비참여국도 옵서버(참관인) 자격으로 참가하였다.

과거 2005년 4월부터 2006년 4월까지의 기간 중 PSI 참가국들이 공동 협력하여 우려국의 WMD 및 미사일 관련 장비와 물자의 이전을 방지한 실적은 총 24회에 달한다. 이러한 다수의 저지훈련으로 축적된 경험을 바탕으로 PSI는 이란의 핵 프로그램에 사용될 미사일 관련 물자와 중수(heavy water) 관련 장비의 수출을 차단하였다. 그런데 PSI가 이러한 확산저지에 기여했는지, 만약 기여하였다면 어느 정도 기여했는지 불분명하며, PSI가 아니었더라도 가능할 수 있었

던 일이어서 PSI의 효과를 가늠하기는 어렵다.[12]

1. BBC China호 사건

PSI의 대표적인 사례가 BBC China호 사건이다. 2003년 9월 독일 외무성이 Antigua Bermuda 선적의 독일 소유 BBC China호가 말레이시아에서 우라늄 원심분리기 농축 부품을 싣고 두바이를 거쳐 수에즈 운하를 통과하여 리비아로 향하고 있다는 정보를 미국으로부터 입수하여 정보전문가를 이탈리아에 파견하였다. 이탈리아와 미국 해군의 협력으로 당해 선박의 임검(right of visit)을 실시한 결과 컨테이너 번호가 위조된 것을 발견하고 당해 선박을 이탈리아 따란또(Taranto) 항구에 회항시켜 원심분리기 부품을 압수하였다. 이는 파키스탄 칸 박사의 불법 핵 네트워크를 밝혀내고, 2003년 12월 리비아의 비밀 핵 프로그램을 중지시킨 획기적인 조치였다.[13]

2. 서산호 사건

서산호 사건은 2002년 12월 9일 예멘에서 600마일 떨어진 공해상에서 스페인 군함 두 척이 북한의 화물선 서산호에 정선 명령을 내렸으나 서산호가 이에 불응하고 도주하려고 하자 경고사격을 하여 강제적으로 임검하고 적재된 화물을 압류함으로써 발생한 사건이다. 당시 북한 선박의 선적은 캄보디아였으며 국기를 달지 않고 항행하고 있었다. 선박 수색결과 4만 개의 시멘트 포대 밑에 15개의 스커드(Scud B) 미사일과 15개의 재래식 탄두 그리고 23개 컨테이너 분량의 로켓연료가 숨겨져 있었다.[14] 예멘 정부는 이들 무기를 주문한 사실을 확인하고 이는 방위용 목적으로 이미 보유 중인 스커드 미사일을 개량하기 위한 것이라고 밝혔다. 스페인 군함의 임검권 행사는 사실 미국과의 공조하에 이루어진 것이었다. 이튿날 미국 정부는 공해상에서 일어난 일이고, 예멘의 미사일 구매는 국제법과 부합한다는 결론을 내린 후 서산호를 방면하여 당초 목

---

12) *Ibid*, p. 4.
13) *Ibid*, p. 5; Amitai Etzioni, *supra* note 2, p. 9.
14) S/2014/147 (6 March 2014), para. 125.

적지인 예멘으로 항행을 계속하게 함으로써 이 사건은 마무리되었다.[15]

　이 사건의 국제법적 시사점은 상기에서 알 수 있듯이 서산호는 무국적선(stateless ship)이므로 모든 국가로부터 임검권의 대상이 될 수 있으나 미사일의 운송 및 무역거래가 국제법 위반이 아니라는 사실이 확인되어 결국 WMD 관련 물자의 차단에 실패함으로써 현행 국제법으로는 WMD 확산방지에 한계가 있음을 보여준 사례이다. 이 사건은 미국 행정부가 PSI를 검토하게 된 직접적인 계기가 되었다. 그러나 PSI의 저지원칙은 법적 구속력이 없는 정치적 문서이고 저지 활동은 유엔해양법상 무해통항권과 공해자유의 원칙 및 유엔헌장 제51조의 자위권 행사와 충돌하는 등 문제의 소지를 안고 있다.

제3절　대북 확산방지구상의 정당성 검토

I. 한국의 확산방지구상 참가

1. 배경 및 필요성

　한국 정부는 북한의 6자회담 복귀거부, 2009년 제2차 핵실험 및 연이은 미사일 발사 등으로 국제사회의 우려가 높아진 가운데 북한의 핵 개발 등 WMD 확산에 대한 대응조치로 2009년 5월 26일 PSI에의 전면 참가를 선언하였다. 그간 참여정부는 대북 포용정책의 기조아래 PSI 참가는 북한을 자극하여 남북관계에 악영향을 미칠 수 있다는 우려 때문에 소극적 협력 차원에서 부분적으로만 PSI에 참여했었다.[16] 당시 정부는 PSI 참가에 대하여 첫째, PSI의 목적과 원칙을 지지하고, 자체 판단에 따라 참여의 범위를 조절하며, 둘째, 한반도 주변

---

15) Daniel H. Joyner, *International Law and the Proliferation of Weapons of Mass Destruction*, *supra* note 2, pp. 299-301.

16) 2007년 10월 13일부터 일본이 주최하고 미국이 주관한 PSI 훈련에 미국, 일본, 영국, 프랑스, 호주 등 7개국이 구축함과 초계기 등을 파견하였고 34개국이 옵서버로 참여하였지만 한국과 중국은 북한의 반발을 고려하여 훈련에 참가하지 않았다. 국민일보, "미, 일 11월 연합 군사훈련," 2007년 10월 29일.

수역에서의 활동은 우리의 특수한 상황을 고려하여 남북해운합의서 등 국내법과 국제법에 따라 결정한다는 입장을 갖고 있었다.[17]

PSI가 법적 구속력 있는 국제적 약속은 아니지만 한국 정부가 전면적인 참여를 결정한 이상 저지원칙을 준수할 정치적 의무를 지게 되었다. 최근 유엔의 제재 강화에도 불구하고 유엔 안보리 제재 결의를 위반한 북한의 지속적인 WMD와 미사일 확산 및 대량의 재래식 무기의 불법 거래는 세계평화와 안보를 파괴하고 위협할 뿐만 아니라 우리 국가안보에 직접적인 중대한 위협을 주고 있다.[18] 그러한 점에서 대량살상무기(WMD) 확산방지를 위한 PSI가 우리에게 주는 의미는 지대하며 따라서 PSI 활동에 적극 참여할 필요가 있고,[19] 한국 정부도 남북해운합의서가 있지만 이 문서는 남북관계가 악화될 경우 언제든지 파기될 수 있어 이에 대비한 장치를 마련한다는 점에서 PSI 전면 참가의 필요성을 강조했었다.[20]

2. 북한의 반대

PSI 출범 당시 미국은 WMD 저지 대상국을 공식적으로 거명하진 않았지만 2002년 12월의 예멘행 북한 선박 서산호 나포 사건, 2003년 4월 알루미늄 튜브와 시안화나트륨을 적재한 북한행 선박 나포 사건, 2003년 4월 호주 해군에 의

---

17) 외교통상부 보도자료 (제06−417호), 2006년 11월 13일.
18) 북한의 확산사례는 무수히 많다. 북한은 2009년 6월 안보리 결의 1874호 이후에도 핵과 미사일 관련 물자를 위장하는 수법으로 적하목록 위조, 가짜 라벨 사용, 유명 해운회사 이용 및 수차례 걸친 환적 등의 방법으로 유엔제재를 회피하고 있다. 연합뉴스, "북, 유엔제재 후에도 핵 물자 위장수출," 연합뉴스, 2009년 11월 14일자; 조선일보, "북한·이란 무기 밀거래, 올해 5차례... 배 바꿔가며 추적 피해," 2009년 12월 4일; 폭스뉴스는 2009년 6월 18일 미국 군 당국이 미사일 혹은 핵무기 관련 물자를 실은 것으로 의심되는 북한 국적선 강남호에 대한 추적을 벌이고 있다고 보도했다. 이는 안보리 결의 1874호에 의한 의심되는 선박에 대한 해상 검색을 촉구하는 안보리 결의가 채택된 이후 처음 있는 일이었다. <http://news.mk.co.kr/outside/view.php?year=2009&no=341815>.
19) 아시아경제, "남북해운합의서 유지...PSI 참여 효력 있나?" 2009년 5월 26일.
20) 국정원은 2009년 9월 22일 전략물자로 의심되는 북한 컨테이너 4개를 싣고 부산항을 출발하려던 파나마 선적의 컨테이너선을 해경의 도움을 받아 출항 정지 명령을 내리고 전략물자가 의심되는 북한 컨테이너 4개를 압수한 일이 있는데 이는 정부가 PSI 전면 참여를 선언한 이후 북한화물에 대한 첫 번째 차단조치이며 안보리 결의 1874호와도 연관이 있다. eNewstoday, "북한 컨테이너 압수, 당국 극도 보안," 2009년 10월 5일.

한 봉수호 나포 사건, 독일과 프랑스가 고농축 우라늄에 사용될 수 있는 알루미늄 튜브를 실은 선박과 화학무기 제조에 사용 가능한 시안화나트륨을 적재한 북한행 선박을 나포한 사건 등을 겪은 북한으로서는 PSI가 북한을 겨냥한 것임을 미루어 짐작했을 것으로 볼 수 있다.[21] 실제로 국제사회는 북한을 특히 주목하고 있다.

PSI에 대하여 북한은 예상한 대로 격렬한 반대 입장을 표명해 왔다. 북한의 반대는 국제사회의 제재가 야기할 정치적, 외교적인 차원의 손실뿐만 아니라 경제·군사적 차원의 손해도 감안할 것이라고 할 수 있다. 국제사회의 대북 경제제재와 함께 PSI에 의한 저지 활동이 본격적으로 전개될 경우, 북한은 WMD 확산 위축으로 인하여 중요한 외화 수입원의 상실과 함께 경제적인 손실이 불가피할 것이다. 이를 의식한 북한은 PSI가 출범한 지 한 달도 안 된 2003년 7월 1일 조선인민군 판문점 대표부 대표 명의의 담화를 발표하고, 미국의 주한미군 전력증강 계획과 PSI를 함께 비난하면서 강력하고 무자비한 보복 조치를 취할 수 있다고 경고했다.

아울러 북한은 2005년 6월 13일의 북한의 로동신문 논평을 통해 PSI는 "우리나라에 대한 제재와 봉쇄를 더욱 강화하며 나아가 PSI를 구실로 핵 선제공격을 단행하려는 위험한 시도"라고 규정하고 미국이 제기하는 북한에 대한 의혹은 멋대로 만들어냈거나 추상적인 자료로 엮어낸 사실무근의 비과학적인 것이라고 비난하면서 확산행위를 강력하게 부인했다. 더욱이 북한은 2006년 1월 한국이 PSI에 부분참가하기로 결정한데 대하여 "한국이 PSI에 참가한 것은 북한에 대한 참을 수 없는 도전이며 노골적인 도발이고 외세와 함께 동족에 칼을 빼든 또 하나의 용납 못할 반민족적 범죄행위"라고 비난했다. 아울러 북한은 "미국이 PSI를 명분으로 다른 나라에 대한 주권유린과 침략행위를 일삼고 있다면서 미국의 세계 제패의 전략뿐만 아니라 대북 압살과 전쟁도발 책동과 직접 연결되어 있는 PSI에 남한이 직접 참여하는 것은 미국의 침략전쟁 책동에 직접 공모하고 가담하는 전범 행위와 다를 바 없고, 한반도에 핵전쟁의 참화를 불러오는 위험천만한 행동이라고 비난했다.[22]

---

21) 전성훈, 『확산방지구상과 한국의 대응』 (통일연구원, 2007), p. 43.
22) 상게서, pp. 100−103

Ⅱ. 북한의 WMD 자금조달

PSI는 정보공유, 수출통제 강화, 외교적 노력, 저지활동을 통한 WMD의 확산방지가 기본목표이지만 불량국가(rogue state)와 테러집단의 각종 범죄행위를 차단하는 방향으로 그 대상 및 범위가 확대되고 있다. 예를 들어 마약, 인권탄압, 화폐위조 및 돈세탁 등이 포괄적인 범죄행위에 포함된다.23) 이와 관련 안보리 결의 1874호는 북한체제 및 WMD 개발계획에 사용될 금융의 유입을 저지하기 위하여 북한 무역 관련자에 대하여 WMD와 미사일 개발에 기여할 수 있는 자산을 동결하고 수출신용, 보증 또는 보험 등을 포함한 공적인 금융지원을 금지하고 있다.24)

북한 정부는 현행 체제를 유지하고, 핵과 우주클럽 및 신흥공업국의 일원으로 인정받는 2가지 주요 목표를 달성하는데 필요한 자금을 조달하기 위하여 합법적인 수단과 불법적인 수단을 총동원하고 있다. 합법적인 수단은 차입, 해외투자, 외국원조, 해외 북한인들로 부터의 송금, 무역통계에 잡히지 않는 무기 등 군사장비 판매, 개성공단 사업소득 및 해외 서비스판매 등이고 불법적인 수단은 화폐 위조, 군사장비 및 기술의 불법 판매, 마약, 가짜 담배 및 의약품의 불법 유통 등으로 알려졌다.25)

미국은 북한이 미화 100달러 지폐(supernote)를 위조하여 이를 여러 국가에 유통시켜 수입품 구매, WMD 개발 및 정부의 해외 활동에 사용할 외화를 조달하는 것으로 보고 있다. 미국은 북한이 최소한 4,500만 달러의 위폐를 생산, 유통시켜 수년간에 걸쳐 연간 약 1,500~2,500만 달러의 소득을 올린 것으로 추정하고 있다.26) 한편 북한은 세계은행(IBRD)이나 아시아개발은행(ADB)의 회원국이 아니기 때문에 이들 금융기관으로부터 무역금융을 조달할 수 없다.27) 그리

---

23) 상게서, p. 43.

24) S/RES/1874 (12 June 2008), paras. 18 – 20.

25) Dick K. Kanto, "North Korean Counterfeiting of U.S. Currency," *CRS Report for Congress RL33324* (June 12, 2009), p. 3.

26) 2006년 3월경 홍콩 경찰은 마카오를 경유하는 중국계 미국인이 소지하고 있던 미화 100달러짜리 위조지폐를 압수했다. 아울러 북한과 국경을 마주하는 중국 단동 지방에서 북한에서 제조된 것으로 보이는 가짜 100달러짜리 지폐를 구하기란 식은 죽 먹기이며 액면가 100달러 위폐가 60~70달러에 거래되었다. Dick K. Kanto, *Ibid*, p. 6.

고 경제협력개발기구(OECD) 개발원조위원회 소속 21개 선진국이 2005~2007년 기간 중 북한에 제공한 무역금융 실적은 전혀 없었으며, 비은행 수출신용은 2005년 600만 달러, 2006년 1.1억 달러, 2007년에는 1,700만 달러에 달했지만 서방 은행으로부터의 차입 규모는 상대적으로 미미한 수준이었다.[28]

제4절	대북 확산방지구상에 대한 평가

I. 대북 WMD 확산방지의 국제법적 근거 및 한계

북한의 WMD와 미사일 등 운송저지를 위한 PSI의 국제법적 근거로 유엔 안보리 결의와 남북해운합의서를 들 수 있다. 먼저 2006년 10월 북한의 제1차 핵실험에 대응하여 채택된 안보리 결의 1718호는 북한의 WMD, 미사일 및 관련 물자의 불법 거래를 방지하기 위하여 모든 회원국에게 북한행 또는 북한으로부터의 화물검색을 포함하여 국내법과 국제법에 따라 필요한 협력조치를 취할 것을 요구하고 있다.[29]

아울러 북한의 제2차 핵실험에 대응한 안보리 결의 1874호는 자국 영토 내의 항구 및 공항 등에서 북한을 왕래하는 화물과 공해상에서 기국의 동의하에 의심 선박을 검색하고, WMD 등의 금수품목 발견 시 안보리 결의 등 국제법에 따라 압류 · 처분하고 아울러 북한 의심 선박에 대한 연료공급 등의 지원을 금지할 것을 요구하고 있다.[30] 그런데 남북해운합의서[31]는 남북 간의 화물 및 여객

---

27) 북한 등 공산국가는 브레튼우즈협정법에 의거 국제통화기금(IMF) 가입이 금지되고 IMF 가입을 선행조건으로 하는 아시아개발은행(ADB)의 가입도 불가능하다. 또한 북한은 공산국가 및 비시장경제(non-market economy) 국가이므로 미국 수출입은행법, 통상법, 무역제재개혁법에 따라 미국 정부, 수출입은행과 상업은행의 금융지원이 금지된다.

28) Mary B. Nikitin et al, "North Korea's Second Nuclear Test: Implications of UN Security Council Resolutions 1874," *CRS Report for Congress RL40684* (July 1, 2009), p. 7.

29) S/RES/1718 (14 October 2006), para. 8(f).

30) S/RES/1874 (12 June 2008), paras. 11-14.

31) 남북해운합의서(2004년 5월 28일 서명) 전문 참조.

을 상호 운송하는 경우에 공동 협력함으로써 해상운송 및 항만 분야의 발전을 도모하기 위한 것으로서 PSI와는 목적이 다름에도 불구하고 어느 정도 WMD 확산저지의 목적으로 운용될 수 있는 여지는 있다. 그러나 남북해운합의서에만 의존하여 북한의 WMD 운송을 저지하기에는 한계가 있다.

한편, 안보리 결의 1874호는 항공화물에 관한 규정이 모호한 상태이나 많은 전문가들은 북한이 WMD 및 관련 기술의 이전 및 WMD 관련 과학자와 기술자 교류 등의 수단으로 해상보다는 영공을 더 많이 이용하고 있는 것으로 보고 있다. 미국의 한 외교정책분석연구소는 북한이 2009년 미사일을 해외에 판매한 금액이 15억 달러에 이르며, 평양과 테헤란 간의 항공노선이 WMD 및 관련 물자와 핵 과학자와 기술자들을 수송하고 있다고 밝혔다.[32]

한국 정부는 PSI에 참여함에 따라 단독으로 또는 다른 국가와 연대하여 우리 해역에서 WMD를 적재한 것으로 의심되는 북한 선박을 정선시켜 검색할 수 있다. PSI와 남북해운합의서와의 관련 사항은 상대측의 해역 항행 시 무기 또는 무기부품의 운송을 금지하고, 혐의가 있을 시 해당 선박을 정지시켜 승선·검색하고 위반 사실이 발견되면 우리 당국은 주의 환기 및 시정조치를 하고 관할 해역 밖으로 내보낼 수 있다는 규정이다.[33] 그런데 문제는 남북해운합의서가 북한이 남북 간의 해상통로를 이용해서 무기와 핵물질 등을 남한으로 반입하려고 시도하는 경우 이를 완전하게 차단할 수 없다는 점이다.[34]

이는 첫째 PSI는 선박의 정선, 검색, 강제 구인, 화물 압수 등의 조치를 할 수 있으나 남북해운합의서는 이동 선박에 대해서 통신으로 구두 검색하거나 이에 불응하는 선박에 대해서는 영해 밖으로 퇴거 명령만을 할 수 있고, 둘째는 남북해운합의서에 의한 정선과 검색은 우리 영해 내에서만 가능하고 그것도 압류는 불가능한 반면 PSI는 영해뿐만 아니라 공해, 영공 및 육상 등 광범위한 모든 영역에 영향력이 미치며, 셋째 남북해운합의서는 PSI와 마찬가지로 적용대상이 상선이고 어선, 군 전용 선박 및 비상업용 정부 선박은 제외되어 있다는 점이다.[35]

---

32) Mary B. Nikitin et al, *supra* note 28, p. 5.
33) 남북해운합의서의 이행과 준수를 위한 부속 합의서 제2조 6항 및 8-9항.
34) 남북해운합의서와 그 부속 합의서에 따라 북한은 남포, 해주, 고성, 홍남, 청진 및 나진 항구를, 남한은 인천, 군산, 여수, 부산, 울산, 포항 및 속초 항구를 각각 상대방 선박에 개방하고 필요한 항로를 개설했다.

아울러 남북해운합의서와 그 이행과 준수를 위한 부속합의서의 관련 규정
으로는 북한 선박의 적재화물에 대한 철저한 사전검사를 보장할 수 없다. 이는
북한 내 출발지점에서의 선적과정과 선적물의 내용에 대한 현장점검 등 확실
한 초기대응이 불가능하기 때문이다. 따라서 도로와 철도의 개통 및 합의서에
따른 항만의 개방 등이 북한 정권의 의도에 따라서는 WMD의 운반통로로 역이
용될 가능성도 배제할 수 없다. 이런 사태를 방지하기 위해서는 남북 간의 교
류협력이 국가안보상의 취약성을 야기하지 않도록 적절한 보완대책이 필요하
다.[36]

Ⅱ. 대북 확산방지 평가 및 집행 개선방안

이상 살펴본 바와 같이 북한의 WMD 확산저지를 위한 PSI 집행에 있어서
남북해운합의서가 PSI를 대체하기에는 불충분하므로 완전한 확산저지를 기대
하기에는 한계가 있다. 다만, 유엔 안보리 결의 1874호를 통해 이를 보완할 수
있겠으나 성과 여부는 중국 등 주변국의 협조 여하에 달려있다. 특히 북한 선
박이 자주 왕래하는 중국 그리고 북한 선박이 중동과 미얀마로 가기 위해 도중
에 경유하는 싱가포르, 인도네시아 및 말레이시아와의 협력이 매우 중요하다.

결국은 한국 해역, 즉 영해에서는 법적 구속력 있는 남북해운합의서와 안
보리 결의 1874호에 따라 WMD와 미사일 등 무기의 확산을 저지하고, 공해에
서는 유엔해양법협약에 부합되게 저지 활동을 전개하는 것이 현실적으로 선택
가능한 대안이라고 생각된다. 그런데 PSI 저지 활동에는 정확한 정보 공유와
국제적인 연대가 중요할 뿐만 아니라 국내에서의 군, 경찰(해경), 정보기관 등
관계기관 간의 긴밀한 공조가 필수적이다.

---

35) 정민정, "대량살상무기 확산방지구상(PSI)의 현황과 쟁점," 『현안보고서 제27호』 (국회입법
    조사처, 2009), p. 23.
36) 전성훈, 전게서, p. 127.

제7장

유엔 안보리 결의

I. 안보리 결의 1540호

1. 탄생 배경

유엔에서는 종래 총회가 군축문제를 다루어 왔으며 안보리는 국제평화와 안보에 관하여 일차적인 책임이 있는 기구로서 이라크, 리비아, 북한 및 이란 등에 의한 WMD 등의 확산문제를 개별적으로 취급하였었다. 그리하여 군축·비확산 일반에 관하여는 안보리 결의 1540호가 채택되기 전에는 NPT와 관련한 일부 결의와 1992년 1월 31일 안보리 정상회의 의장성명(S/23500)에서 언급이 있는 정도였다. 그랬던 안보리가 비국가행위자(non-state actors)에 대한 WMD 와 미사일 및 관련 물자의 확산방지 전반에 관한 결의 1540호를 유엔헌장 제7 장에 의거 채택하게 되었는데 그 배경은 2001년 9.11 테러 이후 테러집단, 테러리스트와 WMD 등이 관련된 위험이 국제평화와 안보에 대한 현실적인 위협이라는 인식이 높아졌기 때문이다.[1]

이러한 배경을 반영하여 2003년 9월 부시 대통령은 유엔 총회에서 "새로운 확산방지 결의"의 채택을 요청하였다. 당시 부시 대통령은 "반확산(counter-proliferation) 결의는 WMD 확산을 범죄시하고, 국제기준에 부합하는 엄격한 수출통제 법령을 제정하며, 국경 내의 모든 민감품목의 안전을 확보할 것을 모든 유엔 회원국에게 요청해야 한다."고 강조하고 미국은 어떠한 국가든지 이러한 새로운 법규를 기초하고 집행할 경우 이를 지원할 태세가 되어 있다고 역설하였다.[2]

---

1) 市川とみ子, "大量破壊兵器の不擴散と國連安保理の役割," 『國際問題』, 第570号 (2008年 4月), pp. 56-57; Per S. Fisher, "Security Council Resolution 1540 and Export Controls," in Dorothena Auer (ed), *Wassenaar Arrangement: Export Control and Its Role in Strengthening International Security*, Favorita Papers (Diplomatishce Academie Wien, 2005), p. 50; 안보리 결의 1540호의 탄생에 관한 역사는 Merav Datan, "Security Council 1540: WMD and Non-State Trafficking," *Disarmament Diplomacy*, Issue No. 79 (April/May 2005) 참조.

2) <http://www.un.org/webcast/ga/58/statements/usaeng030923.htm>.

2. 법적 성격 및 의의

유엔 안보리 결의(Resolution)[3] 1540호는 안보리가 유엔헌장 제7장(평화에 대한 위협, 평화의 파괴 및 침략행위에 관한 조치)에 따라 행동하는 안보리의 권능에 의한 결정(decisions)이며, 유엔헌장 제25조에 따라 모든 국가는 이 결의를 수락하고 이행해야 할 의무가 있다.[4] 즉 안보리 결의 1540호는 그 이행 주체가 국가이며 모든 국가에게 WMD와 운반수단의 확산방지를 위하여 효과적인 조치와 집행을 국제법적으로 의무화한 것이다.

아울러 결의 1540호의 의무는 유엔헌장 제103조에 따라 다른 조약이나 협정상의 의무에 우선한다. 이와 관련 국제사법재판소(ICJ)는 *Lockerbie* 사건에서 유엔헌장 제103조 "유엔헌장 상의 의무에 대하여 유엔헌장의 규정 그 자체뿐 아니라 이에 근거한 구속력 있는 안보리 결의도 유엔헌장 상의 의무에 해당한다."고 판시하였다.[5] 한편 결의 1540호는 결의 1373호에 이은 안보리의 입법적 성격의 결의[6]로서 WMD 관련 전략품목에 대한 확산 위협의 절박성에 대처하기 위한 것이다. 대개 국제사회에서 입법 기능은 국가들에 맡겨져 있지만, 결의 1540호와 같은 안보리 결의는 협상에만 수년이 소요되는 조약의 성립과정에 비하여 훨씬 신속하게 국제 비확산체제 규범으로 탄생하였다.[7]

결의 1540호는 유엔헌장 제7장에 근거한 안보리의 법적 구속력 있는 권한을 이용하여 기존 비확산조약 및 다자간 수출통제체제의 미비점을 보완했다는

---

3) 결의는 유엔 안보리 또는 총회에서 채택된 이후의 명칭이며 채택되기 전은 '결의안'이라고 한다.

4) 안보리 결의의 효력에 대해 非절차사항에 관한 것과 강제조치에 관한 결정(제7장 특히 제39조, 제41조, 제42조 및 제48조)은 모든 회원국을 구속하며, 따라서 이 결정에 반대하거나 참가하지 않은 회원국도 이에 복종해야 한다. 이한기, 『국제법강의』(박영사, 2006), p. 482.

5) Case concerning *Questions of Interpretation and Application of the 1971 Montreal Convention arising from the Aerial Incident at Lockerbie* (Libyan Arab Jamahiriya v. United States of America) (Provisional Measures, ICJ Reports), 1992 참조.

6) 안보리의 입법 기능을 부정하는 견해는 Daniel H. Joyner, "UN Security Council Resolution 1540: A Legal Travesty?," *CITS Briefs* (Center for International Trade and Security, August 2006), pp. 2-3 참조.

7) Gabriel H. Oosthuizen and Elizabeth Wilmshurst, "Terrorism and Weapons of Mass Destruction: United Nations Security Council Resolution 1540," *Chatham House Briefing Paper* 04/01 (September 2004), pp. 1-7.

점에서 매우 중요한 의미가 있다. 이를 구체적으로 살펴보면 첫째, 대개 비확산조약 및 다자간 수출통제체제가 국가들에 의해 자발적으로 채택된 결과 보편성(universality)이 모자라고, 다양한 이유로 일부 심각한 확산 우려국을 포함한 많은 국가들이 비확산체제에 참가하지 않고 있고, 또한 국가마다 수출통제의 발전과 실효성에 현저한 차이가 있는 등의 한계를 노출하고 있으나 결의 1540호는 모든 유엔 회원국을 포함한 모든 국가에게 비확산체제의 참가 여부를 불문하고 수출통제의 이행과 집행을 강제하는 등 법적 구속력 있는 의무를 부과함으로써 수출통제의 전환점을 마련한 점이다.

둘째, 기존 비확산체제에서 제조·보유 및 무기 관련 기술거래 활동의 객체가 국가들에만 한정되어 있어 국제적으로 이러한 활동에 종사하는 개인·기업 등 비국가행위자를 포함한 민간 당사자에 대한 실체적인 규제가 없으나 결의 1540호는 국가 외에 개인·기업·테러조직과 테러리스트 등의 비국가행위자로 확대한 점이다. 또한 결의 1540호는 WMD 조약에 존재하는 공백을 메운 점에서 의미가 있다. 이는 WMD 관련 조약은 제정 당시 비국가행위자에 의한 WMD의 확산 위협을 염두에 두지 않아 오로지 국가만을 규제대상으로 삼았으며 WMD 운반수단은 현재 미사일의 개발·생산 또는 보유를 통제할 조약이 없기 때문이다.[8]

3. 결의 1540호 특징과 내용

결의 1540호는 WMD와 미사일 및 관련 물자가 국가뿐만 아니라 테러단체와 테러리스트 등 비국가행위자로의 확산방지에 중점을 두고 있다. 그리하여 WMD 확산 및 국제테러 예방대책을 강화하였다. 이를 위해 전략품목의 수출은 물론이고 경유, 환적, 중개,[9] 운송, 재수출 및 최종사용자 등 모든 공급망

---

8) Peter Crail, "Implementing UN Security Council Resolution 1540: A Risk-Based Approach," *The Nonproliferation Review*, Vol. 13, No. 2 (July 2006), pp. 356-357; Cassady Craft, "Challenges of UNSCR 1540: Questions about International Export Controls," *CITS Briefs* (Center for International Trade and Security, 2004).

9) 중개(brokering)는 무기와 그 구성품 또는 생산장비 또는 기술의 이전, 수입, 수출, 자금제공 또는 제조에 관한 서비스를 상담 또는 주선하는 행위를 말한다. S/RES/1540 (2004) 각주 정의 참조.

(supply chain)과 자금 및 서비스 제공으로 그 통제범위를 확대하였다.[10]

구체적으로는 ① WMD 및 운반수단[11]의 개발, 획득, 제조, 보유, 운송, 이전 또는 사용을 시도하는 비국가행위자[12]에 대한 일체의 지원을 금지하며, ② 비국가행위자가 특히 테러목적으로 이러한 활동 및 활동 참여 시도, 공범으로서의 참여, 지원 또는 자금제공을 금지하도록 적절하고 효과적인 국내법령의 입법 및 집행을 시행하고, ③ WMD와 그 운반수단의 확산방지를 위해 관련 물자[13]에 대한 적절한 통제를 포함하여 국내 통제의 확립을 위한 효과적인 조치 및 집행 그리고 동 목적을 위한 다음 사항의 이행을 의무화하고 있다.

(a) 생산, 사용, 저장 또는 운송 중인 관련 물자의 책임관리 및 안전확보를 위한 적절하고 효과적인 조치의 개발 및 운용

(b) 적절하고 효과적인 물리적 방어조치의 개발 및 운용

(c) 관련 물자의 불법 거래 및 중개행위의 탐지, 저지, 방지 및 퇴치를 위한 적절하고 효과적인 국경검색 및 법 집행 노력의 개발 및 운용

(d) 관련 물자의 수출, 통과, 환적, 재수출, 자금 및 서비스 제공, 운송 및 최종사용자 통제를 위한 적절하고 효과적인 국내 법제의 확립, 개발, 검토 및 운용 그리고 수출통제 법령 위반에 대한 민사 또는 형사 벌칙 제도의 확립 및 집행[14]

---

10) 전통적인 수출통제(export controls)는 수출에 초점을 두고 있으나 최근에는 수출뿐만 아니라 수입, 경유, 환적, 중개 등 다양한 국제거래에 있어서 전략물자와 기술 통제의 중요성을 인식하여 '전략무역통제(Strategic Trade Controls)'라는 개념이 등장하였으며 자주 쓰이는 추세이다. 이에 관한 자세한 논의는 Catherine B. Dill & Ian J. Stewart, "Defining Effective Strategic Trade Controls at the National Level," *Strategic Trade Review*, Vol. 1, Issue 1 (Autumn 2015) 참조.

11) 운반수단(means of delivery)은 WMD 운반이 가능한 미사일, 로켓 및 기타 무인 시스템 또는 그러한 용도로 특별히 설계된 것을 말한다. S/RES/1540 (2004)의 각주(footnote) 정의 참조.

12) 비국가행위자(non-state actor)란 결의 1540호의 범위에 속한 활동에 있어서 국가의 합법적 권한에 따라 행하지 않는 개인, 법인 또는 단체를 말한다. S/RES/1540 (2004)의 각주 정의 참조.

13) 관련 물자(related materials)란 다자조약 및 협정으로 통제되거나 국가 통제리스트에 포함된 소재, 장비 및 기술로서 WMD와 그 운반수단(미사일)의 설계, 개발, 생산 또는 사용에 이용될 수 있는 물자를 말한다. S/RES/1540 (2004) 각주 정의 참조.

14) S/RES/1540 (2004), paras. 1-3.

상기 이행의무 외에도 결의 1540호는 모든 국가에게 통제목록(control list)의 조기 개발 및 운용(para. 6), 법 제도 인프라와 이행 경험이 없는 국가에 대한 지원(para. 7), 국내업계와 대중에게 관련 국내법상의 의무 홍보 및 협력방안 강구(para. 8.d)와 아울러 비확산조약의 보편성 촉진, 완전한 이행 및 강화(para. 8.a)와 조약상의 의무를 준수하기 위한 국내법규의 제정(para. 8.b)을 요구하고 있다. 그런데 결의 1540호에서 중요한 대목은 각국에게 중개, 통과, 환적 및 재수출을 통제하고 위반에 대하여 충분한 벌칙을 부과하는 등 집행을 의무화한 점이라고 할 수 있다.

한편 결의 1540호에 대한 비판도 없지 않다. 첫째, 결의 1540호는 주로 안보리 5개 상임이사국이 결의 채택 협상에 참여하여 결정한 것으로 대다수 회원국의 참여가 배제되었고, 둘째, 안보리가 세계 입법기관으로 행동하는 것에 대한 우려가 제기되었고, 셋째, 결의 1540호의 문구가 모호하고 비확산과 군축 간의 균형을 이루지 못했으며 그 결과 분석가들은 결의 1540호가 WMD 비확산 체제의 공백을 메꿀 수 있는가에 대해 의문을 제기했고, 넷째는 개도국과 후진국의 결의 불이행에 대한 회의감이 표출된 것이다.

그러나 이러한 비판과 도전에도 불구하고 어느 정도 성공을 거둔 것은 사실이다. 대다수 유엔 회원국이 지적하는 것처럼 결의 1540호는 WMD와 관련 물자를 획득하려는 비국가행위자의 확산 위협에 대한 대응문제를 장기적으로 치유하려는 의미가 아니고 아울러 강력하고 효과적인 군축 비확산조약을 대체하는 것도 아니다. 결의 1540호는 단기·중기적으로 WMD가 테러단체의 수중으로 들어가는 것을 방지하는 역할을 계속하겠지만 추가적으로 대담한 조치가 필요할 것으로 지적되고 있다.[15]

4. 안보리 결의 1540호 집행

(1) 집행기구 (1540 위원회)

일반적으로 유엔 회원국의 안보리 결의의 이행에 대한 감시는 각 결의에

---

15) Johan Bergenas, "Beyond UNSCR 1540: the Forging of a WMD Terrorism Treaty," *CNF Feature Stories* (CNS, October 23, 2008).

의거 설치된 제재위원회 또는 이행감시위원회가 담당한다. 제재위원회의 임무는 국가별 이행보고서와 제재 위반에 관한 정보 검토, 이행조치 면제요청 처리 및 이행감시 개선에 관한 건의 등을 안보리에 정기적으로 보고하는 것이다. 어떤 경우에는 제재대상 개인과 법인(단체)을 지정하기도 한다. 아울러 독립적인 전문가 패널과 감시그룹을 구성하여, 특히 다이아몬드 불법 거래 및 무기밀수 등의 문제를 다룬다. 이때 이들 그룹의 임무는 위반조사, 정보수집, 결의 이행 진척 평가, 위반자 목록 작성 및 제도개선 건의안 작성이다.16)

한편 안보리는 결의 1540호의 의무사항에 대한 회원국의 이행 여부를 감시하기 위하여 안보리 15개 이사국들로 구성된 1540 위원회(1540 Committee)를 설치하였다. 이 위원회의 전문가그룹(Group of Experts)은 국별로 1명씩 총 9명이다. 이 위원회는 회원국별 이행보고서 검토, 결의 이행에 도움을 요청하는 국가에 대한 기술적 지원과 자체 활동에 대한 대외홍보 및 교육 등의 활동을 수행한다.

(2) 회원국의 결의 1540호 이행

유엔 회원국들은 결의 1540호 채택 후 17년 뒤인 2011년 4월 25일까지 결의 1540호 이행보고서를 1540 위원회에 제출하게 되어 있다.17) 제1차 보고서18)는 2006년 4월에, 2차 보고서는 2008년 7월에 각각 제출되었고, 마지막 제3차 보고서는 2011년 4월 24일이 제출기한이다. <표 7-1>에서 보는 바와 같이 제2차 보고서에 나타난 회원국의 이행실적을 보면 총 192개 유엔 회원국 중 이행보고서를 제출한 국가는 155개국(80.7%)에 달했다.19)

---

16) Vera Gowlland-Debbas (ed), *The Implementation and Enforcement of Security Council Sanctions under Chapter VII of the United Nations Charter* (Graduate Institute International Studies, 2001), pp. 22-23.

17) 안보리는 회원국의 이행보고서 제출기한을 당초 결의 1540호 채택일(2004. 4. 28)로부터 2년으로 하였으나 결의 1673호(2006)에 의거 2년 연장하였고 다시 결의 1810호(2008)에 의해 3년 연장하였다. 그러나 이행이 부진함에 따라 안보리는 결의 1977호(2011)로 이행 기한을 2021년 4월 25일까지 10년 더 연장하였고, 결의 2572호(2021)를 통해 2022년 2월 28일까지 추가 연장하였다. 아울러 결의 2572호는 1540 위원회의 권한도 연장하는 한편 1540호 이행에 관한 종합 검토보고서를 그 기한까지 안보리에 제출토록 하였다. S/RES/2572 (22 April 2021) paras. 1-2.

18) 세부내용은 S/2006/257 (25 April 2004) 참조.

19) S/2008/493 (30 July 2008), pp. 35-36. <http://daccessdds.un.org/doc/UNDOC/GEN/

그러나 분야별로 보면 아직 이행실적이 저조하다. 예를 들면 2008년 7월 30일 기준으로 핵무기 제조와 획득 금지를 이행 조치한 국가는 93개국(48.4%), 화학무기는 96개국(50.0%), 생물무기는 76개국(39.6%)으로 전체 회원국의 절반에도 미치지 못했으며 WMD 운반수단인 탄도미사일은 30개국(15.6%)으로 극히 저조하다. 수출통제 분야에서도 가장 기본적이고 필수적인 수출허가제를 이행하는 국가는 76개국(39.6%)에 불과하며 통과,[20] 환적, 재수출, 최종사용자 등 공급사슬에 관한 통제 및 캐치올(catch–all) 통제의 이행이 저조하다. 더욱이 통제목록을 운영하는 나라는 67개국(34.9%)에 불과한 실정이다.

표 7-1   유엔 회원국의 결의 1540호 이행 현황

이행 분야	주요 입법 조치(목적)	이행국가(벌칙)
1. 핵무기	핵무기 제조 및 획득 금지 핵무기 보유·이전·사용 금지 핵무기 확산방지 위반 벌칙	93 (48.4) 66 (34.4) 71 (37.0)
2. 화학무기(CW)	CW 제조·획득·비축·개발·이전·사용 금지 비국가행위자에 대한 지원 금지 공모 등 확산 참여 금지	96 (50.0) 76 (39.6) 69 (35.9)
3. 생물무기(BW)	BW 제조·획득·비축·개발·이전 금지	76 (39.6)
4. WMD 운반수단	핵무기 운반수단 통제 화학무기 운반수단 통제 생물무기 운반수단 통제	30 (35) 46 (45) 77 (45)
5. 핵물질	핵물질 생산·사용 및 저장 통제 핵물질 운반 통제 핵물질 생산·사용 및 저장 확보 핵물질 운반 확보	154 (49) 58 (44) 62 (56) 91 (82)

N08/409/78/PDF/N0840978.pdf?OpenElement＞.

20) 통과(transit)는 수출화물이 특정 목적지로 가는 도중 재급유 또는 추가 화물적재를 위하여 어느 국가를 경유하는 것을 말하고, 환적(transshipment)은 수출화물이 특정 목적지로 가는 도중 화물을 변경 또는 가공할 목적으로 어느 국가에 들러 적재화물을 하역하는 것이며, 재수출(reexport)은 수출화물이 A국으로 수출된 이후 A국에서 B국으로 다시 수출되는 것을 말한다.

6. 수출통제	
(a) 허가제(Licensing)	76 (39.6)
(b) 캐치올(Catch-all)	54 (28.1)
(c) 기술의 무형이전(Intangible Transfer of Technology: ITT)	47 (24.5)
(d) 통과(Transit)	80 (41.7)
(e) 환적(Transshipment)	62 (32.3)
(f) 재수출(Re-export)	72 (37.5)
(g) 최종사용자(End-user)	61 (31.8)
7. 통제목록(Control list)	67 (34.9)

출처: S/2008/493: 2nd Report of the Committee established pursuant to UN Security Council Resolution 1540 (2004)에 의거 필자 작성.

주: 1~3 및 6~7의 (   )내는 당시 192개 유엔 회원국에 대한 이행국가의 비율.

한편 최근까지 결의 1540호와 후속 결의에 의거 결의 이행조치에 관한 보고서는 190개국이 제출하였으나 결의 핵심조항에 대한 이행 우선순위와 계획을 담은 이행실천계획(Action Plan)을 자발적으로 제출한 국가는 35개국에 불과했다. 2016년까지 결의 1540호 paras 2~3항에 의거 회원국이 취한 조치의 수가 5년 전인 2011년에 비하여 증가하였으나 여전히 회원국의 이행실적은 저조한 상태를 나타냈다. 즉 2011년은 총 330개 조치 중에서 150개 이하의 조치를 취한 국가가 124개국, 150개를 초과하는 조치를 취한 국가는 68개국이었으나 2016년은 각각 110개국과 83개국이었다. 그리고 300개 이상의 조치를 취한 국가는 2011년은 9개국이고, 2016년은 17개국이었다.[21]

(3) 불이행 제재

결의 1540호는 회원국의 불이행에 대한 제재에 대하여 구체적으로 규정하고 있지 않다. 다만 결의의 이행을 면밀히 감시하고 이를 위하여 적절한 수준에서 필요한 추가조치를 취할 의도를 표명하고 있다.[22] 이는 회원국이 의지가 부족하여 결의 1540호를 준수하지 않을 때 안보리는 준수하려고 성실히 노력할 때까지 제재를 부과할 수도 있음을 시사한 것으로 해석될 수 있다.[23] 그러

---

21) <https://www.un.org/en/sc/1540/national-implementation/general-information.shtml>.
22) S/RES/1540 (2004), para. 11.

나 분명한 것은 결의 1540호가 유엔 회원국의 이행을 강제하기 위해 불이행 국가에 대한 강제조치, 즉 무력의 사용을 허용하지 않으며, 확산방지구상(PSI)과는 달리 WMD, 미사일 및 관련 물자를 적재한 선박 등의 수송을 차단하는데 있어서도 무력의 사용을 승인하지 않는다.[24] 이는 국제법상 무력의 사용을 합법화하기 위해서는 안보리가 무력의 사용을 명백히 승인해야 하기 때문이다.[25] 한편 유엔 안보리는 테러 지원 혐의가 있는 비국가행위자를 처벌할 의향을 보인 바 있는데, 제재수단은 벌금 또는 자산동결 등이 거론되고 있으나 제재의 이행은 개별 국가에 의존하게 된다.[26]

II. 안보리 결의 1373호

1. 제재 배경 및 성격

안보리 결의 1373호는 2001년 9.11 테러에 대한 국제사회의 대응으로 테러 발생 2주 만에 채택되었으며 국제테러를 단속하기 위한 유엔의 강력한 조치이다. 유엔 안보리는 결의 1368호에 이어 결의 1373호를 통하여 "9.11 테러가 다른 국제테러 행위[27]와 같이 국제평화와 안전에 대한 위협에 해당된다."는 점을 재확인하였다. 특히 결의 1373호는 종전의 안보리 제재 결의와는 달리 입법형

---

23) Joshua Masters, "Nuclear Proliferation: The Role and Regulation of Corporations," *The Nonproliferation Review*, Vol. 16, No. 3 (November 2009), p. 357.

24) 이와 관련 결의 1540호는 모든 국가에게 국내법에 따라 그리고 국제법에 합치되도록 핵, 화학 또는 생물무기, 운반수단 및 관련 물자의 불법 거래를 방지하기 위한 조치를 취할 것을 요구하고 있다. S/RES/1540 (2004), para. 10.

25) 단, 유엔헌장 제51조에 의거 회원국은 무력공격 또는 공격 절박의 위협에 처할 경우 자위의 목적으로 무력을 사용할 수 있으나 자위의 필요성(necessity)이 임박하고(imminent), 당면한 공격이 압도적이며(overwhelming), 다른 선택의 여지가 없을 때(leaving no choice of means) 인정될 수 있으며 이때 자위권 행사는 필요한 한도(proportionality)를 넘지 않아야 한다.

26) Joshua Masters, *supra* note 23, p. 358.

27) 국제테러 행위란 인간 생활에 폭력적이거나 위험하고, 모든 국가의 형법에 위반되고, 주민을 위협 또는 강압하고 그로 인하여 정부 정책에 영향을 주거나, 암살 또는 납치하여 정부의 행위에 악영향을 주기 위한 것으로 보이는 행위를 말한다. Iran Sanctions Act of 1996, Sec. 14.

식을 띠고 있는 안보리 최초의 입법 결의이며 모든 회원국을 구속하는 일반적인 의무를 부과한다.

테러문제의 대응에 있어 안보리는 9.11 테러 이전에는 다른 접근방식을 취했다. 즉 유엔헌장 제7장에 의거한 각 사례에서 안보리의 조치는 해결하고자 하는 구체적 상황으로부터 발생하는 평화에 대한 위협의 존재를 발견하는 것이었다. 예를 들면 안보리 결의 748호에서 안보리는 리비아 정부가 테러를 포기하지 않고 결의 731호에 따른 로커비(Lockerbie) 폭파 용의자의 인도 요청을 준수하지 않은 것을 평화에 대한 위협으로 간주하였다. 1995년 이집트 무바라크 대통령의 암살을 기도한 용의자의 인도를 거절한 수단 정부에 대한 제재 결의28)와 1998년 케냐와 탄자니아 주재 미국대사관 폭파 배후자인 오사마 빈 라덴(Osama bin Laden)을 인도하지 않은 탈레반에 대하여 채택한 제재 결의29)도 마찬가지였다.

이들 각 사례에서 보는 바와 같이, 안보리는 국제테러의 억제가 국제평화와 안전의 유지에 필수적임을 재확인하였으나 특정 사태에 대한 대응으로 취해진 것이었다. 요컨대 결의 1373호는 안보리가 규정한 '평화에 대한 위협'이 어떤 구체적인 상황이 아니라 행위, 즉 테러행위의 형식이다. 아울러 결의 1373호는 일정 기간 경과 후 효력이 종료되거나 안보리의 반대투표가 있을 때까지 효력이 지속될 것이라는 규정이 없다. 따라서 결의 1373호는 그 효력이 무기한 지속될 것임을 시사한다.30)

2. 제재내용

안보리 결의 1373호는 안보리가 결정한 가장 포괄적인 제재조치로서 구체적으로는 테러리스트와 그의 지원자에게 세계전역에 걸친 금융제재, 여행제한 및 군사적 제재를 부과하고 있다. 동 결의는 모든 국가에 테러행위에 사용될

---

28) S/RES/1044 (31 January 1992); S/RES/1054 (26 April 1996) 참조.
29) S/RES/1214 (8 December 1998); S/RES/1267 (15 October 1999); S/RES/1333 (19 December 2000); S/RES/1363 (30 July 2001) 참조.
30) Matthew Happold, "UN Security Council Resolution 1373 and the Constitution of the United Nations," *Leiden Journal of International Law*, Vol. 16, No. 3 (2003), pp. 595–599.

의도가 있고 또는 테러행위에 사용될 것임을 알고 자국민이나 자국의 영역에서 직·간접적으로 어떤 수단에 의해서든 고의로 테러행위 자금을 수수하는 행위를 범죄로 규정하고, 테러행위에 참여하는 테러리스트와 테러단체 및 그들 지원자의 금융자산을 동결하고, 테러행위의 자금을 조달·기획·지원을 금지하고 테러행위를 범하는 자에게 피난처를 거부하며 그들의 영토를 테러 활동의 장소로 사용하지 못하도록 하였다. 아울러 효과적인 국경단속 및 여행서류의 발급제한을 통하여 테러리스트의 이동을 방지하도록 요구하고 있다.[31]

　　아울러 모든 국가에 테러단체 구성원에 대한 채용을 억제하고 테러리스트에 대한 무기공급 금지를 의무화하였다. 그리고 테러행위에 참가하거나 지원하는 자를 기소하고, 테러행위를 국내법상 중대한 형사범죄로 규정하고 처벌하도록 하였다. 그리고 결의 1373호는 국가 간에 테러리스트의 이동, 여행서류 위조, 무기와 폭발물 밀거래, 통신기술의 사용 등에 관한 정보교환을 집중하고 촉진하도록 하였으며 모든 국가에 테러 자금조달 억제에 관한 국제협약(International Convention for the Suppression of the Financing of Terrorism)과 핵테러행위 억제를 위한 국제협약(2005 International Convention for the Suppression of Acts of Nuclear Terrorism)[32]을 비롯한 테러에 관한 국제협정에 가입할 것을 권고하고 있다.[33]

　　결의 1373호는 여러모로 전통적인 제재와는 다르다. 회원국들에게 무기한 의무를 부과하고 구체적인 행위를 범죄시하는 법령을 제정할 것을 요구하고 있다. 이는 원칙적으로 비처벌적 성격이었던 제재의 적용을 형벌적 의미의 조치로 옮긴 것이다. 그리고 1373호의 표적은 정부 또는 정치적 단체도 아니고 알카에다와 같은 테러단체도 아니다. 1373호는 테러행위를 정의하지 않은 채 제재대상자의 지정을 이행국가에 맡기고 있다. 이 결의는 테러자금의 제공을 억제하기 위한 국제협약과 같은 전통적 문서에서 볼 수 있는 조항을 이행하도록 회원국들에게 요구하고 있는 사실에서 그의 입법적 성격은 명백하다.[34]

---

31) S/RES/1373 (28 September 2001), para. 2(a) – (g).
32) 이 협약은 원전과 원자로를 포함한 핵시설에 대한 광범위한 테러행위 및 테러의 위협, 테러 범죄 기도 또는 테러행위에 가담한 자를 추방하든지 기소할 것을 규정하고 있다. 자세한 내용은 <https://treaties.un.org/doc/db/Terrorism/english – 18 – 11.pdf> 참조.
33) S/RES/1373 (28 September 2001), para. 3(d).
34) Vera Gowland – Debbas, *supra* note 16, pp. 16 – 17.

3. 이행감시위원회

안보리는 이러한 광범위한 제재조치를 집행하기 위하여 회원국들의 준수를 감시하고 기술적 전문지식이 필요한 국가를 지원하기 위하여 대테러위원회(Counter-Terrorism Committee)를 설치하였다. 구체적으로 대테러위원회는 회원국들의 이행을 감시·촉진하고 회원국들에게 국경 내외에서의 테러행위를 방지할 수 있도록 기술적인 지원을 제공한다.[35] 한편 대테러위원회는 테러행위를 중대한 범죄로 규정하는 완전한 법체계를 확립하여 테러행위를 중대성의 정도에 따라 처벌할 것을 회원국들에게 강력히 권고하고 있다.[36]

Ⅲ. 유엔 안보리 입법 기능

1. 안보리 입법 기능의 의의

유엔헌장 제24조는 유엔의 신속하고 효과적인 조치를 확보하기 위하여, 국제평화와 안보의 유지를 위한 일차적 책임을 유엔 안보리에 부여하고 있다. 이에 따라 유엔 안보리는 유엔헌장 제25조 및 제48(1)조에 의거 유엔 회원국을 구속하는 결정(decision)을 채택할 수 있다. 비회원국은 직접 헌장에 구속되지 않지만 유엔헌장 제2(6)조는 유엔에게 비회원국이 국제평화와 안보의 유지를 위하여 필요하면 유엔헌장 제2조에서 정한 원칙에 따라 행동할 것을 요구하고 있고 안보리는 수십 년간 모든 국가(all States)를 대상으로 한 결의를 채택해 왔다. 물론 이러한 결정은 안보리가 유엔헌장 제24(1)조에 따라 국제평화와 안보의 유지를 위한 일차적 권한을 행사할 때 취해져야 한다. 그리고 안보리 결의는 안보리가 유엔헌장 제7장에 의거 평화에 대한 위협, 평화의 파괴 또는 침략행위에 관한 결정을 할 때 법적 구속력을 가진다.

---

35) 대테러위원회에 관한 세부내용은 <https://www.un.org/securitycouncil/ctc/> 참조.
36) 안보리 결의 1373호의 지역별 이행 현황 및 대테러위원회의 권고사항에 관한 세부내용은 "Global Implementation Survey of Security Council resolution 1373 (2001): S/2009/620 (3 December 2009)" 참조.

그런데 과거 70년 이상 유엔 안보리의 이러한 권한은 거의 대부분 특정 분쟁 또는 사태에 관하여 행사되었다. 특히 유엔 안보리는 냉전 종식 이후 모든 국가의 준수를 요구하는 경제제재 등을 부과하였다. 그러나 이러한 제재는 속성상 제한된 목적과 명시적 또는 암묵적으로 그러한 목적이 달성되는 기간에 한정되었다. 그러므로 유엔 안보리의 이러한 결정은 새로운 국제법 규칙을 수립한 것으로 볼 수 없다.

그러나 최근에는 안보리가 특정 분쟁 또는 사태를 다루지 않고 오히려 어린이와 시민 보호, 평화와 안전에 대한 여성의 역할, 인도주의적인 문제 심지어는 국제테러 등 분쟁 전반을 다루는 결의를 채택하는 일이 많아지고 있다. 그럼에도 불구하고 이러한 결의의 문구는 강제적인 어구가 아니라 대부분 그저 국가 또는 분쟁 당사국에 "요청한다(call upon)" 또는 더 약한 의미의 강제를 함축하지 않는 "촉구한다(urge)", 또 어떤 조항은 어떤 관행을 "비난한다(condemn)"로 표현하고 있는데 이 역시 국가들에게 그러한 행위를 요구하지만 이행해야 할 법적 의무는 없다. 그러나 이행하지 않음으로써 평화에 대한 위협으로 귀결될 경우 안보리는 후속 조치를 할 수 있다. 결과적으로 안보리의 이러한 결정도 새로운 국제법 규칙을 수립한 것으로 볼 수 없다.[37]

유엔 안보리는 평화에 대한 위협, 평화의 파괴 또는 침략행위가 존재할 때 준입법권, 즉 정의하기에 따라서는 '진정한 입법권'을 가지고 있었다. 유엔에서 널리 인정된 입법권의 정의에 따르면 입법행위는 3가지 필수적인 특징이 있다. 첫째 형식이 일방적이고, 둘째 법규범의 일부 요소를 창설 또는 변경하며, 셋째 문제의 법규범이 사실상 전반적인 경우이다. 즉 불특정 다수를 대상으로 하며 시간에 따라 반복 적용된다. 이러한 의미에서 유엔헌장 제7장 제41조와 제42조는 안보리에 입법 조치할 권한을 분명히 부여하고 있다. 따라서 제41조(경제제재)에 의한 안보리 결의는 형식이 일방적이고(유엔 전체 회원국의 동의가 아닌 안보리 15개 이사국에 의해 채택), 법규범을 창설 또는 변경(법적 구속력 부여)하였으며, 그리고 유엔의 모든 회원국과 비회원국에도 효력이 미치기 때문에 사실상 전반적 또는 보편적(universal)이라고 할 수 있다.[38]

---

37) Paul C. Szasz, "The Security Council Starts Legislating," *American Journal of International Law*, Vol. 96, Issue 4 (October 2002), pp. 901－902.

38) Frederic L. Kirgis Jr, "The Security Council's First Fifty Years," *American Journal of*

한편 안보리의 입법 기능을 부정하는 소수설도 있다. Matthew는 Bowett의 견해를 인용하여 유엔헌장의 구조와 과거 안보리의 관행에 비추어 안보리는 구체적인 사태 또는 행위에 대하여 유엔헌장 제7장에 따른 권한만을 행사할 수 있다고 주장한다. 더욱이 결의 1373호를 예로 들어 이 결의는 회원국들을 구속하는 일반적이고 잠정적으로 정의되지 않은 법적 의무를 회원국에게 부과하려는 의도가 있으며 이러한 점에서 결의 1373호는 안보리의 권한을 넘어선 것이라고 주장한다. Reisman과 Gualtieri도 같은 입장을 취하고 있다.39) 즉 "심지어 총회도 입법기구가 아니며 분명 안보리도 입법기구가 아니다. 회원국들의 의무는 유엔헌장에서 나오는 것이며 안보리의 역할은 헌장에 근거가 없는 새로운 의무를 창설하거나 부과하는 것이 아니라 기존 유엔헌장상의 의무로 인하여 회원국에게 요구되는 행위를 찾아내는 것이다. 따라서 안보리는 입법은 하지 않고 헌장상의 의무를 집행한다."40)고 주장한다.

2. 안보리의 입법례

유엔헌장 제7장에서의 안보리의 기능은 과거 또는 현재의 평화에 대한 위협, 평화의 파괴, 또는 침략행위에 대하여 구체적인 조치를 하는 것으로서 장래 불특정한 사태에 대한 전반적, 추상적인 행위규범의 설정이라는 의미에서의 입법은 그 임무가 아니다. 그러나 1990년대 이후 안보리는 국제사회의 긴급한 과제에 대응하기 위하여 대체적인 입법 기능을 수행하게 되었다. 가령 결의 827호(1993)에서 구유고 국제재판소규정을 채택함으로써 대개 조약을 기초로

International Law, Vol. 89, No. 3 (July 1995), p. 520.

39) M. Reisman, "The Constitutional Crisis in the United Nations," American Journal of International Law, Vol. 87, No. 1 (January 1993); D. S. Gualtieri, "The System of Nonproliferation Export Controls," in Dinah Shelton (ed), Commitment and Compliance: The Role of Non-Binding Norms in International Legal System (Oxford University Press, 2000) 참조.

40) Matthew Happold, "Security Council Resolution 1373 and the Constitution of the United Nations," Leiden Journal of International Law, Vol. 16, No. 3 (2003), p. 607; D.W. Bowett, "Judicial and Political Functions of the Security Council and the International Court of Justice," in H. Fox (ed), The Changing Constitution of the United Nations (1997).

하여 국제재판소가 설치되는 것과 달리 유엔헌장 제7장하에서 구속력 있는 안보리 결의를 채택하는 형식으로 재판소 설치를 결정한 것이다.[41] 이는 조약의 경우 협상·서명·비준에 많은 시간이 걸릴 뿐만 아니라 필요한 관계국에 의한 비준이 확보될 수 있는 보증이 없으나 안보리의 결정은 유엔헌장 제25조에 의거 즉각 자동으로 모든 회원국을 구속하게 되기 때문이다. 아울러 결의 1373호도 마찬가지이다. 이 결의 채택 당시에는 이미 1999년에 테러자금제공방지조약이 성립되어 22개국의 비준이 필요하였으나 당시 비준 국가의 수가 모자라 발효되지 못한 상태였기 때문에 이를 대체하는 입법 조치로서 결의 1373호가 채택된 것이다.[42]

한편 결의 1373호와 결의 1540호는 안보리의 대표적인 입법례로 평가되고 있다. 이들 입법 결의의 특징은 특정 사태가 아니라 국제테러(결의 1373호) 및 비국가행위자에 대한 WMD 확산(결의 1540호) 방지에 관한 전반적인 사항을 국제평화와 안전에 대한 위협으로 간주하고 유엔헌장 제7장에 의거 모든 회원국에 국내법 제정 및 집행 의무를 부과하고 의무 이행을 감시하는 등 비확산체제를 구축한 것이다.[43] 안보리가 2001년 9월 18일 9.11 테러에 대응하여 유엔헌장 제7장에 의거 채택한 결의 1373호는 테러리스트와 테러 활동에 대한 여하한 지원을 방지하기 위하여 "모든 국가는 테러 활동의 자금지원을 금지하는 조치를 해야 한다."고 결정하였다.

더욱이 이 결의는 결의의 이행을 감시할 대테러위원회를 설치하고 모든 국가들에게 결의 이행에 관한 보고서를 제출하도록 요청하고 있다.[44] 앞서 지적한 바와 같이 과거에는 안보리가 국가들에게 특정국에 대한 제재의 이행이나 특별재판소 설치에 협력하는 등의 특정 조치를 요청했으나 이러한 요건은 항상 특정 사태 또는 분쟁에 관계된 것이었고 명백히 시한은 없었지만 문제의 사

---

41) 안보리 결의 827호에 의거 설치된 국제재판소는 구 유고에서 국제인권법의 중대한 위반자를 사법처리하기 위한 것이다. UN S/RES/827 (25 May 1993), para. 2.
42) 村瀬信也, "國連安保理の機能變化," 『國際問題』, 第570号 (2008년 4월), pp. 1–2. 안보리는 유엔헌장과 과거 관행에 비추어 특정 상황이나 행위에 대응하여 제7장의 권한만을 행사할 수 있으며, 따라서 결의 1373호의 채택은 월권(*ultra vires*)이라는 주장이 있다. Matthew Happold, *supra* note 40, pp. 593–610 참조. 안보리의 입법 기능을 부정하는 견해에 대해서는 앞서 소개한 바와 같다.
43) *Ibid,* p. 2.
44) S/RES/1373 (2001), para. 1, 6.

안이 해결되면 자연히 그 효력이 소멸하였다.

그러나 결의 1373호는 이와 대조적으로 어떠한 시간제한도 없고 중요한 것은 특정 사안에 관한 단순한 명령이 아니라 구속력 있는 새로운 국제법 규범을 수립하였으며 나아가 규범준수를 감시할 체제를 마련했다는 점이다. 한편 결의 1540호는 국제테러와 함께 WMD와 미사일의 확산문제에 포괄적으로 대응한다는 점에서 특히 주목된다. 앞서 논의한 바와 같이 결의 1540호는 WMD 확산과 테러 방지를 위하여 각국에 국내법 제정 및 집행 의무를 부여하고 이행 감시위원회를 설치하는 등 비확산체제 규범을 확립함으로써 기존 비확산 관련 조약 및 다자간 수출통제체제의 결점을 보완한 것으로 볼 수 있다.

3. 안보리 입법 기능의 정당성 문제

(1) 안보리 입법 기능의 의의와 한계

안보리의 법적 구속력 있는 결정에 의한 국제입법은 설정된 목적달성과의 관계로 보면 대단히 실효성이 높은 방법이라고 말할 수 있다. 그러나 그러한 새로운 접근에 문제가 없는 것은 아니다. 안보리는 유엔헌장 제7장에서 모든 회원국을 법적으로 구속하는 매우 강력한 권한이 부여되어 있으나 그 권한을 행사하는데 있어서는 신중함이 요구된다. 특히 국제입법의 경우에는 특정한 사태와는 독립하여 일반적, 추상적으로 일정한 행위를 모든 회원국에게 의무화하는 것으로 다시 말해 본래는 조약을 작성하여 정해야 할 일반적인 규칙을 조약 작성이라는 통상의 과정을 생략하고 모든 회원국과의 관계에서 즉시 발효시키기 때문에 더욱 그렇다.

실제로 결의 1540호는 논의과정에서도 국제입법의 관점에서 아래와 같이 여러 문제점이 지적되었다. 이러한 문제점은 안보리가 모든 국가를 구속하는 결의로써 국제사회를 위해 입법을 행한다고 하는 새롭고 보다 광범위한 권한을 행사하는 경향이 근년에 높아지고 있는데 대한 우려를 반영한 것이다.[45]

첫째, 일부 국가에 의한 결의안 작성이다. 안보리의 국제입법은 안보리 15

---

45) 淺田正彦, "國連安保理の司法的·立法的機能とその正當性,"『國際問題』, 第570号 (2008), p. 20.

개 이사국이 다수결에 의하여 유엔 193개 회원국에게 법적 구속력 있는 의무를 부과하는 일반적 법규범을 정립하고 대다수 국가는 그 작성과정에 참여하지 않고 결과적으로 법적 의무만 강요당하는 것을 의미한다. 작성과정에 참가하는 15개국 중에는 자국의 국익에 반한다고 생각하는 경우에는 거부권의 행사가 인정되고 있는 5개 상임이사국이 포함되어 있고 거부권은 없으나 분야에 따라서는 글로벌한 시야를 가지고 행동하는 의사와 능력에 의문이 있는 국가도 있을 수 있다. 물론 이러한 문제점은 특정 사태에 대한 통상적인 제재 결의에도 해당되나 국제입법의 경우에는 그 의무의 일반성과 영속성 때문에 문제가 심각할 수 있다.

둘째는 협상 과정의 배제이다. 일반적으로 다자간 조약에 있어서는 이해관계가 다른 협상 참가국이 상호의 주장과 타협을 통해 이해관계를 조정하여 최종적으로는 절충적인 안을 기대할 수 있고 이는 그 후의 준수와 이행에도 반영될 수 있다. 그러나 상임이사국이 실질적으로 지배하는 안보리는 그러한 조정을 반드시 기대할 수 없다. 그 결과 안보리 입법을 통해 작성된 규칙은 형식적으로는 구속력이 있지만 국제사회에 있어서의 기반이라는 관점에서는 취약한 규범이 되고 말 위험성이 있다. 따라서 사안에 따라서는 법적 구속력이 있음에도 불구하고 결의가 충분히 이행되지 않게 되어 안보리 결의에 대한 존중과 신뢰에도 악영향을 미칠 수 있다.

셋째는 참가 자유의 배제이다. 조약은 그 작성에 관여하지 않아도 그 내용에 불만이 있어도 최종적으로는 그 조약에 가입하지 않으면 그만이다. 그러나 안보리 입법의 경우는 그러한 자유가 없고 자국이 그 작성에 관여하지 않고 그의 내용에 동의할 수 없어도 당연히 결의에 구속되기 때문에 "동의하지 않는 것에는 구속되지 않는다."는 주권이 흔들리게 된다. 물론 형식적으로는 유엔 회원국은 유엔헌장을 비준함으로써 안보리가 모든 회원국을 법적으로 구속하는 결정에 동의하기 때문에 동의하지 않는 것에 구속되지는 않는다. 그렇더라도 과연 유엔헌장 제25조에서의 동의가 안보리가 국제입법의 권한을 가지고 있음을 전제로 한 동의였다고 할 수 있을지 의문이 들 수도 있다.

이상과 같이 안보리에 의한 입법에는 여러 가지 문제점이 있으나 결의 1540호와 같은 국제입법이 유엔헌장에 적어도 명시적으로 금지되어 있지 않고 일반적으로 유엔기구의 결의에는 유효성의 추정[46])이 타당하다. 또 WMD를 이용한 국제테러의 위험에 대하여 긴급히 대응할 필요가 있는 것도 분명한데, 그렇더라도 전통적으로는 국제입법이 집단안보에 관한 안보리의 본연의 임무라는 것을 생각하지 않았던 것도 또한 명백한 사실이다. 이렇게 유엔헌장 상의 근거에 애매한 부분이 남아 있는 행위에 대하여는 어떠한 방법으로 그의 정당성을 확보해야 할 것인가가 문제이다.[47])

(2) 안보리 입법 기능의 정당성 확보 방안

안보리에 의한 국제입법의 정당성에 관한 조건을 포괄적이고 확정적으로 제시하는 것은 불가능하나 비교적 중요하다고 여겨지는 요소는 다음과 같다. 먼저 실체적인 측면에서는 ① 국제사회의 전체 또는 많은 국가에 공통적으로 중대한 이익에 관계되어야 하고, ② 긴급한 문제에 대처하기 위한 것일 필요가 있다. 가령 결의 1540호는 테러와 WMD를 결합한 전형적인 문제로 볼 수 있다. ①의 요소는 모든 유엔 회원국을 법적으로 구속하는 것에서 나온 것이고, ②의 요소는 협상 과정을 배제하고 개별 국가의 동의를 거치지 않고 법적 구속력 있는 행위규범을 정한 것에서 나온 것이다. 다만 지역적인 문제이더라도 모든 국가에 의무가 부과될 경우가 없을 수 없는 것은 아니고 그러한 의미에서는 ①의 요소는 반드시 절대적인 것은 아니다.

더욱 중요한 것은 ②의 요소인데 안보리 결정이라는 즉효성 있는 수단을 이용할 긴급한 필요성이 없는 경우에는 통상의 조약 협상으로 이해관계의 조정을 도모하는 것이 좋을 것이다. 이러한 점은 결의 1540호가 채택되기 전 심의과정에서의 각국의 주장과 합치한다. 가령 결의 1540호의 공동제안국인 영국은 테러리스트가 WMD를 획득할 위험에 대해 "이러한 긴급한 위험에 직면하여 안보리만이 필요한 속도와 권위를 가지고 행동할 수 있음은 명백하다."고 주장하여 결의안은 그러한 문맥으로 제출되었다. 안보리의 이사국이 아닌 싱가포르도 안보리에 입법권이 있을까 하는 우려를 이해할 수 있고 다자간 조약체계가 이상적인 것에도 동의하지만 조약의 협상에는 수년이 걸리므로 긴급히 행동할

---

46) ICJ도 "정상적으로 구성된 유엔기구의 결의는 당해 기구의 절차규칙(rules of procedures)에 따라 채택되고 의장이 그렇게 채택된 것이라고 선언하는 경우 유효하게 채택된 것으로 추정해야 한다."고 하는 이른바 유효성 추정(presumption of validity)의 법리에 의하여 안보리 결의는 일반적으로 그 유효성이 추정된다고 판시하였다.

47) 淺田正彦, 전게서, pp. 21－22.

필요가 있다고 주장하였다.[48]

절차적인 면에서는 안보리 ①의 절차와 ②의 구성 양면에서 일정한 정당성이 요구된다. ①의 절차적 관점에서는 결의 1540호뿐만 아니고 결의 1373호 등 대개 국제입법과 관련된 결의는 지금까지 모두 15개 이사국의 만장일치로 채택된 사실에 주목할 필요가 있다. 여기에는 국제입법적인 내용을 가진 결의의 채택은 만장일치로 해야 한다고 하는 어떤 규범의식으로 볼 수 있을 것이다. 만장일치에 의한 결의의 채택이 엄밀한 의미에서의 법적 요건은 아니지만 정당성의 관점에서는 안보리가 만장일치의 노력을 기울이는 것은 매우 중요하다. 이와 함께 안보리의 이사국 외에 유엔 회원국의 의견도 가능한 한 폭넓게 받아들여 국제사회의 일반 의사를 반영하는 노력도 중요하다.

결의 1540호와 관련하여 동 결의가 밀실에서의 협상 또는 소수 국가에 의한 입법이라는 인상을 불식시키는 것이 중요하다고 주장하는 뉴질랜드 등 8개국의 요청을 받아들였고, 2004년 4월 22일에는 비상임이사국 36개국이 안보리에서 결의안에 대하여 의견을 표명할 기회가 주어지고 그들의 의견을 반영하여 결의안에 수정이 가해졌다. 이렇듯 상임이사국 및 비상임이사국의 폭넓은 협의의 노력은 다자간 조약에서 협상을 통해 이해를 조정하는 것과 같은 의미가 있는 것이고 결의안이 채택된 후에도 각국 의무의 이행에도 긍정적인 영향을 미칠 것이다.[49]

제2절   **유엔 안보리 제재 결의**

I. 유엔제재의 근거

유엔은 유엔헌장 제7장에 안보리가 무력사용을 수반하지 않은 다른 조항과 함께 집단적 경제제재를 취할 수 있는 명백한 조항(제39조~41조)을 두고

---

48) *Ibid*, p. 22.
49) *Ibid*, pp. 22-23.

있다. 그러나 안보리의 이러한 제재 결정은 국제평화의 위협, 평화의 파괴 또는 침략행위가 있는 경우에만 취해지고 그러한 상황 존재의 결정과 그에 대응하여 어떠한 강제조치를 취할 것인가의 결정은 안보리의 고유권한이다. 그리하여 유엔헌장 제39조와 제41조에 의한 제재는 안보리 5개 상임이사국과 10개 이사국을 포함한 15개 이사국 중에서 9개 이사국의 찬성(기권 포함)이 필요하다.

유엔헌장 제7장에 의거한 안보리 제재조치의 정식 진행순서는 다음과 같다. ① 안보리가 평화의 위협, 평화의 파괴 또는 침략행위의 존재를 결정해야 하고(제39조), ② 어떤 제재조치를 취할 것인가에 관한 권고 또는 결정에 찬성하는 투표를 해야 하며(제39조, 제41조), ③ 안보리가 유엔헌장 제41조에 따라 취할 조치에 관해 결정하고 회원국들에게 그 조치를 적용할 것을 요구하면 그 조치의 이행은 유엔헌장 제25조에 따라 의무적인 것이 된다.[50] 이 3가지 단계는 단일 결의안에서 취해질 수 있으며 유엔헌장의 구체적인 조항을 언급할 필요는 없다.[51]

II. 유엔제재 범위 및 유형

유엔헌장 제41조에 의거 안보리가 자체의 결정에 따라 취할 수 있는 가능한 비군사적 제재조치는 경제관계 및 철도, 해상, 공중, 전신, 무선통신과 기타 통신수단의 전면적 또는 부분적인 단절과 외교관계의 단절 등이다. 안보리 결정에 따른 강제적 경제제재의 유형은 제재대상국에 대한 포괄적 경제 및 무역제재, 자산동결, 송금 금지, 여행 금지, 사치품 수출금지, 회원국에 등록된 선박 또는 항공기로 제재대상국으로부터 또는 제재대상국으로 향하는 화물의 운송 금지 등인데 금지대상은 모든 품목, 무기와 탄약 또는 석유 및 석유제품 등이다.[52]

---

50) 유엔헌장 제25조: "The members of the United Nations agree to accept and carry out the decisions of the Security Council in accordance with the present Charter."
51) Andreas F. Lowenfeld, *International Economic Law* (Oxford University Press, 2002), pp. 701－703.
52) *Ibid*, pp. 706－707.

그런데 사안에 따라 제재 범위가 확대될 수 있다. 예를 들면 남로데시아 (South Rhodesia) 사건의 경우 처음에는 남로데시아의 일부 제품(철광석·크롬·설탕·담배·구리·육류·가죽 등 1차 산품)에 대해 수출을 금지하였으나 그 후 모든 상품으로 확대되었고 기타 금융 및 외교적 제재가 추가되었다. 1988년 12월 영국 스코틀랜드 로커비(Lockerbie)[53] 상공에서의 미국 팬암(PanAm) 여객기 격추 사건 조사에 비협조적이었던 리비아에 대해 안보리는 모든 국가들에게 리비아에서 이륙했거나 리비아로 향하는 모든 항공기의 이착륙을 거부하도록 결정하였다. 그리고 리비아의 해외주재 외교관 감축, 해외자산 동결, 리비아에 정유 및 운송장비의 제공을 금지하였다. 아울러 앙골라의 계속되는 내전에 대하여 안보리는 반군단체인 앙골라총독립연합(UNITA)에게 무기와 관련 물자, 석유 및 석유제품의 판매 또는 공급을 중단시켰다.[54]

한편 유엔헌장 제41조는 안보리가 부과할 수 있는 제재의 내용에 관하여 어떠한 제한을 설정하지 않지만 제재가 확대됨에 따라 일부 면제를 포함하는 것이 관례가 되었다. 가장 흔한 제재 면제의 사례는 엄격한 의료목적을 위한 용품·교육자재·출판물·뉴스자료·식품 및 수입대금 지급 및 인도주의적 물품과 지원에 관한 것 등이다.[55]

Ⅲ. 유엔제재 유효기간

유엔헌장 제41조 또는 강제제재를 시행 또는 이를 연장하는 후속 결의에서 어느 기간 경과 후 제재를 종료한다고 규정하지 않는다. 따라서 안보리 결의의 이행에서 강제제재 조치는 5개 상임이사국의 비토(veto) 가능성을 포함한 안보리의 정상적인 투표절차에 따라 채택된 별도의 결의에 의해서만 종료될

---

53) 로커비(Lockerbie) 사건은 1988년 12월 런던 히스로공항을 출발하여 뉴욕으로 향하던 팬암 항공사 소속 보잉 747기가 스코틀랜드 로커비 상공에서 공중 폭발하여 탑승자 259명 전원이 사망했다. 탑승자 대부분은 미국인이었다. 미국과 영국의 수사당국이 3년에 걸친 수사 끝에 몰타에서 항공사 직원으로 활동하던 리비아 정보요원이 카세트 녹음기에 장착한 폭탄을 터뜨렸다고 발표했다.
54) S/RES/864 (15 September 1993), para. 19.
55) Andreas F. Lowenfeld, *supra* note 51, p. 718.

수 있다.

남로데시아 사건과 관련하여 영국 정부는 1979년 가을 런던 랭커스터 하우스(Lancaster House)에서 보츠와나·모잠비크·라이베리아·탄자니아 등 당사국들과 자유롭고 민주적으로 선출된 흑인 다수당 짐바브웨 정부에 주권 이양 문제를 논의하였으며 영국 정부는 같은 해 12월 3일, 모든 당사국들이 필요한 문서 특히 정전협정 서명에 앞서, 감시하에 선거 전의 잠정기간 동안 남로데시아에 대한 주권이 있음을 선언했다. 그리고 12월 12일 영국 정부는 남로데시아에 대한 안보리 제재를 더는 집행하지 않을 것을 선언했다. 미국도 12월 16일부터 남로데시아 제재규정을 철회할 것이라고 선언하였다.[56]

그러자 유엔 총회는 12월 18일 채택한 결의[57]를 통해 결의 253호(1968)는 오직 안보리의 결정에 의해서만 철회될 수 있으며 이러한 점에서 일부 국가에 의한 일방적인 해제조치는 유엔헌장 제25조의 의무를 위반한 것이라고 선언하였다. 결국 남로데시아에 대한 제재는 안보리가 모든 회원국들에게 제재조치의 종료 및 결의 253호에 의거 설치된 이행감시위원회의 해체를 결정한 결의 460호(1979)에 의해 종결되었다.[58]

리비아 제재의 경우는 안보리가 이해당사국이 폭파 용의자(2명)에 대한 헤이그 재판에 회부를 수락한 직후인 1999년 4월, 안보리는 의장성명[59]에 의거 제재를 무기한 정지하였다. 그 후 리비아가 국가책임을 인정하고 적절한 보상금을 지급함에 따라 2003년 9월 결의 1506호에 의거 제재를 최종 해제함과 동시에 제재위원회도 해체하였다.[60]

Ⅳ. 유엔제재의 집행

유엔헌장 제39조와 제41조에 따라 제재를 명령하는 안보리 결정의 준수는 강제적이며 그 결정을 이행하지 않으면 유엔헌장 제25조를 위반하는 것이 된

---

56) *Ibid*, pp. 711−712.
57) A/Res/34/192 (18 Dec. 1979), para. 9.
58) S/RES/460 (21 December 1979), paras. 2−3.
59) S/PRST/1999/10.
60) S/RES/1506 (12 September 2003), paras. 1−2.

다. 제재의 집행이 국내법의 요건과 충돌한다는 사실을 이유로 안보리 결정을 이행하지 않는 것은 국제법상 용인되지 않으며 유엔헌장 제25조의 의무로부터도 면제되지 않는다. 이론적으로 제재대상국과의 거래금지 등 안보리의 제재 결정을 이행하지 않는 국가는 그러한 불이행이 평화에 대한 위협에 해당하는지는 판단하기 어렵지만 그 자체가 제재대상이 될 수 있다. 그럼에도 불구하고 불이행 국가가 대가를 치르는 것은 당연하다. 예를 들면 1990~91년 이라크의 쿠웨이트 침공 시 요르단은 안보리의 제재 결의에도 불구하고 이라크와의 경제관계를 계속 유지하였으며 이에 대해 유엔으로부터 요르단에 어떠한 제재도 부과되지 않았지만 요르단이 유엔헌장 제50조에 따라 대이라크 제재로 입은 경제적 손실에 대한 보상을 요구했을 때는 냉대를 받고 별로 지원을 받지 못했다.[61]

안보리 제재 결정의 집행에 관하여 유엔헌장 제41조는 아무런 언급이 없다. 유엔헌장 기초 당시에는 경제 및 외교적 제재가 이행되지 않을 경우 안보리는 유엔헌장 제42조에 의거 국제평화와 안보의 유지 또는 회복을 위하여 군사적 조치도 가능할 것으로 이해하였다. 안보리는 유엔헌장 제43조와 제45조의 규정에 의한 특별협정에 따라 회원국들에게 병력을 사용할 것을 요구할 수도 있다. 하지만 아직 그러한 협정이 성립된 적은 없으며 안보리의 통제하에 상비군을 두는 방안도 국제법 체계에서 사라진 지 오래됐다. 그러나 유엔헌장 제42조는 안보리가 개별 회원국들에게 안보리 경제제재의 집행을 포함하여 국제평화와 안보의 유지 또는 회복을 위하여 무력사용을 승인할 수 있다.[62]

V. 유엔제재의 증가

안보리의 제재 결의에 의한 유엔 경제제재 조치는 1990년대부터 급증하였다. 1990년 8월 2일 이라크의 쿠웨이트 침공을 계기로 냉전 종식 후 안보리의 권한이 정성적으로나 정량적으로 크게 확대되었다. 그 결과 이라크에 대한 결의가 5회 채택되었으며, 특히 2006~2017년 기간 중 북한의 핵실험과 미사일 발사로 무려 9건, 이란의 농축 활동 등으로 4건의 제재 결의가 각각 채택되어

---

61) Andreas F. Lowenfeld, *supra* note 51, pp. 713−714.
62) *Ibid*, pp. 715−716.

제재가 발동되었다.[63] 구 유고, 소말리아, 라이베리아, 앙골라, 르완다 등은 내전을 이유로 그리고 리비아, 수단과 아프가니스탄은 테러 퇴치를 위하여 발동되었다. 한편 안보리는 제재 부과뿐만 아니라 제재를 확대하거나 정지, 재부과 및 해제도 건건이 새로운 결의를 채택하여 집행한다.

제재원인으로는 국내 분쟁이 평화에 대한 위협으로 인정되는 등 특히 리비아, 아이티의 사례와 같이 원인행위가 다양화되고 있다. 제재내용도 무기금수, 정부자산 동결, 송금금지, 항공기 탑승 금지 등 정부에 대한 조치에 그치지 않고, 책임자의 자산동결, 송금금지, 여행금지, 사치품 수출금지 등 다양화되고 있다. 아울러 식량과 의약품 등은 제외되나 책임 있는 엘리트층에 타격을 극대화하는 스마트 제재(smart sanctions) 조치가 취해지고 있다.[64] <표 7-2>는 유엔 안보리 제재 사유, 발동 및 해제 결의를 요약한 것이다.

표 7-2 유엔 안보리 제재 사유, 발동 및 해제 결의

제재 사유	발동 및 해제 결의
남로데시아의 영국으로부터 일방적 독립	발동: 결의 232호(1966), 253호(1968) 해제: 결의 460호(1979)
남아공의 인종차별(apartheid) 정책	발동: 결의 418호(1977), 해제: 919호(1994)
이라크의 쿠웨이트 침공	발동: 661호(1990), 해제: 1483호(2003) * 금수(embargo) 외 거의 해제
리비아의 팬암 여객기 폭파 용의자 인도거절	발동: 748호(1992), 883호(1993)로 제재 확대 정지: 1192호(1998), 해제: 1506호(2003)
유고연방 내전 대량학살 및 인종청소	발동: 757호(1992), 정지: 1022호(1995) 해제: 1074호(1996)

---

63) 유엔 안보리의 경제제재 조치에 관한 자세한 분석은 中谷和宏, "安保理決議に基づく經濟制裁―近年の特徵と法的課題,"『國際問題』, No. 570 (2008年 4月); David Cortright and George A. Lopez, *Sanctions and the Search for Security: Challenges to UN Action* (Lynne Rienner Publishers, Inc, 2002) 참조.

64) 財團法人 安全保障貿易情報センター, 『安全保障貿易管理の周辺』 (2008年 10月), p. 76. Smart sanctions이란 최근 유엔의 경제제재가 민간인과 제3국에 미치는 부정적 영향에 대한 우려가 점증함에 따라 각 상황의 면밀한 분석을 토대로 제재대상의 특성을 고려하여 제재수단을 보다 구체적이고 선별적으로 적용하려는 개념을 말한다. Smart sanctions에 관하여 전반적인 자세한 내용은 David Cortright and George A. Lopez (eds), *Smart Sanctions: targeting economic statecraft* (Rowman & Littlefield Publishers, Inc, 2007) 참조.

아이티(Haiti)의 쿠데타로 대통령 축출로 인한 정치위기 및 군정에 의한 민정 복귀 합의 불이행	발동: 841호(1993), 정지(2개월) 후 재부과: 861호, 873호(1993) 제재 확대: 917호(1993) 해제: 944호(1994)
수단의 이집트 대통령 암살미수 관여	발동: 1054호(1966), 해제: 1372호(2001) 재발동: 1556호(2004), 1591호(2004)
시리아의 레바논 수상 암살 관여	발동: 1636호(2005)
북한의 핵실험과 탄도미사일 발사	발동: 1695호(2005), 1718호(2006), 1874호(2009) 2087호(2013), 2094호(2013), 2270호(2016) 2321호(2016), 2371호(2017), 2375호(2017)
이란의 우라늄 농축 및 재처리 활동	발동: 1737호(2006), 1747호(2007), 1803호(2008), 1929호(2010)

주: 필자 정리.

1. 1990년 이후 포괄적 제재[65]

(1) 이라크

유엔헌장 제41조에 의거 발동된 이라크에 대한 제재는 1990년 8월 2일의 이라크의 쿠웨이트 침공에 대응하여 안보리는 이라크에게 자국의 군대를 쿠웨이트로부터 즉각적이고 무조건 철수할 것을 요구하였다. 안보리는 결의 662호에서 이라크의 쿠웨이트 합병은 어떠한 형태와 어떠한 구실로도 법적 정당성이 없으므로 무효라고 결정하고 모든 회원국과 국제기구 등에 합병을 간접적으로 해석될 수 있는 어떠한 행위도 자제해 달라고 요청했다.

남로데시아에 대해 경제제재와 금융제재를 부과하고 제재를 점차 강화한 것과는 반대로 이라크에 대해서는 처음부터 거의 포괄적인 무역금수, 자산동결을 포함한 금융제재와 모든 수단의 운송 금지조치를 내렸다. 아울러 결의 687호를 통하여 WMD와 WMD의 제조 및 사용 시설의 파괴 및 제거를 명령하였다. 그러나 식품과 필수적인 민간 수요를 위한 일부 용품에 대해서는 부분적으

---

65) Vera Gowlland-Debbas (ed), "Sanctions Regimes under Article 41 of the UN Charter," in *National Implementation of United Nations Sanctions* (Martinus Nijhoff Publishers, 2004), pp. 8-13.

로 제재를 해제하였다.

한편 결의 986호에 의거 수립된 석유 대 식품 프로그램(Oil-for-Food Program)에 따라 인도주의적 물품을 구매하기 위한 유엔보상기금의 자금에 충당하기 위하여 이라크로부터 제한된 양의 석유 수입을 허용하였고 수입 한도를 점차 상향하여 1999년 12월 결의 1284호로 해제하였다. 안보리는 민간무역의 제한에 더하여 무기와 군수품목의 수입을 금지했다. 1996년 3월 채택된 결의 1051호를 통하여 이중용도 품목의 공급에 관한 수출입 감시제도를 수립하였다.

(2) 유고슬라비아

구 유고 사태로 포괄적 제재에 가까운 제재가 부과되었다. 사회주의유고연방공화국 곳곳에서 격전이 벌어지자 유엔 안보리는 1991년 9월 결의 713호를 채택하여 무기금수를 강제하였다. 유고연방이 해체된 후에도 전투가 계속되고 인종청소와 시민들의 대량탈출이 발생함에 따라 안보리 결의 727호에 의거 무기금수를 유고 전역으로 확대하고 수출입 전면 금지, 금융차단, 외교대표부의 규모 감축, 스포츠 교류, 과학기술 협력 및 문화교류를 금지하는 광범위한 제재가 가해졌다. 그 후 결의 757호, 1992년 11월 결의 787호 및 1993년 4월 결의 820호를 채택하여 다뉴브강의 항해를 통한 환적 금지와 모든 유고 선박과 화물선, 항공기에 대한 압류, 몰수 및 자산동결을 포함하여 제재가 더욱 확대되었다.

(3) 아이티(Haiti)

아이티 제재 결의 841호는 1993년 Aristide 대통령이 군사 쿠데타로 축출되어 촉발된 정치위기에 대응하기 위한 것이다. 제재에는 석유 및 무기금수(arms embargo) 및 사실상 정부 당국의 통제를 받는 외국자산의 동결이 포함되었다. 이 제재는 위기 타개를 위한 합의의 채택으로 결의 861호로 2개월 정지된 후 1993년 10월 재부과되었으며 의료용품과 식품을 제외한 모든 상품을 추가하는 내용으로 결의 917호에 의거 제재가 강화되었다. 그 후 Aristide 대통령의 정부가 복귀함에 따라 1994년 9월 결의 994호로 다시 해제되었다.

2. 1990년 이후 선별적 아프리카 제재

(1) 소말리아(Somalia)

안보리는 소말리아의 국내 무력충돌 격화, 막대한 인명손실 및 인도주의적 위기가 고조됨에 따라 1992년 1월 결의 733호로 소말리아에 무기 금수의 제재를 부과하였다. 안보리는 소말리아로 무기 금수 조치를 위반하는 지속적인 무기와 탄약 공급에 대하여 결의 1519호(2003)를 통해 우려를 표명하였다.

(2) 라이베리아(Liberia)

라이베리아의 야무수크로 협정 불이행과 전반적인 사태 악화에 따라 안보리는 결의 788호를 채택하여 역시 무기금수 조치를 집행하였다. 그 후 혁명통일전선(RUF)에 대한 라이베리아 정부의 지원에 따라 안보리는 2001년 3월 결의 1343호를 채택하여 무기금수를 종료하고 새로운 무기금수 및 다이아몬드 원석의 직·간접 수출을 금지하였으며 아울러 회원국들에게 라이베리아 고위정부 관리, 군대와 그들의 직계가족 및 지정 개인에 대하여 입국 및 통과를 금지하였다. 이러한 제재는 라이베리아 정부가 코트디부아르(Cote d'Ivoire) 반군을 적극적으로 지원함에 따라 결의 1478호(2003)에 의해 제재 범위가 확대되었다.

(3) 르완다(Rewanda)

안보리는 르완다의 지속적인 폭력과 인종살해를 강력히 비난한데 이어 1994년 5월 결의 918호에 의거 무기금수 조치를 했으며 르완다로 무기를 수출하는 인접국에 대해서도 결의 997호로 그 제재를 확대 적용하였다. 그 후 안보리는 결의 1011호(1995)로 처음 무기금수 제재를 정지한 후 1996년 9월에 종료하였다. 안보리는 1994년 11월 결의 955호로 1994년에 제노사이드(genocide) 및 기타 국제형사법을 중대하게 위반한 자들을 기소하기 위해 르완다 국제형사재판소(ICTR)를 설치하였다. 이 재판소는 같은 기간 중 인접국 영토에서 범한 제노사이드 및 기타 국제형사법을 중대하게 위반한 르완다 시민에 대해서도 기소할 권능이 있다. 아울러 제노사이드, 국제인도범죄 및 제Ⅱ의정서[66]의 위반

---

66) 이는 1949년 8월 12일 제네바 제반 협약에 대한 추가 및 비국제적 무력충돌의 희생자 보호

관련 사항도 관할한다.

(4) 시에라리온(Sierra Leone)

민주적으로 선출된 대통령이 군사 정권(junta)에 의해 축출되자 안보리는 1997년 10월 결의 1132호를 채택하여 시에라리온에 무기금수와 군사정권 요원들의 여행을 제한하는 내용의 제재를 가했다. 이들 제재는 군사 정권이 서아프리카개입군(ECOMOG)에 의해 축출됨에 따라 1998년 3월 결의 1156호와 1998년 6월 결의 1171호로 각각 해제되었다. 그러나 전투가 계속되고 비정부군에 대한 무기 금수가 존속하는 가운데 안보리는 결의 1132호로 지정된 전 군사 정권의 주요 구성원에 대해 여행을 금지하였다. 2000년 7월 안보리는 시에라리온 정부에게 다이아몬드 무역과 관련하여 원산지 증명제도를 효과적으로 운영할 것을 요구하였으며 결의 1306호로 정부에 의해 관리되지 않은 다이아몬드 원석의 수입을 금지하였다. 이들 조치는 결의 1385호(2001년 12월)와 1446호(2002년 12월)에 의해 각각 갱신되었다.

(5) 에티오피아 및 에리트레아

2000년 5월 국제중재 노력에도 불구하고 싸움이 터진 에티오피아(Ethiopia)와 에리트레아(Eritrea) 간 무력충돌에 대하여 결의 1298호를 채택하여 두 국가에 대하여 무기 금수와 관련 기술지원 및 훈련제공을 금지하였는데 이 조치는 2001년 5월 16일 종료되었다.

에 관한 의정서를 말한다.

국제사회의 WMD 확산 제재

북한과 이란의 핵 프로그램은 국제사회와 미국이 오랫동안 당면해 온 가장 긴급하고 다루기 힘든 국제안보상의 과제였다. 유엔 안보리는 2006년 이후부터 북한과 이란의 핵 개발과 탄도미사일 확산에 대응하여 각각 수차례의 제재 결의를 채택하여 기존의 일방적 제재를 보강하고 새로운 제재를 추가하였다. 아울러 무역 및 금융분야에서 광범위한 제재와 함께 이란과 북한의 주요 관리와 기업을 대상으로 스마트 제재를 부과하였다. 양국에 대한 제재는 주로 북한과 이란의 확산 관련 활동을 위한 자원과 자금조달의 차단에 중점을 두었으며, 일반적인 경제적 강압의 수단으로 의도된 조항은 회피하였다.

북한에 대한 유엔제재는 북한이 핵 개발 특히 1차와 2차 핵실험을 하는 등 금지선을 넘은 데에 따른 것이며 동시에 북한이 핵무기 개발을 포기하고 NPT에 복귀하게 하기 위한 노력의 결과로 이루어진 것이다. 이와는 대조적으로 이란에 대한 유엔제재는 구체적인 도발 조치 혹은 위기와는 덜 직접적으로 연계된 것이다. 첫번째 유엔제재 결의는 이란이 우라늄 농축 활동을 재개한 2006년 채택되었으며 후속 제재는 대체로 이란의 전면 세이프가드협정 위반에 대한 IAEA의 발표 시기와 추가 제재에 대한 안보리의 적절한 합의가 어우러져 부과된 것이었다.[1]

I. 유엔의 대북한 제재

1. 제재 배경

북한은 2006년 7월 5일 장거리 미사일 대포동 2호를 포함한 탄도미사일을 동해상으로 발사한데 이어 같은 해 10월 3일 핵실험 계획을 발표하고 10월 9일에 지하 핵실험을 실시하였다. 이에 대하여 유엔 안보리는 신속하게 10월 14

---

1) Daniel Wertz and Ali Vaez, "Sanctions and Nonproliferation in North Korea and Iran: A Comparative Analysis," *FAS Issue Brief* (June 2012), pp. 5-6.

일, 북한의 핵실험을 비난함과 동시에 북한에게 6자회담 복귀 등을 촉구하고 경제제재를 부과하는 내용의 결의 1718호를 안보리 15개 이사국의 만장일치로 채택하였다. 그러나 북한은 이에 아랑곳하지 않고 2009년 5월 25일 제2차 핵실험을 강행하여 결의 1718호를 위반함에 따라 유엔 안보리는 2009년 6월 12일 기존의 대북제재를 더욱 강화하는 내용의 결의 1874호를 채택하였다. 그 후에도 안보리는 북한의 지속적인 핵실험과 미사일 발사 등 반복적인 도발에 대응하여 기존의 경제제재를 강화하고 신규 제재를 추가하는 내용의 결의를 추가로 채택하였다. <표 8-1>은 2006~17년 기간 중 안보리가 채택한 결의를 개괄적으로 나타낸 것이다.[2]

표 8-1 북한 핵·미사일 도발에 대한 유엔 안보리 결의 현황

구분	채택 일자	채택 사유
결의 1695호	2006. 7. 15	장거리 미사일 대포동2호 발사(2006. 7. 5)
결의 1718호	2006. 10. 14	제1차 핵실험(2006. 10. 9)
결의 1874호	2009. 6. 12	제2차 핵실험(2009. 5. 25)
결의 2087호	2013. 1. 22	장거리 미사일 은하3호 발사(2012. 12. 12)
결의 2094호	2013. 3. 7	제3차 핵실험(2013. 2. 12)
결의 2270호	2016. 3. 2	제4차 핵실험(2016. 1. 6) 장거리 로켓(미사일) 광명성호 발사(2016. 2. 7)
결의 2321호	2016. 11. 30	제5차 핵실험(2016. 9. 9)
결의 2371호	2017. 8. 5	ICBM 발사(2017. 7. 3, 2017. 7. 28)
결의 2375호	2017. 9. 11	제6차 핵실험(2017. 9. 2)

출처: 안보리 결의(S/RES/1695, 1718, 1874, 2087, 2094, 2270, 2321, 2371, 2375).

---

2) S/RES/1718 (2006), para. 8; S/RES/1874 (2009); 기타 UN과 미국의 대북제재 전반에 관해서는 Dianne E. Rennack, "North Korea: Economic Sanctions," *CRS Report for Congress RL31696* (October 17, 2006) 참조.

(1) 무기금수 및 수출통제

유엔은 안보리 또는 제재위원회가 지정한 WMD 관련 핵무기 통제품목 (S/2006/814), 미사일 관련 MTCR 통제품목(S/2006/815), 생화학무기 통제품목 (S/2006/816) 및 기타 안보리 또는 제재위원회가 지정한 핵미사일 및 기타 WMD 관련 통제품목 및 재래식 무기(전투기·헬기 등)와 예비부품 등 관련 물자, 운반시스템 또는 관련 품목의 직접 또는 간접적인 공급·판매 또는 이전 및 북한으로부터의 조달을 금지하였다. 아울러 북한으로 또는 북한으로부터의 재래식 무기 또는 시스템의 제공·제조·유지보수 또는 사용에 관련된 훈련·조언·서비스 또는 원조를 중단하였다.3)

유엔은 또 모든 회원국에게 북한 군사력의 작전 능력 개발에 직접 기여할 수 있는 품목에 대한 공급, 판매 또는 이전 또는 북한 밖에서 회원국의 군사력을 지원 또는 증강하는 수출에 대하여, 그리고 북한의 핵무기 또는 탄도미사일 프로그램 및 기타 WMD 개발 또는 대북제재 결의가 금지하는 기타 활동에 기여할 것으로 판단하는 경우는 이중용도 품목에 대하여 구속력 있는 캐치올 (catch-all) 통제를 적용하도록 강제하였다.4) 사치품5)에 대해서는 원산지 불문하고 직접 또는 간접적인 공급·판매 및 이전을 금지하였다.

(2) 금융제재

유엔은 안보리 또는 대북제재위원회가 북한의 WMD와 탄도미사일 관련 프로그램에 가담 또는 지원하는 자로 지정한 개인 또는 단체에 대한 자금, 기타 금융자산 및 경제적 재원(economic resources)을 즉각 동결하고, 개인·단체의 자금·금융자산·경제적 재원의 활용을 금지하였다.6) 아울러 북한에 대량현금(bulk cash) 및 금을 포함한 금융서비스 제공 금지, 차관(grants)과 금융지원

---

3) S/RES/2270 (2016), para. 8(a).

4) *Ibid*, para. 8(b)

5) 결의 1718호는 사치품 목록은 제재위원회가 작성하지 않고 각국에 일임함으로써 나라마다 차이가 있다. 가령 미국은 EAR Part 746(Supplement No. 1)에 고급승용차, 시계, 요트, 보석류, 모피, 향수, 화장품 등을 사치품으로 예시하고 있다. 세부품목에 대한 상세한 내용은 <http://www.access.gpo.gov/bis/ear/pdf/746.pdf> 참조.

6) 식품, 임차 또는 담보, 의약품 및 치료, 세금, 보험료, 상수도, 전기요금을 포함한 기본지출에 필요한 자산 또는 자원은 제외한다. S/RES/1718 (2006), para. 9(a)(b)(c).

또는 양허성 차관(concessional loans)에 대한 신규계약을 금지하고, 수출신용, 보증, 보험 등을 포함하여 북한과의 교역을 위한 공적 금융지원의 제공을 금지하였다.[7] 그리고 은행과 상응한 금융서비스를 제공하는 기업은 안보리 결의의 관련 조항을 이행하는 목적상 금융기관으로 간주한다.[8]

유엔 회원국은 북한에 신규 대표사무소, 지사 또는 은행 계좌를 개설할 수 없다. 이와 함께 자국 내에 북한 은행의 신규 지점, 지사 및 연락사무소의 개설을 금지하며, 아울러 북한에 있는 기존의 대표사무소, 지사 또는 은행 계좌를 90일 안에 폐쇄해야 한다. 자국 내 합작투자, 소유 지분 또는 북한 은행과의 코레스(환거래) 관계를 종결해야 한다. 만약 어느 개인이 북한 은행/금융기관을 대신하여 또는 지시를 받고 일한다고 판단하면 그 개인을 회원국의 영토로부터 추방해야 한다.[9]

유엔 회원국은 북한 정부를 위하여 또는 대신하여 활동하든지 간에 북한의 법인 또는 개인과의 신규 또는 기존의 모든 합작투자 또는 협력사업의 착수, 유지 및 운영을 금지해야 한다. 아울러 건별로 대북제재위원회의 승인을 받지 못하면 2017년 9월 11일부터 120일 안에 그리고 위원회가 승인 요청을 거부한 후 120일 안에 기존의 모든 합작투자 또는 협력사업을 종결해야 한다.[10]

(3) 저지 및 운송

유엔 회원국은 국내법과 국제법에 따라 항구 및 공항 등 자국 영토 내에서 북한을 왕래하는 화물을 검사하는 한편, 회원국은 기국의 동의하에 공해상에서 의심 선박을 검색하고, 기국이 동의하지 않을 경우는 적절하고 편리한 항구로 유도하여 임검한다. 아울러 재래식 무기, WMD 및 탄도미사일 관련 물자 등 금수품목 발견 시 안보리 결의 등 국제법에 따라 압류하거나 처분하며, 기국이 화물의 수색, 압류 및 처분에 동의하지 않는 경우는 관련 사항을 1718 제재위원회에 보고해야 한다. 또한 유엔 회원국은 대북 금수품목의 적재가 의심되는 항공기의 이착륙 및 영공 통과를 금지하고 의심 선박에 대한 연료공급 등 지원

---

7) S/RES/2321 (2016), para. 32.
8) S/RES/1874 (2009), para. 19.
9) S/RES/2270 (2016), para. 33.
10) S/RES/2375 (2017), para. 18.

서비스(bunkering service)를 금지하며,[11] 모든 북한 수출입 화물에 대하여 검색을 실시해야 한다.[12]

(4) 확산 네트워크

유엔 안보리는 1) 북한 외교관, 정부 대표와 기타 정부 또는 대표사무소의 자격으로 활동하는 북한 국적인 및 제재대상자를 대신하여 또는 그들의 지시를 받고 활동하는 외국인 또는 제재 회피를 돕거나 유엔 결의를 위반하는 단체 또는 개인 추방, 2) 제재대상자의 사무소 폐쇄, 그들의 합작투자 참여 및 기타 사업 금지, 3) 북한공관의 직원 감축 및 북한 정부와 군 인사의 입국 및 경유 제한, 4) 북한 외교공관원의 은행 계좌를 1인당 1개로 제한, 5) 회원국 내에서 북한의 비외교적 또는 영사 활동 목적으로 부동산의 소유 또는 임차 금지[13] 6) 핵·미사일 개발 프로그램에 관여한 자와 그들 가족에 대한 회원국 영역 내의 입국 및 통과를 금지하였다.[14] 아울러 북한인을 대상으로 민간 핵확산 활동에 관한 특수교육 및 훈련제공을 금지하였다.[15]

(5) 최근 유엔의 대북제재

유엔 안보리는 2017년 9월 채택한 결의 2375호를 통하여 1) 모든 응축액 및 액화천연가스 등 정유제품(refined oil products)에 대한 대북 공급, 판매, 이전 금지 및 석유 정제품에 대한 북한의 수입을 연간 450만 배럴에서 200만 배럴로 감축, 원유는 연간 400만 배럴 또는 525,000톤 유지, 2) 북한산 섬유제품 수입금지, 3) 북한 노동자의 신규 해외 파견금지 및 비자갱신 거부, 4) 북한 개인 및 단체와의 합작투자 금지, 5) 신규 헬리콥터, 신규 및 중고 선박의 공급, 판매 또는 이전 금지, 6) 안보리 1718 위원회에 북한으로부터 금수품목을 운송하는 선박 지정 지시 등의 조치를 내렸다.[16]

---

11) S/RES/1874 (2009), para. 17.
12) S/RES/2270 (2016).
13) S/RES/2321 (2016).
14) 종교상의 의무를 포함하여 인도주의적인 이유로 정당화되는 여행은 제외한다. S/RES/1718 (2006), para. 10.
15) S/RES/1718 (2006), para. 10.
16) S/RES/2375 (2017).

아울러 2017년 8월 안보리 결의 2371호는 북한에 대해 1) 철, 철광석, 납 및 방연광 수출금지, 2) 해산물(생선, 갑각류, 연체동물 및 모든 형태의 무척추동물) 수출금지, 3) 화학무기 배치와 사용 금지 및 CWC 가입을 촉구하였다.[17] 그리고 2016년 11월 안보리 결의 2321호는 1) 북한 선박의 리스, 전세 및 승무원 서비스 제공 금지, 북한 선박에 대한 보험 및 재보험 부보 금지 등 항만 운송에 대한 제재 강화, 2) 북한의 공급, 판매 및 이전을 금지하는 광물에 구리, 니켈, 은 및 아연 추가, 3) 2017년 북한의 석탄 수출을 약 4억 달러 또는 750만 톤으로 제한하였다.[18]

그리고 유엔 안보리는 북한의 화성-15형 ICBM 발사, 도발에 대한 대응으로 2018년 12월 채택한 결의 2397호를 통하여 1) 정유제품의 공급 한도를 연간 200만 배럴에서 50만 배럴로 감축, 원유는 연간 400만 배럴 또는 525,000톤으로 유지하되 모든 유엔 회원국에게 대북 원유 공급량 보고 의무화, 2) 해외 파견된 북한 노동자의 24개월 내 송환, 3) 대북 수출금지 품목을 산업기계, 운송장비, 철강 등 각종 산업용 금속, 식용품, 농산물, 기계류, 전자기기, 토석류, 목재류, 선박 등의 품목으로 확대, 4) 제재 위반이 의심되는 국내 입항 선박의 동결 및 억류 의무화, 5) 북한 인사 16명, 단체 1곳(인민무력성)을 블랙리스트(Blacklist)에 추가하였다.[19]

(6) 기타 대북제재 사항

이상의 제재조치 외에도 유엔 안보리는 북한에 대하여 핵보유국의 지위를 불인정하고 핵미사일 활동의 즉각적인 중지를 요구하였다. 즉 1) 추가 핵실험 또는 탄도미사일 기술을 이용한 발사 중지, 2) 탄도미사일 프로그램과 관련한 모든 활동 중지, 3) NPT 및 IAEA 세이프가드(safeguards) 조기 복귀, 4) NPT 탈퇴 선언의 즉각 철회, 5) 조건 없이 즉각 6자 회담 복귀 및 9.19 공동성명 이행, 5) 모든 재래식 무기, 예비품(spare parts), 운반시스템 또는 관련 품목의 수출 중지, 6) 관련 안보리 결의 특히 결의 1718호상의 의무사항 즉각 준수, 7) 모든 핵무기 및 기존 핵 개발 프로그램의 완전하고, 검증 가능하며, 돌이킬 수 없는

---

17) S/RES/2371 (2017).
18) S/RES/2321 (2016).
19) S/RES/2397 (2018).

방법으로(in a complete, verifiable and irreversible manner)의 포기 및 모든 관련 활동의 즉각 중지 등이다.[20) <표 8-2>는 유엔 안보리 결의 1718호 및 1874호의 주요 내용을 비교한 것이다.

2. 대북제재위원회(1718 위원회)

유엔 안보리는 결의 1718호에 의한 경제제재의 효율적인 집행을 위하여 안보리 15개 이사국들로 구성된 위원회를 설치하고 관련 회원국에 정보 요청, 위반사례 정보에 관한 조사 및 적절한 조치, 예외 요청에 대한 검토 및 결정, 제재대상 품목, 금융, 여행제재 대상자 추가 지정 및 결의이행 촉진에 필요한 가이드라인을 설정하여 회원국이 매 90일마다 안보리에 이행 활동을 보고하도록 하고 있다.[21) 1718 위원회의 구체적인 기능은 다음과 같다.

(a) 모든 국가 특히 결의 1718호 para. 8(a)에 명시된 품목·소재·장비·물품 및 기술을 생산 또는 보유하고 있는 국가로부터 결의 1718호 para. 8에 의거 부과된 제재 사항의 효과적인 이행조치에 관한 정보를 수집하고 분석한다.

(b) 상기 조치의 위반에 관한 정보를 검토하고 적절한 권고조치를 취한다.

(c) Para. 8(a)(i) 및 (ii)의 목적을 위하여 추가 제재품목을 결정한다.

(d) Para. 8(d)과 (e) 조치의 적용을 받는 개인과 단체를 추가 지정한다.[22)

(e) 안보리에 중간보고서 및 최종보고서를 제출한다.

아울러 유엔 안보리는 결의 1874호를 통해 제재위원회에게 결의 1718호의 완전한 이행을 위한 노력을 강화할 것을 주문하고, 1년 임기의 전문가패널을 설치하여 제재위원회 활동 지원, 특히 불이행 사례에 관한 정보를 회원국으로부터 수집, 검토, 분석하여 제재위원회에 권고하도록 하였다.[23) 패널은 매년 활동 중간보고서와 최종보고서를 작성하여 안보리에 제출한다. 현재 패널은 안보

---

20) S/RES/1718 (2006), paras. 2-7; S/RES/1874 (2009), paras. 2-6, 8.
21) S/RES/1718 (2006), para. 12.
22) Security Council Committee established pursuant to resolution 1718 (20066), Work and mandate of the Committee, available at <https://www.un.org/securitycouncil/sanctions/1718>.
23) S/RES/1874 (2009), paras. 25-26.

리 상임이사국과 일본 및 한국 출신 8명의 위원으로 구성되어 있다. 패널은 안보리 결의 1874호 채택 4개월 후인 2009년 10월부터 본격적인 임무를 개시하여 2010년 11월부터 2021년 2월까지 총 14회에 걸쳐 최종보고서를 안보리에 제출하였다.[24]

대북제재와 관련하여 전문가패널 설치의 장점은 먼저 개인 자격으로 선임되는 전문가로 구성된 독립적인 기구로서 패널은 제재위원회가 합의에 이를 수 없는 문제, 가령 제재 대상 개인과 단체의 지정에 있어서 객관적인 의견을 제시할 수 없는 문제가 있다. 마찬가지로 제재위원회에서 합의가 곤란한 문제로서 제재 결의 자체에서 명확하지 않은 개념에 대하여 패널이 그 전문적인 식견에 근거하여 의견제시가 가능하다는 점이다.

대북제재 결의에서 재래식 무기의 전면적인 수출입금지에 관하여 '모든 무기'와 함께 금지되는 '관련 물자'란 무엇을 의미하는가 등 전문가패널은 바로 이러한 점을 명확히 하고 전문적인 의견을 제시할 수 있다. 더욱이 정치적인 고려에서 안보리와 제재위원회가 처리하기 곤란한 사항, 즉 안보리 이사국을 포함한 특정 국가의 행위에 대하여 사안에 따라서는 해당 국가를 지명하여 비난할 수 있다.

표 8-2 유엔 안보리 결의 1718호 및 1874호 주요 내용 비교

구분	결의 1718호(2006. 10. 14)	결의 1874호(2009. 6. 12)
무기금수 및 수출통제	• 재래식 무기, 관련 물자, 부품 • 핵 NSG 통제품목(S/2006/814) • 미사일 MTCR 통제품목(S/2006/815) • 생화학무기 AG 통제품목 • 기타 안보리와 제재위원회가 지정하는 WMD 및 미사일 관련 품목 • 사치품 • 금지품목 관련 기술훈련 및 조언 • 서비스 관련 지원 금지	• 북한의 모든 무기 관련 물자 수출금지 (op. 9) • 북한에 대한 모든 종류의 무기(소형무기 제외) 및 관련 물자 이전, 수출금지(op. 10) • 핵 관련 통제품목 목록을 2007.11월 기준 NSG 목록으로 업데이트(op. 23)

---

24) <www.un.org/sc/suborg/en/sanctions/1718/panel_experts/work_mandate>.

화물검색	• 회원국 법령 및 국제법에 따라 결의 1718호에 따른 금지품목(대부분 상기 무기 및 특히 WMD·미사일 관련물자)을 적재한 북한왕래 화물에 대한 검색을 포함한 협력 조치 제공(op. 8(f)) ※ 재래식 무기는 검색대상에 미포함. 선박에 대한 검색 관련 조항 없음.	• 국내법 및 국제법에 따라 항구 및 공항 등 자국 영토 내에서 북한왕래 화물검색 (op. 11) • 기국 동의하에 공해상에서 의심선박 검색, 기국이 동의하지 않을 경우 적절한 항구로 유도시켜 검색(op. 12-13) • 금지품목 발견 시 안보리 결의 등 국제법에 따라 압류·처분(op. 14) • 검색·압류·처분 및 기국이 동의하지 않는 경우 등 관련 사항을 제재위원회에 보고 (op. 15-16) • 의심 선박에 대한 연료공급 등 지원서비스 (bunkering service) 금지(op. 17)
금융·경제 제재	• WMD와 탄도미사일 프로그램 관련 안보리 또는 제재위원회가 지정한 개인·단체 등에 대한 자금·기타 금융자산 및 경제재원 동결 및 개인·단체의 자금·금융자산·경제재원의 활용 금지 (op. 8(d)) • 기본경비 및 예외적 경비 지급 등에 필요한 경우, 결의 이전 설정된 법적 담보권과 관련된 경우 등 제재위원회 사전 통보 조건의 예외 적용(op. 9)	• WMD와 탄도미사일 프로그램 및 활동에 기여할 수 있는 금융·기타 자산·재원 동결을 포함한 금융서비스 제공 또는 이전 금지(op. 18) • 무상원조·금융지원·양허성 차관의 신규 계약 금지, 기존 계약 감축 노력(op. 19) – 인도주의, 개발 및 비핵화 촉진 목적예외 • WMD·미사일 프로그램 활동에 기여할 수 있는 대북무역에 대한 공적 금융지원 금지(op. 20)
기타 제재조치	※ 여행금지 • 안보리 또는 제재위원회가 지정한 핵·탄도미사일·WMD 관련 개인에 대한 입국 및 통과 금지(op. 8(e)) • 종교적 의무를 포함하여 인도주의적 필요에 의한 이유의 여행으로 제재위원회가 사안별로 결정, 또는 예외 결정한 경우 제외 (op. 10)	• 제재위원회에 추가 제재대상 품목·단체 • 개인 지정 지시(direct) (op. 24) – 결의 채택 후 30일 이내 조정 작업 완료 및 안보리에 보고 • 북한인 대상 확산 민감 핵 활동 등에 관한 특수교육 및 훈련제공 금지 및 관련 주의 (op. 28)
국별 이행보고	• 결의 채택 후 30일 이내 제재 이행조치현황을 안보리에 보고(op. 11) – 매년 보고의무 없음.	• 결의 채택 후 45일 이내 제재 이행보고서 안보리에 제출(op. 22) – 이후 제재위원회 요청에 따라 제출
제재 위원회 등 제재 이행 메커니즘	• 1718 위원회(대북제재위원회) 설치, 활동(op. 12) – 제재의 효율적 이행 관련 회원국에 정보 요청, 위반사례 정보에 관한 조사 및 적절한 조치	• 제재위원회는 1718호의 완전 이행을 위한 노력 강화(op. 25) – 회원국이 제출한 보고서 검토 • 1년 임기의 전문가그룹(7인) 설치(op. 26) – 위원회 활동 지원

	– 예외 요청에 대한 검토 및 결정,	– 회원국으로부터의 정보수집, 검토, 분석
	– 제재대상 품목, 금융 및 여행제재 대상자 추가 지정	(특히 불이행 사건 관련)
		– 제재위원회에 권고
	– 결의이행 촉진에 필요한 가이드라인설정, 매 90일 마다 안보리에 활동 보고	– 30일 내 최초보고서, 활동 종료 30일 전제재위원회에 최종보고서 제출
기타 주요내용 (제재 이외 사항)	• 북한의 핵보유국 지위 불인정(op. 4) • 북한에 대한 추가적인 핵실험 및 탄도미사일 발사 금지 요구(op. 2) • 북한의 NPT 및 IAEA 세이프가드 즉시 복귀 요구(op. 6) • 북한에 대해 무조건 즉각적 6자회담 복귀 및 9.19 공동성명 이행 촉구(op. 14)	※ 1718호에 추가된 내용 • 북한 및 회원국에 대한 결의 1718호 완전 이행 요구(op. 4, op. 7) • 북한에 포괄적 핵실험금지조약(CTBT) 가입 촉구(op. 29)

출처: 외교부 보도자료 (09-312호), "유엔 안보리 대북 추가 제재 결의 1874호 채택," 2009년 6월 13일.

Ⅱ. 유엔의 대이란 제재

1. 유엔 안보리 제재 배경

2002년 8월 이란의 반정부단체인 이란저항협의회(NCRI)는 이란 정부가 핵개발과 연계된 나탄즈(Natanz) 우라늄 농축시설과 아라크(Arak) 중수 생산시설을 비밀리에 건설하고 이를 IAEA에 신고하지 않았다고 폭로하였다. 이를 계기로 이란이 장기간 IAEA 전면 세이프가드협정을 위반해 온 사실이 밝혀졌다. 이에 국제사회는 강한 우려를 표명하였고, IAEA는 이란에 대해 우라늄 농축 및 재처리 활동 중단을 요구하는 일련의 이사회 결의를 채택하였다. 2003년 2월, 증폭되는 이란의 핵 개발 의혹에 직면한 하타미 이란 대통령은 2003년 2월, IAEA 엘바라데이(ElBaradei) 사무총장을 이란 내 의혹시설에 초청하고 2003년 5월까지 IAEA 사찰을 여러 차례 수용하였다.

그러나 엘바라데이 사무총장은 2003년 6월 이란의 과거 10여 년간의 미신고 사실을 세이프가드협정 위반으로 IAEA 집행이사회에 보고하였다. 이에 이란은 이란의 모든 핵 활동이 평화적이고 핵무기를 개발할 의사가 없다며 2003년 11월 IAEA에 핵 활동에 관한 신고서를 제출하면서 이를 포괄적이고 정확한 신고라고 주장하였다. 이어서 2003년 12월에는 IAEA와 추가 의정서(AP)에 서명하기도 하였으나, 실제로는 추가 의정서 비준을 위한 조치를 하지 않으면서 2004년 6월 우라늄 농축 활동을 재개하였다.[25]

한편 국제사회의 우려가 고조되는 가운데 2004년 11월 유럽연합(EU) 3개국(영국·프랑스·독일)과 이란 간의 합의(파리협정)가 성사되어 이란은 우라늄 농축 관련 활동을 중단하고 핵 문제의 정치적 해결을 위한 장기적 합의 타결을 목적으로 EU 3개국과 협상을 개시하였다. 그러나 이란은 2005년 8월 초부터 IAEA 집행이사회 결의 및 파리협정에 반하는 우라늄변환 활동을 재개하였다. 2005년 9월 IAEA 이사회는 이란이 IAEA와의 전면 세이프가드협정을 불이행(non-compliance)하였다고 판정한 결의를 채택하고 이란이 자국의 핵 활동이 평화적이라고 주장하지만 이를 뒷받침하는 확신이 없으므로 향후 이 문제가 안보리에서 처리될 것이라고 언급하였다. 2006년 2월 IAEA 이사회는 특별회의를 통해 이란 문제를 안보리에 회부하기로 결정하였다. 아울러 이란에 대하여 농축 관련 활동을 중지하고 중수원자로 건설을 재고하며 추가 의정서에 비준할 것을 재차 촉구하였다.[26]

그러나 이란이 IAEA와 안보리의 요구사항을 계속 이행하지 않음에 따라 2006년 7월 유엔 안보리는 동년 8월 말까지 이행하지 않으면 경제제재를 취할 것을 의도하는 내용의 결의 1696호를 채택하고, 이란의 농축 및 재처리 활동의 중지를 재차 촉구하였다.[27] 2006년 7월, 안보리는 이란에 대하여 모든 우라늄 농축과 재처리 활동의 중단을 강제하는 법적 구속력 있는 1696호를 채택하였다.[28] 그런데도 2006년 12월 이란이 농축 관련 활동을 중지하지 않자 안보리는 유엔헌장 제7장 제41조(경제제재)에 근거한 결의 1737호를 만장일치로 채택하고, 민감한 핵 및 미사일 관련 기술의 대이란 이전을 금지하였으며 이란의 핵 및 미사일 프로그램에 관련된 단체(10개)와 개인(12명)의 자산을 동결하였다.[29]

---

25) CNS, "Inventory of International Nonproliferation Organization & Regimes" (2009 Edition), p. 96; Arms Control Association, "Timeline of Nuclear Diplomacy With Iran,"(Last Reviewed: July 2021), available at <www.armscontrol.org/factsheets/Timeline-of-Nuclear-Diplomacy-With-Iran>.

26) Ibid.

27) 이는 안보리가 유엔헌장 제39조에 의거 경제제재(제41조) 또는 군사적 제재(제42조)를 결정하기 전에 사태의 악화를 방지하기 위하여 제40조에 근거하여 취한 잠정조치이다.

28) S/RES/1696 (2006).

29) S/RES/1737 (2006) Annex A, B, C, pp. 8-9.

그 후에도 안보리의 요구사항에 대한 이란의 지속적인 불이행에 대하여 안보리는 결의 1747호(2007년), 1803호(2008년) 및 1929호(2010년)를 통해 대이란 금수물자를 재래식 무기 등으로 확대하고, 자금동결 대상 이란 단체와 개인을 추가하는 등 이란에 대한 제재를 더욱 강화하였다.[30]

한편 2015년 7월 타결된 이란과 P5(미국, 러시아, 영국, 프랑스, 중국)+1(독일) 간 핵 합의, 즉 포괄적 공동행동계획(JCPOA)에 따라 이란이 상호 합의한 핵 활동을 준수하고, IAEA가 JCPOA 핵 관련 조항에 대한 이란의 준수를 검증하는 조건으로 현재 이란에 대한 유엔제재는 해제된 상태이며 추후 안보리가 해제 종결을 결정하기 전까지는 해제가 유지될 전망이다.[31]

그러나 미국은 JCPOA를 탈퇴하고 대이란 제재를 재개하였으며 이와 함께 유엔 안보리에 이란에 대한 유엔제재의 복원을 요청하였으나 안보리는 미국이 JCPOA를 일방적으로 탈퇴했으므로 유엔제재의 재부과를 요구할 자격이 없다며 미국의 요청을 일축하였다. 그러나 그간 이란이 핵 합의 이후에도 합의사항을 5차례나 위반한 사실이 드러났고 미국이 탈퇴한 상황에서 이란이 2020년 12월 새로운 법을 제정하여 우라늄 농축을 20%로 상향하는 등 핵 활동을 증강하고 있어 사안에 따라서는 유엔제재가 다시 부과될 가능성이 크다.[32]

2. 제재내용

(1) 무역금지

농축, 재처리, 중수 관련 활동 및 미사일 개발에 이용될 수 있는 핵공급국그룹(NSG) 통제품목, 미사일기술통제체제(MTCR) 통제품목 그리고 NSG 및 MTCR 통제품목 이외의 것으로서 회원국이 이란의 핵·미사일 개발에 전용 가능하다고 판단한 모든 물품, 소재, 장비, 기술의 공급·판매 또는 이전을 금지한다.[33] 아울러 탱크, 장갑차, 대구경 야포(구경 75mm), 전투기, 공격용 헬기,

---

30) 세부내용은 S/RES/1737 (2006), S/RES/1747 (2007), S/RES/1803 (2008), S/RES/1929 (2010) 참조.

31) S/RES/2231 (20 July 2015), para. 12.

32) JCPOA에 관한 세부내용은 <https://www.armscontrol.org/factsheets/JCPOA-at-a-glance> 참조.

33) S/RES/1737 (2006), paras. 3, 4(b).

전함, 미사일(사정거리 25km 이상, MANPAD 포함) 및 미사일 발사대 등 유엔 재래식 무기 이전 등록 대상 재래식 무기의 직·간접인 공급, 판매 또는 이전을 금지하고 이들 무기 및 관련 물자의 공급, 판매, 이전, 제공, 제조, 정비 또는 사용에 관한 기술훈련, 금융자원 또는 금융서비스, 자문, 기타 서비스 또는 지원을 금지하였다.[34]

(2) 자산동결

핵 및 미사일 개발과 관련한 상기 제재품목의 공급, 판매, 이전 또는 사용과 관련한 모든 투자, 기술지원, 교육, 훈련, 중개 또는 기타 서비스 및 금융지원 또는 서비스의 이전을 금지하고,[35] 핵무기 및 미사일 개발과 관련된 단체 또는 개인이 소유 또는 지배하는 회원국 내의 자금[36], 기타 금융자산 및 기타 경제적 자원[37]을 동결한다. 그리고 관련 단체·개인에게 또는 이들의 이익을 위하여 자국민 또는 자국 영토 내의 어떠한 개인 또는 법인이 그러한 자금, 금융자산 또는 경제적 자원을 이용하지 못하도록 한다.[38]

(3) 금융제재

이란의 핵확산 또는 미사일 개발에 직접 관여했거나 지원을 제공한 개인을 포함한 제재대상자가 자국 영토에의 입국 및 통과를 금지하였다.[39] 회원국은 이란의 핵확산 활동과 미사일 개발에 기여하는 활동을 하지 않도록 자국 영토

---

34) S/RES/1929 (2010), para. 8.
35) S/RES/1737 (2006), paras. 3, 6.
36) 자금(funds)은 금융자산 및 모든 종류의 이득을 말하는데 여기에는 현금, 수표, 우편환 및 기타 지불수단, 예금, 적금, 이자, 주식, 채권 등과 증권, 배당금, 신용, 신용장, 선하증권 등을 포함한다. EU의 이란제재규정 Council Regulation (EC) No. 423/2007 of 19 April 2007, Art. 1 (g).
37) 경제적 자원(economic resources)이란 자금은 아니나 자금, 물품 또는 서비스의 획득에 이용될 수 있는 동산 또는 부동산 등 모든 형태의 자산(assets)을 말한다. Council Regulation (EC) No. 423/2007 of 19 April 2007, Article 1 참조.
38) S/RES/1737 (2006), paras. 3, 12.
39) S/RES/1747 (2007), para. 2; S/RES/1929 (2010), para. 10. 확산자의 여행제재에 관하여 먼저 입국에 대해서는 일반 국제법상 국가는 외국인의 입국을 인정할 의무는 없다. 통과에 대하여는 공항에서의 통과는 일반적으로 인정되고 있고, 국제민간항공조약 제9부속서 5.4.1항에서는 통과 여객에 대하여 허가증을 발급하는 일이 국제표준으로 규정되고 있다.

내 금융기관이 이란에 본적을 둔 모든 은행 특히 Meli은행, Saderat은행과 그들의 해외지점 및 자회사와의 활동을 경계해야 한다.40) 아울러 이란에 대한 보험, 재보험, 이체 등 금융서비스의 제공을 금지하고, 자국 내에 이란 은행 등 금융기관의 신규 지점·지사 또는 사무소 개설을 금지하였다.41)

(4) 화물검색

모든 국가는 국내의 법 집행 당국 및 법령에 따라 또는 국제법 특히 유엔 해양법협약 및 관련 국제민간항공협정과 양립하여 결의 1737호와 1747호에서 금지된 품목을 운송하고 있다고 믿을 만한 합리적인 이유가 있는 경우에는 이란항공화물(Iran Air Cargo) 및 이란이슬람공화국해운(IRISL)이 소유 또는 운영하는 항공기 및 선박에 의해 이란으로 또는 이란으로부터의 적재화물을 공항 및 항만에서 검사한다. 그리고 검사를 실시한 국가는 검사의 이유·시간·장소·상황·검사결과 및 기타 관련 세부사항을 포함한 검사보고서를 근무일 기준 검사 후 5일 이내에 안보리에 제출해야 한다.42) 나아가 모든 국가에게 자국 항구 및 공항 내에서 금수품목의 적재가 의심되는 이란 향발의 모든 화물을 검사하도록 하고 의심화물에 대해서는 압수 및 처분 권한을 부여하였다.43)

(5) 기타

이란은 다른 국가에서 우라늄 채굴, 생산 또는 핵물질과 기술 및 탄도미사일 관련 기술의 사용과 관련한 일체의 상업 활동에서의 지분 획득을 금지한다.44) 아울러 이란은 탄도미사일 기술을 이용한 발사 등 핵무기 운반능력이 있는 탄도미사일 관련 일체의 활동을 수행하지 못하며, 모든 국가는 그러한 활동과 관련하여 이란에 관련 기술의 이전 및 기술지원을 금지한다.45)

---

40) S/RES/1803 (2008), paras. 10–11.
41) S/RES/1929 (2010), paras. 21, 23.
42) S/RES/1803 (2008), paras. 11, 14.
43) S/RES/1929 (2010), paras. 14, 16.
44) S/RES/1929 (2010), para. 7.
45) S/RES/1929 (2010), para. 9.

3. 제재품목 범위

유엔제재 대상 품목은 기본적으로 핵(NSG) 및 미사일(MTCR) 관련 품목이지만, 그 외에도 회원국들은 자체 판단으로 결정한 품목을 추가하여 통제할 수 있다.[46] 그런데 일부 호주그룹(AG) 품목(펌프·밸브·열교환기)은 NSG도 통제하고 있으며, 유럽연합(EU)은 화학물질 및 독소 등 호주그룹(AG) 품목과 바세나르협정 품목[47]들도 추가하여 통제하고 있고, 미국은 일부 식품을 제외한 모든 품목을 통제하고 있는 실정이다. 따라서 유엔의 대이란 제재품목은 WMD, 미사일, 재래식 무기 및 관련 다자간 수출통제체제(NSG·MTCR·WA·AG)의 모든 이중용도 품목을 통제대상으로 삼고 있다고 해석해야 할 것이다. 아울러 법적 구속력 있는 안보리의 결의에 따라 다자간 수출통제체제의 모든 이중용도 품목에 대한 회원국의 수출통제가 강제되므로 이란에 대한 수출입을 사실상 금지해야 한다.

4. 제재품목 법적 구속력 부여

결의 1718호(북한), 결의 1737호(이란)의 제재품목 중 WMD와 미사일 관련 품목은 NSG, MTCR 및 호주그룹(AG)의 통제목록과 거의 같다. 그러나 다자간 수출통제체제는 참가국 간의 신사협정으로서 가이드라인과 통제목록의 이행은 참가국의 재량에 맡겨져 있으나 결의 1718호와 결의 1737호에 따라 북한과 이란에 관한 한 모든 유엔 회원국에게 제재품목의 수출통제가 의무화되었다. 한편 결의 1718호와 결의 1737호의 WMD와 미사일 관련 제재품목의 차이는 생화학무기 관련 품목은 결의 1737호에는 규정이 없으나 결의 1718호는 제재위원회가 결의 채택 후 14일 이내에 AG의 통제품목(S/2006/816)을 고려하여 결정한 경우에는 수출통제의 대상이 된다는 규정[48]에 의거 제재위원회가 AG 관련 품목(S/2006/853)을 발표함에 따라 이들 품목의 대북 또는 북한으로부터의 이전

---

46) S/RES/1737 (2006), para. 4(b).
47) EU가 통제하는 자세한 세부품목에 대해서는 EU Council Regulation No. 423/2007(2007.4.19) Annex II 참조. <http://eur−lex.europa.eu/LexUriServ/site/en/oj/2007/l_103/l_10320070420 en00010023.pdf.>.
48) S/RES/1718 (2006), para. 8(a)(ii).

이 금지되었다.

수출통제를 유엔의 모든 회원국에게 의무화하는 규범제정의 의미에서는 특정 사안에 국한하지 않은 입법 결의인 결의 1540호야말로 획기적이었으나 그 구체적인 내용은 규정되어 있지 않았다. 이에 대해 결의 1718호와 결의 1737호는 몇 가지 예외가 있지만 다자간 수출통제체제의 통제목록을 인용하여 구체적인 이전방지의 범위와 내용을 유엔헌장 제7장에 의거 모든 회원국에게 의무화하였다. 이는 비록 북한과 이란에 한정된 것이지만 종래 지적되어 온 다자간 수출통제체제의 한계를 초월하여 그 기준을 보편화하는 방법을 제시했다고 말할 수 있다.

다자간 수출통제체제의 통제목록, 즉 핵공급국그룹(S/2006/814), 미사일기술통제체제(S/2006/815), 호주그룹(S/2006/816)은 모두 결의 1718호 채택 당시 안보리 문서로서 배포되었으며 S/2006/814 및 S/2006/815는 결의 1737호에도 적용되었다. 앞으로도 안보리에서 비확산 분야의 제재가 검토될 때 이들 다자간 수출통제체제 통제목록이 중요한 기초가 될 것으로 보인다. 결의 1718호와 1737호는 이들 제재품목에 관하여 자국민 및 자국의 선박과 항공기에 의한 이전 및 기술훈련·서비스 제공 등의 금지도 의무화하였고 결의 1737호는 관련 금융자산과 서비스의 이전금지까지 확대하고 있어 다자간 수출통제체제 참가국의 의무의 범위는 종래 신사협정의 범위를 넘어선 것으로 볼 수 있다.[49]

5. 대이란 제재위원회(1737 위원회)

1737 위원회는 결의 1737호에 의거 2006년 12월 23일에 설치되었으며 동 결의에서 부과된 조치의 이행을 감시하고 당해 결의 para. 18에 규정된 과업을 수행한다. 또한 관련 조치의 위반혐의 정보에 관한 정보를 검토하고 적절한 조치를 취한다. 아울러 추가 제재대상자를 지정하고 부과된 조치의 실효성을 강화하기 위한 필요사항을 안보리에 건의한다.[50] 동 위원회의 업무는 결의 1803호에 의해 확대되었으며 아울러 후속 결의인 결의 1747호(2007)와 결의 1803호

---

49) 市川とみ子, "大量破壞兵器の不擴散と國連安保理の役割,"『國際問題』, 第570号 (2008年 4月), pp. 61−62.

50) Fact Sheet: the 1737 Committee and its Panel of Experts, 15 Nov. 2010.

(2008)에서 부과된 조치도 포함되었다.

　동 위원회는 모든 국가에게 제재조치에 관한 이행보고서를 결의 채택 후 60일 이내에 제출하도록 하였는데 최근까지 이행보고서를 제출한 국가는 각각 84개국(결의 1737호), 73개국(결의 1747호), 62개국(결의 1803호)이었다. 안보리는 결의 1803호(2008)에서 결의 채택 후 90일 이내에 제출되는 이란의 조치에 관한 IAEA 보고서를 검토하고 결의 1737호 paras. 3~7 및 12, 결의 1747호 paras. 2~7 및 결의 1803호 paras. 3, 5 및 7~11에 명시된 조치를 종료하고 국제원자력기구(IAEA)로부터 이란이 결의 상의 의무를 완전히 준수했다는 보고를 접수하면 이란에 대한 제재를 중지할 것임을 확인하였다.[51] 아울러 1737 위원회는 위원회의 업무수행을 지원하는 8명의 전문가패널을 설치하고 각국과 관련 유엔기구 및 이해당사자로부터 위반에 관한 정보를 수집, 분석하고 관련 조치의 이행개선에 관해 권고하도록 임무를 부여하였다.[52]

제2절　주요국의 경제제재

Ⅰ. 유엔제재의 국내이행

　안보리 경제제재의 국내적 이행에 관하여 안보리 결의는 이행의 선택수단을 국가에 일임함으로써 안보리의 구속력 있는 결의의 채택과 국가들의 집행 간에는 두 가지 측면에서 상당한 갭이 발생할 수 있다. 아울러 1737 위원회는 위원회의 업무수행을 지원하는 8명의 전문가패널을 설치하고 각국과 관련 유엔기구 및 이해당사자로부터 위반에 관한 정보를 수집, 분석하고 관련 조치의 이행개선에 관해 권고하도록 임무를 부여하였다. 첫째, 경제제재의 실효성은 크게 이행 속도에 달려 있음에도 불구하고 안보리의 결정을 국내법으로 시행하기까지 상당한 시차가 있을 수 있으며, 이러한 지연의 원인은 법령의 최초

---

51) <http://www.un.org/sc/committees/1737/index.shtml>.
52) S/RES/1929 (2010), para. 29; S/RES/1984 (2011), para. 1.

제정 및 조치의 발효에서 찾을 수 있다.

둘째, 국제기구의 결정을 국내적으로 적용 가능한 법으로 변형하는 과정에서 안보리 결정의 내용이 변경될 수 있다. 가령 원래의 내용에 비해 덜 포괄적으로 된다든가 시간적, 영토적 및 인적범위를 좁게 한다든가 또는 원래의 내용과 적용에 새로운 예외를 도입하는 경우가 있을 수 있다. 일부 국가들은 무역제재, 무기금수, 자본이전 제한, 항공여행 금지 및 인적이동 제한 등 전통적 유형의 안보리 제재를 이행하기 위하여 안보리의 결정과 직접 관련이 없는 국내의 기존 법령에 의존하는 경우도 있다. 기존 법률에는 무역 및 긴급법률, 이중용도 품목을 포함한 전략물자의 수출을 규제하는 법률, 건별로 무역승인을 요하는 허가제도, 관세 또는 외환통제 및 금융규제, 항공법 및 이민 통제에 관한 법률이 포함된다. 무엇보다도 일본, 독일, 프랑스, 스웨덴은 특별한 상황에서 국제무역을 규율하는 정부의 권한으로 제재조치를 집행했으며, 아르헨티나는 대외관계를 수행하는 대통령의 권한에 근거하여 개별적인 대통령령을 통하여 유엔 안보리 결의를 국내법에 편입하였다.[53]

유엔 안보리의 자체 결의에 대한 집행은 회원국들의 안보리 결의 의무에 대한 준수 여부를 감시하는 위원회가 있지만 안보리 입법결의 1540호의 이행이 저조하고 아울러 제재 결의에 대해서도 제대로 이행하는 국가는 일부에 불과하다. 특히 이란과 같이 특정국의 확산방지를 위한 제재의 경우는 가능한 많은 국가의 동참이 필요한데 실상은 그렇지 못하다. 결국은 이행하지 않는 회원국들에 대하여 여하히 준수를 강제할 수 있느냐가 안보리가 당면한 주요 과제이다.

Ⅱ. 미국의 경제제재

미국은 이란과 북한의 핵무기와 장거리 미사일 확산을 방지하기 위하여 과거 25년간 광범위한 제재를 집행하였다. 양국에 대한 미국의 제재는 범위 및 전략적 목적에서 두드러진 차이가 있을 뿐만 아니라 몇 가지 근본적인 유사점도 있다. 일방적인 무역제재 외에도 불법 활동을 방해하기 위하여 핵심 조직과

---

53) Vera Gowlland−Debbas (ed), *National Implementation of United Nations Sanctions* (Martinus NIjhoff Publishers, 2004), pp. 37−38, 43.

개인을 겨냥한 스마트 제재와 국제금융시스템에 대한 접근을 저지하는 금융제재가 그것이다. 이러한 무역제재와 금융제재는 양국에 징벌적이고 강압적인 방법으로 다양한 경제적 압력을 가한 것이다.

미국 경제제재의 시행과 집행은 재무부 외국자산통제실(OFAC), 상무부 산업안보국(BIS) 및 국무부 방위무역통제국(DDTC)이 관할한다. 특히 OFAC은 미국의 외교정책과 국가안보의 목표를 바탕으로 확산 우려국, 테러리스트, WMD 확산 관련 활동 가담자 및 기타 미국의 국가안보, 외교정책 또는 경제에 위협이 되는 행위에 대하여 경제 및 무역제재를 가하고 있다. OFAC은 이러한 불법 행위자를 제재하는 개인과 기업의 목록을 공표하며 아울러 테러리스트와 마약 밀매자와 같은 개인, 집단과 단체를 지정하고 공표한다. 주요 목록에는 특별지정외국인목록(SDN List), 통합제재목록(Consolidated Sanctions List) 및 추가제재목록(Additional Sanctions List)이 있다.[54]

1. 미국의 대이란 제재

(1) 제재 배경

미국은 이란을 재정적으로 고립시키고, 핵무기 능력개발 노력에 대한 이란의 비용을 증가시켜 이란 정부를 협상테이블로 끌어들이기 위해 석유 수출을 차단하는 국제사회의 노력에 앞장서 왔다. 그러나 미국의 대이란 제재는 이란의 핵 개발 활동에 대한 현행 제재가 있기 훨씬 오래전으로 거슬러간다. 미국은 이란의 이슬람 혁명 직후 1979~81년 납치 위기의 기간 중 처음으로 이란에 대해 경제적, 정치적 제재를 부과하였다. 1979년 11월 14일 카터 대통령은 미국이 관할하는 이란의 모든 자산을 동결하였다. 미국은 1984년 1월, 이란이 지원하는 레바논 테러단체 헤즈볼라(Hezbollah)가 베이루트 주재 미 해병대 기지 폭발 사건에 관련된 데 대하여 추가적인 제재를 가했다. 아울러 그해 미국은 이란을 테러지원국으로 지정했다. 미국은 테러지원국에 대해서는 대외원조 제한을 포함하여 무기 이전금지 및 거의 모든 이중용도 품목의 수출을

---

54) 세부내용은 미 재무부 웹사이트 URL 참조. <https://home.treasury.gov/policy-issues/office-of-foreign-assets-control-sanctions-programs-and-information>.

통제한다.[55]

한편 트럼프 행정부는 이란이 핵 합의를 위반했다는 어떠한 증거도 제시하지 않은 채 이란의 합의사항 미준수와 탄도미사일 프로그램을 이유로 2018년 5월 포괄적 공동행동계획(JCPOA)을 일방적으로 탈퇴하고 2015년 7월 이후 이란에 대하여 해제했던 제재를 다시 부과하기 시작하였다. 아울러 2020년 5월에는 JCPOA에 자세히 명시된 Arak 원자로 변환, 테헤란 연구용 원자로에 농축연료 제공, 사용 후 연료 수출 등 이란의 핵 협력 프로젝트를 위하여 유예했던 모든 잔여 제재를 재개하였다.[56] 그에 따라 미국은 2018년 11월부터 이란산 석유 수입의 제한을 재개하고 이란중앙은행(CBI)을 테러지원기관으로 지정하여 이란중앙은행과 거래한 외국금융기관의 미국 내 대리계좌를 중단하는 등 제재를 강화하였다.

(2) 미국의 제재법규

미국의 대이란 제재는 많은 관련 법규에 의해 집행되고 있다. 이란제재법, 이란·북한·시리아비확산법, 이란·이라크무기비확산법, 포괄적 이란제재법(CISADA), 국방수권법(NDAA) 그리고 이들 법률의 시행령인 이란거래규정(ITR), 이란자산통제규정(IACR), 이란금융제재규정(IFSR), 수출관리규정(EAR), 행정명령 13224호(테러리스트와 테러지원자의 자산동결 및 거래금지), 행정명령 13382호(WMD 확산자 및 지원자의 자산동결), 행정명령 13574호(이란제재법상 특정 제재의 이행) 및 행정명령 13599호(이란 정부와 이란 금융기관의 자산동결) 등이 그것이다.

(3) 주요 제재내용

1) 무역 및 투자 금지

미국은 이란의 WMD와 미사일의 확산 및 국제테러 지원에 대한 제재조치로 이란과의 거의 모든 무역과 투자를 금지하고 있다.[57] 아울러 미국 내의 사

---

55) Zachary Laub, "International Sanctions on Iran," Foreign Affairs (July 15, 2015), pp. 2−3.

56) <https://www.armscontrol.org/factsheets/JCPOA−at−a−glance> 참조.

57) 행정명령(Executive Order) 13509호(1997년 8월 19일). 이란은 이스라엘에서의 테러공격, 유럽과 중동 전역에 걸쳐 암살을 수행한 헤즈볼라(Hezbollah), 하마스(Hamas) 등 테러단체를 지원한 이유로 1984년 미국 국무부에 의해 테러지원국으로 지정되었다. 미국은 이란, 수

람 또는 외국 내의 미국인58)에 의한 물품, 기술 또는 서비스의 수출, 재수출, 판매 및 공급을 금지하며,59) 여기에는 제3국이 목적지이나 이란을 환적 또는 통과하는 물품 또는 기술의 수출, 재수출 또는 공급의 경우도 포함한다. 특히 이 금지사항에는 그러한 물품, 기술 또는 서비스가 직접 또는 간접적으로 이란 또는 이란 정부로 공급, 환적 또는 재수출될 의도가 있음을 알고 있거나 알만 한 이유가 있으면서 제3국 내의 사람에게 재수출하는 것을 포함한다.60)

2) 이란 원산 상품, 서비스, 기술에 대한 무역 관련 거래금지

이란이 원산지 이거나 이란 정부가 소유 또는 지배하는 물품 및 서비스 수입을 금지하며,61) 제3국으로 수입되는 이란 물품의 미국 내 통과 또는 환적도 금지한다. 아울러 미 금융기관의 해외지점 및 무역상사를 포함하여 미국인은 이란 원산 또는 이란 정부가 소유 또는 지배하는 물품, 기술 또는 서비스와 관련된 구매, 판매, 스왑, 수송, 보증, 자금조달 또는 중개거래를 포함한 거래를 일절 금지한다. 한편 외국인은 미국으로부터 수출된 모든 물품, 기술 또는 서비스를 이란62) 또는 이란 정부에 재수출하지 못한다. 단, 물품 또는 기술이 미국 밖에서 실질적으로 외국제품으로 변형된 경우와 미국 밖에서 생산된 외국제품에 포함된 미국산 물품이 편입된 경우 그 편입비율이 전체 외국제품 가액의 10% 이하일 경우는 제외된다.

단, 쿠바, 시리아 등 4개 테러지원국에 대하여 매우 가혹한 경제제재를 부과하고 있다. 즉 경제원조, 이중용도 기술과 군수물자의 수출을 금지하며 세계은행과 기타 국제금융기관으로 부터의 대출에 반대한다. 테러지원국과 세계 테러유형에 관해서는 U.S. Department of State, *Patterns of Global Terrorism - 2000* (Government Printing Office, April 2001) 참조.
58) 미국인(United States person)은 미국 시민, 영주권자 및 미국 법에 의거 설립된 법인(외국 기업의 지사 포함) 또는 미국 내 모든 사람을 의미한다. 이란거래규정(Iranian Transactions Regulations: ITR) §560.314.
59) Iran Transactions Regulations(ITR) §560.204.
60) 미국 재무부 웹사이트<www.ustreas.gov> 메뉴 "Guidance on Transshipment to Iran" 참조.
61) 이란 원산의 물품은 이란에서 재배·생산·제조·추출 또는 가공된 물품, 이란의 상업구역내 로 반입된 물품을 말하고, 이란 원산의 서비스는 이란에서 또는 이란 법률에 의거 설립된 법인 또는 이란에 거주하는 사람이 제공하는 서비스를 말한다. 그리고 이때의 수입 (importation)에는 미국의 보세창고 또는 외국무역지역(FTZ)으로 반입되는 경우도 포함한 다. 이란거래규정(ITR) §560.306.
62) 이란은 이란의 영토 및 이란이 주권 또는 관할권이 있는 배타적 경제수역과 대륙붕을 포함 한 해양지역을 말한다.

3) 신규투자 금지 및 이란 석유산업 관련 거래금지

자금 또는 기타 자산의 약정, 대출 또는 기타 여신의 연장을 포함하여 이란에서 또는 이란 정부가 소유 또는 지배하는 자산에 대한 신규투자를 금지한다. 아울러 이란의 사데라트 은행(Bank Saderat)과 관련된 모든 금융거래를 금지하며, 금지된 거래와 관련한 외국인의 거래에 대한 승인, 편의 제공 및 자금조달 또는 보증을 금지한다.[63] 미국은 핵개발 등의 자금을 원천적으로 봉쇄하기 위하여 이란의 원유 또는 이란에서 정제된 석유제품에 대한 거래금지 및 그러한 거래에 대한 자금공여를 금지한다. 또한 이란의 원유산업에 이익을 주는 금융 등의 서비스 제공이나 물품 또는 기술의 제공을 금지하며, 이란의 에너지부문에 대한 투자를 연간 2,000만 달러 미만으로 제한한다.[64]

4) 금융 및 은행 규제

미 재무부는 이란을 국제금융시스템으로부터 고립시키는 전략을 취하고 있다. 이란과 거래하는 미국 내 금융기관에 대한 거래금지를 넘어 포괄적 이란 제재법(CISADA)을 역외적용하거나 제2차 제재(secondary sanctions)를 집행한다. CISADA에 의거 이란의 제재대상 은행과 거래하는 외국의 금융기관 또는 지점은 미국에서의 거래 또는 달러화의 거래가 금지된다. 2011년 말 미국은 석유수입을 현저히 감축한 일부 국가를 제외한 나머지 국가에 대해서는 이란중앙은행을 통해 이란산 석유 수입대금을 결제하지 못하도록 하였다. 아울러 이란이 석유 수출액을 수입국과의 양자 간 무역이나 인도주의적 물품의 구매에만 사용하도록 이란의 외국통화 사용을 제한하였다.[65]

5) 석유 수출

미국은 이란의 핵확산에 대한 억지를 강화하기 위하여 이란의 석유 수입(收入) 감축에 초점을 두고 있다. 2012년 전만 해도 이란의 석유 수출은 이란 정부 수입의 절반과 GDP의 1/5을 차지하였으나 그 후 절반 이상으로 줄었다. 대이란 제재의 역외집행은 석유와 가스분야의 투자, 석유 정유에 사용되는 장

---

63) ITR §560.207 – 208.
64) ITR §560.209 및 Iran Sanctions Act, Sec. 5.
65) Zachary Laub, *supra* note 55, p. 4.

비의 판매를 포함한 에너지 부문과 관련된 서비스와 투자를 제공하거나 조선, 항만 운영 및 운송보험과 같이 석유 수출과 관련된 활동에 참여하는 외국기업을 대상으로 한다. 이러한 석유 수출 제재는 포괄적 이란제재법(CISADA)과 관련 행정명령에 의거 그 범위가 확대되고 있다.[66]

6) 자산동결 및 무기개발 제재

2001년 9.11 테러 이후 미국은 국제테러를 지원한 개인과 단체의 자산을 동결하였으며 아울러 이들의 미국 여행을 금지하였다. 이 제재대상 명단에는 은행, 방산업체 및 이란 혁명수비대(IRGC)를 포함하여 다수의 이란인과 단체가 포함되어 있다. 미국은 이란이 2007년 이라크에 불안정을 조성하였고 2011년에는 시리아의 알-아사드 정부를 지원하였으며 인권침해를 부추겼던 IRGC 쿠드스군을 제재하였다. 그리고 미국은 이란-이라크 무기비확산법에 의거 이란의 WMD 및 지역 불안정을 초래할 정도의 과도한 수량의 첨단 재래식 무기의 개발 및 획득을 지원하는 개인 또는 단체를 제재한다.[67]

7) 허가면제

다음의 경우에는 허가가 면제되어 거래가 허용된다.[68]
- 개인 통신, 인도적 기부, 정보와 정보적 자료
- 회의(conference), 공연, 전시회 등 행사를 위한 서비스
- WMD 및 국가안보와 무관한 100달러 이하의 선물
- 미국에서 이란, 이란에서 미국 출입국자의 정상적 여행 수화물
- 원격통신 및 이메일(금수품목에 관한 내용은 불허)
- 특허, 상표권, 저작권 등 지적 재산권에 관련된 거래
- 이란과 미국 정부 간 분쟁 관련 배상금 결제로 이란산 원유의 수입 등

8) 벌칙

이란거래규정(ITR)에 의한 허가, 명령, 금지사항을 위반하거나 위반을 기도하거나 공모한 법인에게는 최고 100만 달러의 벌금이 부과되고 자연인은 최고

---

66) *Ibid.*
67) *Ibid*, p. 5.
68) ITR §560.210.

20년의 징역에 처해질 수 있다. 그리고 행정제재는 25만 달러 또는 위반거래 금액의 2배에 상당하는 금액 중 큰 금액의 과징금이 부과될 수 있다.[69] 한편 금지대상 물품, 서비스 및 기술을 이란에 수출하여 의회에 보고된 외국인은 미 정부 조달 참가 금지, 미국산 무기 수출금지, 미국산 이중용도 품목 수출허가 거부 및 허가 취소 등의 제재가 내려지며 또한 이 내용은 미국 연방관보에 공표된다.[70] 그리고 WMD 확산자에 대한 자산동결에 관한 행정명령 13382호의 규정을 고의로 위반한 경우에는 20년 이하 징역, 법인은 50만 달러 이하, 개인 25만 달러 이하의 벌금이 부과되며, 위반 건별로 5만 달러 이하의 과태료가 부과된다.[71]

9) 제재 효과

미 정부는 이란에 대한 제재 효과에 대하여 이란 석유산업에 대한 외국인 투자가 둔화되었고 이란의 확산 및 테러 활동 가담자에 대한 미국의 금융시스템 접근을 거부하였다는 점을 들어 실효성이 있다고 주장하고 있으나, 2003년 이후 이란은 자국의 에너지 자원 개발 관련 외국기업과 200억 달러에 이르는 계약을 체결하였고 이란 은행은 달러화가 아닌 다른 통화를 사용하여 자금을 조달하고 있으며, 우라늄 농축 활동, 첨단무기 관련 기술습득 및 테러 지원 활동을 지속하고 있다는 증거를 들어 효과가 제한적이라는 주장이 맞서 있다.[72] 참고로 <표 8-3>은 미국의 대이란 제재를 연도별로 나타낸 것이다.

10) 유럽의 미국 제재 동참

미 정부는 외국 정부와 기업들에게 이란제재에 관한 정책 목적과 관련 법에 따라 행동하여 줄 것과 이란 에너지 분야와의 거래중단을 촉구하였다. 그리고 2010년 7월 1일 포괄적 이란제재법(CISADA) 시행 이후 에너지 분야에서 이란과 거래한 9개 기업을 제재했다. 아울러 5개 다국적 석유회사들에게 이란에서의 모든 실질적인 활동을 철회하도록 설득하였고, 그에 따라 많은 기업들이 이란과의 거래를 중단하였다. 아울러 이란항공이 운행하는 유럽 17개 도시의

---

69) ITR §560.701.
70) Iran, North Korea and Syria Nonproliferation Act, Sec. 5.
71) Executive Order 13382 (June 28, 2005), Sec. 4.
72) 미국의 대이란 제재에 대한 전반적인 효과분석에 관해서는 United States Government Accountability Office, *Iran Sanctions: Impact in Furthering U.S. Objectives Is Unclear and Should be Reviewed* (GAO, December 2007) 참조.

제트연료 공급업체에게 연료공급을 중단시켰다. 구체적으로 예를 들면, 터키
정유회사 Tuprass는 이란에 가솔린 공급계약을 취소했고, 프랑스 석유그룹
Total, Royal Dutch Shell, 쿠웨이트 석유그룹과 스위스, 러시아 등 석유회사들
도 정유제품 판매의 판매를 중단하였다. 그런가 하면 독일 티센크루프
(Thyssenkrupp)는 이란과의 모든 거래중단을 발표했었다.[73]

표 8-3   미국의 대이란 제재(1979~2010년)

연도	대이란 제재내용
1979	• 주 테헤란 미국대사관 인질사태 • 미 대통령은 IEEPA에 의거, 비상사태를 선포하고 이란 정부의 미국 내 자산동결(Executive Order 12170) → 1981년 해제
1984	• 미 국무부, 이란을 "테러지원국(State Sponsors of Terrorism)"으로 지정
1987	• 미 대통령은 국제안보협력개발법(ISDCA)에 의거, 이란 원산 품목 및 서비스 수입금지(Executive Order 12613)
1992	• 1992년 이란·이라크무기비확산법에 의거, 이란의 확산 활동에 관련된 외국단체 및 기업 제재(역외집행)
1995	• 미 대통령은 IEEPA에 의거, 이란 석유자원 개발 참여금지(E.O. 12957) • 미국의 이란산 물품의 수입과 대이란 수출 및 투자 금지(E.O. 12959)
1996	• 1996년 이란·리비아제재법에 의거, 이란 석유자원 개발에 2천만 달러 이상 투자한 기업 제재(역외집행)
1997	• 대이란 무역 및 투자 금지 관련 기존 집행명령을 통합(E.O. 13059)

2000	• 2000년 이란비확산법 제정
	  핵·생화학·미사일 등을 이란에 이전한 외국기업 제재(역외집행)
	• 일부 이란산 품목 수입제재 완화 → 융단, 견과류, 캐비아 등 수입재개
	  테러지원국에 일부 농산품, 약품, 의료용품 (재)수출 허용(허가 필요)

2005	• 2005년 이란비확산법 개정 • 2000년 이란비확산법을 이란·시리아비확산법으로 명칭 변경

2006	• 이란자유지원법 : 이란·리비아제재법을 다음과 같이 개정
	  (1) WMD 및 첨단 재래식 무기를 제재대상으로 개정
	  (2) 리비아를 제재대상에서 제외(이란제재법으로 명칭 변경)
	  (3) 2011년 말까지 효력 연장

---

73) U.S. Department of State, Press releases, "Companies Reducing Energy—Related
Business with Iran" (2011. 5. 24).

	• 2006년 북한비확산법을 이란·북한·시리아비확산법으로 명칭 변경
2007	• 테러단체의 미국 내 자산동결 및 거래금지(E.O. 13224), • WMD 확산자에 대한 미국 내 자산동결, E.O. 13382의 제재대상에 이란 군대 및 주요 은행 포함
2008	• E.O. 13382에 TAMAS 등 이란의 기업·단체(5개) 및 개인(6명) 추가
2010	• 이란 고위관리(8명) 인권위반으로 제재 • 이란중앙은행 제재법 통과

출처: United States Government Accountability Office, *Iran Sanctions: Impact in Furthering U.S. Objectives Is Unclear and Should be Reviewed* (December 2007), p. 45.

2. 미국의 대북 제재

1) 미국의 대북제재 배경

미국은 북한이 자국의 국가안보를 크게 위협할 뿐만 아니라 북한이 공산주의 노동당 정부의 마르크스-레닌 국가이고 북한의 WMD 확산이 국제평화와 안보를 심각하게 위협하고 또한 북한이 국제테러를 지원하고 있다는 이유로 북한에 대해 강도 높은 경제제재를 시행하고 있다. 아울러 미 국무부는 북한의 인권 보호의 수준이 매우 미흡하다고 평가하여 2001년 이후부터 북한을 매년 연속으로 특별우려국(country of particular concern)으로 지정하는 등 북한 주민에 대한 인권탄압을 이유로 경제제재를 부과하고 있다.[74] 아울러 미 국무부는 최근 김정은이 이복형인 김정남을 화학무기(VX)로 독살한 사실과 미국인 웜비어에 대한 고문치사 등 테러행위를 지적하고 2017년 11월 북한을 테러지원국으로 재지정하였다.

미국의 대북제재는 1950년 북한군의 남침에 대한 응징으로 개시되었다. 당시 미국 대통령은 북한의 남침이 미국의 국가안보에 위협을 초래한다고 판단하고 적성국교역법(Trading With the Enemy Act of 1917: TWEA)을 발동하여 국가비상사태를 선포하고,[75] 북한과 북한의 주민에 대하여 미국 관할 영역에 존재

---

74) Dianne E. Rennack, *supra* note 2, p. 4.
75) 국가비상사태의 선포는 대통령의 단독 재량사항이다. 예를 들면 1933년 루스벨트 대통령은 국가안보 관련 규제, 모든 은행 폐쇄 등 금융규제, 1968년 존슨 대통령은 국제수지를 이유

하는 모든 자산을 동결하고 북한과의 수출입, 투자, 금융 및 여행을 포함한 모든 거래를 금지하였다.[76] 한편, 현재 시행 중인 제재는 2008년부터 시작되었다. 2016년 이전에는 주로 핵미사일 개발에 연루된 특정 개인과 단체의 자산동결, 여행 금지 및 재래식 무기의 수출입금지에 제재를 집중하였으나 2016년 이후부터는 북한경제의 타격에 초점을 두는 한편 2016년에 북한을 자금세탁 우려국(state of money laundering concern), 2017년 6월에는 북한의 주요 거래은행인 중국 단동은행을 자금세탁우려기관으로 지정하는 등 금융제재를 강화하고 있다.[77]

2) 미국의 대북 수출입통제

미국은 유엔의 대북제재를 이행하기 위하여 수출관리규정(EAR)을 개정하여 핵 및 미사일 관련 품목과 통제목록(CCL)상의 모든 품목 및 사치품[78]을 비롯하여 사실상 수출관리규정(EAR) 적용대상의 모든 품목(ECCN 및 EAR99 품목)[79]의 대북 수출 및 재수출을 금지하고 식품과 의약품에 한하여 인도적 목적으로만 수출을 허용한다. 물품, 기술 및 서비스의 대북 수입 시는 재무부 외국자산통제실(OFAC)의 허가가 필요하며, 물품, 기술 및 서비스의 대북 수출 시 산업안보국(BIS)의 허가가 필요하다. 다만 행정명령 13722호에 따라 재무부에 의해 특별히 지정된 자(SDN List)로 수출 시에는 두 기관(BIS, OFAC)의 허가가 동시에 필요하다.

집행기관인 미 상무부 산업안보국은 CCL 상의 통제품목, 다자간 수출통제체제의 통제품목 및 사치품에 대하여 수출 또는 재수출 허가신청 시 건별로 심사(case-by-case review)하지만 계속 허가를 거부함으로써 사실상 대북거래를

로 외국인투자를 제한했다. 그 후에도 후임 대통령들은 월맹, 라오스, 캄보디아, 쿠바에 대해서도 제재조치를 취했다. 1950년 12월 중공이 압록강을 건너 한국전쟁에 참전하자 트루먼 대통령은 TWEA에 의거 비상사태를 선포하고 중공과 북한을 제재하였다. Vera Gowlland-Debbas (ed), *supra* note 53, p. 607.

76) The Trading with the Enemy Act(TWEA) Sec. 5(b).

77) Edward Fishman et al, "A blueprint for New Sanctions on North Korea," Center for a New American Security(CNAS) (July 27, 2017), p. 5.

78) 고급승용차, 요트, 보석, 장신구, 기타 패션 악세서리, 화장품, 향수, 모피, 디자이너 의류, 고급손목시계, 융단 및 벽걸이 융단, 전자오락소프트웨어 및 장비, 오락용 스포츠 장비, 와인 및 기타 주류, 악기, 예술품, 골동품, 동전, 우표 등 수집품 등이다. EAR Part 746 Supplement No. 1 참조.

79) ECCN은 미국의 수출통제 목록(Commerce Control List: CCL)상 통제품목별로 부여된 수출통제분류번호(ECCN)이며, EAR 99는 ECCN이 부여되지 않은 저급 제품을 말한다.

금지하고 있다. 아울러 이들 품목 외에도 북한의 핵 및 탄도미사일 관련 또는 기타 WMD 관련 프로그램에 기여할 수 있다고 유엔이 결정한 품목들에 대해서도 수출을 금지하고 있다. 다만, 북한 인민에게 사용될 인도주의적 품목(담요, 신발, 난방유, 식품과 의약품 및 의류)의 수출과 재수출은 일반적으로 허용한다.[80]

아울러 미국의 상품, 서비스 및 기술에 대한 대북 수입은 재무부의 허가사항이다. 그러나 실제로는 수입을 불허한다. 이때의 상품에는 완제품의 구성품 또는 제3국에서 실질적 변형의 공정을 거친 것도 포함된다. 위반자는 최고 100만 달러의 벌금에 과하고, 개인의 경우는 최고 징역 20년에 처해질 수 있다. 아울러 행정제재로는 위반 건당 25만 달러 또는 거래금액의 2배에 상당하는 금액 중 더 큰 금액의 과징금이 부과될 수 있다.[81]

최근 미국은 북한뿐 아니라 이란과 러시아를 제재하는 포괄적 법률을 의결하여 대북제재를 더욱 강화하였다. 그 내용은 1) 북한에 대한 원유, 정제유, LNG 등 석유제품의 수출 봉쇄, 2) 북한 노동자의 추가 고용 금지 및 제3국 기업이 고용 시 그 기업의 미국 내 자산거래 금지, 3) 북한 온라인 도박 등 인터넷 상거래 지원 금지, 4) 북한 또는 유엔 대북 제재 결의를 위반한 제3국이 소유하는 선박에 대한 미국 해역 운항 및 입항 금지, 5) 북한이 강제노역을 시킨 노동자들에 의해 생산된 제품의 대미 수입금지, 6) 제3국 기업이 북한에 위탁 가공한 제품(북한산 간주)의 미국 내 수입금지 등으로 북한의 핵미사일 개발에 필요한 자금줄을 차단하는데 목적을 두고 있다.[82] 한편 이와는 별도로 미국은 자국민에 대한 북한여행을 일절 금지하였다.

한편, 미국은 북한의 영변 냉각탑 폭파 이후 적성국교역법(TWEA)에 따른 대북제재를 해제(2008. 6. 26)하였으나 같은 날 행정명령 13466호를 발부, 일부 제재(자산동결, 미국인의 북한 국적선 등록 및 관여행위 금지)를 지속하고 있다. 아울러 미 대통령은 행정명령 13551호를 발부(2010. 8. 30), 북한의 우려 활동(무기 확산, 마약 운송, 화폐위조, 사치품 조달, 여타 불법 금융 관행 등)을 촉진한 개인과 단체를 지정하여 이들의 미국 내 자산을 동결하고 이들에 대한 자금, 물품과

---

80) 이외에도 미국의 대북 수출통제에 관한 자세한 내용은 Federal Register, Vol. 72, No. 17 (January 26, 2007) 참조.
81) Executive Order 13570, April 18, 2011.
82) Countering America's Adversaries through Sanctions against Russia, Iran and North Korea Act(CAASA).

서비스 등의 제공 및 수령을 금지하였다.[83]

3) 미국의 대북 금융제재: 마카오 BDA 은행 돈세탁 사례

미국의 대북 금융제재에는 제재대상자의 자금동결, 제재대상자와 관련 거래의 거절뿐만 아니라 국제금융 네트워크로부터의 배제도 있는데 북한에 큰 타격을 준 사례가 바로 마카오의 방코델타아시아(BDA: Banco Delta Asia) 관련 사건이다. 미국 재무부는 북한이 위폐로 얻은 이득을 BDA 등 금융기관을 통해 세탁한 것으로 보고 2005년 9월 15일 BDA를 일명 애국자법(USA PATRIOT Act)[84] 제311조에 의거 "주요 자금세탁 우려(primary money laundering concern)" 은행으로 지정하였다. 미 재무부는 조사결과 BDA가 북한 관리들과 협력하여 미국 위조지폐를 비롯한 거액의 현금예치를 수락하고 위조지폐를 유통하기로 합의했다고 밝혔다. 2005년 9월 20일 재무부의 금융범죄단속반은 미국 은행에게 BDA를 대신하여 환거래 계좌의 개설 또는 유지를 금지하고, 환거래 계좌가 간접적으로 BDA에 대한 서비스 제공에 이용당하지 않도록 상당한 주의(due diligence)를 기울이도록 하였다.[85]

이러한 조치는 사실상 미국은행을 비롯하여 각국의 은행과 거래할 수 없게 됨과 동시에 자금세탁 의혹 은행으로 지정됨으로써 마카오에 자금 회수 소동이 일어나 결국 마카오 정부가 BDA 운영을 관리하여 인출을 일시 정지시켰다. 마카오 정부는 9개 북한 은행 계좌 및 23개 북한 무역회사 계좌를 포함하여 북한 관련 모든 계좌를 폐쇄시켰다. 그 결과 북한과 관련된 52개 계좌의 2,500만 달러가 동결되었는데, 그 중에는 군이나 당의 국영기업, 김정일 국방위원장 등 북한 지도부의 개인 자금 계좌도 다수 포함되어 있었다. 이러한 자산동결에 대하여 북한은 거세게 반발하여 동결해제를 요구하고 그것이 용인되지 않자, 2006년 7월에 미사일을 발사하고, 같은 해 10월에 핵실험을 강행하였다.[86]

---

83) North Korea Sanctions Regulations, 31 CFR Part 510; Federal Register, Vol. 75, No. 213, November 4, 2010.

84) 애국자법 제311조는 전화나 인터넷 등 통신내용의 수신을 수사당국에 용인, 외국인에 의한 자금세탁 수사 권한의 강화, 테러리스트 은닉에 대한 벌칙 강화 및 은행에 대한 규제조치 등을 규정하고 있다. 財團法人 安全保障貿易情報センター, 『安全保障貿易管理の周辺』(2008年 10月), pp. 58-59.

85) Mary B. Nikitin et al, "North Korea's Second Nuclear Test: Implications of UN Security Council Resolutions 1874," *CRS Report for Congress RL40684* (July 23, 2009), p. 10.

북한은 2007년 2월 북미 간에 합의한 북한 핵시설의 60일 내 이동 정지 봉인 이행을 조건으로 BDA의 계좌동결 및 자금반환을 요구함에 따라 동년 3월, 북미 양국은 교육 및 인도 목적에 사용할 것을 조건으로 BDA의 자금동결을 해제하기로 하고, 그 전액을 베이징의 4대 상업은행 중 하나인 중국은행의 북한 계좌로 일괄 반환할 것을 합의하여 타결된 듯했으나 중국은행은 상장기업인 이상 자금세탁과 관련된 북한의 불법 자금에 일절 관여할 수 없다는 입장에서 국제적 신용손실을 의식하여 자금 유입을 거부하였다. 그리하여 마카오에서 직접 계좌 명의인에게 개별적으로 반환하려고 하였으나 이마저 여의치 않아 최종적으로는 미국 애국자법의 예외가 적용되는 러시아 중앙은행과 뉴욕 연방은행 간에 북한이 계좌를 갖고 있는 극동산업은행에 송금하는 것으로 동 사건은 마무리되었다.[87]

4) 북한의 금융제재 회피 수법

북한은 국제사회의 금융제재를 회피하기 위해 세 가지 유형의 자금세탁 방법을 개발했다. 첫째, 기존 자금을 환치기 등으로 제3국 계좌로 옮긴 뒤 현지 국적으로 신분 세탁한 북한 공작원 계좌에 입금한다. 이어 현지인과 합작으로 위장회사를 차린 다음 그 회사 계좌에 돈을 숨긴다. 합법적인 기업 자금처럼 위장하는 것이다. 실제 마카오의 한 기업인은 북한 비자금 도피를 장기간 도운 대가로 평양에 별장을 제공받기도 했다.

둘째, 중국에 있는 북한인이 남한 사람으로 위장해 중국 내 은행에 계좌를 만든 뒤 북에서 가져온 외화를 그냥 입금하는 수법이다. 중국 내 은행에선 남·북한 국적을 표기할 때 모두 'Korea'라고만 쓰고, 남·북한 여권 색깔이 모두 녹색이라 은행 창구 직원이 남·북한을 잘 구분하지 못한다고 한다. 셋째, 북한 금괴를 밀반출한 뒤 해외 공작원이 현지 회사 명의로 거래하는 수법으로 비자금을 조성한다. 홍콩의 한 회사는 북한 225국(옛 대외연락부) 공작원과 연계해 최근 수년간 북한산 금을 거래했다고 한다.

대북 소식통은 김정일 비자금은 38호실과 39호실, 225국, 보위사령부 산하

---

86) Dick K. Kanto, "North Korean Counterfeiting of U.S Currency," *CRS Report for Congress RL33324* (June 12, 2009)), p. 10.
87) 財團法人 安全保障貿易情報センター, 전게서, p. 61.

의 외화벌이 기관을 통해 주로 조성된다고 한다. 그러나 2016년에 38호실과 39호실을 통폐합하여 김정은 통치자금을 관리하는 기구를 39호실로 일원화하였다. 1970년대부터 비자금을 만들었던 39호실은 현재 김정일 고교 동창인 전일춘(69)이 실장을 맡고 있다. 북한은 1990년대까지 마약 밀매와 100달러짜리 위조지폐(수퍼노트) 제작 등으로 비자금을 마련했지만, 2000년대 들어선 무기 판매를 통해 김씨 일가 주머니를 채우고 있는 것으로 알려졌다. 김정일은 2010년 2월 대북 금융제재 등으로 비자금 조성이 어려워지자 "이제부터 충성자금 상납액으로 모든 것을 판단하겠다며 간부들을 몰아세웠다고 한다.[88]

Ⅲ. 일본의 경제제재

1. 일본의 유엔제재 집행

일본의 법체계상 국내 법질서 내에서 유엔 안보리의 결정에 법적 효과를 부여하기 위한 일반적 성격의 법률은 존재하지 않는다. 일본에서 유엔 안보리 제재의 이행 및 집행 절차는 당해 제재 분야에 적용 가능한 기존의 관련 법령에 근거하여 규율된다. 만일 관련 제재 분야에 적용 가능한 법령이 없을 경우는 사안별로 새로운 법률을 제정하거나 행정조치를 취하는 방식으로 이행된다. 유엔 안보리 결정의 국내 이행에 관하여 일본의 현재 법적 상황을 다음과 같이 요약할 수 있다.[89]

(i) 일본은 유엔헌장 제25조에 의거 모든 회원국을 구속하는 안보리의 모든 결정에 대하여 네덜란드의 예와 같이, 국내 법질서에서 안보리의 결정 그대로(ipso jure) 명백한 법적 효과를 부여하는 일반적 성격의 포괄적인 헌법적 체계를 가진 국가의 범주에 속하지 않는다.

(ii) 일본은 유엔헌장을 비롯한 국제협정이 체결될 때마다 영국의 1946년 국제연합법에 의거한 예처럼, 구체적인 국내 입법을 통해서 국제협정

---

88) 조선일보, "예금주: Mr. 김일성, 금액: 628억 7,000만 달러(약 75조원)…?," A8, 2010년 11월 10일.

89) Hisashi Owada, National Studies: Japan in Vera Gowlland－Debbas (ed), *National Implementation of United Nations Sanctions* (Martinus Nijhoff Publishers, 2004), p. 265.

상의 의무를 국내법의 의무로 변형하여 집행하는 국가의 범주에 속하지 않는다.

일본의 외국 등에 대한 경제제재 조치는 종래는 유엔 안보리 결의 등에 입각한 국제협조에 의해 국가 및 간부, 테러리스트 등 개인을 대상으로 수출입 제한, 자산동결, 출입국 제한 등의 조치를 취해 왔다. 외환법에서는 국제약속을 성실히 이행하기 위하여 필요하다고 인정될 때 또는 국제평화를 위하여 국제적인 노력에 기여하기 위하여 필요하다고 인정될 때를 요건으로 무역 및 금융 거래를 규제할 수 있도록 하였다(제48조 3항). 그러나 외환법의 해석으로는 안보리 결의 등과 같은 국제협력에 의한 것이 아니면 제재 조치를 강구할 수가 없게 되어 있다. 그래서 북한에 의한 일본인 납치 등의 제반 여건을 감안하여 일본이 단독으로도 경제제재 조치를 취할 수 있도록 2004년에 의원입법으로 아래와 같이 2가지의 소위 경제제재 관련법의 제정 또는 개정이 이루어졌다.[90]

(i) 무역 및 금융 면에서의 제재조치가 가능하도록 외환법 개정(2004년 2월 시행)

일본의 평화와 안전유지를 위하여 특히 필요가 있을 때는 각의(閣議)에서 대응조치를 강구할 것을 결정할 수 있고, 정부는 각의에서 결정한 대응조치를 결정 후 20일 이내에 국회에 부의하여 승인받아야 한다는 취지로 새롭게 규정하여(제10조의 추가 및 이에 근거한 관계조항의 개정) 무역규제, 송금규제, 기술제공 규제, 자본거래 규제가 가능하게 되었다.

(ii) 특정 선박의 입항금지에 관한 특별조치법의 제정(2004년 6월 시행)

일본의 평화와 안전유지를 위하여 특히 필요가 있을 때는 각의 결정에 의해 특정 외국선적의 선박 등에 대하여 일본 항구에의 입항 금지가 가능하게 되었다. 기타 경제제재의 일환으로서 행해지는 조치로서 출입국관리 및 난민인정법에 의거한 입국거부 등이 있다.

이상 2004년까지의 법 개정에 의하여 수출입금지·지불금지·자본거래금지·서비스거래 금지 등 제반 조치에 관하여는 안보리 결의에 근거한 경우는 물론이고 안보리 결의가 없는 경우에도 기본적으로 대응이 가능하게 되었다. 그러나 외환법 제5조에서 사무소 소재지주의에 의하여 일본 국내에 사무소가 있는

---

90) 일본 CISTEC 홈페이지(www.cistec.or.jp) "최근의 경제제재조치" 참조.

기업의 해외에서의 행위에도 외환법을 적용하지만 재외 자국민에 의한 수출입 전체가 규제대상이 되는 것이 아닌 문제에 대하여, 안보리 결의에 의한 수출입 금지조치 등에서는 보통은 속지주의 및 속인주의에 근거하기 때문에 외환법에서 안보리 결의의 결정사항을 완전히 이행할 수 없는 문제가 발생할 수 있다.[91]

2. 일본의 이란제재

유엔의 대이란 제재 결정에 대한 일본 정부의 이행조치 내용은 다음과 같다. 즉 ① 핵·미사일 관련 품목, 무기 등의 수출금지 등은 외환법 제48조 1항에 의거 허가하지 않은 형태로 조치하였다. ② 이란으로부터의 무기 및 관련 물자의 수입금지 대상으로서 수출무역관리령 별표 제1의 1항의 중란에 열거하는 화물로 지정하여 수출통제와 마찬가지로 수입통제도 집행하였다. ③ 자산동결조치의 대상자가 수출계약 등의 상대방·지불인 또는 보증인 등이 되는 사안에 관하여는 이란의 국영 세파은행 등과 무역보험계약을 체결하지 못하도록 하였다. 아울러 자산동결조치의 대상(단체 23개, 개인 27명)의 일부는 외국유저리스트에도 추가되었다.[92] ④ 특정 무기의 금융지원, 투자, 금융자산의 이전 등에 관한 감시 및 억제는 재무성에서 금융기관에 송금 시 확인의무의 대상으로 하였다. ⑤ 관련 이란국민에 대하여 전문적 교육의 감시 및 방지 등을 요청하였다.

아울러 제재가 강화된 안보리 결의 1929호에 의거 일본 정부(외무성, 경제산업성, 재무성, 경찰청, 금융청)는 결의 1929호 이행의 실효성을 높이기 위하여 2010년 9월 3일 비확산, 수출통제, 금융, 무역, 운수, 에너지 등 총 5개 분야에 걸쳐 실효적인 조치를 발표하였는데 그 내용은 다음과 같다.

① 이란의 핵 활동 등에 기여할 우려가 있다고 신규 지정한 은행 이외에 추가로 88개 단체 및 24명의 개인에 대한 지급 등 및 지정된 자와의 자본거래(예금계약, 신탁계약 및 금전대부계약) 등을 허가제로 변경하고 개인에 대해서는

---

91) 中谷和宏, "安保理決議に基づく經濟制裁—近年の特徵と法的課題," 『國際問題』, No. 570 (2008年 4月), p. 40.

92) 이 리스트는 경제산업성 안전보장무역관리 홈페이지에서 열람할 수 있다. 2021년 5월 14일 기준으로 이 리스트에 수록된 총 546개(기업·개인) 중 이란이 215개(기업·개인)로 전체의 39.4%에 달했다. <https://www.meti.go.jp/policy/anpo/2_0514.pdf>.

입국 및 통행을 금지하였다. ② 이란 핵 활동에 기여할 우려가 있다고 지정된 15개 은행에 대해 지급 및 지정된 자와의 자본거래(예금계약, 신탁계약 및 금전대부계약) 등을 허가제로 변경하고 사실상 거래를 금지하였다.

③ 이란의 핵 관련 활동 및 이란으로의 대형 재래식 무기 등의 공급 등에 관련된 활동에 기여할 목적으로 행해지는 거래 또는 행위에 대해 무역 관련 지급을 허가제로 변경하였다. ④ 자금이전 감시를 강화하기 위해 금융기관에 일본과 이란 간 지급에 대해 보고 의무를 부과하였다. ⑤ 이란의 핵 관련 활동 또는 이란으로의 대형 재래식 무기 등의 공급 등에 관련 활동에 기여할 목적으로 행해지는 거래 또는 행위와 관련하여 일본기업에 의한 보험 등의 인수를 허가제로 변경하였다.

⑥ 이란의 핵 관련 활동 또는 이란으로의 대형 재래식 무기 등의 공급 등에 관련한 활동에 기여할 목적으로 이란 관계자가 발행한 또는 발행할 증권에 대한 일본기업이 중개거래를 허가제로 변경하였다. ⑦ 이란 금융기관의 일본지점 설치 및 자회사 설립, 일본 금융기관의 이란지점 개설 및 자회사 설립을 불허하였다. ⑧ 이란으로의 2년 이상 중장기 수출신용에 대해 신규 공여, 인수 금지 및 단기에 대해서는 적절한 인수조건(지불기간 관련 조건을 1년을 상회하지 않는 범위로 설정하는 것을 포함)을 부여하고 엄격히 심사하도록 하였다.

그리고 ⑨ 석유 및 가스분야 관련 사업자에게 이란에서의 광산 개발 및 정제능력 증강 등의 신규 프로젝트(관련 대형거래 포함)에 신중한 대응을 촉구하며 기존 계약에 근거한 거래에 대하여 주의를 촉구하였다. 아울러 이란 관계자에게 투자 금지 업종의 상장사 주식을 10% 미만 양도시 또는 이란 관계자가 당해 업종의 상장사·비상장사 주식 등을 10% 이상 취득 시 신고하도록 하되 원칙적으로는 금지하였다.[93]

3. 일본의 대북제재

일본은 북한의 미사일 시험 발사와 핵실험에 대한 유엔제재의 이행 조치로서 먼저 결의 1718호와 관련, WMD 관련 특정화물의 대북 공급금지 및 북한으

---

93) <http://www.mofa.go.jp/mofaj/area/iran/anpori_sochi1009.html>.

로부터의 조달금지, 관계 공무원 등의 입국 및 통과 금지 등의 조치를 취했다. WMD 관련 품목과 다자간 수출통제체제의 통제품목과 일치하지 않는 일부 품목에 대해서는 캐치올(catch-all) 통제의 대상으로 하였다.

수출금지 대상인 사치품의 범위는 각국이 독자적으로 판단하여 정하기로 되어 있다. 이에 따라 일본정부는 북한 간부가 사용한다든지 하사품으로 사용되는 품목을 중심으로 24개 품목을 지정하고 북한을 목적지로 하는 사치품에 대하여 경제산업성 장관에게 수출승인 의무를 부과하고 허가신청 접수 시 승인하지 않는 방식으로 수출을 금지하고 있다. 또한 제3국에서 북한으로 수출하는 사치품의 매매에 관한 거래(중개무역)에 대해서도 경제산업성 장관에게 허가의무를 부과하고 있지만 허가를 승인하지 않음으로써 역시 수출을 금지하고 있다.[94]

안보리 결의 1874호와 관련, 북한의 핵 및 탄도미사일 관련 또는 기타 WMD 관련 프로그램 또는 활동에 기여할 수 있는 자산이전 등의 방지조치(지불규제·지불수단 등의 수출입규제, 자본거래규제 및 금융관련 서비스 규제 등)를 취했다. 또한 결의 1874호 및 1718호에 의거 북한의 WMD 및 탄도미사일 개발에 관여한 자(단체 5개, 개인 5명)에 대한 자산동결조치(지불규제, 예금계약, 신탁계약 및 금전대부계약) 등을 취했으며, 이들 관여자 중에서 3개 단체는 경제산업성이 공표하는 외국사용자리스트(Foreign Users List)[95]에 추가하였다.

일본 정부는 유엔제재의 이행 외에도 독자적인 제재조치를 취하고 있다. 먼저 2006년 7월의 미사일 발사에 대응하여 특정선박입항금지조치법에 근거하여 만경봉 92호 등 모든 북한 국적 선박의 일본 내 기항을 금지하였다. 이는 일본이 단독으로 조치한 첫 번째 제재 사례이다. 아울러 북한당국 공무원의 일본 입국을 원칙적으로 불허하는 한편, 북한으로부터의 입국심사를 더욱 엄격하게 실시하고 북한선적의 선박이 일본 항만에 입항하는 경우에 그 승무원 등의 상륙을 원칙적으로 허가하지 않도록 하였다.

---

94) 쇠고기, 참치, 캐비아, 승용차, 향수, 담배, 화장품, 가죽가방, 의류, 모피제품, 융단, 크리스탈 유리, 악기, 만년필, 보석, 귀금속, 귀금속 세공, 영상오디오기기, 오토바이, 모터보트, 요트, 카메라 및 영화용 기기, 휴대형 정보기기, 손목시계, 미술품, 수집품, 골동품 등 24개 품목이다. 경제산업성 보도자료(平成18年11月14日).

95) 2021년 5월 14일 기준으로 이 리스트에 수록된 총 546개(기업·개인) 중 북한이 143개(기업·개인)로 전체의 26.2%에 달한다. <https://www.meti.go.jp/policy/anpo/2_0514.pdf>.

그리고 2006년 10월, 2009년 5월과 2013년 2월의 북한 핵실험에 대하여 일본은 1) 출입국관리 및 난민 인정법에 의거 북한 국적자의 일본 내 입국 원칙적 금지, 2) 모든 북한 국적선의 입항 금지, 3) 북한을 목적지로 하는 모든 화물의 수출금지,[96] 4) 북한을 원산지 또는 선적지로 하는 모든 화물의 수입금지, 5) 중개무역 거래로서 북한과 제3국 간의 이동을 수반하는 화물의 매매, 임차 또는 증여 금지, 6) 원산지 또는 선적지가 북한인 화물을 수입승인을 받지 않고 수입한 경우에 그 수입대금의 지급을 금지하는 등의 조치를 취하였다.[97] 아울러 WMD 관련자에 대해서는 이들을 외국유저리스트에 등재하는 한편, 외환법에 의거 송금규제, 자본거래규제(예금계약, 신탁계약, 금전대부계약 등)를 금지하였다.[98]

더욱이 2016년 2월부터는 북한 국적자의 일본 입국 금지 및 북한 선박과 북한 기항 제3국 선박의 일본 입항을 금지하였다. 아울러 북한에 주소를 두고 있는 개인 등에 대한 지불을 원칙적으로 금지하고, 북한을 목적지로 하는 지불수단 등의 휴대 수출에 대하여 신고를 해야 하는 금액(하한액)을 종전 100만 엔 초과에서 10만 엔 초과로 인하하였다. 아울러 2016년 9월의 북한 핵실험에 대한 제재조치로 먼저 인적왕래의 규제를 강화하였다. 즉 북한을 경유한 재입국의 원칙적 금지대상을 일본 내 북한당국 공무원의 활동을 보좌하는 위치에 일본 내 외국인의 핵과 미사일 기술자로 각각 확대하였다. 동시에 북한에 기항한 일본 및 외국 국적 선박의 입항을 금지하는 한편 자산동결 대상이 되는 북한 핵미사일 프로그램 관련자(개인과 단체)를 확대하였다.

---

96) 일본의 최근 대북 금수조치(2009. 6. 18)의 첫 위반사례로 중국에 수출하는 것처럼 위장, 중국 대련항을 경유하여 북한 인민군의 직할인 조선백호7무역상사에 의류, 식료품 및 화장품을 불법 수출한 무역상사 스루스의 공동 대표자를 체포하였다.
　＜http://sankei.jp.msn.com/affairs/crime/091201/crm0912011252018−n1.htm＞.
97) 경제산업성 보도자료, "외환법에 의거 북한과의 수출입금지 조치의 계속에 대하여," (2010. 4. 9; 2011. 4. 5, 2012. 4. 3).
98) 일본 안전보장무역정보센터(CISTEC) 홈페이지(www.cistec.or.jp) "최근의 경제제재조치" 참조.

4. 한국의 대북제재

(1) 무기금수 및 수출통제

남북한 교역과 관련하여 통일부장관이 지정, 고시한 물품을 반출 혹은 반입 시에는 사전에 통일부장관의 승인이 필요하며, 북한을 도착항과 목적지로 하는 제3국으로 향하는 수출이거나 북한을 원산지 또는 선적항으로 하는 제3국으로부터의 수입인 경우는 대외무역법과 '국제평화 및 안전유지 등 의무 이행을 위한 무역에 관한 특별조치 고시'에 따라 산업통상자원부의 허가가 필요하다.

통일부장관의 승인대상 물품은 산업통상자원부장관이 공고한 전략물자수출입고시에서 수출 또는 수입에 금지·허가·승인·추천·확인·증명 등의 제한이 있는 물품 등이다.[99] 무기류의 대북 반출은 금지되며, 유엔제재 등 수출통제 대상품목에 대해서는 전략물자수출입고시 별표의 통제목록에 반영하였다. 그런데 전략물자의 대북 반출 시에는 사전 허가신청을 의무화하고 있으나 허가기관장인 통일부장관이 허가를 승인하지 않음으로써 사실상 반출을 금지하고 있다.

게다가 사전예방조치로서 2007년 8월에는 대북 전략물자의 반출승인 절차에 관한 고시를 제정하여 물품을 북한으로 반출하려는 자에게 당해 물품이 전략물자수출입고시상의 전략물자에 해당하는지 여부에 대한 확인을 의무화하였다. 아울러 대북 반출·반입 승인대상 품목은 남한과 북한 간에 이동하는 모든 물품 등과 무역의 형태 및 해당 물품 등의 소유권 변동 여부와 관계없이 단순히 제3국(보세구역 포함)을 거쳐 남한과 북한 간에 이동하는 물품 등으로 하였다.[100]

(2) 금융제재

모든 금융거래는 남북교류협력에 관한 법령에 의해 통제되고 있으며 국내 기업이 WMD와 관련된 북한기업 및 은행과 거래를 하지 않도록 행정지도하고 있다. 비핵화, 인도주의적 목적의 기부 또는 금융지원은 허용하되, 개성공단과

---

99) 남북교류협력에 관한 법률 제13조, 제14조 및 동법 시행령 제25조; 반출·반입승인 대상품목 및 승인절차에 관한 고시 제4조 제1항.
100) 통일부고시 제2010 - 1호 (2010.6.14) 제3조.

같은 협력사업에 투자되는 금융자산의 규모와 세부내용에 대해서는 통일부장관을 위원장으로 하는 남북교류협력위원회의 엄격한 검토 및 관리하에 수행되고 있다. 그리고 대북교역 관련 업체에 공적자금을 제공할 때에는 남북협력기금법 등에 의거, 보험·금융 제도를 통하여 철저한 관리하에 시행되고 있다. 아울러 북한방문 또는 대북 합작 사업을 하려는 자는 북한과 접촉하기 전에 정부의 사전 승인을 얻도록 함으로써 대북 관련 금융거래, 기술훈련, 자문, 서비스 관련 지원을 통제하고 있다.[101]

(3) 선박검사 및 화물검색

북한 선박은 다른 외국 선박과는 달리 무해통항권이 인정되지 않는다. 따라서 북한 선박은 남북해운합의서(2005년 8월 발효)에 의거 허가를 받아야 남한의 해역을 통과할 수 있으며 지정된 경로로만 항행하게 되어 있다. 아울러 항해 중 무기수송, 군사 활동, 잠수항행 등 10가지의 금지사항을 불법행위로 규정하고 의심되는 선박에 대해서는 금지사항 위반에 대한 압류 및 검색을 실시하고 불법행위에 해당 시에는 영해 밖으로 추방한다.[102] 대북 육상 및 항공수단을 통한 북한 반출 혹은 반입 화물에 대해서는 남북교류협력에 관한 법률 및 세관 절차에 따라 국내 출입국관리사무소에서 철저히 검사하고 있으며 특히 북한으로부터의 반입 물품은 전수 검사하고 반출 물품은 통일부의 확인을 받도록 하고 있다.[103]

(4) 유엔지정 제재대상자

북한의 핵·미사일 프로그램에 가담하여 제재대상자로 지정된 북한 기업(24개) 및 개인(38명)을 금융제재 대상자에 포함하여 '국제평화 및 안전유지 등의 의무 이행을 위한 지급 및 영수 허가지침'에 따라 거주자 및 비거주자가 제재대상자에게 지급하고자 하거나 제재대상자로부터 영수하고자 하는 경우 외국환거래 규정에도 불구하고 한국은행 총재의 허가를 받도록 하였다.[104] 아울러 전략물자

---

101) S/AC.49/2009/13 (31 July 2009), pp. 3−4.
102) 남북해운합의서 제2조 제6호.
103) S/AC.49/2009/13 (31 July 2009), p. 6.
104) 재정경제부고시 제2009−7호(2009. 6. 1) 제3조(지급 및 영수의 허가).

수출입관리시스템상의 우려고객거래자에 추가하여 국내기업에게 이들과의 거래를 삼가도록 하였다.[105] 현재까지 이들과 거래하는 국내기업은 없으며 남한의 영토 또는 관할하의 북한 관련 금융자산 및 경제적 자원 역시 없는 상태이다.

아울러 북한 주민이 대한민국을 방문하기 위해서는 남북교류협력에 관한 법률에 따라 통일부장관의 승인이 필요하며, 특히 제재대상자로 지정된 개인이 다른 목적지로 가는 중에 국내 국제공항 터미널 통과를 불허할 수 있으며, 제재대상자는 통일부장관의 승인을 받지 못하면 대한민국의 입국이 거부된다. 그리고 북한의 핵 또는 탄도미사실 개발과 연관된 것으로 간주되는 북한 정부와 군 고위관리들은 대한민국의 입국 또는 통과가 제한된다.[106]

(5) 최근의 대북제재 조치

2010년부터 북한의 천안암 폭침에 대응한 5.24 제재조치를 통하여 남북 간 물품 반출 및 반입 금지, 북한 선박의 우리나라 해역 운항 금지, 대북 신규투자 불허 등 포괄적인 대북 제재조치를 취했다. 아울러 2017년 2월 10일에는 개성공단의 가동을 전면 중단하였다.[107] 그리고 외국 선박이 북한에 기항한 후 180일 이내 국내에 입항하는 것을 전면 불허함과 동시에 제3국 선박의 남북 항로 운항도 금지하였다. 아울러 북한의 제3국 편의치적 선박의 국내 입항도 금지하는 등 북한과 관련한 해운 통제를 대폭 강화하였다. 그리고 해외 북한식당 등 영리시설은 북한의 외화수입 경로이므로 해외여행 중인 한국 국민과 재외동포들에게 북한 관련 영리시설의 이용을 자제할 것을 당부하였다.

---

105) 전략물자관리시스템(www.yestrade.go.kr) Denial List 참조.
106) S/AC.49/20174 (13 February 2017) 참조.
107) 현재 유엔 등 국제사회의 대북제재하에서 우리 정부의 가동 재개 움직임에 대하여 개성공단은 한국 정부의 상당한 보조하에 운영되는 것이라고 전제하고, 공단 가동은 안보리 결의 2321호의 투자보험 금지(para 32) 및 대표사무소와 은행 계좌에 관한 조항(para. 31)에 위배된다는 견해가 있다. Marcus Noland, "The Kaesong Industrial Complex, the Moon Administration, and UNSCR 2321" (May 26, 2017).

비확산 규범의 국제법적 검토

이상 논의한 무기별 비확산조약(NPT, BWC, CWC, ATT)과 다자간 수출통제체제(NSG, AG, MTCR, WA) 국제규범 및 국제기구 결정의 법적 구속력, 국내적 효력과 직접 적용 및 확산방지구상(PSI)의 정당성 여부, 핵무기 사용의 국제법적 적법성 그리고 비확산 규범의 역외적용에 관한 사례로 미국 수출통제법 역외적용의 정당성 여부에 대한 이슈를 국제법적 관점에서 검토한다.

제1절	비확산 규범의 법적 구속력

I. WMD 조약의 법적 구속력

국제법상 법원(sources of law)은 조약과 국제관습법의 두 가지 형태로 구별하는 것이 전통 국제법상 통설이다.[1] 조약의 정의에 관한 가장 유권적인 문서인 1969년의 조약법에 관한 비엔나협약(Vienna Convention on the Law of Treaties, 이하 비엔나협약)에 따르면 조약이란 "특정한 명칭에 관계없이 서면형식으로 국가 간에 체결되며 또한 국제법에 의하여 규율되는 국제적 합의"를 뜻한다.[2] 조약의 체결을 통해 당사국들은 국가 간의 약속이 완전한 국제법적 지위를 가진 구속력 있는 약속임을 인정한다.[3] 이렇게 체결되는 조약은 조약 체결에 참가한 당사국 사이에만 효력을 미치며, 제3국에게는 효력을 미치지 않는

---

1) 법원(法源)의 어원은 로마법의 *fontes juris*(법의 원천 또는 법의 연원)에서 유래하는 것으로 다의적인 개념으로 사용된다. 국제법에서 법원도 국제법규의 창설, 변경, 소멸이라는 효과를 발생시키는 국가 간의 합의가 어떠한 형식으로 표시되는가를 기준으로 하는 형식적 법원(국제법의 성립형식)과 그 합의가 어떠한 요인에 입각하여 성립되었는가를 기준으로 하는 실질적 법원(국제법의 발생요인)으로 구분된다. 이한기, 『국제법 강의』 (박영사, 2006), pp. 78-79 참조.
2) 조약법에 관한 비엔나협약 제2조.
3) 조약법에 관한 비엔나협약 제2조는 조약은 서면형식으로 이루어질 것을 규정하고 있으나, 서면형식에 의하지 않는 국제적 합의인 경우에도 법적 효력이 부정되는 것은 아님을 제3조에서 밝히고 있다.

것이 원칙이다.4)

비확산 규범에 포함되는 WMD 조약으로는 전술한 바와 같이 NPT, BWC, CWC가 있고 재래식 무기 조약으로는 ATT 등이 있다. 따라서 이들 조약은 비엔나협약 제26조(Pacta sunt servanda)에 의거 당해 조약의 당사국을 구속하는 법적 구속력을 가지며, 당사국은 이 조항에 따라 조약상의 의무를 성실히 이행하여야 한다. 이에 위반하여 의무를 이행하지 않으면 국제법상 국가책임을 지게 된다.5) 아울러 비엔나협약 제27조에 의거 어느 당사국도 조약 의무의 불이행을 정당화하기 위하여 자국 국내법의 규정을 원용할 수 없다. 이는 국제사법재판소(ICJ)의 전신인 상설국제사법재판소(PCIJ)의 판결 및 권고적 의견을 통해 확인된 바 있다.6)

조약이 법적 권리와 의무를 창설하거나 국제법의 지배를 받는 관계를 수립하기 위해서는 당사국들의 그러한 의도가 필요하며, 그러한 의도가 없는 신사협정7)은 법적 구속력이 없는 것으로 간주한다. 국가들이 자유롭게 법적 구속력이 없는 협정을 체결할 수 있다는 데에는 의문의 여지가 없으나, 실제에 있어 당사국이 명확하게 법적 구속력의 유무를 밝히지 않는 한 당해 협정이 법적 구속력을 갖는 것으로 의도한 조약인지 아니면 법적 구속력을 부정하는 신사협정인지 여부의 판단이 쉽지 않다는 문제가 있다. 이는 국가들이 협정상에 협

---

4) 조약법에 관한 비엔나협약 제34조. 아울러 *pacta tertiis nec nocent nec prosunt* "합의는 제3자를 해롭게 하지도 이롭게 하지도 않는다."라는 법언은 조약이 오직 당사자들에게만 적용되는 것을 표현한 기본적인 원칙이다. 김정건, 『국제법』(박영사, 2004), p. 461.

5) 국가책임에 관한 ILC 초안 제1조는 "국가의 모든 위법행위는 국제책임을 수반한다."고 규정하고 있으며, Chorzow Factory 사건에서 PCIJ는 "약속 위반이 배상의무를 동반하는 것은 국제법의 일반원칙이자 법의 일반개념이다."라고 하여 국가책임의 원칙을 확인하였다. 김대순, 『국제법론』, 제14판 (삼영사, 2009), pp. 581－583; 그러나 조약이라고 해서 모든 규정이 법적 구속력이 있는 것은 아니다. 표현 여하에 따라 '노력한다.' 등 법적 구속력이 없는 규정이 포함될 수 있다.

6) PCIJ는 Free Zones of Upper Savoy and District of Gex,: Switzerland vs. France 사건에서 "국가는 국제조약을 시행할 국내법의 결여를 이유로 국제의무의 이행을 거부할 수 없다."고 판시하였고, *Greco－Bulgarian Communities Case*에서는 어느 조약의 체약국 간의 관계에서 국내법의 조항은 조약의 조항에 우선할 수 없다는 것은 일반적으로 인정된 국제법의 원칙이라는 권고적 의견을 제시했다. PCIJ는 또 1928년 단찌히 법원의 관할권에 관한 권고적 의견(Treatment of Polish Nationals in Danzig)에서도 "한 국가는 다른 국가에 대하여 발효 중인 국제법에 의거 부과된 의무를 회피하기 위하여 자국의 헌법을 인용할 수 없다고 선언하였다. Vera Gowlland－Debbas (ed), *National Implementation of United Nations Sanctions* (Martinus NIjhoff Publishers, 2004), pp. 34－35.

7) 신사협정에 대한 자세한 내용은 후술하는 다자간 수출통제체제의 법적 구속력 참조.

정이 구속력이 없거나 법적인 효력이 없다고 명백히 언급하기를 꺼리는 경향이 있기 때문이다.[8]

따라서 이러한 의도를 구분하기 위해서는 내용적인 측면과 절차적인 측면을 동시에 고려하여 판단하여야 할 것이다. 우선 내용적인 측면에서 본다면, 협정의 문언, 협상의 종결과 협정 채택에서의 협정상 용어의 정확성과 일반성의 결여 여부를 고려하여 판단할 수 있을 것이다. 예를 들어 일반적 목적의 성명과 원칙의 대략적인 선언은 너무 막연하여 강제할 수 있는 의무를 창설할 수 없으므로 구속력이 없는 것으로 추정된다. 아울러 의도 또는 공통의 목적을 단순히 언급하는 것만으로도 구속력 있는 협정을 의도하였다고 보기 어렵다.[9]

다음으로 절차적인 측면으로는 당해 협정을 체결하는 모든 당사국이 당해국의 헌법상의 요건에 따라 비준 절차를 진행하는지, 분쟁해결에 있어 법적 구속력이 있는 강제절차를 도입하는지, 협정문서가 유엔헌장 제102조에 따라 등록 또는 편철 및 기록을 위하여 유엔 사무국으로 송부되었는지 등[10]을 기준으로 판단할 수 있을 것이다. 상기의 내용적인 측면과 절차적인 측면을 고려한다면 법적 구속력이 있는 조약과 법적 구속력이 없는 신사협정에 대한 구분이 용이할 것이다.

II. 다자간 수출통제체제 규범의 법적 구속력

국제법상 법원인 조약과 구별되는 개념으로 신사협정이 있다. 신사협정(gentlemen's agreement)이란 국제법 주체 간에 법적 구속력이 없는 단순한 정치적, 도덕적인 국제문서에 불과한 것을 의미한다. 따라서 상대방이 약속을 이행하지 않는 경우 의무 이행을 강제할 수 없고 법적 책임도 성립하지 않는다. 다만 그 위반이 신의성실의 원칙 및 외교적 관계와 양립하지 않는 경우 이에 상응하는 반작용을 초래할 수 있다.[11]

---

8) Oscar Schachter, "The twilight Existence of Nonbinding International Agreements," *American Business Law Journal*, Vol. 71 (April 1977), pp. 296–297.
9) *Ibid.*
10) 김대순, 전게서, pp. 58–60 참조.
11) 오윤경 외, 『현대국제법』 (박영사, 2000), p. 8. ICJ 판사 구성 시 지역적 배분이나 안전보장

비확산 규범에 포함되는 신사협정으로는 쟁거위원회, 핵공급국그룹(NSG), 호주그룹(AG), 미사일기술통제체제(MTCR), 바세나르협정(WA) 등 모든 다자간 수출통제체제 규범과 확산방지구상(PSI) 저지원칙 및 탄도미사일 확산방지에 관한 헤이그 행동규범(HCOC) 등이 있다. 이들 체제의 규범은 조약과는 달리 법적 구속력을 수반하지 않고 단순한 권고적 성격을 갖는 규범들이다.[12]

다자간 수출통제체제는 조약의 형태를 취하지 않고 지침(Guideline)으로 되어 있고 그 이행은 참가국의 재량에 맡겨져 있다. 그리고 이러한 지침들과 행동규범(code of conduct)은 단순한 선언(Declaration)이나 권고(Recommendation)에 지나지 않는 연성법(soft law)이다.[13] 연성법은 다양하고 변화무쌍한 국제관계에 있어서 법적 구속력 있는 규칙을 제정하는 협상에 많은 시간과 관행이 필요하기 때문에 우선 법적, 정치적인 관심을 끌어내는 중요한 역할을 하고 있다. 그리고 연성법은 당사국에 자유재량을 부여함으로써 당사국들을 법적으로 구속하지 않는다.[14]

국가들이 연성법 형태의 비공식 협정을 선호하는 이유는 다음과 같은 장점이 있기 때문이다. 첫째는 비공식 협상은 조약에 비해 더 유연하다. 그래서 불확실한 여건이나 예측 불가능한 충격에 적응할 수 있다. 비공식 협정의 가장 큰 장점은 쉽게 개정할 수 있다는 점이다. 조약이 재협상을 허용하는 조항도 포함하고 있으나 그 과정이 느리고 성가시고 거의 비실제적이다. 다시 말해 당사국에게 정보를 덜 요구한다. 협상국은 미래의 모든 사정을 예측하려고 할 필

이사회 비상임이사국의 의석 배분 시 이러한 신사협정이 적용되고 있다. 1994년 북미 제네바 합의문도 일종의 신사협정으로 취급되고 있다.

12) 신사협정이 당사국을 구속하지 않는 것은 그 협정이 당사국 정부의 명의가 아니라 대표의 이름으로 체결되기 때문이라는 견해도 있다. Oscar Schachter, *supra* note 8, pp. 299-300.

13) 구속력이 없는 조항 및 문서로 정의되는 연성법(soft law)은 비록 '법(law)'이라는 표기를 사용하고 있으나 그 자체가 법은 아니지만 새로운 국제법의 연원으로서의 의미를 가진다. Malcolm N. Shaw, *International Law* (Cambridge university Press, 1997), pp. 89, 93-94. 경성법(hard law)과 연성법에 관한 자세한 논의에 관하여는 Kenneth W. Abbott and Duncan Snidal, "Hard and Soft Law in International Governance, *International Organization*," Vol. 54, No. 3 (Summer 2000), pp. 421-456; Daniel H. Joyner, *International Law and the Proliferation of Weapons of Mass Destruction* (Oxford University Press, 2009), pp. 359-371 참조.

14) 이병조·이중범, 『국제법신강』, 제9개정판 (일조각, 2003), pp. 657-658.

요가 없다. 둘째는 비공식 협정은 비준이 필요하지 않기 때문에 신속히 체결하고 이행할 수 있다. 복잡하고 급속히 변화하는 환경에서 속도는 특별한 장점이다. 마지막으로 비공식 협정은 일반적으로 덜 공개적이며 비밀이 아닌 경우도 잘 드러나지 않는다.[15] 이러한 특징으로 인해 비록 다자간 수출통제체제 자체가 법적 구속력을 가지지는 않지만, 국가는 WMD 비확산조약, 유엔해양법협약, 유엔 안보리 결의 등과 연계하여 운용함으로써 WMD 확산방지 및 차단을 위하여 노력하고 있다.

| 제2절 | 비확산 규범의 국내적 효력과 직접적용 |

I. 비확산조약의 국내법적 효력과 적용

국제사회를 규율하는 규범인 국제법은 원칙적으로 그 규범을 각국 국내에서 실현하기 위한 고유의 수단을 가지지 않는다. 따라서 국제법규가 각국 국내에서 효력을 갖게 하기 위해서는 국내법 질서에 수용(incorporation)되거나 변형(transformation)되어야 하는 것이 일반적이다.[16] 특히 국제법규 중 조약의 경우 수용 및 변형 문제와 국제법의 국내적 효력에 관한 문제는 개별 국가의 헌법체계에 따라 다르게 나타나고 있다. 이는 대체로 조약의 체결에 있어 의회의 역할과 연관되어 있다.[17]

영국의 경우는 의회주의의 원칙에 따라 입법권이 의회에 귀속되어 있으며, 의회주권의 원칙에 따라 운용된다. 의회주권이란 의회는 자신을 구속하거나 자

---

15) Charles Lipson, "Why Are Some International Agreement Informal?," *International Organization*, Vol. 45, Issue No. 4 (1991), p. 500.
16) 그러나 국제관습법에 대해서는 미국과 영국 등 모든 국가가 '국제법은 국내법의 일부(International law is part of land law)'라는 원칙을 채용하여 당연히 국내적으로 효력을 갖는다고 본다. 이병조·이중범, 전게서, p. 24; 유엔헌장 제7장의 집단안전보장이 변형 또는 수용되지 않고 국제법이 국내에 적용되는 대표적인 예이다. 이한기, 전게서, p. 131.
17) 김대순, 전게서, pp. 208-209.

신의 승계자를 구속할 수 없으며 재판소는 의회에서 적법하게 통과된 제정법의 유효성에 대하여 이의를 제기할 수 없음을 의미한다.[18] 따라서 조약이 효력을 가지기 위해서는 국왕의 비준은 물론이고 의회가 이행 입법을 제정해야 한다.[19] 즉, 조약이 변형되어야만 국내적 효력을 가지게 되는 것이다.

미국 연방헌법 제6조 2항은 조약을 국가의 최고법(supreme law of the land)으로 인정하며 조약은 주법(State law)보다 상위이나 헌법 및 연방법과는 동위의 관계에 있다고 하는 해석이 확립되어 있다. 그러나 조약의 국내적 효력은 미국 재판소가 결정하는 '자기집행적 조약규정(self-executing treaty provision)'과 '비자기집행적 조약규정'과의 구별에 의존하게 되어 있다.[20] 따라서 법원이 자기집행적 조약으로 판단하는 경우에는 별도의 국내법 절차가 없더라도 조약규정 그대로 국내법으로 수용되어 직접 적용된다.

조약과 연방법과의 충돌의 문제는 기본적으로 "후법이 앞의 법에 우선한다."는 '신법우선의 원칙'에 의해 처리된다. 만일 뒤의 법인 연방법으로 앞의 법인 조약을 개폐한 경우 국내에서는 연방법이 조약에 우선하여 집행되나 그럴 경우 미국은 국제법상 조약 불이행의 책임을 지게 된다. 미국과 독일처럼 연방국의 경우는 헌법상 州의 권한과 조약과의 관계에서도 같은 문제가 발생한다. 즉 州의 관할사항에 대하여 연방정부가 조약을 체결한 경우 州가 조약의 이행을 거부하면 조약은 국내법상 집행할 수 없게 되어 국가 전체로서 국제법상 위법상태에 빠진다. 그래서 당해 국가의 정부는 위법상태를 해소하기 위해 타국

---

18) 상게서, pp. 209-210.
19) 이를 授權法律(enabling act of Parliament)이라고 하며, 영국 시민의 권리와 의무에 영향을 미치는 조약, 정부에 재정적 부담을 지우는 조약, 판례법(case law)이나 의회제정법의 변경이 필요한 조약은 반드시 그러하다. 이처럼 "영국(UK)에서는 조약 체결이 행정부의 행위(executive act)인 반면 그 의무의 이행은 입법부의 행위(legislative act)를 요구한다는 원칙이 잘 확립되어 있다. 일부 타국과는 달리 적법하게 비준된 조약규정은 영국 내에서 조약 그 자체만으로는 법의 효력을 갖지 못한다." (Attorney General for Canada v. Attorney General for Ontario (1907) 39 S.C.R. 14). 김대순, 전게서, pp. 217-218.
20) 미국 대외관계법 주석서는 §111(3)에서 법원은 국제법과 미국이 체결한 조약들에 대하여 효력을 부여해야 하지만, '비자기집행적 조약'은 필요한 이행조치가 없을 경우는 효력을 부여하지 않는다고 언급하고 있다. §111(4)에서는 (a) 조약 자체가 이행 입법이 없을 경우는 국내법으로 효력을 갖지 않는다는 의도를 명확히 하는 경우, (b) 상원이 동의에 있어서 또는 의회가 결의를 통하여 이행 입법을 요구할 경우, (c) 헌법에 의하여 이행 입법이 요구될 경우를 비자기집행적 조약에 해당한다고 명기하고 있다. 박선욱, "미국에 있어서 국제법의 국내적 적용에 관한 연구,"『세계헌법연구』, 제15권 2호 (국제헌법학회, 2009), p. 285 참조.

과 교섭한다든지 주와 교섭하는 등 다각적인 노력을 기울이게 되는 것이다.[21]

우리나라의 경우 헌법 제6조 1항은 "이 헌법에 의하여 체결·공포된 조약과 일반적으로 승인한 국제법규는 국내법과 동일한 효력을 가진다."라고 규정하고 있다. 이에 따라 우리나라의 경우 원칙적으로 국내법과 조약 사이에 효력의 우열은 없으며, 국내법과 조약의 내용이 충돌할 때에는 "후에 발효한 법이 효력 면에서 우선한다."는 '후법 우선의 원칙'과 '특별법 우선의 원칙'이 적용된다. 후법 우선의 원칙과 특별법 우선의 원칙이 충돌할 때는 일반적으로 '특별법 우선의 원칙'이 적용된다.[22]

그런데 법률과 동일한 조약의 효력이 직접 효력에 해당하는가에 대해서는 논란이 있다. 그러나 조약이 국내법과 같은 효력을 가진다고 해서 국내법원에서 모든 경우에 재판준칙으로 직접 적용되는 것으로 볼 수는 없으며, 조약의 국내적 이행을 위해 별도의 입법을 요구하는 비자기집행적 조약은 별도의 국내 입법이 없는 재판준칙으로 직접적용될 수 없는 것으로 보아야 할 것이다.[23]

조약은 일반적으로 국가의 권리와 의무를 규정하는 것이지 국가의 구성원이나 국내법상의 법인에게 직접 의무를 지우거나 권리를 부여하는 것은 아니다. 공포된 조약이 그대로 국내 개인의 권리의무 관계를 규율하는가의 여부는 조약의 국내적 효력과는 별개의 문제이다.

국가에 의해 체결되는 국제조약은 미국, 독일, 네덜란드 등 많은 국가에서 다소의 범위와 조건이 있지만, 국내법의 일부가 되고, 국가의 국내법 영역에서 권리와 의무가 직접 조약으로부터 생길 수 있다. 그러나 조약이 한 국가의 국내법에 자동 편입되는 경우도 그 국가의 법원 또는 기타 관련 행위자에 의해 반드시 직접 적용될 수 있다는 의미는 아니다. 여기에도 국제법 질서의 내용이 그대로 적용될 수 있는가의 문제는 여전히 남는다. 이는 특히 조약의 조항에서 잘 알려진 국제규범의 자기집행적 성격의 문제이다.[24] 어떤 조약의 규정이 자

---

21) 大沼保昭, 『國際法』(東信堂, 2005), pp. 75 – 76.
22) 오윤경 외, 전게서, p. 9.
23) 최승환, 『국제경제법』 제3판, (법영사, 2006), p. 170.
24) '자기집행적'이란 용어는 미국의 행정 및 사법 관행에서 나온 것으로 보편화된 정의가 없다. 직접적용 가능성(direct applicability) 및 직접 효력(direct effect)이라는 견해도 있지만 항상 동일한 의미는 아니다. 자기집행적 조약은 국내법에서 조약이 별도의 이행법이 없이 국내재

기집행적인지의 여부는 결정하기 어렵지만, 자기집행적 규범은 특히 국가에 대하여 분명한 의무를 부과하는 규범이다.[25]

　조약이 '자기집행적 조약'인지 '비자기집행적 조약'인지에 대한 판단은 조약의 규정이 개인의 권리와 의무의 관계를 직접 규율할 수 있을 정도로 명확하게 되어 있는가에 따라 직접적용 가능성의 유무를 인정하는 국내 법제가 많다. 예를 들어 ① 국가에 대하여 자국 내 관할하의 권리보장을 의무화하는 인권조약의 경우와 ② 전쟁피해자가 무력분쟁법(헤이그육전규칙 등)을 근거로 국내법원에서 구제를 청구하는 경우 등에 큰 문제가 된다. 가령 어느 국가에서 어떤 인권조약의 규정이 보장하는 인권을 침해당했다고 주장하는 개인이 조약의 규정을 근거로 자기의 권리를 국내법원에 주장한 경우 법원은 그 인권보장 규정의 직접적용 가능성을 검토하게 된다. 법원이 직접적용이 가능할 정도로 조약규정이 명확하고 구체적이라고 판단하는 경우에는 국내법상 권리침해를 구제할 수 있는 규범이 없는 경우에도 인권침해의 구제가 실현된다. 반면 조약이 명확성을 결여한 경우에 개인은 자기의 권리를 조약상의 직접 근거로 할 수 없고 국내법원에서 인권침해의 구제를 받을 수 없다.[26]

　그러나 영국을 비롯하여 영국의 모델을 따르는 영연방 국가들은 조약이 국내법에 자동 편입되는 것을 인정하지 않으므로 정부가 체결하는 조약이 국내법질서의 일부가 되기 위해서는 특별한 이행법률을 제정해야 함은 앞에서 살펴본 바와 같다. 따라서 영국이 체결하는 조약들은 적어도 원칙적인 사안이 아니면 법원이 원용하지 않을 수 있다. 그렇다고 반드시 구체적인 이행법률이 없으면 조약이 적용될 수 없다는 것을 의미하는 것은 아니다. 영국의 국내법이 어쨌든 조약이 요구하는 것을 규정하고 있다는 가정을 토대로 그러한 이행법률이 채택되지 않은 경우도 있다.

　CWC의 국내적 적용문제를 살펴보면 다음과 같다. CWC의 경우 제1조에 규정된 당사국의 일반적 의무는 당사국 또는 OPCW의 어떠한 추가적인 조치 없이도 적용될 수 있고 또 적용되어야만 하는 분명한 금지사항이 있으므로 자

판소에서 직접 집행할 수 있는 개인에게 법적 권리 또는 의무를 발생한다는 의미로 사용되어 왔다. 이에 관한 세부내용은 Vera Gowlland—Debbas (ed), *supra* note 6, p. 39 참조.

25) Michael Bothe et al. (eds), *The New Chemical Weapons Convention — Implementation and Prospects*, (Kluwer Law International, 1998), pp. 543–544.

26) 大沼保昭, 전게서, pp. 76–77.

기집행적(self-executing)이라고 볼 수 있다. 그러나 이들 금지사항은 국가 자체의 작위(acts)와 부작위(omissions)에만 관계되며 민간 활동에 관한 사항은 대부분 자기집행적이지 않다. CWC의 중심 조항은 특정 화학물질의 '금지'이다. CWC의 제6조에 따르면 "각 당사국은 독성화학물질 및 그 전구물질이 자국의 영역 또는 자국 관할 또는 통제하에 있는 기타 장소에서 이 협약에 의해 금지되지 않은 목적만을 위하여 개발·생산 또는 기타의 방법으로 취득·보유·이전 또는 사용되도록 필요한 조치를 취한다."고 규정하고 있는데 이는 국가의 추가적인 입법 조치 없이 그대로 적용될 조항이 아니기 때문에 비자기집행적 조항의 전형적인 예이다. 국가의 영역에서 이 조항을 유효하게 적용하기 위해서는 국내의 이행 입법이 필요하다.

비자기집행적 규범과 밀접하게 관련된 문제가 소위 불완전한 규범이다. 가령 CWC는 정보에 관한 많은 의무를 내포하고 있다. 당사국들은 화학물질의 생산 등 특정 사실에 관하여 보고하거나 신고해야 한다(제3조). 이러한 규정은 당사국이 화학물질을 보유하고 있다는 사실을 전제로 하는데 당사국의 정보습득 방법에 관해서는 완전히 침묵하고 있다. 그런데도 당사국이 정보를 제공하지 않으면 협약 위반이 된다. 국가가 정보를 습득할 수 없다는 것은 변명이 되지 않는다. 따라서 당사국들은 국제적으로 제공하게 되어 있는 정보를 입수할 수 있도록 관련 이행규정을 신중히 제정해야 한다.[27]

II. 국제기구 결정의 국내법적 효력과 적용

국제기구란 조약 혹은 기타 국제법에 의해 규율되는 기타 문서에 의해 설립되고 자체적으로 국제법인격을 가진 조직을 말한다. 국제기구는 국가 외에 다른 실체(entities)를 회원으로 할 수 있다.[28] 국제기구를 설립하는 조약에 의해 특수한 헌법적 문제가 야기된다. 이들 국제기구는 자체 의사결정 과정이 있

---

27) Michael Bothe et al. (eds), *supra* note 25, pp. 544-545.
28) <http://www.un.org/law/ilc/reports/2003/2003report.htm>. 그러나 조약법에 관한 비엔나 협약 제2조1(i)에 의거 국제기구는 정부간기구(Inter-Governmental Organization: IGO)를 뜻한다.

고 법질서를 창설하므로 파생되는 규범 및 결정이 국내법 질서에 미치는 영향을 검토해야 한다.

CWC의 경우 OPCW 및 유엔 안보리는 결정을 채택할 수 있고 국가의 국내법 영역 내에서 그 결정의 적용이 문제가 될 수 있는데 몇 가지 해결방법이 있다. 국가가 그 결정을 직접 적용할 수 없을 경우는 이행규범을 채택해야 한다. 그러나 국제기구의 결정이 회원국의 직접적인 국내 적용을 요구할 때는 두 가지 가능성이 있다. 첫째는 국제기구 결정의 효과를 조약의 효과와 동일한 방식으로 해석하는 것인데 이때 결정의 내용이 자기집행적일 경우 그 결정은 국내적으로 적용 가능함을 의미한다.

둘째는 국제기구의 구속력 있는 결정이 그 자체로 국가의 법이 되는 것이다. 이 경우는 국가의 공적 권한이 국제기구로 이전되는 것으로 이때의 국제기구는 초국가적(supra-national) 기구가 된다.[29] 가령 유럽연합(EU)의 의결기구인 각료이사회(Council of Ministers)가 제정하는 규정(Regulation)은 자기집행적 규범으로서 각 회원국의 국내 입법절차 없이 그대로 회원국에 적용된다. 이와 관련 프랑스는 헌법에 국제기구를 위하여 필요할 경우와 평화유지를 위하여 필요할 경우에 국가 주권을 제한할 수 있도록 규정하고 있으며, 벨기에는 구체적인 권한 행사를 조약에 의해 설립된 국제기구에 이전하였다. 국제기구의 강제적 결정은 조약의 의무와 같은 것으로 보며 오늘날 그러한 의무에 유엔 안보리의 강제적 결정이 포함된다는 데에 별 논란이 없다.[30]

한편 미국은 유엔 안보리 제재 결정의 국내이행을 위하여 1945년 유엔참가법(United Nations Participation Act of 1945)을 제정하고 제5조에서 "다른 모든 법의 규정에도 불구하고 안보리가 유엔헌장 제41조에 의거 결정한 조치를 적용하도록 미국이 요구받는 경우 대통령은 당해 조치를 적용하는데 필요한 범위에서, 자신이 임명하는 대리기관을 통하여, 그리고 스스로 발하는 명령과 규칙하에서 모든 외국과 그의 국민 또는 그의 재류민과 미국 또는 그의 관할 하에 있는 자와의 사이에 또는 미국의 관할하에 있는 재산에 관한 경제관계 또는 철도, 항해, 항공, 우편, 전신, 무선통신 및 기타 통신수단의 전부 또는 일부를 조사, 규제, 금지할 수 있다."고 규정하고 있는데, 이는 대통령에게 경제제재

---

29) Michael Bothe et al. (eds), *supra* note 25, p. 546.
30) Vera Gowlland-Debbas (ed), *supra* note 6, p. 38.

조치를 이행하기 위하여 필요한 조치를 취할 권한을 부여함과 동시에 동 조치는 다른 국내법에 우선하는 것으로 해석되고 있다.[31]

제3절	확산방지구상의 국제법적 정당성

I. PSI 저지원칙

PSI 참가국은 자국의 영역을 넘는 범위에서도 단독으로 또는 다른 국가들과 연대하여 육상, 공중 및 해상에서 WMD 및 미사일과 관련 전략물자를 적재한 것으로 의심되는 선박과 항공기를 나포, 수색 또는 압수하는 방법으로 확산을 차단한다. WMD의 확산방지를 목적으로 하는 PSI 조치는 국제법에 근거해야 하며 불안정한 효과를 최소화해야 한다. 그런데 PSI 그 자체에 대하여 국제조약으로 법적 근거를 확보하려는 정책보다는 차단의 효과에 집중하였기 때문에 이 저지원칙은 그 시행에 있어서 몇 가지 국제법상의 문제를 내포하고 있다. 즉, PSI에 의한 WMD 확산저지와 관련하여 쟁점이 되는 것은 영해와 영공, 그리고 공해에서 실시하는 PSI 조치와 국제조약 및 국제관습법과의 충돌문제이다. 이하에서는 이러한 문제점을 유엔해양법협약과 유엔헌장 등 국제법적 측면에서 검토하고자 한다.

II. 영해관할권과 무해통항권의 충돌

영해는 연안국의 기선 외곽에 설정된 일정한 폭을 가진 해역이며 영해에서 연안국의 주권적 권리는 국제관습법 및 국제조약[32]에서 확인된다. 그러나 연안

---

31) *Ibid*, pp. 606－607.
32) 유엔해양법협약 제2조.

국의 영해관할권은 평시에 외국 선박에 대하여 인정되는 국제관습법상의 무해통항권(right of innocent passage)에 의해 제한을 받게 된다. 연안국은 선박에 대한 무해통항권을 방해해서는 안 되며 적절한 방법으로 보장하여야 한다. 무해통항권이란 외국 선박이 연안국의 평화와 공공질서 및 안전을 해치지 않는 한 자유로이 항행할 수 있는 권리이다.[33] 무해통항 제도는 원래 연안국의 이익과 항행의 이익과의 균형 위에서 성립된 것으로 연안국은 외국 선박의 무해통항을 방해하지 않을 의무를 지는 동시에(유엔해양법협약 제24조), 무해가 아닌 통항을 방지하기 위해 필요한 조치를 강구할 권리를 가진다(유엔해양법협약 제25조).

이와 관련 WMD 또는 그 운반수단인 미사일 또는 관련 물자를 수송하고 있는 선박에 대하여 영해에서 연안국이 PSI 저지원칙에 따라 국내 법률 등에 근거하여 의심 선박에 대해서 정선 및 임검 그리고 적재된 의심화물을 압류하는 경우 이러한 조치가 해당 선박의 무해통항권을 침해하지 않는가 하는 문제가 발생하게 된다.

유엔해양법협약 제19조와 제21조는 무해한(innocent) 것으로 인정할 수 없는 통항의 유형을 규정하고 있다. 제19조는 (a) 연안국의 주권, 영토보전 또는 정치적 독립에 반하거나 유엔헌장에 구현된 국제법의 원칙에 위반되는 그 밖의 방식에 의한 무력의 위협이나 무력의 행사, (b) 무기를 사용하는 훈련이나 연습, (c) 연안국의 국방이나 안전에 해가 되는 정보 수집을 목적으로 하는 행위, (d) 연안국의 국방이나 안전에 해로운 영향을 미칠 것을 목적으로 하는 선전행위, (e) 항공기의 선상 발진, 착륙 또는 탑재, (f) 군사 기기의 선상 발진, 착륙 또는 탑재, (g) 연안국의 관세·재정·출입국관리 또는 위생에 관한 법령에 위반되는 물품이나 통화를 싣고 내리는 행위 또는 사람의 승선이나 하선, (h) 이 협약에 위배되는 고의적이고도 중대한 오염행위, (i) 어로 활동, (j) 조사 활동이나 측량 활동의 수행, (k) 연안국의 통신체계 또는 그 밖의 설비·시설물에 대한 방해를 목적으로 하는 행위, (l) 통항과 직접 관련이 없는 그 밖의 활동 등을 무해통항의 유형으로 규정하고 있다.

유엔해양법협약 제19조에 규정된 상기 유형들이 열거조항(exhaustive list) 또는 예시조항(illustrative list)으로 보느냐에 따라 WMD 운송중단을 위한 PSI 조

---

33) 유엔해양법협약 제19조 1항.

치의 정당성이 달라진다. 먼저 유엔해양법협약 제19조를 열거조항으로 보는 입장에서는 이러한 12가지 예외사항 중 어느 것도 연안국에 위협을 주지 않는 WMD 및 관련 물자의 수송을 금지하지 않으므로 연안국에 위협을 구성하지 않는 WMD 등을 운송하는 경우에는 무해통항권을 침해하지 않는 것으로 본다. 이는 WMD 등이 주는 위협은 목적지에서의 의도적인 사용으로 결정되는 것이지 통과(transit)에 의해 결정되는 것이 아닌 것으로 보기 때문이다.[34] 아울러 제21조가 연안국에게 항해 안전, 해상교통 규제, 해저전선과 관선의 보호, 연안국의 환경보호, 공해방지·감축 및 통제와 같은 목적을 위하여 국제법에 따라 법령을 제정할 권한을 부여하고 있지만 그 어느 규정도 무기운송과 직접적인 관련이 없다는 점과 제23조에 의거 핵물질·위험물질 또는 독성물질을 적재한 선박도 국제협정이 정한 서류를 휴대하고 예방조치를 준수할 경우는 명백히 무해통항권이 부여된다는 점을 근거로 제시하고 있다.[35]

반면 유엔해양법협약 제19조를 예시조항으로 보는 입장은 연안국이 자국의 법률에 따라 제19조에 예시된 요건 이외에 새로운 요건을 입법하여 WMD를 차단할 수 있는 근거를 마련할 수 있는 것으로 본다. 이러한 입장은 유엔해양법협약 제2조에서 연안국의 영해에 대한 권한을 영토에 관한 것과 동일하게 주권으로 명시하고 있기 때문이다.[36] 예시조항으로 보지 않는 입장도 WMD의 확산은 연안국의 주권에 반하거나 유엔헌장에 구현된 국제법의 원칙에 위반되는 방식에 의한 무력의 위협을 행사하는 것으로 보아 WMD를 차단할 수 있는 것으로 본다. 이러한 해석을 취하는 입장은 무해통항권을 비롯한 전통 해양법의 원칙이 최근 들어 국제사회의 평화에 심각한 위협이 되는 국가 및 비국가행위자에 의한 WMD 확산저지의 필요성이 크지 않았던 때에 발전된 원칙이라는 점을 강조한다.[37] 즉 WMD 확산으로 인하여 국제평화에 대한 위협이 증대되는 국제정세하에서 국제평화 및 안전의 보장과 무해통항권과의 적절한 비교형량

---

34) Jack I. Garvey, "The International Institutional Imperative For Countering the Spread of Weapons of Mass Destruction: Assessing the Proliferation Security Initiative," *Journal of Conflict & Security Law*, Vol. 10, No. 2 (2005), p. 130.

35) *Ibid*, p. 131.

36) 김대순, 전게서, p. 913.

37) 정서용, "남북관계의 측면에서 대량살상무기 확산방지구상(PSI)에 대한 국제법적 검토," 『서울국제법연구』, 제15권 1호 (서울국제법연구원, 2008), p. 11 이하 참조.

을 통해 수정될 가능성이 크다는 점을 논거로 제시하고 있다.

그런데 예시조항으로 보는 입장과 관련하여 영해에서 무해통항권의 무해성 기준과 PSI 저지 활동의 근거가 되는 국제사회의 평화와 안전의 유지라는 기준을 별개의 것으로 보는 견해가 있다. 즉 유엔해양법협약 제19조 1항의 요건이 충족하지 않은 상태에서 다시 말해 연안국의 평화·공공질서 및 안전은 해치지 않으나 국제사회의 평화와 안전을 위협한다는 이유만으로 영해를 통항 중인 외국 선박에 대하여 임검 및 압수를 할 경우는 유엔해양법협약 위반이 된다. 이때 위법성을 조각하기 위해서는 안보리 결의에 의해 권한을 위임받든가 또는 당해 선박의 기국의 동의가 필요하다. 더욱이 확산 우려국을 특정하여 당해국 선박에 대하여 기국의 동의 없이 PSI 참가국의 영해 내에서 정선 및 검색을 행하면 유엔해양법협약 제24조1(b)가 금지하는 "특정국의 선박 또는 특정국으로 화물을 반입 또는 반출하거나 특정국을 위하여 화물을 운반하는 선박에 대하여 법률상 또는 사실상의 차별을 하는 것"에 해당되므로 이 역시 유엔해양법협약을 위반하는 것이다.[38]

생각건대, 조약의 해석은 조약문의 문맥 및 조약의 대상과 목적으로 보아 그 조약의 문맥에 부여되는 통상적 의미에 따라 성실하게 해석하여야 한다는 조약법에 관한 비엔나협약 제32조에 따라 유엔해양법협약 제19조에 기재된 유형은 예시조항으로 보는 것이 온당할 것으로 판단되며, 따라서 연안국의 평화와 공공질서 및 안전을 해치지 않고 WMD를 단순 운송하는 선박이더라도 외국을 목적지로 하는 WMD와 미사일의 운송 그 자체가 확산에 해당하므로 무해통항권을 보장하지 않는 것이 타당하다고 판단된다.

Ⅲ. 영공관할권과의 충돌

영공은 국가영역인 영토와 영수의 경계선에서 수직으로 세운 면에 의하여 구성되는 상공의 부분을 말한다. 영공의 개념은 20세기 이후 항공기의 급격한 발달에 따라 국가영역으로서 영공의 개념이 정착되었다. 일반 국제관습법상으

---

38) 板元茂樹, "PSI(擴散防止構想)と國際法,"『ジュリスト』, 第1279号 (2004. 11), p. 55.

로 발전해 온 국가의 영공권은 이후 조약에 의해 영역국의 완전한 그리고 배타적인 주권이 미치는 부분으로 확립되었다.[39] 타국의 영공을 통과하고자 하는 항공기는 영역국의 사전허가를 얻어야 한다. 영공에 침입한 외국 항공기는 영역국의 착륙·퇴각·항로변경 등의 명령에 복종할 의무가 있으며, 영공의 침입이 고의 또는 기장의 과실에 기인한 경우에는 착륙 후 당해 항공기와 승무원은 영역국의 국내법에 따른 처벌과 억류를 모면하지 못한다.[40]

PSI 저지원칙 4(e)의 영공에서의 저지 활동에 관하여, WMD 등의 운반이 의심되는 항공기가 자국의 영공을 비행하는 경우는 검사를 위해 착륙을 요구하여 확인된 화물을 압수하고 또 이러한 항공기에 대하여 자국 영공의 통항을 거부하는 점 등이 PSI로서 참가국이 약속한 사항이다. 이는 국제관습법 및 국제조약에서도 보장되는 사항이다.

다만 실제로 외국 민간항공기에 대하여 영공에서 어떠한 대처가 가능한가 하는 문제는 해양에서의 관할권 행사의 규칙에 비하여 불명확한 점이 많다. 외국 민간항공기의 영공침입에 대해 국가는 착륙요구권이 있고 또 많은 국가가 당해 항공기에 대하여 국제민간항공기구(ICAO: International Civil Aviation Organization)의 절차에 따라 요격을 가능하게 하는 국내법을 갖고 있다. 종래 ICAO 제2부속서 부록 A "민간항공기 요격"은 무기의 사용금지를 규정하고 있었으나 권고적 효력밖에 없었다. 그러나 1983년 KAL기 사건을 계기로 1988년 국제민간항공협약 제3조의2의 개정에 관한 의정서에 따라 비행 중인 민간항공기에 대하여 무기 등 무력사용 금지가 의무화되었고, 또 1998년 민간항공기에 대한 무기 사용금지에 관한 의정서에 의거 무력을 동반한 요격이 금지되었다. 요격에는 항공기에 대한 목적지 변경 및 착륙 명령까지도 포함하는 국가도 있으나 요격에 다다르기 전에는 항공기 국적국과의 협력 및 항공 교통관제 지시가 가능하도록 노력하는 것이 요청된다.

결론적으로 영공에서의 PSI 조치의 실행은 국제관습법과 조약에서 허용되는 배타적 주권에 의한 조치이므로 영공관할권과의 충돌문제는 발생하지 않으나 실제 집행에 있어서 무력사용이 제한적이므로 WMD 등의 운반이 의심되는 항공기를 착륙시켜 관련 물자를 압류하는 것은 쉽지 않을 것으로 판단된다.

---

39) 1919년 파리국제항공조약 제1조; 1944년 시카고민간항공조약 제1조.
40) 이한기, 전게서, p. 390.

Ⅳ. 공해자유의 원칙과의 충돌

공해는 배타적 경제수역·영해·내수 또는 군도수역에 포함되지 않는 모든 해역을 지칭하는 것으로 정의되며,[41] 유엔해양법협약 제86조~제94조에 따라 공해는 전적으로 기국(flag state)의 관할이다. 결과적으로 북한·이란 등 확산우려국들이 저지로부터의 자유를 가장 크게 주장하는 것이 공해이다. 기국의 허락 없는 공해상의 저지는 국제관습법 및 국제법상 보장되는 공해자유의 원칙을 위반하는 중대한 도발이다. 유엔해양법협약에서 기국주의의 예외로서 임검권(right of visit)이 허용되는 경우는 해적행위, 노예무역, 무허가방송,[42] 무국적선(stateless ship) 및 선박이 외국 국기를 게양하고 있거나 국기 제시를 거절하였음에도 불구하고 실질적으로 군함과 같은 국적을 보유하고 있는 경우 등이다.[43] 이처럼 유엔해양법협약에서는 WMD 운송이 의심스러운 선박에 대해 저지할 수 있는 법적 근거를 제시하지 못하고 있다.

PSI는 공해상에서의 저지를 기국 관할의 원칙과 조화시킬 것을 염두에 두고 발전되었다. 그러나 PSI 저지원칙 제3항에 규정된 해상 저지 활동은 WMD 확산저지를 위한 효과적인 조치임에도 불구하고 공해(high seas)상에서 어떤 국가도 특별한 경우를 제외하고는 타국의 국기를 게양하고 항행하는 선박에 대하여 관할권을 행사할 수 없게 되어 있다. 이 때문에 미국은 파나마 등 소위 편의기국(flag of convenience)들과의 양자협정을 체결하는 방식을 채택하여 문제를 해결하고 있다.

편의기국은 선박소유자가 저렴한 등록비, 세금회피 및 값싼 노동력을 이용하기 위해 사용하는 장치에 불과하다. 선박의 실제 소유주와 선박에 게양하는 국기와는 진정한 관련(genuine link)이 없다.[44] 사실 많은 경우에 편의기국 등록

---

41) 유엔해양법협약 제86조.
42) 무허가방송을 하는 선박에 대한 임검권은 (a) 선박의 기국, (b) 시설의 등록국, (c) 종사자의 국적국, (d) 송신이 수신될 수 있는 국가, (e) 허가된 무선통신이 방해받는 국가만이 가진다. 유엔해양법협약 제109조 3항 참조.
43) 유엔해양법협약 제110조 1항(e).
44) 1955년 노테봄 사건(Nottebom Case: Liechtenstein vs. Guatemala)의 ICJ 판결의 영향으로 1958년 공해에 관한 제네바협약 제5조는 국가(선적국)와 선박 간에 "진정한 관련(genuine link)"이 존재해야 한다고 명시하였고 유엔해양법협약도 동일한 내용을 규정하고 있다. 오윤

은 해당국에서 이루어지지 않는다. 가령, 라이베리아 등록에 필요한 모든 서류 작업은 미국의 민간 기업에 의해 수행된다. 따라서 편의기국 협정이 WMD 저지에 어떠한 의미를 갖는가? 편의기국 협정을 통해 PSI에 의한 의심 선박에 대한 임검에 대해 법적 정당성과 합법성을 부여하지만, 편의기국이 선박의 실제 소유주 및 화물과는 아무런 관련이 없으므로 WMD 저지 과정에서 촉발되는 정치적 분쟁 및 이해관계의 대립은 크게 나타나지 않는다. 편의국기를 등록한 선박의 저지는 편의기국의 동의하에 수행되며, 이 같은 양자협정에서는 요청 당사국이 의심 선박에 승선할 권한을 요청하면 기국은 2시간 안에 그 요청에 응하게 되어 있다.45) 이처럼 새로운 조약(양자조약 또는 다자조약)을 통해 PSI의 정당성을 확보하는 경우 WMD 적재가 의심되는 선박과 항공기에 대한 공해상의 저지는 합법성을 가지게 되는 효과가 있다.

V. PSI의 적법성 확보를 위한 대안

1. 양자 간 승선협정

PSI가 갖는 국제법상의 곤란을 극복하는 방편으로 PSI 참가국 또는 협력국 상호 간에 임검을 인정하는 양자 간 협정을 체결함으로써 이를 근거로 WMD 운반 선박에 대한 임검권의 적법성을 확보할 수 있다. 미국은 이러한 대안을 채택하여 공해상에서의 임검과 외국이 집행관할권을 갖는 해역에서의 단속강화를 위하여 최근까지 라이베리아, 파나마, 마샬군도, 크로아티아, 사이프러스, 벨리즈, 몰타 등과 상호 승선협정(ship boarding agreement)을 체결하였다.46) 예

경 외, 전게서, p. 317.

45) Jack I. Garvey, *supra* note 34, pp. 132–133.

46) 이에 앞서 미국은 2003년 10월 런던에서 개최된 PSI 회의에서 저지원칙선언에 따라 WMD 와 관련 물자의 적재가 의심되는 선박에 대해 상호 신속히 승선을 동의하는 양자 간 승선협정 체결을 제안했었다. <http://www.state.gov/s/l/2005/87344.htm> 참조. 미국의 이러한 양자 간 승선협정은 19세기 노예거래를 금지하려고 한 영국의 예를 모방한 것으로 당시 영국은 노예무역 반대의 선봉에 서서 포르투갈(1817년), 네덜란드(1826년), 스웨덴(1824년) 및 브라질(1826년)과 노예거래를 불법화하고 상호 임검을 인정한 양자 간 조약을 차례로 체결했었다. 板元茂樹, 전게논문, pp. 60–61.

를 들어, 미-라이베리아 승선협정(2004년 12월 9일 발효)[47]은 확산 우려 주체가 나용선 계약에 근거하여 당사국 일방의 국내법에 의해 등록된 용의 선박(제3조)을 이용하여 WMD 등의 확산에 관여하고 있다는 의혹이 생긴 경우에는 국제수역(내수·영해·군도수역 이외의 해역)에 있어서 당사국은 승선, 검사, 선박 및 화물의 압수, 요원의 체포, 기소 등에 관한 모든 권리를 상호 부여한다. 동시에 국적의 조회가 있는 경우에는 2시간 이내의 회신이 의무화되어 있다(제4조, 제5조, 제12조 등). 이는 군함 등에 부여한 승선, 수색 및 억류 시 국제법과 국내법에 따라 무기사용 등의 무력행사(제4조 5항, 제9조 1~5항)를 포함한다.

아울러 WMD 수송의 합리적인 의혹이 있는 경우에는 자국 영해 내에서 상대국 용의 선박의 승선 또는 수색의 목적으로 상대방의 당사국에 기술적 지원을 요청할 수 있고 요청받은 국가는 요청한 국가에 대하여 원조를 제공할 수 있다(제16조1항). PSI 저지원칙 제4항(c), (d)가 의도하는 공해상의 임검, 영해 등 연안국이 영해관할권을 행사하는 해역에서의 기술협력은 양자 간 협정의 틀에서 상당 정도 실현된다고 말할 수 있다. 이 평가의 보완으로서 미-라이베리아 협정(제18조), 미-파나마개정협정(제11조), 미-마샬군도협정(제18조), 미-몽골협정(제18조)가 협정에 규정하는 모든 권리와 의무는 상호주의에 입각하여 제3국에도 확대된다고 명기하는 점을 들 수 있다.[48]

2. 항해안전에 대한 불법행위억제협약

상기와 같이 영해에서는 무해통항권으로 인하여 WMD 확산을 저지하기가 쉽지 않다. 이 때문에 국제법상 저지수단으로서의 가능성이 있는 것이 1988년 항해안전에 대한 불법행위억제협약(Convention for the Suppression of Unlawful Acts Against the Safety of Maritime Navigation, 이하 SUA협약)의 2005년 개정 의정서이다.

SUA협약은 선박의 불법탈취 및 파괴 등 선박의 납치를 범죄로 규정하고

---

47) Proliferation Security Initiative Ship Boarding Agreement with Liberia, available at <http://www.state.gov/t/np/trty/32403.htm>
48) 靑木節子, "WMD 關聯物質·技術の移轉と國際法,"『國際問題』, 第567号 (2007年 12月), p. 18.

재판권 설정 및 관계국으로의 범인 등의 인도 등을 의무화하였다.[49] 2005년 10월 채택된 SUA협약 개정 의정서는 선박 그 자체를 이용한 불법행위 및 WMD 관련 유해물질(폭발성 물질·방사성물질)의 수송을 국내법상의 새로운 범죄로 추가하였다.[50] 아울러 이러한 범죄에 가담하고 있다는 합리적 의심이 있는 선박의 경우에는 공해상에서 원활한 승선이 가능하도록 하였다.

범죄의 대상이 되는 구체적인 행위는 선박상에서 WMD 사용, 선박에서 유해물질 등을 배출하는 행위, WMD와 그의 설계·제조 등에 기여하는 설비, 물질, 소프트웨어 등 유해한 위험 물질의 용도를 알면서 수송하는 행위, SUA협약 개정의정서 및 테러관련 조약에서 규정된 범죄를 범한 자의 수송행위 등이다. 그리고 이 의정서는 기본적으로 공해상 및 공해와 영해 간의 항행에 적용된다.

당사국은 이상의 범죄행위를 하고 있다고 의심할 만한 합리적인 이유가 있는 선박에 대해서는 기국의 동의를 얻어 그 선박을 임검(승선 및 수색) 할 수 있다. 이처럼 임검은 기국의 동의가 있어야 한다는 점과 임검에 의하여 구류된 선박, 화물 및 기타 물품에 대한 관할권을 집행하는 권리는 기국에게 있다는 제약은 있으나 기국 이외의 국가가 임검을 실시할 수 있다는 점은 커다란 진전으로 볼 수 있다. 이와 관련 기국의 동의를 받아야 하는 조건에 대해서는 당해 선박의 기국이 본 개정 의정서의 비준 시에 또는 비준 후에 임검을 원하는 국가가 기국에게 요청 후 4시간 이내에 회신이 없을 경우 자동적으로 임검을 승낙한다는 조건을 국제해사기구(IMO) 사무국에 통지한 경우에는 기국의 승낙은 불필요하다.

한편 SUA협약 개정 의정서는 해상테러 및 WMD 운송 관련 범죄자에 대한 범죄인 인도 및 형사사법 공조체제를 완비하여 위반자에 대한 국제적 진압 및 처벌을 강화하였다.[51] 요컨대, 2005년 SUA협약 개정 의정서는 WMD를 적재한

---

49) 1988년 SUA협약은 국제해사기구(International Maritime Organization: IMO)에서 합의되었고 1988년 3월 로마에서 채택되어 1992년에 발효하였다. 2015년 6월 현재 당사국은 우리나라를 포함하여 166개국이다.
50) 1988년 SUA협약의 개정은 2000년 10월 22일 미 해군 구축함(Cole호)이 예멘의 아덴(Aden)항에 급유를 위해 기항하던 중에 대량의 폭약을 실은 소형 고무보트에 의한 자살폭탄 테러 공격을 받아 미 해병 39명이 부상한 사건이 발생한 것이 계기가 되었다. 아울러 당시 국제법은 선박 관련 범죄로서 선상범죄의 문제만을 다뤄왔으나 테러리스트가 선박을 무기 또는 수단으로 한 범죄가 출현하는 등 테러범죄와 WMD 확산에 대처할 필요성이 제기된 것도 개정의 사유이다. 板元茂樹, 전게논문, p. 59.

선박에 대하여 승선과 수색이 가능하여 상당 부분 WMD 확산저지를 합법화하는 법적 근거를 제공한다는 점에서 그 의의가 있으나 WMD의 압수가 불가능하므로 확산방지에는 여전히 한계가 있다.

VI. 자위권 근거 저지 활동의 정당성

WMD, 미사일 또는 관련 물자를 적재한 선박에 대하여 자위권을 근거로 공해상에서의 PSI 저지 활동이 국제법상 정당화될 수 있는지가 문제시된다. 이와 관련 유엔헌장 제51조는 회원국이 무력공격을 받거나(if an armed attack occurs) 임박한 경우에 안보리가 국제평화와 안전의 유지를 위하여 필요한 조치를 할 때까지 개별적 또는 집단적 자위권(collective self-defense)의 행사를 회원국의 고유한 권리로 인정하고 있다. 그러나 자위권의 발동은 캐롤라인 사건의 결과 국제관습법으로 확립된 엄격한 기준에 따라 "자위의 필요성이 급박하고 압도적인 것으로서 다른 수단을 선택할 여지가 없으며 숙고할 겨를도 없는 사정"이 존재하는 경우에만 가능하게 되어 있다.[52]

---

51) Protocol of 2005 to the Convention for the Suppression of Unlawful Acts Against the Safety of Maritime Navigation, Article 3*bis,* Article 3*ter.*

52) *The Caroline*(US v. Great Britain, 1837) 사건은 캐나다에 반란이 일어났을 때 Niagara 강의 캐나다 Navy 섬에 근거지를 둔 미국 선박 Caroline호가 미국의 Schlosser항으로부터 이 섬에 무기 탄약을 운반하려는 것을 알게 된 캐나다 정부가 영국군을 Schlosser항에 파견하여 캐롤라인호에 방화하고 그 배를 Niagara 폭포 속으로 추락시켜 미국인 사상자가 발생했다. 이에 대해 미국은 영국이 영토를 침범했다고 항의했지만 영국은 급박한 침해를 방지하기 위해 부득이 취한 정당방위라고 주장하였다. 사건은 결국 영국 측의 사과로 해결되었는데 당시 미 국무장관이었던 Daniel Webster는 자위행위가 정당화되는 경우는 "오직 자위의 필요가 급박해 있고, 압도적으로 다른 수단을 선택할 여지가 없으며, 숙고할 여유도 없는(instant, overwhelming and leaving no choice of means, and no moment for deliberation) 경우"에만 허용되고 또한 자위의 필요성에 의하여 정당화되는 행위는 바로 그 필요성에 의하여 제한되어야 하고 따라서 명백히 그 범위 내에 있어야 하므로 불합리하거나 과도한 것이어서는 안 된다고 주장했다. 당시 영국 정부는 미국의 주장에 대해 완전한 동의를 표시했다. 그 후 Webster 공식은 2차 대전 후의 뉘른베르크 재판의 결정에서도 인정되었으며, 자위권 발동요건으로서 국제관습법의 일부로 수락되고 있다. 이병조·이중범, 전게서, p. 170.

상기 Webster 기준에 의하면 WMD 적재 선박으로부터 아무런 공격이 없는데도 WMD를 적재하고 있다는 사실만으로 자위권을 행사할 수는 없을 것이다. 관련 사례로 1956~62년 프랑스는 알제리의 반군에게 무기를 공급하던 외국 상선을 나포하기 위한 법적 근거로 자위권을 주장했지만 관련 국가들로부터 비난을 받았다. 1982년 포클랜드섬 분쟁 시 프랑스 선박이 무기를 싣고 대서양을 건너 아르헨티나로 가고 있을 때 영국 정부는 공해상에서 동 선박을 임검할 권리가 없다는 견해를 밝힌 바 있다.53)

그러나 미국, 영국, 이스라엘 등의 국가에서 WMD 확산저지와 관련하여 자위권의 개념을 확대하려는 움직임이 지속적으로 나타나고 있다. 소위 선제적 자위권 혹은 예방적 자위권54)에 관한 논의이다. 즉, 자위권이 유엔헌장 제51조에 규정되어 있는 것처럼 무력공격을 받은 후에만 발생하는 것인지, 아니면 공격을 예상하고 선제조치를 취하는 광의의 자위권이 허용되는지에 관한 것이다.55) 예방적 자위권의 허용을 주장하는 논거는 WMD의 파괴력을 고려할 때 무력공격이 발생하고 난 후 자위권을 행사하는 것은 현실적으로 의미가 없다는 점을 강조한다.56) 반면 예방적 자위권을 반대하는 측은 예방적 자위권의 발동이 상호 상대국의 의도를 오판하여 오히려 사태를 심각하게 몰아갈 위험이 있으며,57) 이는 무력사용의 금지라는 국제법의 원칙을 침해할 우려가 있음을 주장한다. 아울러 유엔헌장 제51조에 의한 자위권은 전통적인 자위권의 예외보다 더 좁게 인정되는 예외이며,58) 조약의 해석에 있어서도 조약의 문언에 충실

---

53) 박찬호 · 김한택, 『국제해양법』 (지인북스, 2009), pp. 146-147.
54) 선제적 자위권(preemptive or anticipatory self-defense)은 활발하게 폭력을 위협하고 그러한 위협을 실행할 능력도 있지만 무력을 통한 위협이 아직 구체화 또는 현실화 되지 않은 국가를 공격하는 것이고, 예방적 자위권(preventive self-defense)은 위협이 우려되고 의심되지만 위협이 구체적으로 또는 현실적으로 임박했다는 증거가 없는 상황에서 다른 나라를 공격하는 것으로 정의될 수 있다. Daniel H. Joyner, "The Proliferation Security Initiative and International Law," *CITS Briefs* (2004), pp. 3-4.
55) 김석현, "유엔헌장 제2조 4항의 위기-그 예외의 확대와 관련하여-,"『국제법학회논총』, 제48권 제1호 (대한국제법학회, 2003), pp. 81-82; 장신, "국제법상 무력행사금지의 원칙과 자위권,"『법학논총』, 제24집 제2호 (한양대학교 법학연구소, 2007), p. 187.
56) 예방적 자위권의 허용을 주장하는 학자들의 견해에 대한 보다 자세한 내용에 관해서는 서철원, "정보전에서 대응하는 무력사용에 관한 연구,"『법학논총』제16집 (2006), pp. 17-18 참조.
57) 장신, 전게논문, p. 187.
58) 서철원, 전게논문, p. 18.

한 해석임을 주장한다.

이와 관련하여 미국은 적어도 비공식적으로는 일반적 자위권에 의해 공해상에서 WMD 적재 선박을 정선시킬 수 있다는 입장을 취했으며, 특히 2002년 당시 국무부 볼튼(Bolton) 부장관은 무력을 사용하여 스커드 미사일을 실은 북한 선박 서산호를 나포하였을 때 자위권을 내세워 그 저지행위를 정당화했었다. 그러나 이러한 자위적 정당성 주장은 선제적 무력공격을 정당화하려는 일방적이고 극단적인 주장이며 결과적으로 국제적 정당성과는 거리가 먼 것이다.[59]

미국의 입장과 같이 위협을 주지 않거나 급박성이 덜한 상황에서 선제적 자위권과 예방적 자위권을 내세워 공해상에서의 저지 활동을 강행한다면 국제분쟁을 촉발할 가능성이 있다. 그럴 경우 WMD 적재 선박에 대한 무리한 저지가 오히려 세계평화와 안보의 유지를 저해할 수 있으며 동시에 PSI의 저지 활동이 국내법과 국제법에 부합해야 한다는 PSI의 저지원칙과 유엔해양법협약 상 공해자유의 원칙에도 반할 것이다. 따라서 자위권을 근거로 무력을 사용한 저지 활동은 Webster 기준이 충족되지 않는 한 정당성을 결여한 것으로 볼 수 있다.

제4절 핵무기 사용의 국제법적 적법성

I. 핵무기 사용에 관한 안전보장

핵무기는 핵보유국이나 이들 국가로부터 핵 보호를 보장받고 있는 소위 핵우산 국가들에게는 잠재적 적대관계에 있는 국가들의 선제공격을 억지한다는 군사 전략적 측면과 핵 보유 그 자체만으로 국제사회에서의 지위와 영향력이 크게 제고된다는 국가 정책적 측면의 문제들이 얽혀 있다. 따라서 핵무기 비보

---

59) Jack Garvey, *supra* note 34, p. 134.

유국(NNWS)의 보유국(NWS)에 의한 핵무기의 사용 또는 사용의 위협으로부터의 소극적 안전보장(negative security assurance) 문제가 논란이 되고 있다.[60]

이와 관련 유엔 총회는 핵무기 사용금지에 대하여 다음과 같이 선언하였다. 즉 (a) 핵무기의 사용은 유엔헌장의 정신, 문언 및 목적에 반하며, 따라서 헌장에 직접 위배된다. (b) 핵무기 사용은 전쟁의 범위를 일탈한 것으로서 국제법 규칙과 인도법을 위반하여 무차별한 고통과 파괴를 야기할 것이다. (c) 핵무기의 사용은 단지 적들에 대한 전쟁이 아니라 인류 전체에 대한 전쟁이기도 하다. 왜냐하면 그와 같은 전쟁에 연루되지 아니한 사람들도 핵무기 사용이 초래하는 모든 재앙에 노출될 것이기 때문이다. (d) 핵무기를 사용하는 국가는 그 어떤 국가든지 간에 국제인도법을 위반하여 행동하는 것이며 또한 인류와 문명에 대하여 범죄를 행하는 것이 된다."[61]

한편 유엔 안보리의 5개 상임이사국은 NPT 당사국인 핵 비보유국(NNWS)에 대하여 핵 공격이나 핵 공격을 위협할 경우 유엔헌장상의 의무에 따라 즉각 행동하고, 핵무기 사용이나 사용의 위협을 받는 NNWS에게 즉각적인 지원을 제공하며, 핵 공격을 받는 유엔 회원국은 안보리가 필요한 조치를 하기 전까지 유엔헌장 제51조에 따라 개별 또는 집단 자위권을 행사할 수 있음을 재확인하는 등 적극적인 안전을 보장하기로 하였다.[62]

그러나 이러한 적극적 안전보장에도 불구하고 NNWS는 유엔 안보리 상임이사국이 모두 핵보유국(NWS)임을 감안할 때 안전보장이 불확실하고 내용 또한 막연하므로 보다 확실한 핵 안전보장을 요구함에 따라 1978년 유엔군축 특별총회에서 NWS는 개별적인 선언형식으로 NNWS에 대하여 핵무기를 사용하거나 사용을 위협하지 않는 소극적 안전보장을 제공할 것을 약속하였다. 그러나 NNWS는 이것도 선언형식에 불과하며 안전보장 여부가 불투명하므로 법적 구속력이 있는 국제조약의 채택을 요구하였으나 NWS는 이것으로 충분하다고 주장하였다. 그러다가 1995년 NPT 검토·연장회의에서 핵무기의 사용 또는 사용의 위협으로부터 NNWS의 적극적이고 소극적인 안전을 보장하기 위하여 법

---

60) 이에 반하여 적극적 안전보장(positive security assurance)은 NWS가 핵무기가 사용된 침략 행위 또는 침략의 위협을 받는 NNWS를 유엔헌장에 따라 즉각 지원하는 것을 말한다.
61) 핵무기와 수소폭탄 사용금지에 관한 선언(1961년 Declaration on the Prohibition of the Use of Nuclear and Thermo-Nuclear Weapons), A/RES/1653 (1961).
62) S/RES/255 (1968); S/RES/984 (1995) 참조.

적 구속력 있는 국제문서의 채택을 위한 추가 조치를 검토하였으며,[63] 그 결과 유엔 총회 결의에 따라 핵무기의 사용 또는 사용의 위협 등을 금지하는 핵무기 금지조약(TPNW)[64]이 마침내 탄생하게 되었다.[65]

Ⅱ. 핵비확산조약 및 핵무기금지조약

핵무기금지조약(TPNW)은 핵무기의 개발, 실험, 생산, 제조, 획득, 보유, 비축, 이전 또는 수령뿐 아니라 핵무기의 사용과 사용의 위협까지도 금지함으로써 현행 NPT와 비교하여 획기적이며 금지 범위가 넓어 NPT의 공백을 충분히 보완한 것은 분명하다. 그러나 기존의 공식 핵 보유 5개국(미국, 러시아, 프랑스, 영국, 중국)과 사실상 핵 보유 4개국(인도, 파키스탄, 이스라엘, 북한)이 이 조약에 아직 서명조차 하지 않은 상태에서 TPNW가 과연 얼마나 실효성이 있을지 의문이다. 한편으로는 2021년 1월, 핵무기 사용을 금지하는 조약이 발효함으로써 <표 9-1>에서 보는 바와 같이 생화학무기 조약에 필적할 정도의 금지의무를 갖게 되었다.

표 9-1 WMD 조약상 당사국의 금지의무 비교

금지의무	핵무기	생물무기	화학무기
개발, 생산, 제조	NPT(NNWS에만 적용) 모든 NWFZ 조약 핵무기금지조약(TPNW)	BWC	CWC
획득	NPT(NNWS에만 적용) 모든 NWFZ 조약 TPNW	BWC	CWC

---

63) Decisions of 1995 NPT Review & Extension Conference, Security assurances, para. 8.
64) 조약의 내용은 <https://treaties.unoda.org/t/tpnw> 참조.
65) A//CONF.229/2017/8 (7 July 2017).

보유, 비축	모든 NWFZ 조약 TPNW	BWC	CWC
이전	NPT(NNWS에 이전 금지) TPNW	BWC	CWC
사용 OR (사용의 위협)	적대행위에 관한 국제인도법의 일반규칙 일부 NWFZ 조약 TPNW	BWC 1925 제네바의정서 (전시)	CWC 1925 제네바의정서 (전시)

출처: John Borrie et al, "A Prohibition on Nuclear Weapons," UNIDIR (February 2016), p. 16.

주: 위 표에서 TPNW는 필자 추가.

Ⅲ. 국제인도법과 핵무기 사용

국제인도법(IHL)은 무엇보다도 무력충돌과 군대 주둔 상황에서의 행위를 규율하는 조약과 관습법의 체계이다. 국제인도법은 1949년 제네바협약과 협약의 추가 의정서, 헤이그협약과 전투 특히 무기의 구체적인 사용 방법과 수단을 규정하는 일련의 조약을 포함한다.[66] 무기의 사용을 포함하여 적대행위를 규율하는 국제인도법은 핵무기를 구체적으로 금지하지 않는다. 그런데도 불구하고 무력충돌에서의 핵무기 사용은 국제인도법의 일반규칙에 의거 제한된다. 이 일

---

[66] 구체적으로 국제인도법은 헤이그법(Hague Law)과 제네바법(Geneva Law)으로 구분한다. 헤이그법은 '전쟁법과 관습(laws and customs of war)'을 지칭하며 1868년의 St. Petersburg 선언과 1874년 브뤼셀선언(Brussels Conference) 및 1899년과 1907년의 헤이그협약에 기원한다. 이들 규칙은 작전수행에 있어서의 교전자의 권리와 의무를 규정하고, 국제적 무력충돌에서 적을 해치는 방법과 수단의 선택을 제한한다. 제네바법은 1864년 1906년 1929년 1949년의 제네바협약(Geneva Conventions)과 이들 4개 협약에 대한 3개의 추가 의정서에 기원하며, 전쟁희생자 보호에 관한 법을 통칭하는 것으로서 전투능력을 상실한 전투원(군 부상자, 병자, 조난자)과 적대행위에 참여하지 않은 사람들(포로, 민간인)에 대한 보호장치 제공, 그리고 인도법의 골격을 구성하는 기본규칙으로서 전투원과 비전투원의 구분, 무기의 무차별 사용금지 및 전투원에 대한 불필요한 고통을 금지한다. 국가는 무기사용에 있어 무제한 선택의 자유를 갖는 것이 아니다. 제네바법의 세부규정은 대한 적십자사, 『제네바협약과 추가의정서』(대한적십자사 인도법연구소, 2010) 참조.

반규칙은 사용 가능한 무기의 종류와 사용 방법을 제한하며 민간인과 민간지역 및 자연환경에 관한 영향을 제한하기 위하여 취할 조치를 규정한다.

즉 충돌 당사국은 항상 민간 주민과 전투원, 민간물자와 군사 목표물을 구별함으로써 우연한 민간 주민의 생명 손실, 부상 또는 민간물자에 대한 손상을 예방해야 한다. 더욱이 충돌 당사국은 공격 전과 공격 중에 민간인을 보호하도록 예방조치를 해야 한다.[67] 어떠한 무력충돌에서도 전투수단 및 방법을 선택할 충돌 당사국의 권리에 제한이 없는 것은 아니다. 과도한 상해와 불필요한 고통을 초래할 성질의 무기와 전투수단을 사용하는 것은 금지된다. 자연환경에 광범위하고 장기간의 심대한 손해를 야기할 의도를 가지거나 가질 것이 예상되는 전투수단이나 방법을 사용하는 것도 역시 금지된다.[68]

Ⅳ. 국제사법재판소의 권고적 의견[69]

국제사법재판소(ICJ)는 핵무기의 사용 또는 위협에 관하여 만장일치로 "핵무기의 위협 또는 사용을 명백히 허용하는 국제관습법이나 조약은 없다. 아울러 13 : 1로 핵무기의 사용 또는 사용의 위협을 포괄적이고 전면적으로 금지하는 국제관습법이나 조약도 없다."고 판시하였다.[70] 그리고 핵무기의 위협 또는 사용은 무력분쟁에 적용되는 국제법 규칙 특히 국제인도법의 원칙과 규칙에 일반적으로 위배된다고 판단하였다. 다만 "국가의 존망이 걸려있고 자위권을 행사할 정도의 극한 상황에서 핵무기 사용이 적법이냐 또는 위법이냐에 관해

---

67) 1949년 8월 12일 제네바 제반 협약에 대한 추가 및 국제적 무력충돌의 희생자 보호에 관한 의정서(제 I 의정서) 제48조, 제51조.

68) *Ibid*, 제35조, 제57조.

69) ICJ는 재판업무 이외에 유엔 총회, 안보리 및 기타 기관이 자문에 응하여 법률문제에 관하여 권고적인 의견을 제시할 수 있다. 이때 유엔 총회와 안보리는 모든 법률적 문제에 관하여 그리고 유엔의 기타 기관과 WHO 등 전문기관은 그의 활동 범위 내에서 발생하는 법률적 문제에 관해서 총회가 허가한 경우에 한하여 ICJ의 권고적 의견을 요청할 수 있다. 그리고 총회의 허가는 개별적 또는 일반적으로 부여된다. ICJ가 제시하는 권고적 의견은 권고적 성질을 갖는데 불과하여 법적 구속력은 없다. 그러나 객관적으로 충분한 권위를 가지기 때문에 실질적으로는 판결의 경우와 같은 구속력이 인정되고 있다. 박관숙·배재식, 『국제법』(박영사, 1977), pp. 256–258.

70) 현행 핵무기금지조약(TPNW)이 발효(2021.1.22.)되기 전의 판결이다.

서는 확정적인 결론을 내릴 수 없다. 그리고 핵무기 보유 그 자체는 위법이 아니나 핵무기의 사용은 유.엔헌장과 전쟁법에 따라야 한다"는 권고적 의견을 제시하였다.[71] ICJ는 그에 앞서 1993년 5월 세계보건기구(WHO)가 건강과 환경적 영향의 측면에서 전쟁 또는 기타 무력분쟁 시 핵무기 사용은 WHO 헌장을 포함한 국제법상의 의무와 충돌하는지에 관한 권고적 의견을 요청한 데 대하여 그 내용은 WHO 활동 범위에 해당하지 않는다는 이유로 권고적 의견의 제시를 거부한 바 있다.[72]

핵무기금지조약(TPNW)은 핵무기의 사용을 금지하나 공식, 비공식 핵보유국이 조약에 불참한 관계로 그 실효성에 의문이 제기된다. 국제인도법은 핵무기를 구체적으로 금지하지 않으나 무력충돌에서의 핵무기 사용은 제한한다. ICJ는 핵무기의 사용을 명백히 허용하거나 사용을 전면 금지하는 조약과 국제관습법은 없으나 국제인도법의 일반규칙에는 위배된다는 점을 확인하였다. 그리고 핵무기 보유 그 자체는 위법이 아니나 핵무기의 사용은 유엔헌장과 전쟁법에 따라야 한다는 권고적인 의견을 표명하였다.

생각건대, 핵무기는 재앙적인 파괴력, 무차별적인 살상력, 생태계에 대한 광범위한 피해, 장기간의 후유증 등 그 사용의 영향력이 엄청난 무기이다. 따라서 어떠한 경우에서도 핵무기의 사용은 막아야 하며 기존의 핵무기도 하루속히 폐기해야 마땅하다. 현행 국제법이 핵무기의 사용을 금지 또는 제한하고 있지만 실제로 그러한 효과를 기대하려면 공식 핵보유국의 핵무기 군축 의무 이행, 모든 핵보유국의 TPNW 참여, 조약의 보편성 구현과 함께 당사국의 엄격한 국내법 집행과 국제협력이 중요한 관건이다.

---

71) Advisory Opinion on Legality of the Threat or Use of Nuclear Weapons, ICJ Reports 1996, p. 266.
72) Advisory Opinion on Legality of the Use by a State of Nuclear Weapons in Armed Conflict, ICJ Reports 1996, para 3, p. 94.

I. 미국 수출통제법의 역외적용 사례

미국은 1950년대 이후부터 외국법에 의해 설립된 현지 자회사에 대하여 미국 본사가 자회사를 실질적으로 소유 또는 지배하고 있다는 이유로 국내법을 집행함에 있어서 관련 법규를 역외적용(extraterritorial application)하고 있는데 다음 사건은 외국 내의 미국인(U.S. persons)[73] 자회사에 대하여 역외관할권을 주장한 대표적인 사건 및 분쟁 사례이다.

1. Fruehauf v. Massardy 사건

미국은 적성국교역법(TWEA)의 시행령인 외국자산통제규정(FACR)에 따라 '미국의 관할에 속한 사람'에게 중국(1949~1971)과 북한(1950~)과의 금융 및 상업거래를 금지하였다. 미국은 미국기업의 해외 자회사에게 이러한 제재를 집행하려고 하자 캐나다와 프랑스로부터 거센 항의를 받았는데 이에 관련된 분쟁이 *Fruehauf v. Massardy* 사건이다. 이 사건의 개요를 살펴보면, 미국 다국적 기업인 Fruehauf-Detroit는 1964년 프랑스 트럭회사 Berliet와 트랙터 트레일러 60대를 판매하는 계약을 체결하였다. 이 트랙터 트레일러는 중국으로 수출될 예정이었는데, 미 재무부는 이러한 행위가 TWEA와 FACR에 위배된다는 이유로 취소를 명령하고 불이행 시에는 민사 및 형사제재가 따를 것을 암시하였다. 이에 Fruehauf-Detroit는 자회사인 Fruehauf-France의 임원 8명으로 구성된 이사회의 과반수를 차지하는 5명의 미국인 이사들에게 동 계약을 취소하도록 지시하였다.

---

[73] 미국인의 범위에 관하여, 예를 들면, Foreign Assets Control Regulations(FACR) §500.329 (a)는 "미국 관할 하의 사람(persons subject to the jurisdiction of the United States)은 (1) 어디에 소재하든, 미국의 시민 또는 거주자, (2) 사실상 미국 내에 있는 사람, (3) 미국연방 또는 주, 영토, 속령(possession) 또는 구(district)의 법에 의해 설립된 기업 및 (4) 어디에서 설립되고 활동하든지 간에 상기 (1~3)에 명시된 사람이 소유 또는 지배하는 파트너십, 협회, 기업 또는 기타 조직이 포함된다."고 규정하고 있다.

이에 Berliet는 계약파기 거절과 함께 손해배상 청구소송을 제기하였고, 그 결과 Fruehauf-France의 Massardy 회장은 사임하였다. 한편 자회사의 3명의 프랑스인 이사들은 회사를 잠정 운영하고 계약이행을 담당할 관리원의 선임을 청구하는 소송을 프랑스법원에 제기하였다. 프랑스법원은 관할권의 부존재 및 회사경영에의 부당한 간섭이라는 이유로 미국인 이사들의 항변을 배척하고 동 청구를 인용하였다. 동 판결 이후 재무부는 Fruehauf-France가 미국 관할권 내에 속한 사람이 아니라고 결정하여 모든 청구를 취하하였으며, 이에 동 회사는 정상적으로 애초의 계약을 이행하였다.[74]

상기 프랑스법원의 판결은 다수 주주의 행동이 회사 전체의 이익에 반하는 경우 다수에 의해 취해진 결정을 권리남용이론에 따라 번복할 수 있는데 이러한 권리남용이론은 다수 주주에 의한 절대적인 경영권에 제동을 걸 수 있는 법적 안전장치로서 모회사 소속 국가의 수출통제 법규의 역외적용에 대한 제약을 의미하는 것으로 받아들여지고 있다.[75]

2. 시베리아 가스파이프라인 사건

(1) 개요

1981년 12월 13일 폴란드의 계엄령 포고 및 노조 탄압에 대하여 레이건 대통령은 12월 29일 소련 및 폴란드 정부에 대한 일련의 경제제재 조치를 발표하고 소련에 대해 석유 정유 및 천연가스 수송 장비와 기술의 수출 및 재수출을 금지하는 행정명령을 발부하였다. 수출관리법(EAA)에 의거 발부된 이 명령은 당초에는 미국 국내법에 의거 설립된 기업에만 적용하였으나 그 후 1982년 6월 18일에는 ① 석유 및 가스 탐사, 운송 또는 정유 분야에서 소련과 거래하는 미국기업의 해외 자회사, ② 미국산 부품을 사용하여 제조된 석유 및 가스장비를 재수출하는 외국기업 및 ③ 미국기술을 사용하여 해외에서 생산한 관련 장비에 대한 제3국으로의 수출에 대해서도 그 적용범위를 확대하였다.[76]

---

74) 동 사건에 대한 자세한 논의는 최승환, 전게서, pp. 596-597; Craig, W. L., "Application of the Trading With the Enemy Act to Foreign Corporation Owned by Americans: Reflections on Fruehauf v. Massardy," *Harvard Law Review*, Vol. 83 (1970), p. 579.

75) 최승환, 상게서, p. 598.

미국의 이러한 조치는 당시 유럽공동체(EC)의 7개 회원국과 집행위원회로부터 외교적 항의를 받았으며 영국과 프랑스는 미국 모회사의 지배를 받는 프랑스 내 미국 자회사와 국내기업들에게 미국의 규정을 준수하지 못하도록 하는 법규를 제정하였다. EC는 1982년 8월 12일 미 정부에 송부한 항의서한을 통해 "미국의 조치는 역외적용의 성격이 있기 때문에 수락할 수 없으며 미국은 미국 밖에서의 행위에 관하여 미국 국적이 아닌 기업을 규제하려고 한다."고 말했다. 또한 미국인 지배하의 외국자회사에 대해 관할권을 행사하려는 미국의 주장에 대하여 EC 서한은 *Barcelona Traction* 사건에서 국제사법재판소(ICJ)가 기업 국적의 2가지 결정기준, 즉 설립 장소 및 등록사무소 소재지는 오랜 관행과 수많은 국제문서에 의해 확인된 것이라고 선언했던 사실을 지적하였다.[77]

(2) Compagnie Européen des Pétrole S.A. v. Sensor Nederland B.V.

시베리아 가스파이프라인 사건은 미국과 유럽재판소 간의 분쟁으로 비화됐다. 헤이그 지방법원은 미국기업(Geosource Inc.)의 자회사인 Sensor Nederland B.V.에게 시베리아 파이프라인 프로젝트에 장비를 공급하는 계약을 이행할 것을 명령하였다. 동 법원은 미국 금수조치의 역외적용은 전혀 국제법적 근거가 없으며, 특히 Sensor Nederland B.V.은 국제법에서 일반적으로 해석되는 바와 같이 네덜란드 법에 의하여 네덜란드에서 설립되었으며, 동 회사의 등록사무소와 행정중심지도 네덜란드 내에 소재하고 있다. 따라서 동사의 국적이 네덜란드이기 때문에 미국 본사의 해외 자회사에 대한 관할권 주장은 속인주의 원칙에 근거할 수 없다고 판시하였다.[78]

(3) 소결

이상 두 사례를 실증적인 관점에서 보면 국내 모기업과 해외 자회사 간의 기업 내(intra-company) 관계의 존재는 해외지사의 활동에 대하여 모회사의 효과적인 통제를 허용하는 것으로 볼 수도 있지만, 엄격하게 법적인 관점에서 보

---

76) 상게서, pp. 599-601; Dam, *Extraterritoriality and Conflicts of Jurisdiction*, Am. Soc'y Int'l. Proc, Vol. 77, (1983), p. 370.
77) Michael Bothe et al. (eds), *supra* note 25, pp. 476-477.
78) *Ibid*, p. 477.

면 외국법에 의거 설립된 자회사를 통하여 해외에서 비즈니스 활동을 하는 다국적기업의 경우는 상황이 다를 수 있다. 회사법의 일반원칙에 따르면 모회사와 자회사는 비록 자회사가 모회사에 의해 완전히 지배받는 관계라고 하더라도 각각 별개의 법인격을 가진 회사로 본다.[79] *Barcelona Traction* 사건에서도 "외국에서 외국법에 의해 설립된 기업은 그 국가의 국적을 가진다."는 국제사법재판소(ICJ)의 판결[80]에 비추어 모회사의 본국이 속인주의를 근거로 해외자회사의 영업활동에 대하여 관할권을 행사하는 것은 관계 당사국 간 분쟁을 야기하므로 삼가야 할 것이다.

그러나 다른 한편으로 이 사안을 보다 넓은 관점에서 보면 국제관습법에서 법인격 분리의 원칙(principle of separateness)의 실효성이나 적어도 그 절대성에 대하여 의문이 생길 수 있다. 특히 국가들이 이 원칙을 예외가 전혀 허용되지 않는 강행규칙으로 본다고 말하기는 어렵다는 것이다. 더구나 Sevesco, Bhopal 및 Amoco Cadiz 사건으로 촉발된 주요 환경문제 관련 소송에서 해외 자회사가 주재국에서 야기한 손해액에 대하여 본국 모회사가 배상책임을 인정하였듯이 최근 국내법과 국제법 관계에서 모회사와 자회사 간 별개의 법인격을 부인하는 사례가 늘고 있는바 이러한 추세에 주목할 필요가 있다.[81]

Ⅱ. 역외적용의 국제법적 근거

1. 국가관할권

일반적으로 국가는 국제사회에서 자국과 일정한 관계에 있는 사람, 물건,

---

79) *Ibid*, pp. 474-475.
80) Case concerning the Barcelona Traction, Light and Power Company Limited (Second phase), Judgment of February 1970, pp. 76-78 참조.
81) 법인격 부인의 법리(principle of piercing the corporate veil)에 따라 본국 모회사가 불법 또는 부정한 목적을 위하여 설립한 해외 자회사를 별개의 법인격을 가진 회사라고 주장하는 경우 법인격을 남용한 것으로 보고 법인격이 부인되기도 한다. 이와 관련, 전시에는 국가들이 적국 모회사의 지배를 받는 국내의 당해 자회사에 대하여 적국과 같은 대우를 할 목적으로 법인격 부인의 법리에 의존하는 사례가 많았다. Michael Bothe et al, *supra* note 25, pp. 477-478.

사건(행위)에 대하여 영토와 국적에 근거하여 주권을 행사할 수 있는 국가관할권을 가진다. 국가주권의 핵심적이고 중심적인 요소인 국가관할권의 근거로는 자국의 영역 내에서 발생한 행위에 대하여 행위자의 국적과 상관없이 관할권을 행사하는 속지주의(territorial principle)와 행위의 장소에 관계없이 행위자의 국적을 기준으로 관할권을 행사하는 속인주의(nationality principle)가 있다.

역외관할권의 가장 중요한 근거는 속인주의(nationality) 원칙이다. 이 원칙 하에서 국가는 자국민이 어디에 있든 자국민에 대하여 적용할 수 있는 법규 제정이 허용되며, 이러한 원칙의 타당성은 일반적으로 인정되고 있다. 속인주의 원칙 외에도 역외관할을 정당화하기 위해 원용되고 있는 근거로는 보호주의, 수동적 속인주의 및 보편주의 등이 있다.[82]

보호주의(protective principle)는 국가의 안전을 위협하거나, 영토의 보전 및 독립을 해치거나 통화와 여권의 위조 및 행사 등 국가의 공적신용을 해치는 행위에 대하여 행위의 장소, 행위자의 국적에 관계없이 관할권을 행사하는 원리 이다. 보호주의 원칙의 문제는 속지주의에 있어서의 영토, 속인주의에 있어서의 국적과 같이 관할권의 존재를 객관적으로 판단할 징표가 없어 남용의 소지가 크다는 것이다. 또한 이 원칙은 국가관행에서 보편적으로 받아들여지지 않고 있다. 수동적 속인주의(passive nationality principle)는 행위가 어디서 발생하든 자국민을 해치는 행위에는 피해자의 국적국가가 관할권을 가진다는 원칙이다. 이 원칙은 해외에서의 자국민 보호가 관할권 행사의 기초이다. 이 원칙 역시 국가관행에서 보편적으로 덜 받아들여지고 있고 일반적인 입법관할권의 근거로는 그 타당성에 문제가 있다.[83]

보편주의(universality principle)는 행위의 장소와 행위자의 국적에 관계없이 국제사회의 공통이익과 가치를 저해하는 행위에 대해 국제사회를 구성하는 모든 국가가 관할권을 가진다는 원리로서 해적, 노예무역, 대량학살, 항공기 납치, 테러, 폭파 등이 그 대상이다.[84] 영향이론(effects doctrine)은 비록 문제의 행위가 자국의 영역 밖에서 행해졌다고 하더라도 그 행위의 결과가 자국의 영역 내에서 발생하는 경우에 당해 행위의 영향을 받은 국가의 관할권 행사를 정

---

82) Michael Bothe et al, *supra* note 25, p. 468.
83) *Ibid*, p. 468.
84) 오윤경 외, 전게서, pp. 32-35.

당화시키는 이론이다.[85] 주로 독점금지 및 카르텔 등 공정거래법 분야에서 원용되고 있다.[86]

2. 입법관할권과 집행관할권

국가관할권은 성격상 입법관할권(legislative jurisdiction)과 집행관할권 (enforcement jurisdiction)으로 대별된다. 전자는 사람, 행위 또는 사물에 적용할 법규를 제정하는 권능이고, 후자는 법규준수를 강제하는 조치를 취할 권능이다. 그런데 입법관할권에 관하여 일부 학자들은 국제법은 집행조치가 따르지 않는 한 국가의 입법관할권의 확장에 아무런 제한을 두지 않듯이 자국 영역 외에서의 입법관할권 행사에 무관심하다고 주장한다. 반면 다수설은 소수설의 견해에 동의하지 않으며 주권과 독립국가의 질서 있는 법질서 공존을 위하여 제한을 두어야 한다고 주장한다. 그러나 이 두 학설 모두 특정한 경우에 국가의 입법관할권의 역외 행사를 허용하므로 실제로는 이러한 입장차이가 없어지는 경향이다. 상설국제사법재판소(PCIJ)도 Lotus호 사건에서 "속지주의가 절대적인 국제법의 원칙이 아니다."라고 판결하였다. 그러면서도 PCIJ는 국가의 입법관할권에 제약이 존재한다는 점을 부인하려고 하지 않았다.[87]

반면 집행관할권은 엄격히 영역적(territorial)이다. 즉 집행관할권은 명백하게 속지적인 성격을 지니는 것으로서 국가는 타국(영역국가)의 동의가 없는 한 타국의 영역 내에서 어떠한 형태로든 관할권의 행사가 허용되지 않으므로 입법관할권의 존재만으로는 타국의 영역 내에서 집행관할권을 행사하기에는 불충분하다. 또한 국가는 명시적으로 표현하거나 일반적으로 확립된 국제관습 또는 협약으로부터 파생되는 허용 가능한 규칙에 의한 경우를 제외하고는 자국의 영역 밖에서 관할권을 행사할 수 없다.[88]

---

85) 최승환, 전게서, pp. 103-105.
86) 우리나라는 2002년 3월, 공정거래법을 역외에 적용하여 흑연 전극봉 국제카르텔에 참여한 외국업체들에 대하여 시정명령과 80억 원의 과징금을 부과한 사례가 있다. 이에 관한 자세한 내용은 김형진·정영진, "공정거래법의 역외적용," 『인권과 정의』, Vol. 332 (2004), pp. 136-148 참조.
87) Michael Bothe et al, *supra* note 25, pp. 466-467
88) *The S.S. Lotus* (France v. Turkey), PCIJ Series A, No. 10 (1927), pp. 18-19.

Ⅲ. 미국 수출통제법 역외적용의 논거

미국의 수출통제 관련 법령중에서 특히 수출통제법(ECA)은 대통령에게 역외에도 수출통제를 집행할 수 있도록 권한을 부여하고 있는데 수출통제법이 허용하고 있는 3가지의 주요 역외 집행적 요소와 역외적용의 논거는 다음과 같다.

첫째, 미국산 물품 또는 기술의 수출을 금지하는 권한이다. 그에 따라 미국은 자국의 사전 동의 없이 미국산 물품 또는 기술의 재수출을 금지한다. 이 논거는 미국산 물품과 기술은 생산 및 유통의 전 과정에 걸쳐 미국 관할권의 대상으로 계속 존속해야 한다는 논리에 기초하고 있다. 그리하여 재수출 통제는 최초 수출허가 승인의 전제조건이며 미국산 물품과 기술이 금지된 목적지로 우회 또는 환적되는 것을 방지하기 위해 이용되는 방안이라는 것이다.[89]

둘째, 미국으로부터 이미 수출된 미국의 기술을 사용하여 외국기업이 외국에서 생산한 품목의 수출금지이다. 이 논거는 미국의 생산기술에 대한 수출허가는 그 기술을 사용하여 해외에서 생산된 제품에도 최초 수출허가의 효과가 지속된다고 하는 영향이론[90](theory of contamination)에 근거한다. 이는 미국이 기술을 수출할 때 그 기술을 사용하여 해외에서 생산된 모든 제품에 대하여 만일 미국에서 생산되었더라면 당해 제품에 적용되었을 규제와 동일한 규제대상이라는 점을 명확히 하고 있다. 아울러 물품 및 기술에 미국 국적(U.S. nationality)의 개념을 도입하여 그 물품과 기술을 수출 또는 재수출하는 모든 외국인(개인, 기업)에 대하여 자국 수출통제법의 준수를 강요하는 등 관할권 행사를 정당화하고 있다.[91]

셋째, 미국 관할 대상의 자연인과 법인에 의한 수출금지이다. 이는 미국의 개인과 법인의 수출 활동뿐만 아니라 미국 주주가 소유 또는 지배하는 외국기업(미국기업의 해외 자회사 포함)의 수출 활동에 대하여도 미국 관할권을 주장하고

---

89) Author unnamed, "Extraterritorial Application of United States Law: The Case of Export Controls," *University of Pennsylvania Law Review*, Vol. 132, No. 2 (Jan. 1984), pp. 360–361.

90) 미국 제조기술에 대한 수출허가의 효과는 그 제조기술로 해외에서 생산된 1차 산품뿐만 아니라 그 1차 산품으로 생산된 모든 제품에도 영향을 미친다. *Ibid*, p. 361.

91) *Ibid*, pp. 360–361.

있다. 한편 미국 수출통제법(ECA)은 미국인(US persons)에 대한 정의는 규정하지 않고 있으나 대통령에게 폭넓은 재량권을 부여하고 있으며, 현재는 적성국교역법(TWEA)의 시행령인 외국자산통제규정(FACR)의 정의[92]를 준용하고 있다.[93]

Ⅳ. 미국 수출통제법 역외적용의 정당성

결론적으로 미국 수출통제법 역외적용의 논거와 집행조치는 국가관할권 행사의 속인주의 및 속지주의를 동시에 침해하는 위법행위에 해당되어 다음과 같은 이유로 국제법상 정당화 될 수 없는 것으로 보인다.

첫째, 미국산 물품과 기술의 재수출 통제에 대하여, 먼저 물품과 기술은 국적을 가지지 않는다. 더욱이 물품과 기술을 취급하는 기업에 대한 관할권 확립의 근거로서 해외에 소재하는 물품 또는 기술에 국적을 부여하는 어떠한 규칙도 국제법상 존재하지 않는다. 이는 미국산 품목이라도 일단 타국의 영역에 들어가면 미국의 관할권에서 벗어난다는 일부 미국 법원의 판례에서도 확인되고 있다.[94] 따라서 해외로 수출된 미국산 물품과 기술은 그 품목의 소유권이 외국으로 이전되었기 때문에 제3국으로의 재수출 통제는 재화의 자유처분권에 대한 침해에 해당하며, 또한 특허 실시국의 기술데이터에 근거하여 외국에서 제조된 직접제품(direct products)에 대한 제3국으로의 수출통제는 특허독립의 원칙[95]에 어긋난다.

둘째, 미국이 소유 또는 지배하는 해외 자회사의 수출활동에 대한 관할권 행사에 대하여는, 설사 해외 자회사가 미국 모회사에 의해 완전히 지배받는 관계라고 하더라도 자회사가 주재국의 법률로 설립되고 등록사무소의 소재지가 주재국인 경우에는 자회사의 국적이 주재국이 되므로 미국은 관할권을 행사할

---

92) 미국인(US persons)의 정의 또는 범위에 관해서는 각주 73 참조.
93) Author unnamed, *supra* note 89, pp. 360–362.
94) John H. Jackson and William J. Davey, *Legal Problems of International Economic Relations* (West Publishing Co, 1986), p. 931.
95) 동일 발명에 대하여 특허권을 부여한 나라의 수만큼 별개 독립의 특허권이 성립하며(1국 1특허의 원칙), 이들 특허권은 상호 무관하게 병존한다는 원칙으로 특허는 권리를 획득한 국가 내에만 효력을 발생한다(속지주의). 송영식 외, 『지적소유권법』 (육법사, 2005), p. 110.

수 없다. 따라서 해외 자회사에 대한 미 국내법의 역외적용은 국제법상 속인주의에 대한 위반이다. 또한 국가는 속지주의에 따라 그 영역 내에서 절대적이고 배타적인 관할권을 가진다. 국가만이 자국의 관할권 행사에 제한을 가할 수 있으며, 따라서 타국에 의한 관할권 행사의 제한은 그 국가의 주권(영토고권)을 침해하는 것이다. 앞서 언급된 1927년 *SS Lotus* 사건에서 상설국제사법재판소(PCIJ)도 "국가는 국제관습 또는 협약으로부터 파생되는 허용원칙에 의한 경우 외에는 자국 영역 밖에서 관할권을 행사할 수 없다."고 판시한 바 있다.

셋째, 유엔은 1996년 "정치·경제적 강압수단으로서의 강제적 경제조치의 철폐"라는 제하의 총회 결의를 통하여 역외적인 강제적 경제법은 국제법 규범과 유엔의 목표 및 목적에 위배된다고 전제하고, 타국의 개인과 기업에 제재를 부과하는 일방적 역외법을 즉각 철폐하는 한편, 모든 국가들에게 타국이 부과하는 일방적이고 역외적인 강제적 경제조치 또는 입법조치를 인정하지 말 것을 촉구하였다.[96]

한편, 로데시아(Rhodesia)에 석유 및 석유제품의 공급을 금지한 유엔제재[97]와 관련하여 회원국에 소재한 주요 정유회사(Shell, BP, Mobil, Total)의 남아공 자회사들에 대하여도 본국이 관할권을 행사할 수 있는지, 즉 국내에서 설립된 모회사가 해외 자회사의 행위를 규율할 수 있는 권한, 자격 또는 의무가 있는지의 문제가 안보리의 제재위원회에 제기된 바가 있다. 이와 관련 유엔의 법률자문관은 회원국 영역 밖에서 결과적으로 제재를 회피하는 자회사의 공급행위는 금지될 수 있다는 의견을 제시했다. 그는 또 영역 밖의 행위에 제재를 적용하는 법규 제정에 관하여 "역외 효과가 있고 자국의 영역 내에서 집행을 허용하는 입법을 국제법이 금하고 있다고 주장하는 것은 법과 선례에 맞지 않다."는 사적인 견해를 피력하였다.[98]

---

96) A/RES/51/22 (6 December 1996).

97) 남로데시아에 대한 경제제재는 유엔헌장 제41조에 의거 1966년 12월 유엔이 사상 최초로 채택한 경제적 강제제재이다. 당시 유엔은 1965년 11월 남로데시아 백인 소수에 의한 일방적 독립선언(UDI)은 아프리카 다수의 자결권에 위배된 것으로 간주하여 UDI를 무효라고 선언했다. 그리고 남로데시아의 사태가 국제평화와 안보에 대한 위협이라고 규정하고 남로데시아의 광물 등 품목에 대해 수출금지 조치를 취했으며 그 후에는 금융 및 외교적 제재로 확대했다. 관련 유엔 안보리 결의(UNSCR) 216호 및 217호(1965), 결의 232호, 253호(1968), 결의 277호(1970) 및 결의 333호(1973) 참조.

98) Andreas F. Lowenfeld, *International Economic Law* (Oxford University Press, 2002), pp.

이에 대해 안보리는 관련 결의에 해외 자회사에게도 적용되는 명문의 조항이 있다면 그 조항은 역외집행이 가능하며, 또한 자회사가 소재한 국가가 국내법에 대한 간섭이라고 주장하더라도 이러한 주장은 유엔헌장 제25조와 제103조에 따른 안보리의 결정에 의해 배척될 것이라고 말했다. 그러나 안보리는 기업의 국적에 근거하여 회원국에게 역외관할권의 행사를 승인한 사례가 없다는 입장이다.[99]

상기와 같이 일부 국가 특히 미국이 해외 자회사에 대한 지배와 개인에 대한 속인주의와 속지주의 원칙에 근거하여 경제제재를 집행하고 있으나 역외적용을 허용할 경우 국가 간의 관할권 다툼으로 인하여 분쟁이 야기될 수 있다. 유엔제재의 관행도 각 회원국은 그의 영역 내에서 제재를 집행할 의무가 있다는 태도를 보이고 있다.[100] 그러므로 국내법의 역외적용은 상대국가와의 양해각서 등 조약에 근거하거나 상대국의 동의가 있는 경우에 한하여 예외적으로 허용되는 것이 타당하다는 견해에 동의한다.[101]

한편 독일 대법원은 1960년대 초 독일이 미국의 동구권에 대한 수출 및 재수출 통제를 회피하려고 한 사건에 관한 판결에서 미국의 수출통제 정책을 지지하였다. 대법원은 "미국의 금수규정을 수용한 독일 법령을 찾을 수 없다고 하더라도 국제적으로 그러한 규정을 회피하는 것은 윤리(good morals)에 반하는 조치이다. 미국의 제재조치가 서방의 평화와 자유를 수호하기 위한 것이라는데 이의가 없으므로 미국의 금수조치는 미국의 이익뿐만 아니라 독일의 이익을 위하여 취해진 조치라며 미국 수출통제법의 독일 국내 적용을 옹호하였다."[102]

V. 역외적용의 필요성

미국 수출통제법의 역외적용은 상대국의 관할권을 침해하는 행위로서 국제법상 정당화될 수 없음은 자명하다. 그러나 미국 수출통제의 역외집행 사례

710-711.
99) *Ibid*, pp. 710-711.
100) *Ibid*.
101) 최승환, 전게서, pp. 658-659.
102) Andreas F. Lowenfeld, *supra* note 98, p. 749.

에서 보듯이 국제안보를 위하여 비확산 수출통제의 효과를 제고하기 위해서는 어느 정도 국내법의 역외적용이 필요함을 시사하고 있다. 따라서 세계평화와 국제안보의 중요성을 고려하여 상호 유사한 WMD 비확산 수출통제 정책을 취하고 있는 이른바 뜻을 같이 하는 국가(like-minded states) 간에는 국제안보의 중대한 이익 보호를 위하여 상대국의 역외집행을 서로 용인하는 융통성을 발휘할 필요가 있다고 본다. 왜냐하면 WMD와 그 운반수단인 탄도미사일의 확산 방지를 위하여 수출통제의 효과를 높이기 위해서는 가능한 한 많은 국가 간의 안보에 관한 국제협력이 매우 중요하기 때문이다.

그러나 미국과 같이 일방적으로 국내법을 무리하게 역외적용을 집행할 경우 급기야 국가 간의 관할권 충돌로 비화되어 오히려 역효과를 초래할 수 있다. 따라서 국내법의 역외적용은 원칙적으로 상대국과의 양해각서 또는 기관 간 약정103)을 체결하여 이에 근거하거나 상대국의 동의가 있는 경우에 한하여 예외적으로 허용하는 것이 바람직하다. 우리나라도 우방국인 미국과 1987년 전략물자와 기술자료 보호에 관한 양해각서(MOU)를 체결하여 미국산 수출통제 품목을 제3국에 재수출 시 미국의 서면동의(정확히는 미국의 재수출 허가) 없이는 재수출을 허용하지 않기로 약속함으로써 미국 수출통제법의 역외적용에 협력하고 있다. 아울러 전략물자 및 기술에 관한 법규위반이 의심될 경우 정보를 교환하고 적절한 시정조치를 위해 상호 협력하고 있다.104)

---

103) 기관 간 약정(Agency-to-Agency arrangement)이란 정부기관이 동일 또는 유사한 업무를 수행하는 외국의 정부기관과 국내법상 소관 업무 내지 권한의 범위 내에서 체결하는 법적 구속력이 없는 합의를 말한다.

104) 전략물자 및 기술자료 보호에 관한 한미 양해각서(Memorandum of Understanding between the Government of the Republic of Korea and the Government of the United States of America on the Protection of Strategic Commodities and Technical Data) Ⅱ. 보호조치 4. 재수출 참조. 동 양해각서(1987년 9월 11일 서명, 1989년 5월 11일 발효)는 한미 양국이 국가안보 이익을 위하여 전략물자 및 기술자료가 허가 없이 금지된 목적지로의 이전을 배제하기 위하여 체결되었다.

제10장

주요국의 비확산 수출통제

I. 미국의 수출통제 법규

미국은 국가안보,[1] 외교정책[2] 및 공급부족(short supply)[3]을 이유로 미국 관할의 물품과 기술의 수출, 미국산 기술로 해외에서 생산된 외국제품의 수출 및 미국 관할대상 사람의 수출 활동을 통제한다. 아울러 WMD와 그의 운반수단인 탄도미사일의 확산방지, 테러방지[4] 및 유엔제재의 이행을 위하여 수출을 통제한다.

미국의 주요 수출통제 법규로는 <표 10-1>에서 보는 바와 같이 통제대상에 따라 이중용도 품목은 수출통제법(ECA)과 수출관리규정(EAR), 무기 등 군수품목은 무기수출통제법(AECA)과 국제무기거래규정(ITAR), 핵물질 등 원자력 관련 품목은 원자력법(AEA)이 있고, 경제제재의 집행을 위한 기본법률로는 적성국교역법(TWEA)과 국제비상경제권한법(IEEPA)이 있다.

그 밖에 WMD 확산방지를 목적으로 역외적용 요소를 포함하고 있는 수출통제 관련 법률로는 핵비확산법(Nuclear Nonproliferation Act of 1978),[5] 핵확산방지법((Nuclear Nonproliferation Prevention Act of 1994),[6] 화학무기금지협약이행법, 화학·생물무기통제·전쟁철폐법(Chemical and Biological Weapons Control and Warfare Elimination Act of 1991), 생물반테러법(Biological Anti-Terrorism Act of 1989) 및 미사일기술통제법(Missile Technology Control Act of 1990) 등이 있다.

---

1) 어떤 국가의 군사적 잠재력에 현저히 기여함으로써 미국의 국가안보를 저해할 것이라고 판단되는 품목의 수출통제를 말한다.
2) 인권위반이나 테러지원국에 대한 수출통제를 말한다.
3) 국내 공급이 부족한 자원의 과도한 수출로부터 국내경제를 보호하기 위한 수출통제이다. 현재 대상품목은 석유제품, 무기화학물질, 천연액화가스, 삼나무(통나무, 목재), 해상수출 말 등이다. 세부내용은 Export Administration Regulations (EAR) Part 754 참조.
4) 테러방지(anti-terrorism) 통제는 테러지원국(북한, 이란, 시리아)에 대하여 거의 모든 품목의 수출을 금지한다. EAR Part 742(d), p. 2.
5) 우라늄 농축 및 재처리시설 확산 규제를 위한 핵 연료주기 통제, 미국 기술로 생산된 핵 장비 또는 핵물질의 재이전 시 미국의 사전승인을 요구하는 것 등의 주요 내용이다.
6) 핵무기 또는 핵물질 획득을 방조 또는 사주하는 자 및 핵 폭발장치를 획득하는 국가에 대한 벌칙을 강화하여 위반하는 사람 및 국가에 대하여 원조 중단, 정부조달 참여 배제, 기술수출 허가요건 강화, 국제금융기구로부터의 여신 또는 신용제공 반대 등의 제재를 부과한다.

표 10-1 미국의 주요 수출통제 법규 개요

법규 명칭	발동목적	통제대상
수출통제법(ECA) 수출관리규정(EAR)	국가안보, 외교정책 공급부족, 테러방지 WMD 확산방지	이중용도 품목(물자, 기술) 미국 관할의 개인과 법인
무기수출통제법(AECA) 국제무기거래규정(ITAR)	WMD 확산방지 및 예방 대외군사판매 프로그램7)	방산물자 및 기술 방산서비스
원자력법(AEA)	핵무기 확산 방지 원자력 국제협력	핵물질, 기술 수출통제 핵 협력협정 체결8)
적성국교역법(TWEA) 국제비상경제권한법(IEEPA)	국가안보, 대외정책, 또는 국내경제 위협 * TWEA: 전시에 적용 * IEEPA: 전시 외 적용	특정국의 자산동결, 수출입, 금융서비스 등 전면 제재

출처: 필자 정리.

1. 수출통제법과 수출관리규정

(1) 개요

수출통제법(Export Controls Act of 2018: ECA)은 미국 수출통제의 기본법이며 미국의 국가안보, 외교정책 및 공급부족 등을 이유로 미국인 또는 외국인에 의한 미국 관할의 이중용도 품목(물품, 기술, 소프트웨어)과 일부 군수품목의 수출, 재수출 및 국내 이전(in-country transfer)뿐만 아니라 특정 핵 폭발장치, 미사일, 생화학무기, 화학무기 전구체, 외국 해상 핵 프로젝트 및 외국 군사정보 서비스에 관한 미국인의 활동을 통제한다. 미 상무장관은 통제품목의 목록과 미국의 국가안보 및 외교정책에 대한 위협이라고 판단되는 최종용도(end-uses) 제도의 수립 및 운용, 수출허가제 시행과 아울러 통제품목의 불법

---

7) 미국의 방산물자 및 서비스는 우방국의 국가안보 및 합법적 자위용에 한하여 우방국에만 판매한다. 무기수출통제법(Arms Export Control Act), Sec. 4.
8) 미국은 농축 및 재처리 금지, 핵물질 및 기술의 재이전 금지 등 9개 요건을 충족하는 평화적 목적의 원자력협력협정을 체결하고, 이 협정에 의거 미국은 상대국에 원자로, 원자로 핵심부품 및 핵연료의 수출을 협력한다. 원자력법 Atomic Energy Act, Sec 123 참조.

수출, 재수출과 국내 이전 금지 및 선적(shipment)과 기타 이전수단의 감시 등을 이행해야 한다.[9]

수출통제법은 수출통제의 정책과 목표 구체적으로는 이중용도 품목에 대한 허가제의 이행을 위하여 행정부에 상당한 재량권을 위임하였다. 그에 따라 실제 수출통제는 동법의 시행령인 수출관리규정(Export Administration Regulations: EAR)에 따라 상무부의 산업안보국(BIS)이 허가 및 집행을 담당하고 있다.

수출관리규정(EAR)은 WMD와 미사일 확산방지, 테러방지, 범죄단속, 유엔 제재 조치의 이행 등을 위해서도 수출을 통제하고 있다. 수출통제 대상품목은 민군 겸용의 이중용도 품목[10] 외에도 순수 민간전용 품목, 군사전용 품목(ITAR 품목 제외) 및 테러 또는 WMD 관련 품목이다. 그리고 EAR은 미국인의 활동, 즉 세계 어디서든 외국산 품목에 대한 미국인의 수출행위, 세계 어디서든 미국인의 서비스 또는 지원 제공 및 미국 우호국에 대한 특정국의 보이콧 지원행위를 통제한다. 그리고 통제대상 수출의 범위에는 ① 미국 내에서 외국인에게 기술 공개(시연, 구두설명), ② 미국에서 수리한 외국산 장비의 원래 국가로의 반환, ③ 미국 내 외국무역지대(FTZ)로부터의 출하 및 ④ 민간(non-public) 기술 데이터의 해외 전송이 포함된다.[11]

(2) 허가정책

수출허가는 원칙적으로 통제목록(CCL)상의 품목(ECCN)과 통제목록에 없는 품목(EAR 99),[12] 즉 실제 국제적으로 거래되고 있는 모든 품목이 통제대상이며, 전 세계 국가를 확산 위험도에 따라 4개 국가그룹(A, B, D, E)[13]으로 분류

---

9) Ian F. Fergusson and Paul K. Kerr, "The U.S. Export Control System and the Export Control Reform Initiative," *CRS Report for Congress R41916* (March 15, 2018), p. 2.

10) 이중용도 품목에 대한 수출통제는 1942년부터 실시되었다. 1949년 수출통제법이 제정된 이후 1962년, 1969년, 1979년, 1985년 및 1988년 개정되었으며 1979년 수출관리법(EAA)으로 명칭이 변경되었다. EAA는 2001년 효력이 만료되었으나 그간 대통령의 비상사태 선언과 국제비상경제권한법(IEEPA)에 의한 행정명령(Executive Order)에 따라 그 효력이 유지되어 오다가 2018년 8월 13일 수출통제법(ECA)의 제정으로 폐기되었다. ECA의 효력은 무기한이다.

11) EAR Part 730, p. 2.

12) 통제목록(CCL)에 열거되지 않은 품목 즉 수출통제분류번호(ECCN)가 없는 저급 소비재 품목으로 원칙적으로 허가는 불필요하다. 그러나 행선지가 북한, 시리아 등 금수국(embargoed countries)이거나, 최종용도와 최종사용자가 의심스러운 경우는 수출 시 허가가 필요하다.

13) 국가그룹(Country Group) A는 다자간 수출통제체제 참가국, B는 구자유권 국가(NATO 회원

하고, 특정 요건 충족 시 허가신청을 면제하는 허가예외(License Exception)를 폭넓게 적용하고 있다.[14]

EAR의 기본구조는 약 2,400개 이중용도 품목(물자·기술·소프트웨어)에 대한 상세한 기술적 사양을 서술한 통제목록(CCL)이다.[15] 통제목록은 다자간 수출통제체제(NSG, AG, MTCR, WA)의 통제품목과 미국의 일방적 통제품목을 포함하여 1차 산품과 공산품 등 모든 품목을 그 대상으로 한다. 통제목록의 품목은 특정 위험국에 수출되는 경우, 위험국은 아니나 군사용으로 전용될 수 있는 상당한 위험이 있는 경우와 본래 민감도가 높은 품목의 경우에는 산업안보국(BIS)의 허가가 필요하다.

외교정책 목적의 통제는 속성상 일방적일 수 있고 다자적일 수도 있다. 예를 들면, 암호품목과 상업용 항공기 엔진, 구성품 및 시스템의 개발, 생산 또는 분해 수리에 필요한 핫 섹션 기술(hot section technology)을 통제하며 이 기술에 대해서는 통제를 강화하여 캐나다를 제외한 모든 국가에 대한 수출과 재수출 시 허가가 필요하다. 산업안보국(BIS)은 핫섹션기술에 대한 수출허가 신청을 건별로 심사하며 미국의 국가안보와 외교정책상의 이익을 고려하여 허가 여부를 결정하고 다자간 비확산 수출통제체제 규범의 준수 여부를 아울러 고려한다.

EAR은 확산방지강화구상(EPCI)을 통하여 통제목록의 제도를 보완하였다. 즉 EPCI는 수출자가 감시해야 할 통제품목에 중점을 둔 것이 아니라 최종사용자 또는 최종수하인의 활동과 특징 및 품목의 사용용도 등에 대한 수출자의 인식(knowledge)을 강조한 것이다.[16] EAR은 그러한 사실의 인식과 그러한 사실

국 포함), D는 우려국들로 D:1은 구공산권 국가, D:2는 핵확산 우려국, D:3는 생화학무기 확산 우려국 D:4는 미사일 기술 확산 우려국이고, E는 테러지원국과 미국의 독자적 금수국이다. EAR Supplement No. 1 to Part 740, pp. 1-8.

14) 허가예외(License Exception: LE)의 예로는 일정 금액 이하 국가그룹(B)으로의 수출(LVS), 민간용도로 민간최종사용자에게 국가그룹(D:1)으로 수출(CIV), 민간용도로 기술 및 소프트웨어를 국가그룹(B)으로 수출(TSR) 등이 있다. 세부내용은 EAR Part 740 참조.

15) CCL은 10개 카테고리별로 수출통제분류번호(ECCN)가 있는 품목과 ECCN이 없는 품목(EAR 99)으로 구성되어 있다. 자세한 내용은 EAR Part 738 참조.

16) 미국은 이를 위해 수출자가 의심고객을 알아내는 여러 수단을 개발하여 운영하고 있다. 가령 고객 바로 알기(Know your Customer Guidance)에서 위험징후(red flags)는 거래상대방의 최종용도에 관한 정보제공 기피 등 의심요소를 개발하여 수출자가 거래해도 좋을지 판단하도록 도움을 준다. 세부내용은 <http://www.bis.doc.gov/enforcement/knowcust.htm> 참조. 아울러 수출통제 법규 위반자와 WMD 확산자 또는 확산 지원자 등 다양한 우려 고객 또는 우

을 알려고 하는 노력에 대하여 수출자에게 일정한 의무를 부과하고 있다.17) 즉, 미국인은 다음 사실을 알고 있는 경우에 산업안보국의 허가 없이는 수출, 재수출 또는 이전18)을 할 수 없다. 그리고 미국인은 불법 수출, 재수출, 재이전의 사실을 알면서 이를 지원하지 말아야 한다.

① 어떤 품목이 국가그룹 D:2의 국가에서 또는 국가에 의해 핵 폭발장치의 설계·개발·생산 등에 사용될 것

② 어떤 품목이 국가그룹 D:4의 국가에서 또는 국가에 의해 미사일의 설계, 개발, 생산 등에 사용될 것

③ 어떤 품목이 국가그룹 D:3의 국가에서 또는 국가에 의해 화학 또는 생물무기의 설계·개발·생산 또는 비축 등에 사용될 것19)

그리고 EAR은 WMD의 확산을 저지하기 위하여 세계 어디에서든 미국인이 확산에 기여할 수 있는 외국산 제품의 수출 또는 서비스의 제공이나 지원하는 행위(activities)를 금지하며,20) 미국인과 외국인이 금지명령(Denial orders)을 포함하여 EAR에 의거한 각종 명령으로 금지된 활동에 종사하는 것을 금지한다. 또한 암호제품 및 소프트웨어에 대한 미국인의 기술지원을 통제한다.21)

미국은 국제테러의 근절을 위하여 테러행위를 하거나 위협하거나 지원하는 자의 자산동결 및 거래금지에 관한 행정명령 13224호(2001. 9. 23)에 따라

려 최종사용자 리스트를 작성하여 기업이 거래금지 또는 거래 시 사전허가 등의 주의를 요구하고 있다. 가령 미 상무부 발행 수출금지리스트(Denied Persons List: DPL)는 수출통제 법규를 중대하게 위반한 개인과 법인 목록인데 미국 내 개인과 기업은 이 목록에 수록된 위반자와의 수출거래가 금지되고 미국 외에 소재하는 개인과 기업은 위반자와 미국산 제품과 기술의 거래가 금지되며 위반자는 미국으로부터의 수출이 금지된다. 거래금지 등 각종 블랙리스트(blacklist)에 관해서는 상무부 산업안보국 웹사이트 <http://www.bis.doc.gov/>의 'List to check' 참조.

17) Daniel H. Joyner, *International Law and the Proliferation of Weapons of Mass Destruction* (Oxford University Press, 2009), pp. 127－128.

18) 이전(transfer)은 미국 내 또는 미국 밖에서 EAR 적용대상 품목의 선적, 전송 또는 내외국인에게 공개하는 것을 말한다. 이외에 EAR의 각종 용어에 관한 정의는 EAR Part 772－Definitions of Terms 참조.

19) EAR §744.6 (a)(1)(i), (ii); 국가그룹(Country Group) D는 우려 국가들로 D:1은 미국 국가안보 대상국(구공산권 국가), D:2는 핵확산 우려 국가, D:3는 화학·생물무기 확산 우려국 D:4는 미사일 기술 확산 우려국이다. Supplement No. 1 to Part 740, p. 5 참조.

20) EAR §744.6.

21) EAR §744.9.

특별지정국제테러리스트(SDGT)에게 EAR 대상품목을 수출 또는 재수출하고자 하는 미국인은 BIS로부터 허가를 받아야 한다. 아울러 EAR 대상품목을 SDGT 에게 해외로부터 수출 또는 재수출하고자 하는 외국인도 허가를 받아야 하나 산업안보국(BIS)은 허가거부를 통하여 수출을 금지한다.[22] 그리고 행정명령 12947호(1995. 1. 23)는 중동의 평화협상을 교란시키려고 위협하는 특별지정테러리스트(SDT) 및 이민귀화법 제219조에 의거 지정된 외국테러단체(FTO)에 대해서도 SDGT와 마찬가지로 수출 및 재수출을 금지한다.[23]

한편 EAR은 허가심사와 부처 간 분쟁 해결절차에 기한을 두고 있다. BIS는 허가신청 접수 후 9일 안에 신청 건을 타 부처(국무부, 국방부, 에너지부)와 협의하여 허가를 승인, 거부 또는 추가정보를 요청하거나 반려한다. 허가신청이 타 부처에 회부된 경우 당해 부처는 30일 안에 허가 승인이나 거부를 권고해야 한다. 전체 허가절차는 부처 간의 분쟁 해결절차를 포함하여 90일을 넘지 않도록 규정하고 있다.[24]

(3) 집행 및 벌칙

수출통제 법규위반자에 대해서는 형사벌과 행정벌 등을 부과한다. 누구든지 수출통제법(ECA) 및 수출관리규정(EAR) 또는 이들 법령에 의거 발부된 명령, 허가 또는 승인에서 요구하는 금지행위를 하지 말아야 하며, 누구든지 ECA 및 EAR 또는 이들 법령에 의거 발부된 명령, 허가 또는 승인에서 금지하는 행위를 하도록 또는 요구되는 행위를 하지 말도록 방조, 사주, 조언, 명령, 유인 또는 허락해서는 안 된다. 또한 ECA 및 EAR 또는 이들 법령에 의거 발부된 명령, 허가 또는 승인을 위반할 목적으로 공모하는 행위도 금하며, 위반임을 알면서 미국으로부터 수출되거나 수출될 어떤 품목의 전부 또는 일부를 주문, 구매, 제거, 은닉, 보관, 사용, 처리, 이전 또는 운송 등을 하지 못하도록 규정하고 있다.

그리고 이를 위반한 자에 대하여는 먼저 위반 건당 개인은 최고 100만 달러의 벌금이나 20년 이하의 징역 또는 이를 병과하고, 기업 등 법인의 경우는

---

22) EAR §744.12.
23) EAR §744.13; §744.14.
24) Ian F. Fergusson and Paul K. Kerr, *supra* note 9, p. 4.

100만 달러 이하의 벌금이 부과된다. 아울러 행정제재는 30만 달러 또는 위반 거래 가액의 2배 중 큰 금액을 소급적용하며 수출을 금지하거나 수출허가를 취소한다.[25] 그러나 산업안보국은 EAR 또는 EAR에 의거 발부된 명령 및 허가 또는 승인 위반 시 위반자에게 위반 사실을 자진 신고하도록 강력히 권고하는 자진신고제(voluntary self-disclosure)를 시행하고 있으며 신고자에 대해서는 행정제재를 감경한다.[26]

한편 EAR은 미국 연방법령집(Code of Federal Regulations: CFR)의 Title 15 (Commerce and Foreign Trade) Chapter VII에 Part 730부터 774까지 총 45개 part로 구성되어 있다. 이 중에서 특히 Part 732(EAR 이용단계), Part 734(EAR 적용범위), Part 736(일반적 금지), Part 738(통제목록 개황과 국가차트), Part 740(허가예외), Part 743(허가예외 관련 특별보고), Part 744(최종사용자와 최종용도), Part 746(금수국), Part 750(품목식별 및 허가신청), Part 774의 부록 1(통제품목 목록) 등이 있다. EAR은 수시로 개정되며 그 내용은 미국 관보 (Federal Register)에 공고된다. <표 10-2>는 EAR을 구성하는 주요 내용을 표시한 것이다.[27]

표 10-2 수출관리규정(EAR) 항목 및 내용

항목	내용
Part 730	일반 정보(General Information)
Part 732	EAR 사용단계(Steps for Using the EAR)
Part 734	EAR 범위(Scope of the Export Administration Regulations)
Part 736	일반적 금지사항(General Prohibitions)
Part 738	CCL 개요와 국가차트 (Commerce Control List Overview and the Country Chart)

---

25) EAR §764.2; §764.3. 수출통제 집행은 산업안보국의 수출집행실(OEE)이 담당한다. OEE는 워싱턴 DC에 본부를 두고 있으며 워싱턴 외 지역에 10개의 사무실을 운영하며 해외 7개국에 수출통제관을 파견하고 있다.

26) EAR §764.5.

27) 전체 법조문은 Legal Authority for the EAR, available at <http://www.access.gpo.-gov/bis/ear/ear_data.html> 참조.

Part 740	허가예외(License Exceptions)
Part 742	통제정책 - CCL 통제(Control Policy-CCL Based Controls)
Part 743	특별보고 요건(Special Reporting Requirements)
Part 744	통제정책: 최종사용자와 최종용도 (Control Policy: End-User and End-Use Based)
Part 745	화학무기금지협약 요건(CWC Requirements)
Part 746	금수국과 기타 특별통제(Embargoes & Other Special Controls)
Part 748	신청(식별, 상담 및 허가) 및 신청서류
Part 750	신청처리, 발부 및/또는 거부 (Application Processing Issuance and/or Denial)
Part 754	공급부족 통제(Short Supply Controls)
Part 756	이의제기(Appeals)
Part 758	수출통관 요건(Export Clearance Requirements)
Part 760	제한적 무역관행 또는 보이콧 (Restrictive Trade Practices or Boycotts)
Part 762	기록(Recordkeeping)
Part 764	집행과 보호조치(Enforcement and Protective Measures)
Part 766	행정집행 절차(Administrative Enforcement Proceedings)
Part 768	해외조달 결정절차 및 기준(Foreign Availability)
Part 770	해설(Interpretations)
Part 772	용어의 정의(Definitions of Terms)
Part 774	통제목록(CCL: Commerce Control List)

출처: 필자 정리.

2. 무기수출통제법

무기수출통제법(Arms Export Control Act of 1976: AECA)은 무기를 비롯한 방
산물자와 기술 및 방산서비스[28])의 수출을 통제하며 국무부가 허가 및 집행을

담당한다. 여기서 수출은 무기 등 방산물자의 수출 뿐만 아니라 외국인에게 소유권 또는 등록을 이전하거나 국내외의 외국인에게 기술을 제공하거나 세계 어디서든 외국인을 위하여 방산서비스를 제공하는 것을 말한다. 구체적으로 대통령은 핵무기 비확산에 관한 국제조약 또는 협정에 의거 미국의 구속력 있는 약속을 실질적으로 위반하는 국가에 대한 군사 판매 또는 리스를 금지한다 (Sec. 3(f)). 아울러 방산물자 및 방산서비스의 수출은 국가안보와 합법적 자위의 용도로만 우호국에게 판매하며(Sec. 4), 테러지원국에 대해서는 무기 수출 또는 수출지원을 금지한다(Sec. 40). 또한 핵 재처리 장비, 물자 및 기술을 인도 또는 수령하는 국가에 대해서는 대외경제 또는 군사원조를 금지한다(Sec. 102).

통제품목은 무기수출통제법의 시행령인 국제무기거래규정(International Traffic in Arms Regulation: ITAR)에 군수품목 통제목록(US Military List: USML)으로 수록되어 있다. 아울러 통제품목의 대부분은 수출 시 국무부의 허가를 받아야 하며 허가 시 최종용도와 최종사용자의 지정을 요건으로 하고 있다. 아울러 수출 후에 최종용도와 최종사용자에 변동이 있을 경우는 사전에 변경승인을 받아야 한다. 미국으로부터 통제품목을 수입한 국가가 제3국으로 수출하기 위해서는 미 국무부의 사전승인이 필요하며 이를 위반하면 행정처분 등에 처해진다. 그리고 국무부는 1,400만 달러 이상의 주요 방산장비, 5,000만 달러 이상의 방산물자 또는 방산서비스에 대해서는 수출을 허가하기 30일 전에 의회에 통지해야 한다.[29]

무기수출통제법 위반자에게는 위반 건별로 100만 달러 이하의 벌금, 20년 이하의 징역 또는 병과가 가능하며(Sec. 2778(c)), 위반 건당 50만 달러 이하의 과태료 부과 및/또는 위반 대상품목이나 그 위반의 대가를 몰수할 수 있다. 아울러 수출을 통하여 화학무기 또는 생물무기 확산에 기여하는 외국인과 동 무기를 사용하는 국가도 처벌한다(Sec. 2778(e). 그뿐만 아니라 외국기업이 미국산 미사일기술통제체제(MTCR) 통제품목을 불법 이전하면 미사일 장비 또는 기술과 관련한 미 정부조달 참가가 금지되며, 또한 외국기업이 MTCR 비참가국의 미사일 설계, 개발 또는 생산에 현저하게 기여할 경우에는 미국으로부터의 수입이 2년간 금지된다.[30]

---

28) 방산서비스는 외국인에 대한 훈련을 포함하여 방산물자의 설계, 엔지니어링, 개발, 생산, 가공, 제조, 사용, 수리, 보수, 개조 등을 지원하는 것을 말한다. AECA §120.10.
29) Ian F. Fergusson and Paul K. Kerr, *supra* note 9, pp. 5−6.

3. 원자력법

미국 원자력법(Atomic Energy Act of 1954: AEA)은 수출통제법 및 무기수출통제법과 함께 핵 관련 물자 및 기술의 수출을 통제한다. 에너지부(DOE)는 핵 관련 기술, 소프트웨어 및 기술지원을 통제하고, 원자력규제위원회(NRC)는 핵 물질, 원자로 설비 및 구성품의 수출을 통제한다. 원자력법은 무기수출통제법과 거의 마찬가지로 미국으로부터의 수출 및 미국인(미국인에 의해 소유 또는 경영이 지배되고 있는 외국기업 포함)의 미국 외에서의 활동에 적용하며, 수출허가 시에는 최종용도와 최종사용자의 지정을 요건으로 한다. 방산물자 관련 원자력 품목에 대해서는 국제무기거래규정(ITAR)에 의거 국무부가 허가 권한을 행사한다.

한편 미국에서 수출된 후 허가조건 이외의 거래를 하고자 할 때에는 허가 기관, 즉 에너지부 또는 원자력규제위원회(NRC)의 사전승인이 필요하며 이를 위반하는 경우는 처벌된다. 원자력법을 위반하면 고의적 위반, 위반 시도 또는 위반 모의의 경우 1만 달러 이하의 벌금, 10년 이하의 징역 또는 이를 병과한다(Sec. 222). 그리고 미국을 해치고 타국의 이득을 위하여 행한 위반의 경우에는 2만 달러 이하의 벌금, 무기 혹은 유기 징역 또는 병과 및/또는 위반 건당 10만 달러 이하의 과태료가 부과된다(Sec. 234, 234A).

4. 적성국교역법 및 국제비상경제권한법

미국의 대외금수 등 제재조치의 이행 및 집행을 위한 기본 법률은 적성국교역법(The Trading With the Enemy Act of 1917: TWEA)과 국제비상경제권한법(International Emergency Economic Powers Act of 1977: IEEPA)이다. 이들 법률은 미국의 국가안보, 대외정책 또는 국내경제가 위협에 처할 경우 대통령이 비상사태를 선포하고,[31] 국내경제에 위험을 초래한 국가 또는 그 국가의 시민에 대

---

30) Nikitin, B. Mary et al, "Proliferation Control Regimes: Background and Status," *CRS Report for Congress R31559* (October 25, 2012), p. 37.

31) 국가 비상사태의 선포는 대통령의 단독 재량사항이었다. 1933년 루스벨트 대통령은 국가안보 관련 규제, 은행폐쇄 등 금융규제, 존슨 대통령은 1968년 국제수지를 이유로 외국인투자

하여 미국의 관할권에 속하는 제재대상국(target country)의 자산을 동결하고, 대상국과의 수출입, 투자, 금융 및 여행을 포함한 모든 거래를 금지한다.[32] 두 법률의 내용은 거의 비슷하나 상호 간의 차이는 TWEA는 전시의 적국 및 적국의 동맹국에 적용되고, IEEPA는 전시 외의 비상사태 시에 적용되고 있다는 점이다. IEEPA에 의한 국가 비상사태의 선언은 원칙적으로 1년 마다 경신하게 되어 있다. 이를 경신하지 않거나 미국 의회가 비상사태의 선언을 부결한 경우에는 당해 경제제재 조치는 무효가 된다.[33]

미국은 1977년까지는 TWEA를 원용하여 북한과 쿠바를 제재하였고, 1978년 이후에는 IEEPA를 발동하여 이란, 리비아, 이라크, 니카라과, 남아공, 유고, 미얀마, 수단 및 앙골라 등에 제재조치를 취하였다. 이들 법률에 의한 실제의 금수조치는 대통령의 행정명령(Executive Order)에 의거 재무부의 외국자산통제실(OFAC)이 관련 규정을 제정하여 시행한다. OFAC 관련 규정의 금수조치는 대상국별로 다소의 차이는 있지만 대개 거의 전면금수(total embargo)이다. 즉 ① 대상국에 대한 수출입 금지, ② 대상국 또는 그 정부가 어떠한 형태이든지 이해관계가 있는 모든 종류의 자산거래 금지 및 ③ 대상국과의 왕래 금지 등이다.

한편 TWEA를 위반하면 고의적 위반기업은 100만 달러 이하의 벌금, 개인은 10만 달러 이하의 벌금, 10년 이하의 징역 또는 병과, 5만 달러의 과태료 부과 및 위반 대상품목은 몰수에 처해진다. 또한 위반행위를 인식하였음에도 불구하고 상기 위반행위에 참여한 기업의 직원과 지시한 자 및 대리인도 역시 개인과 동일하게 처벌된다(Sec. 16). IEEPA를 위반한 기업에는 500만 달러 또는 수출가액의 10배 금액 중 큰 금액의 벌금, 개인은 최고 10년의 징역 및 100만 달러 이상의 벌금에 처해지고, 위반건당 최고 50만 달러의 민사벌이 부과된다(Sec. 1705).

를 제한했다. 그 후 후임 대통령들은 월맹, 라오스, 캄보디아, 쿠바에 대해서도 제재조치를 취했다. 1950년 12월, 중공이 압록강을 건너 한국전쟁에 참전하자 트루먼 대통령은 TWEA에 의거하여 비상사태를 선포하고 중공과 북한을 제재하였다. Gowlland-Debbas (ed), *National Implementation of United Nations Sanctions* (Martinus Nijhoff Publishers, 2004), p. 607.

32) The Trading with the Enemy Act (TWEA) Sec. 5(b).

33) (株)東芝輸出管理部,「キャッチオール輸出管理の實務」, 第2版 (日刊工業新聞社 2005), pp. 86-87.

Ⅱ. 테러지원국 통제

1. 테러지원국 제재

미국은 1983년 국제테러대책법(Act to Combat International Terrorism)에 의거 테러지원국과 테러단체에 의한 국제테러를 근절하기 위한 대응 정책을 일관되게 추진하고 있다. 이 정책은 정치, 군사적 대응뿐만 아니라 테러지원국에 대한 경제제재를 통하여 국제테러의 근절과 인권보호 등에 목적을 두고 있다. 미국은 자국민과 자국 기업에 대해 테러지원국과의 무역 및 금융거래를 엄격히 제한하고 있으며, 외국인과 외국기업에 대해서도 국내법을 역외적용하여 테러지원국과의 거래를 통제하고 위반 시 처벌한다.

테러지원국에 대한 미국의 경제제재는 수출통제 중심의 교역제한과 대외원조 및 금융지원을 핵심으로 하고 있다. 테러지원국은 이러한 경제제재인 핵심이 되는 3대 법률인 무기수출통제법, 수출통제법과 대외원조법에 따른 포괄적인 제재를 받게 되며 이외에도 수출입은행법, 국제금융기관법, 국세법 등에 의해서도 제재를 받게 된다. 먼저 무기수출통제법에 따라 미국은 자국민과 자국 기업이 테러지원국에게 무기 등 방산물자의 판매를 금지한다. 그리고 수출통제법은 WMD 개발 및 테러 활동에 전용 가능한 이중용도 품목 등의 수출을 금지하는 한편 호혜적 개발도상국의 지위를 박탈하고, 아울러 테러지원국에 대해 최혜국대우를 부여하는 정상무역관계(NTR)를 인정하지 않으며 일반특혜관세(GSP)의 적용을 부여하지 않는다.

아울러 미국은 대외원조법과 수출입은행법에 따라 테러지원국에 대하여 직접적인 경제원조와 대출, 보험 및 수출입은행의 보증 등 여신 제공을 금지하며, 극빈국 대상 부채탕감 프로그램에의 참여도 금지한다. 국제금융기관법 제1621조는 테러지원국에 대한 국제금융기구(IMF, World Bank)의 지원을 반대하며, 개별 국제금융기구의 미국 집행 이사들이 국무부가 규정한 국가 혹은 기관에 대한 기금의 사용 또는 대출을 반대하는 투표권과 발언권을 행사하도록 규정하고 있다. 이에 따라 테러지원국은 경제발전을 위해 국제금융기구를 통한 자금조달 및 차관 도입이 미국의 반대로 이루어질 수 없게 된다. 아울러 국세법(Internal Revenue Act) 제902조는 수출통제법(ECA)에 따라 미국 내 투자가들의 세액공제를 금지한다.

2. 테러지원국 지정 및 해제

미 국무부는 매년 4월 발표하는 국제테러리즘 연례보고서(Annual Patterns of Global Terrorism Report)를 통하여 테러지원국의 지정 및 해제를 발표하고 있다. 2021년 9월 현재 미 국무부가 지정한 테러지원국은 이란, 시리아, 쿠바, 북한으로 모두 4개국이다. 테러지원국 해제는 미국 행정부의 재량이나 실제로는 의회의 협조가 필요하다. 수출통제법에 의하면 테러지원국의 해제를 위해 국무부는 보고서를 작성하고, 대통령의 테러지원국 해제 발표 45일 전에 이를 의회에 제출하여 검토를 받는다.

이 보고서에는 1) 해당국 정책에 근본적인 변화가 있는지, 2) 해당국이 최근 6개월 간 국제테러를 지원하지 않았는지, 3) 해당국이 앞으로 국제테러를 지원하지 않을 것인지 등이 포함된다. 따라서 테러지원국의 지위가 해제되기 위해서는 WMD 개발 중단 및 국제테러행위 중단이 일차적인 선결 조건이며, 미 의회가 문제를 제기하는 개별 사안들에 대한 구체적인 대응책을 마련하여 의회의 근본적인 시각 변화와 공감대를 유도하는 것이 필요하다.

이와 관련한 사례로 리비아는 유엔 안보리와 미국 등 국제사회가 요구하는 조건에 대한 적극적인 해결을 통하여 테러지원국에서 해제되었고, 수단은 유엔 안보리 대북제재 결의 준수와 대테러 협력 확대, 종교와 언론의 자유 개선 등을 포함한 인권 보호 강화 등 6개 이행 분야에서 진전을 이뤄 테러지원국에서 해제되었다. 그러나 북한은 1987년 11월 대한항공 폭파 사건으로 1988년 1월 테러지원국으로 처음 지정된 후 2008년 10월 해제되었다가 웜비어 사망 사건 등으로 2017년 11월 다시 지정되었다.

Ⅲ. 미국 수출통제법 역외적용

1. 역외적용 대상

미국은 EAR에 의거 미국에서 해외로 수출된 자국산 품목의 재수출[34]은 물론 미국 밖에서의 거래 또는 사람의 활동에도 자국의 수출통제 법규를 적용한다. 아울러 미국산 부품 또는 기술이 최소비율(de minimis)을 초과하여 사용하여 제조한 외국제품을 제3국으로 재수출하는 경우도 통제한다. 최소비율은 이란, 북한, 시리아, 쿠바 등 미 국무부가 지정한 테러지원국은 10%이고 나머지 국가는 25%이다.[35] 특히 외국기업이 미국산 기술 또는 소프트웨어를 사용하여 해외에서 생산한 외국제품(직접제품)의 수출도 미국의 허가를 요한다.

한편 미국은 수출의 범위를 확대하여 미국 내에서 외국인에게 기술의 내용을 알게 한다든지 구두로 설명하는 등의 수단으로 기술을 제공하는 경우도 수출로 간주(deemed export)하여 통제하며 마찬가지로 외국에서 제3국의 외국인에게 미국산 기술을 제공한 경우에도 당해 기술이 당해 외국인의 모국으로 재수출된 것으로 간주하고 이를 통제한다.[36]

아울러 무기수출통제법(AECA)은 방산물자 및 기술이 수출된 이후의 거래에서 최종사용자나 최종용도 등에 변동이 있을 경우 또는 수출 시에 승인받지 않았던 재수출, 전용, 전매 등의 경우에는 허가기관인 국무부의 사전 승인이 필요하다.[37] 원자력법(AEA)은 미국인(소유 또는 경영을 지배하는 외국기업 포함)의 미국 외에서의 활동에 적용하고 수출 후 허가조건 이외의 거래에는 허가기관인 에너지부 또는 원자력규제위원회의 사전 승인이 필요하다.[38] 적성국교역법

---

34) EAR에서 재수출은 EAR 적용대상 품목을 미국 외의 특정 국가로부터 제3국으로 이전하거나 이전을 위하여 선적(shipment) 또는 전달(transmission)하는 것과 EAR 적용대상 기술이나 소프트웨어를 미국 이외의 특정 국가 내에서 제3국 국적의 외국인에게 제공 또는 공개 (release)하는 경우를 말한다. 전략물자관리원『미국의 재수출 통제 실무가이드』(2010), p. 11; EAR Part 730, p. 2.

35) EAR §734.4(a)(2).

36) EAR §730.5(c).

37) (株)東芝輸出管理部, 전게서, p. 91.

38) 상게서, p. 92.

(TWEA)와 국제비상경제권한법(IEEPA)의 역외적용은 시행 초기에는 미국기업과 미국인의 행위에 국한하였으나 1990년 대이라크 제재 때부터는 어떤 형태로든 미국산 물품 또는 기술이 편입된 외국산 품목의 거래에도 적용을 확대하였는데, 그 중에는 미국인인 물론 외국인에 의한 거래에도 적용하고 있다.[39]

2. 미국의 재수출 통제 위반 및 처벌

미국은 이미 해외로 수출된 자국산 완제품, 미국산 부품이 일정 비율(10% 또는 25%)을 초과하여 포함된 외국제품 또는 외국에서 미국기술로 제조된 제품의 제3국 수출, 즉 미국산 물자와 기술의 재수출을 엄격히 통제하고 이를 위반하는 내외국인에 대하여 형벌 및 행정제재를 부과하고 있다. 다음은 미국의 재수출 통제 위반 및 처벌 사례이다.

(1) 사건 및 처벌 내용

(a) 미국 네바다 주 소재 에바라국제상사(EIC)와 동사를 설립하고 CEO를 지낸 힐튼(Hylton)씨는 공모하여 이란으로 수중펌프를 불법 수출하고 그 사실을 은폐함으로써 수출관리규정(EAR)을 위반하였다. 구체적으로 EIC와 Hylton은 2000~2003년 기간 중 수중펌프를 프랑스 소재 Cryostar SAS에 판매하고 Cryostar SAS는 이를 프랑스 내 다른 회사인 TN에게 재판매했으며 TN은 이를 이란으로 재수출했다. EIC와 Hylton은 불법수출을 은폐하기 위해 서류를 조작하여 이란이 최종목적지인데도 이를 숨기고 프랑스로 기재하였다. Ebara의 대표는 2004년 9월 미국 수출통제 법규 위반사실을 인정하고 630만 달러의 벌금과 3년간의 집행유예를 선고받았고 아울러 12만 달러의 과징금과 3년간 수출금지의 행정처분을 받았다. Hylton씨도 1만 달러의 벌금과 3년간의 집행유예를 선고받았다. Cryostar SAS는 2008년 7월 공모 사실을 인정하고 허가 없이 재수출한데 대하여 벌금 50만 달러와 집행유예 2년이 선고되었다.[40]

(b) 남아공 기업인인 Asher Karni는 핵 비확산 목적으로 통제되는 미국산

---

39) 상게서, p. 88.
40) U.S. Department of Commerce, "Don't Let this Happen to You!" (July 2008), p. 35. 미국 상무부 산업안보국 웹사이트 <www.bis.doc.gov/> 바탕화면 참조.

제품을 파키스탄과 이란에 불법 수출하였다. 파키스탄의 Khan도 Karni와 공모하여 미국 수출관리규정(EAR)을 위반한 혐의로 기소되었다. Khan은 Karni의 주선으로 핵무기 기폭장치로도 사용이 가능한 이중용도 품목인 트리거드 스파크 갭(triggered spark gap)을 구매하여 파키스탄으로 수출하였다. Khan은 서류상으로 동 제품을 의료용으로 허위 기재하였다. 이러한 불법행위로 Karni는 2005년 8월 4일, 3년간의 징역형을 선고받았고 Khan은 당해 통제품목을 파키스탄으로 우회한 혐의로 2005년 4월 8일 기소되었다. 미국 상무부의 산업안보국(BIS)은 2006년 8월 1일, 이들 2명에게 10년간의 수출금지명령을 내렸다.[41]

(2) 시사점

상기 사건은 제3국을 매개로 하여 이란과 파키스탄으로 재수출한 사례로서 이란 또는 특정국에 대한 제재를 회피하기 위해 흔히 이용되는 수법이다. 아울러 이들 사례는 미국의 수출통제법규를 역외에 집행한 경우로서 수출통제 또는 경제제재의 효과를 위해서는 어느 정도 역외적용이 필요함을 시사하고 있다. 이와 관련하여 중요한 사실은 관련국인 프랑스, 남아공, 이란 및 파키스탄이 자국민에 대한 미국 수출통제 법규의 역외집행에 대하여 전혀 이의를 제기하지 않았다는 점이다. 이는 관련국이 암묵적으로 역외집행을 허용한 것으로 볼 수 있으며, 실제 수출통제에 관한 한 유럽, 일본, 싱가포르, 홍콩 등 많은 국가가 미국의 재수출 규정을 준수하고 있다.[42]

| 제2절 | **일본의 비확산 수출통제** |

일본은 국가안보를 명분으로 대외 침략행위를 일삼은 과거의 군국주의를 깊이 반성하고, 국제분쟁 해결수단으로서의 무력행사를 포기할 뿐만 아니라 방

---

41) *Ibid*, p. 11.
42) 일본, 싱가포르, 홍콩의 미국 재수출 통제 규정 준수에 관해서는 전략물자관리원, 『아시아 주요국 수출통제제도』(2009), 참조.

위목적의 무력사용도 엄격히 제한하고 있다(평화헌법 제9조). 일본은 전후 초기에는 미군의 보호 아래 경제성장을 제1의 국가목표로 설정하고 수출산업에 대한 지원강화 등 수출진흥에 진력한 나머지 수출통제에는 큰 주안점을 두지 않았었다. 그러나 전략적 첨단기술로 만든 무기 시스템에 전용 가능한 민군 겸용의 이중용도 품목의 불법 수출과 관련된 도시바 사건[43]에 깊은 충격을 받은 일본 정부는 안전보장 수출관리 시스템의 개선에 본격 착수하고 다자간 수출통제체제에 참여를 통하여 전후 비확산 수출통제의 기틀을 마련하였다.[44]

일본은 국가안보를 위하여 WMD와 그 운반수단인 미사일의 확산(개발·제조·사용 및 저장) 및 재래식 무기의 과잉축적을 방지하기 위한 목적으로 수출통제를 이행하고 있다.[45] 구체적으로는 국제평화와 안전의 유지를 방해한다고 인정되는 물품의 수출과 거주자가 비거주자에 기술제공 시 사전에 경제산업성 장관의 허가를 받도록 하고 있다.[46] 즉 무기[47] 및 관련 기술은 방위장비 이전 3원칙[48]에 따라 통제하고 이중용도 물품과 기술은 비확산 조약 및 다자수출통제체제의 합의에 따라 통제한다. 일본의 수출통제는 외국무역이 자유롭게 이루어지도록 하고 필요한 최소한의 통제 또는 조정을 목적으로 하고 있다.

I. 법적 근거 및 통제체계

일본의 비확산 수출통제의 법체계는 법률(의회), 政令(내각), 省令·告示(장관), 通達(국장), 알림(과장) 등으로 구성되어 있다. 근거 법령은 먼저 외국환 및

---

43) 1987년 일본 도시바는 잠수함 프로펠러 제조용 밀링머신을 소련에 불법 수출한 제재로 국내에서 1년간 수출금지, 미국으로부터 3년간 대미 수출금지 및 미 정부 입찰 참가 금지의 처벌을 받은 대사건이었다.

44) Richard Cupitt, "Nonproliferation Export Controls in Japan," available at www.uga.e-du/cits/japanese/Japanese_evaluation.html 참조.

45) 일본은 수출통제를 '안전보장 수출관리'라고 표현하는데, 본서에서는 '수출통제' 라는 용어를 사용하기로 한다.

46) 외국환 및 외국무역법 제25조 및 48조.

47) 무기는 군대가 사용하는 것이고, 직접 전투에 이용되는 것을 말한다. 구체적으로는 수출령 별표 제1의 1항에서 14항까지 열거된 것을 가리킨다.

48) 후술하는 내용 참조.

외국무역법(외환법, 1949. 12. 1 공포)과 그 시행령 및 하위 규정에 근거하여 이행하고 있다. 외환법 제48조 제1항은 "국제평화와 안전의 유지를 방해한다고 인정되는 것으로서 政令에서 정하는 특정 지역을 목적지로 하는 특정 종류의 물자를 수출하려고 하는 자는 정령에서 정하는 바에 따라 경제산업성장관의 허가를 받아야 한다."고 규정하여 물자의 수출을 통제하고 있다. 외환법 제25조 제1항은 "거주자는 비거주자와 국제평화와 안전의 유지를 방해한다고 인정되는 것으로서 政令에서 정하는 특정 물품의 설계, 제조 또는 사용에 관한 기술을 특정 지역에 제공하는 것을 목적으로 하는 거래를 하고자 할 때는 政令에서 정하는 바에 따라 당해 거래에 대하여 경제산업성 장관의 허가를 받아야 한다."고 규정함으로써 기술의 이전을 통제하고 있다.

아울러 외환법은 통제대상 물자와 기술을 리스트통제와 캐치올 통제품목으로 구분하고, 리스트 통제품목의 수출은 경제산업성 장관의 허가를 받도록 하고 캐치올 통제품목의 수출은 정해진 요건에 해당하는 경우에만 경제산업성 장관의 허가를 받도록 하고 있다. 아울러 이 법률의 시행령인 수출무역관리령(1949)과 외국환령(1980) 등 2개의 政令에서 각각 물품과 기술에 대한 통제의 개요, 통제품목, 통제지역 등을 규정하고 있다.

이들 정령에 의거 통제 물품과 기술의 세부사항 등을 규정하는 「수출무역관리령 별표 제1 및 외국환령 별표에 의한 물품·기술 등을 정하는 省令(貨物등 省令)」, 「기술거래에 관한 무역 관련 무역외거래 등에 관한 省令(貿易外 省令)」, 캐치올 통제 관련 「수출물품이 핵무기 개발 등에 이용될 우려가 있는 경우를 정한 省令(우려省令)」 등이 있고 이외에 「무역외성령 제9조 제1항 4호의2의 규정에 의해 경제산업성 장관이 고시에서 정한 제공하려고 하는 기술이 핵무기 등의 개발 등에 이용될 우려가 있는 경우(우려고시)」 등의 告示, 「수출무역관리령의 운용에 대하여(運用通達)」, 「외환법 제25조 제1항 제1호의 규정에 의거 허가를 요하는 기술을 제공하는 거래에 대하여(役務通達)」 등의 通達 등으로 이루어져 있다.[49]

---

49) 財團法人 安全保障貿易情報センター, 『安全保障輸出管理』(2007), p. 116.

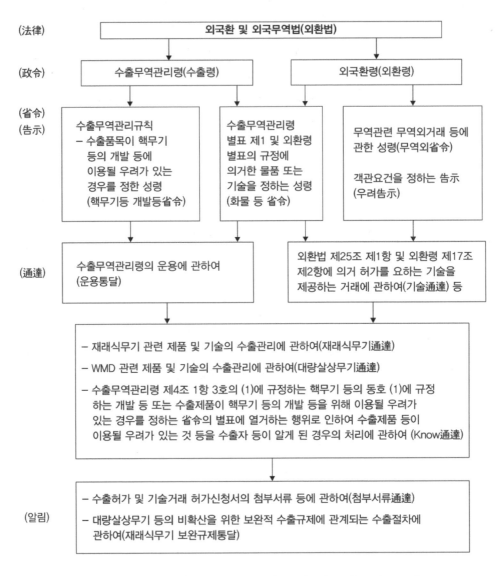

그림 10-1 일본의 수출통제 법체계 구조

(法律) 외국환 및 외국무역법(외환법)

(政令) 수출무역관리령(수출령) | 외국환령(외환령)

(省令)
(告示)
수출무역관리규칙
– 수출품목이 핵무기 등의 개발 등에 이용될 우려가 있는 경우를 정한 성령 (핵무기등 개발등省令)

수출무역관리령 별표 제1 및 외환령 별표의 규정에 의거한 물품 또는 기술을 정하는 성령 (화물 등 省令)

무역관련 무역외거래 등에 관한 성령(무역외省令)
객관요건을 정하는 告示 (우려告示)

(通達)
수출무역관리령의 운용에 관하여 (운용통달)

외환법 제25조 제1항 및 외환령 제17조 제2항에 의거 허가를 요하는 기술을 제공하는 거래에 관하여(기술通達) 등

– 재래식무기 관련 제품 및 기술의 수출관리에 관하여(재래식무기通達)
– WMD 관련 제품 및 기술의 수출관리에 관하여(대량살상무기通達)
– 수출무역관리령 제4조 1항 3호의 (1)에 규정하는 핵무기 등의 동호 (1)에 규정 하는 개발 등 또는 수출제품이 핵무기 등의 개발 등을 위해 이용될 우려가 있는 경우를 정하는 省令의 별표에 열거하는 행위로 인하여 수출제품 등이 이용될 우려가 있는 것 등을 수출자 등이 알게 된 경우의 처리에 관하여 (Know通達)

(알림)
– 수출허가 및 기술거래 허가신청서의 첨부서류 등에 관하여(첨부서류通達)
– 대량살상무기 등의 비확산을 위한 보완적 수출규제에 관계되는 수출절차에 관하여(재래식무기 보완규제통달)

출처: (株)東芝 編,『キャッチオール輸出管理の實務』(日刊工業新聞社, 2005), p. 39.

1. 방위장비 이전 3원칙

(1) 이전금지의 명확화

다음의 경우에는 방위장비[50]의 해외이전을 인정하지 않는다. 1) 당해 이전이 일본이 체결한 조약과 기타 국제적 약속에 근거한 의무에 위반하는 경우, 2) 당해 이전이 유엔 안보리 결의의 의무에 위반하는 경우, 3) 분쟁 당사국(무력공격이 발생하여 국제 평화 및 안보를 유지하거나 회복하기 위하여 유엔 안보리가 취하는 조치의 대상국을 말함)으로의 이전인 경우

(2) 이전을 인정받을 수 있는 경우의 한정과 함께 엄격 심사 및 정보공개

상기 1) 이외의 경우는 이전을 인정받는 경우를 다음으로 한정하고 투명성 확보와 함께 엄격한 심사를 실시한다. 구체적으로 방위장비의 해외이전은 ① 평화에 공헌하는 경우, ② 국제협력의 적극 추진에 도움이 되는 경우, ③ 동맹국인 미국을 비롯하여 일본과의 사이에 안전보장 면에서 협력관계가 있는 모든 국가(동맹국 등)와의 국제공동개발 및 생산의 경우, ④ 동맹국 등과의 안전보장 및 방위분야에서 협력 강화와 함께 장비품목의 유지를 포함한 자위대 활동 및 내국인의 안전 확보의 관점에서 일본의 안전보장에 도움이 되는 경우 등에 인정하는 것으로 한다.

그리고 행선지 및 최종수요자의 적절성과 함께 당해 방위장비의 이전이 일본의 안전보장에 미치는 우려의 정도를 엄격히 심사하고 다자간 수출통제체제 가이드라인을 바탕으로 수출심사 시점에서 이용 가능한 정보를 토대로 종합적으로 판단한다. 또한 일본 안전보장의 관점에서 특히 신중한 검토를 요하는 중요한 안건에 대해서는 국가안전보장회의에서 심사하는 것으로 한다. 국가안전보장회의에서 심사된 안건에 관하여는 행정기관이 보유하는 정보의 공개에 관한 법률(平成11年 法律 第42號)을 바탕으로 정부로서 정보의 공개를 도모하는 것으로 한다.

---

50) 방위장비는 무기 및 무기기술을 말한다. 무기는 군대가 사용하는 것으로 직접 전투용에 도움이 되는 것을 말한다. 무기기술은 무기의 설계, 제조 또는 사용에 관계되는 기술을 말한다. 輸出貿易管理令(昭和24年 政令 第378號).

(3) 목적 외 사용 및 제3국 이전에 관한 적정관리의 확보

상기 2)를 충족하는 방위장비의 해외이전은 적정관리가 확보되는 경우에 한정한다. 구체적으로는 원칙으로서 목적 외 사용 및 제3국 이전에 관하여 일본의 사전동의를 상대국 정부에 의무화한다. 다만 평화 공헌, 국제협력의 적극적 추진을 위하여 적절하다고 판단되는 경우, 부품 등을 조달하는 국제적인 시스템에 참가하는 경우 등에 있어서는 행선지의 관리체제의 확인을 거쳐 적정한 관리를 확보하는 것도 가능하다.[51]

2. 수출통제 기구 및 역할

일본은 정부 부처 중에서 경제산업성이 외환법에 의거 모든 물품에 대한 수출허가 등 수출통제 정책을 수행하고 있다. 이는 여러 부처에 분산되어 있는 다른 국가의 제도에 비하여 간소한 절차, 정책 및 정보공유가 용이하다는 장점이 있다. 경제산업성 무역경제협력국 무역관리부의 안전보장무역관리과는 법령개정 등 정책 입안 및 조사, 안전보장무역심사과는 수출허가 심사 및 허가, 무기 수출 또는 무기기술을 제공하는 경우 해당 여부 판정 상담, 군용 세균제제원료로 의심되는 원료의 수출시 해당 여부 판정 상담, 이란, 이라크, 북한, 리비아에 대한 수출상담을 담당한다. 안전보장무역검사관실은 위법수출 대응 및 기업의 자율수출관리지도를 담당한다. 이들 3개 조직에는 안전보장무역심사관 및 안전보장무역검사관 등을 포함하여 약 150명의 인원이 배치되어 있다. 또 지방 경제산업국도 허가심사 및 검사 등의 업무를 담당하고 있다. 한편 전국 9개 세관[52]은 수출

---

51) 방위장비 이전 3원칙은 종래의 무기수출 3원칙을 확대 개편한 것이다. 무기수출 3원칙은 ① 북한, 중국, 쿠바 등 공산주의 국가, ② 유엔 안보리 결의에 의거, 무기 등의 수출이 금지되고 있는 국가, ③ 국제분쟁의 당사국 또는 분쟁의 우려가 있는 국가로의 수출을 금지하는 원칙으로서 1967년 사토내각 때부터 시행해 오고 있다. 여기에 더하여 1976년 三木內閣의 정부방침은 3원칙 대상국가 이외에도 헌법 및 외환법의 정신에 비추어 무기 수출을 자제하고 있다. 그 후 1983년에 나까소네 내각 때 미국과 대미무기기술공여협정이 체결되어 미국에 대한 무기기술의 공여에 한해 3원칙을 적용하지 않고 있다. 이후 FSX(차세대 지원 전투기) 공동개발에 관한 기술 등 양국 정부의 협의에 의하여 인정되는 것에 대해 무기 관련 기술의 제공이 허용되고 있다.

52) 동경, 요코하마, 고베, 오사카, 나고야, 나가사키, 하코다테 등 주요 세관.

신고된 제품에 대한 신고서류를 심사하고 필요시 수출화물을 검사한다.

수출통제는 공작기계와 컴퓨터 등 다양한 첨단기술제품에 대한 전문지식이 필요하기 때문에 경제산업성에는 민간 엔지니어와 학식 경험자 등을 안전보장무역관리조사원으로 위촉하여 최신기술의 동향에 관한 전문적인 자문을 받고 있다. 그리고 효과적인 수출통제를 위하여 세관과의 연대를 중요시하고 경제산업성과 세관은 매일 정보를 교환하고 있다. 법령상 양 기관의 관계는 세관은 관세법에 의거 수출통관 면허 시에 타 법령, 즉 외환법상의 허가증을 확인하고, 경제산업성은 외환법에 의거 세관을 지휘 감독한다.

그리고 수출통제는 안보정책의 한 분야이므로 경제산업성은 외무성과도 긴밀히 연대하여 다자간 수출통제체제 회의 및 외국 정부와의 정책대화 등에도 협력하고 있다. 일본에는 행정부와는 별도로 정부의 후원과 기업의 출연으로 설립된 재단법인 안전보장무역정보센터(CISTEC)라는 기관이 있다. CISTEC은 기업의 자율수출관리를 지원하기 위한 컨설팅 사업 및 설명회 개최 등 교육홍보사업 외에도 대정부 정책 건의를 하는 등 기업의 수출관리에 중요한 역할을 담당하고 있다.53)

II. 수출통제의 유형

1. 리스트통제

(1) 리스트통제 물품 · 기술

리스트(List) 통제대상 물품은 수출령 별표 제1의 1~15항의 품목, 기술은 外爲令 별표의 1~15항에 열거되어 있으며 무기(WA), 원자력 관련 품목(NSG), 생화학무기 관련 품록(AG), 미사일 관련 품목(MTCR), 재래식무기 관련 이중용도 품목(WA) 등 다자간 수출통제체제 통제목록상의 품목이다. 따라서 특정 물품이나 기술이 관련 정령에 열거된 품목에 해당하고 그 사양이 貨物等省令에 해당하는 경우는 경제산업성 장관의 허가가 필요하다.

---

53) CISTEC의 사업 등 동 기관의 자세한 내용은 웹사이트 <www.cistec.or.jp> 참조.

리스트 통제품목은 공작기계(WA, NSG) 및 탄소섬유(NSG, MTCR)과 같이 민수용과 군사용 양쪽으로 쓸 수 있는 이중용도 품목들이 많다. 가령 탄소섬유는 가볍고 강한 소재로 골프채 샤프트와 테니스라켓 제조에 사용되지만 탄도미사일의 구조재로도 쓰이고 있다. 리스트통제 대상지역은 세계 전 지역으로 하되, 선진국들이 엄격한 관리가 필요하다고 합의한 이란, 이라크, 리비아, 북한 등 4개국에 대해서는 후술하는 포괄허가가 인정되지 않고 엄격한 개별심사를 통해 운용하고 있다.

(2) 리스트통제 물품·기술의 수출

리스트통제 대상 물품과 기술은 무기와 다자간 수출통제체제가 통제하고 있는 핵무기, 생물·화학무기, 미사일 관련 품목 및 재래식 무기 관련 품목이며 별표 1 및 별표 1항에서 15항에 기재되어 있다. 품목별로 일정 기준의 성능과 기술의 사양이 규정되어 있고 여기에 부합하는 품목이 리스트통제 품목이고 합치되지 않는 품목이 캐치올 통제품목이다.

앞서 언급한 바와 같이 리스트통제 물품과 기술의 수출은 경제산업성 장관의 허가가 필요하지만 다음에 해당하는 경우는 허가가 면제된다.[54] 즉 소액의 물품 수출이고 요건을 충족하는 것(소액특례), 암호특례고시가 적용 가능한 물품의 수출(암호특례고시), 시판 중인 프로그램의 수출, 물품 수출에 수반되는 필요 최소한의 사용기술의 수출, 공지의 기술, 기초과학분야 연구활동에서 기술을 제공하는 경우이다.[55] 기술이전 통제에 관한 자세한 내용은 후술한다.

표 10-3 다자간 수출통제체제와 외환법의 통제품목

통제목적	조약 및 다자체제 등	수출령 별표(물품) 및 외환령 별표(기술)
무기 수출통제	WMD, 재래식무기	1항 무기
WMD 확산방지	원자력공급국그룹(NSG)	2항 핵무기 관련

---

54) 세부내용은 輸出令 제4조(특례) 및 貿易外省令 제9조(허가를 요하지 않는 役務去來等) 참조.
55) (株)東芝輸出管理部 編, 『キャッチオール輸出管理の實務』 (日刊工業新聞社, 2005), pp. 40-42.

	호주그룹(AG)	3항 화학무기 관련 3의 2항 생물무기 관련
	미사일기술통제체제(MTCR)	4항 미사일 관련
재래식무기 과잉축적 방지	바세나르협정(WA)	5항 첨단소재 6항 소재가공 7항 전자 8항 컴퓨터 9항 통신 10항 센서 및 레이저 11항 항법 관련 12항 해양 관련 13항 추진장치 14항 기타 15항 민감품목
캐치올 통제		16항 거의 모든 공산품 (음료, 목재 등 제외)

출처: (株)東芝 編, 『キャッチオール輸出管理の實務』(日刊工業新聞社, 2005), p. 41.

(3) Catch-all 물품 · 기술의 수출

리스트통제 이외의 물품 및 기술이 WMD, 미사일 및 재래식 무기의 개발, 제조, 사용 또는 저장에 이용될 우려가 있는 경우에는 원칙적으로 수출 시 사전에 허가를 받도록 하고 있다. 캐치올 대상 물품(수출령 별표 제1의 16항)은 HS 2단위 기준으로 HS 25~40류, 54~59류, 63류, 68~93류 및 95류이다. 특히 일본 정부는 WMD 개발 등에 이용될 우려가 큰 트럭(트랙터, 트레일러, 덤프 포함) 등 40개 품목을 지정하여 별도 관리하고 있다.[56] 그리고 대상기술은 규제 대상품목의 설계, 제조 또는 사용에 관계되는 기술과 문서, Disk, Tape, CD−ROM 등의 매체 또는 장치에 기록된 기술데이터이다.

(4) 수출통제 대상지역

일본은 세계 모든 국가를 수출통제 대상으로 하되, 4개 그룹으로 나누어 A

---

56) 경제산업성, 『대량살상무기 등의 개발 등에 이용될 우려가 큰 물품 예에 관하여』, 平成17 · 03 · 30, 貿局제7호 참조.

그룹은 다자수출통제체제에 모두 참가하고 수출통제의 신뢰도가 높은 미국, 영국 등 26개국, B그룹은 다자체제 참가국이고 일정한 수출통제제도를 갖춘 한국 등 16개국, C그룹은 그룹 A, B, D 국가를 제외한 중국, 대만 등 140개국, D그룹은 유엔제재 대상국으로 북한, 이란 등 10개국이다. A그룹 국가에 대해서는 리스트규제 품목의 대부분에 포괄허가(원칙적으로 3년간 개별허가 면제) 혜택을 주고 캐치올 품목은 허가절차 면제 등 수출절차를 대폭 간소화하고, B그룹과 C그룹 국가에게는 리스트규제의 일부 품목은 포괄허가, 나머지는 개별허가, 캐치올 품목은 군사전용이 우려될 경우 개별허가 대상이다. D그룹의 리스트품목에는 포괄허가가 없으며, 캐치올 품목은 건별로 개별허가를 받아야 한다.

2. 규제요건

(1) 리스트 통제

리스트통제 요건은 수출하려고 하는 물품이 수출령 별표 제1 1~15항 또는 제공하려고 하는 기술이 외환령 별표 1~15항에 해당하고, 동시에 '화물등 성령'에 열거된 사양에 해당하는 경우에는 반드시 경제산업성 장관의 허가를 받아야 한다.

(2) 캐치올 통제

캐치올 통제는 리스트통제 대상 외의 모든 품목(단, 식료품과 목재 등은 제외)이 WMD와 미사일 개발 등에 사용될 우려가 있고 수출통제를 엄격히 시행하는 수출령 별표 제3의 지역을 제외한 지역으로 수출할 경우 객관요건(용도 요건 및/또는 수요자 요건)을 충족할 경우는 반드시 허가가 필요하다. 재래식 무기의 캐치올 통제는 재래식 무기의 개발 등에 사용될 우려가 있고 객관요건 또는 통지요건에 해당하며 유엔이 지정한 무기 금수국[57]으로 수출하고자 할 경우는 반드시 허가가 필요하다.

일본은 캐치올 제도를 단계적으로 도입했다. 먼저 1996년에 리스트통제를

---

57) 유엔 무기 금수국은 아프가니스탄, 중앙아프리카, 콩고민주공화국, 이라크, 레바논, 리비아, 북한, 소말리아, 남수단, 수단 등 10개국이다. 수출령 별표 제3의 2 대상지역 참조.

보완하기 위해 보완적 수출규제를 도입했다. 이는 대상 품목이 리스트 통제품목이지만 규격, 성능 등이 통제기준치에 맞지 않은 품목에 국한되었다. 공작기계의 선반을 예로 들면 통제목록에서는 "위치 정밀도가 0.006mm 미만의 것"으로 되어 있으나, 보완적 수출통제에서는 이 기준치를 초과해도 최종용도가 우려될 경우는 허가신청이 필요한 것으로 하였다. 그러나 현실적으로 WMD 개발 등을 행하는 우려국의 조달 활동은 기준치 초과품목에 한정되지 않아 보완적 수출통제 대상에서 빠져 있는 물품과 기술도 포함하여 통제하지 않으면 일본이 국제협력 체제에서 낙오될 것이라는 우려가 있었고, 2001년 9.11 테러 이후 테러리스트가 WMD를 사용할 위험성이 현실화되자 일본은 2002년 4월에 원칙적으로 모든 물품과 기술을 통제대상으로 하는 캐치올 제도를 도입하기에 이르렀다.

캐치올 요건은 수출자가 통상 관행과 상거래 과정에서 입수한 정보를 바탕으로 판단하는 객관요건과 경제산업성 장관의 통지에 의한 통지요건을 충족하는 경우이다. 먼저 WMD와 미사일 관련 품목의 경우는 통지요건을 충족하거나 수출자의 판단으로 관련 품목이 WMD 개발 등에 이용될 우려가 있고 행선지가 A그룹 이외의 지역인 경우 수출허가가 필요하며, 재래식무기 관련 품목의 경우는 통지요건과 수출자의 판단으로 그럴 우려가 있고 B그룹 국가로 수출하는 경우 허가가 필요하며 행선지가 C그룹 국가인 경우는 통지요건만으로도 허가가 필요하다.

1) 객관요건

WMD와 운반수단 또는 재래식 무기에 사용될 우려가 있는 경우, 구체적으로는 거래와 관련하여 수출자가 입수한 수출계약서, 사양서 등의 문서 또는 수입자, 수요자, 이용자 등으로부터의 연락으로 다음 정보를 취득한 경우 또는 도면, 전파적 기록 또는 수입자, 수요자 또는 그 대리인으로부터 다음과 같은 사항이 밝혀진 경우는 허가신청이 필요하다. 즉, 물품 또는 기술을 WMD 개발 또는 경제산업성이 지정하는 행위에 사용하는 것(용도 요건), 물품, 기술의 수요자 또는 기술의 이용자가 WMD 개발 등 또는 그 관련 행위를 하거나 한 경우(수요자 요건)에 한하며 단, WMD 개발 등 이외에 이용되는 것이 명백한 경우는 제외된다.[58]

2) 통지요건

물품 또는 기술이 WMD 등 또는 재래식 무기에 사용될 우려가 있어 허가신청이 필요하다는 취지로 경제산업성 장관으로부터 통지(Inform)를 받은 경우이다. 아울러 경제산업성은 수요자 요건에 해당하는 가능성이 높은 기업을 외국사용자리스트(Foreign User List)[59]로 공표하고 있는데, 거래관계자가 리스트에 포함되어 있지 않거나 과거에 WMD 개발 등 또는 이에 관련된 활동 이외에 이용될 것이 명확하면 수요자요건에 해당하지 않아 허가가 필요치 않다. 이 판단에 이용되는 기준이 경제산업성 통달「수출자 등이 분명한 때를 판단하기 위한 가이드라인」이다.

그리고 거래자가 외국사용자리스트에 해당하고 수출물품이 WMD 개발 등 또는 물품이 「WMD 개발 등에 이용될 우려가 큰 물품 예」에 해당하고, 외국사용자리스트에 열거된 WMD 종류 및 미사일과 「우려가 큰 물품 예」에 기재된 우려 용도의 종류가 일치한 경우는 수요자 요건에 해당되어 수출허가 신청이 의무화되어 있다.

캐치올 통제는 리스트통제와는 달리 객관요건 또는 통지요건에 해당하는 '정보를 취득한', 즉 알게 된 경우에만 허가를 받을 필요가 있기 때문에 'Know 통제'라고도 말한다. 또 거래에 관한 문서 등 그리고 수입자 또는 수요자 등으로부터 연락내용 외의 사유와 수단에 의해 캐치올 통제 물품 또는 기술이 WMD 개발 등에 이용될 우려가 있음을 안 경우는 경제산업성 장관에게 보고해야 하는데 이를 '행정지도 요건'이라고 한다.[60]

3. 중개 및 환적 통제

일본은 유엔 안보리 결의 1540호[61]의 이행 조치로서 중개 및 환적 통제제

---

58) (株)東芝輸出管理部 編, 전게서, p. 43.
59) 일본 정부는 이외에도 미국의 우려고객리스트, 즉 DPL(Denied Persons List): 미국 EAR 위반, 처벌받은 개인 및 기업 명단, Unverified List: 사전 조사와 사후검사를 거부한 외국업체 리스트, SDN(Specially Designated Nationals): 미국 외교상 경제제재에 의한 禁輸國 정부의 대표기관, 대리인으로 취급되는 기업 리스트 등을 활용한다.
60) (株)東芝輸出管理部 編, 전게서, p. 44.
61) 2004년 4월 24일 취해진 조치로 전략물자의 단순한 수출뿐만 아니라 통과, 환적, 재수출, 자

도를 도입하여 2007년 6월 1일부터 시행하고 있다. 중개(brokering) 통제는 수출령 별표 제1의 1항[62]에 해당하는 물품으로서 일본기업이 외국 상호 간 물품의 이동을 매매계약서를 통하여 중개하고자 할 경우와 수출령 별표 제1의 2~16항[63]에 해당하는 물품으로서 WMD 개발 또는 제조 등에 이용될 우려가 있는 물품의 이동을 수반하는 외국 상호 간의 매매를 중개하는 행위는 경제산업성 장관의 허가가 필요하며 모든 국가와 지역을 통제대상으로 한다. 환적(transshipment) 통제는 수출령 별표 제1의 2~16항에 해당하는 물품 중에서 일본 이외의 지역을 목적지로 하고 선하증권[64]에 의해 운송된 물품이 WMD 개발·제조 등에 이용될 우려가 있는 경우와 정부로부터 허가신청이 필요하다는 취지의 통지를 받은 경우는 역시 허가가 필요하며 통제대상은 4개 다자간 수출통제체제에 모두 가입한 A그룹 26개국(white country)을 제외한 나머지 국가들이다.[65]

4. 기술이전 통제

일본의 기술이전 통제는 물품의 설계·제조·사용에 관련된 특정기술(프로그램, 즉 소프트웨어 포함)[66]을 거주자가 비거주자에게 제공하거나 외국에서 제공하는 행위, 특정 기술을 갖고 나가는 행위 및 특정 기술의 전자데이터를 외국에 송신하는 행위를 통제하는데 기술 가격의 대소와 관계없이 통제대상이다.

금과 서비스 제공, 운송 및 최종사용자 등으로 통제를 확대하고 국가는 물론 개인, 테러리스트, 테러조직 등 비국가행위자(non-state actprs)도 통제할 것을 모든 회원국들에게 의무화하였다.

62) 총포, 폭발물, 헬멧, 방탄복, 화약, 군용차량, 군용항공기, 군용세균제제, 화학제제 등 주로 무기류이다.

63) 원자력 관련 품목과 이중용도의 일반산업용 물자들이다.

64) 선하증권(Bill of Lading)은 배를 이용해 물건을 운송해주는 운송업자나 선장이 운송을 의뢰받은 물건을 언제 어디서 받았거나 자기 배에 실었다는 것을 기록한 증서를 말한다. 물건을 받았다는 것을 기록한 것은 수령선하증권이고 배에 실었다는 것을 기록한 것은 선적선하증권인데 선하증권을 받은 송하인(수출업자 등 물건을 보내는 사람)은 이를 수하인(수입업자 등 물건을 받는 사람)에게 보내고 수하인은 이를 제시해야만 물건을 넘겨받을 수 있다.

65) 중개와 환적 통제에 관한 세부내용은 <http://www.meti.go.jp/policy/anpo/index.html> 참조.

66) 국제평화 및 안전유지를 저해하는 것으로 政令(外爲令 별표 제1~16항) 물품의 설계, 제조, 사용에 관한 기술을 말한다.

이때 거주자는 개인과 법인으로 구분하여 개인의 경우 일본인은 국내에 거주하는 자 또는 일본의 재외공관에 근무하는 자이며, 외국인은 일본 국내의 사무소에 근무하는 자 또는 국내 입국 후 6개월 이상 경과한 자를 말한다. 한편 법인은 국내에 있는 일본법인 등, 외국 법인의 국내 지점, 출장소 및 기타 사무소 또는 일본의 재외공관이다. 한편 비거주자는 거주자 이외의 자연인과 법인을 말한다.

표 10-4 **기술의 각 단계와 내용 및 예시**

단계	내용	예시
설계 (개발)	일련의 제조공정 전 단계의 모든 단계	설계연구, 설계해석, 설계개념, 설계데이터, Prototype 제작 및 시험, Pilot 생산계획, 설계데이터를 제품에 변 화시키는 과정, 외관설계, 종합설계, Layout 등
제조	모든 제조공정	건설, 생산엔지니어링, 제품화, 통합, 조립, 검사, 시험, 품질보증 등
사용	설계 및 제조 이외의 단계	조작, 설치, 보수(점검), 수리, 분해수리 등

출처: 安全保障貿易情報センター, 『輸出管理品目ガイダンス役務取引』(2005), p. 17.

(1) 기술/소프트웨어의 제공방법

통제기술은 기술데이터(technical data)와 기술지원(technical assistance)으로 구분된다. 전자는 문서 또는 디스크, 테이프, CD-ROM 등의 매체 또는 장치에 기록된 것으로서 청사진, 설계도, 매뉴얼, 모델, 수식, 설계사양서, 사용설명서 등의 형태로 존재하며 문서에 의한 이전, 자기매체 등에 체화한 상태로 이전, 통신회선(전화, 팩스, 컴퓨터 회선 등)에 의한 이전 및 기타 선적, 항공편, 핸드캐리(Hand carry)에 의한 이전이다. 기술지원의 예로는 보통 기술지도, 기능훈련, 업무지식 제공, 컨설팅 서비스 등을 들 수 있으며 기술자의 파견, 접수와 공동개발 및 연구 활동을 통해 제공된다. 그리고 소프트웨어(프로그램)는 특정의 처리를 실행하는 일련의 명령으로서 전자장치가 실행할 수 있는 형식(object code), 기계어 또는 그 형식으로 변환 가능한 것(source code)으로 유형매체에 기술된 것을 말한다.

(2) 기술이전의 시점

기술이전의 시점은 CD-ROM 등 물품의 형태에 의한 기술데이터의 이전은 기술데이터를 비거주자에게 인도한 때 또는 비거주자에게 제공할 목적으로 외국으로 가는 선박 또는 항공기에 적재한 때이며 기술지원 또는 물품의 형태에 의하지 않은 기술데이터의 경우는 기술이 비거주자에게 제공된 때이다. 구체적 사례를 들면, 도면·취급설명서·컴퓨터 프로그램 등 기술데이터를 지참하고 해외 출장을 나가서 외국인(비거주자)에게 직접 전달하거나 송부하여 제공하는 경우는 허가대상이며 기술데이터의 존재 형태는 종이 또는 전자매체 등 형태와는 관계없다.

아울러 신제품의 판촉을 위하여 해외고객에게 무상으로 샘플을 송부하는 경우 그것이 실제로 사용 가능한 상태일 경우의 기술데이터 및 해외 전시회 출품용 견본도 통제대상이다. 발표 또는 기고하는 논문의 내용에 기술이 포함되어 있는 경우 허가, 즉 통제대상이며, 당해 기술에 관한 발표 및 기고에서 불특정 다수에게 공개되지 않는 경우에도 허가대상이다. 비거주자에게 팩스·이메일·우편 등을 통하여 통제대상 기술을 제공하는 경우도 허가가 필요하다. 이때 상대방이 일본 국적의 사람이라도 외국 내의 기업에 근무하는 자는 비거주자에 해당된다. 그리고 일본에서 실시하는 외국인 대상 연수에서 외국인(비거주자)에게 기술을 제공하는 경우도 사전에 허가를 요한다.[67]

(3) 통제 예외

한편 통제대상에서 제외되는 경우가 있다. 신문·서적·잡지·카탈로그·인터넷 등의 파일 등에 의하여 이미 불특정 다수인에게 공개된 기술데이터·학회지, 공개 특허정보, 공개 심포지엄의 의사록 등 불특정 다수인이 입수 가능한 기술데이터, 도서관, 공장견학 코스, 강연회 또는 전시회 등에서 불특정 다수인

---

67) 役務通達 1(2) 용어의 해석 참조.

이 열람 또는 청강 가능한 기술데이터 또는 기술지원, 소스 코드(source code)가 공개된 기술, 학회발표용 원고, 전시회 등에서의 배포자료, 잡지 기고 등 불특정 다수인이 입수 또는 열람 가능한 기술데이터는 공지의 기술[68]로서 통제대상에서 제외된다.

자연과학 분야에서 현상에 관한 원리를 규명할 목적의 연구 활동으로 이론적 또는 실험적 방법에 의해 수행하는 것으로 특정 제품의 설계 또는 제조를 목적으로 하지 않는 기초과학 분야의 연구 활동,[69] 출원명세서, 보충자료, 거절이유를 통지받은 경우의 의견서 등 지적소유권의 출원 또는 등록에 필요한 최소한의 기술[70] 및 물품의 사용에 필요한 최소한의 기술[71] 다시 말해 물품의 수출에 수반하여 구매자, 수하인 또는 수요자에게 제공되는 사용에 관한 기술 즉, 당해 물품의 설치, 조작, 보수 또는 수리를 위하여 필요한 최소한의 기술은 통제대상에서 제외된다. 다만, 보수 또는 수리에 관한 기술제공에 관하여는 당해 물품의 성능과 특성이 당초 제공한 것보다 향상된 것과 수리기술은 그 내용이 당해 물품의 설계, 제조기술과 동등하면 통제대상이다.

Ⅲ. 수출허가와 집행

1. 수출허가

경제산업성 장관의 수출허가에는 개별허가와 일괄하여 허가하는 포괄허가가 있는데, 포괄허가에는 일반포괄허가, 특별일반포괄허가(특일포괄), 특정포괄허가, 특별반품등포괄허가로 나뉜다.

(1) 개별허가

리스트 통제품목의 수출과 캐치올 통제품목으로서 요건에 해당하는 수출

---

68) 이미 공개된 기술로서 많은 사람이 아무런 제한 없이 이용 가능한 것으로 貿易外省令 제9조 제1항 제5호에 열거되어 있다.
69) 貿易外省令 제9조 제1항 제6호.
70) 貿易外省令 제9조 제1항 제7호.
71) 貿易外省令 제9조 제1항 제8호.

그 어느 경우에도 물품의 수출은 수출허가신청서를, 기술의 수출은 역무거래허가신청서를 경제산업성 장관에게 제출하여 허가를 받아야 한다. 허가의 유효기간은 허가일로부터 6개월이 보통이나 신청에 근거하여 보다 장기의 유효기간 또는 유효기간의 연장이 가능하다. 경제산업성은 수출허가 심사 시에 군사 용도에 전용될 가능성은 없는가, 계약에 있어서 최종수요자에 의해 사용되고, 재고관리가 확실한가, 제3국에 유출 또는 재수출되는 일은 없는가, 수출상대방이 우려되는 사업을 하고 있지는 않은가, 수출경로에 의심스러운 점은 없는가, 기타 의심스러운 점은 없는지 등을 고려한다.

(2) 포괄허가

포괄허가의 대상은 리스트통제의 물품 또는 기술이며 캐치올 통제대상의 물품과 기술은 제외된다. 일반포괄허가는 법령에서 정해진 국가·지역으로 법령에서 정해진 범위의 물품 또는 기술의 수출을 일괄하여 허가하는 것으로 허가서의 유효기간은 3년 이내이다. 일반포괄허가는 A그룹 국가에만 적용되며, 간단한 자율준수(CP) 업체도 이용할 수 있다. 특별일반포괄허가(특일포괄)는 다자간 수출통제체제 참가국에 적용되며, 자율준수(CP)를 엄격히 이행하는 업체만 이용할 수 있다. 특정포괄허가는 계속적 거래 관계에 있는 수요자에게 수출하는 수출업체에 부여한다.

특별반품등포괄허가는 수출령 별표 제3의 지역에 규정된 26개국을 목적지로 하는 별 1 및 별표 1항(무기)의 수입 물품 또는 기술의 불량에 의한 반품, 수리 또는 상이한 제품을 이유로 일괄 허가하는 것으로 유효기간은 1년 이내이다. 포괄허가에서 가장 일반적으로 이용되는 것이 일반포괄허가이며, 복수의 리스트통제 품목을 복수의 국가에 정상적으로 수출하는 경우 취득할 수 있다. 그리고 허가대상 리스트는 리스트통제 물품 또는 기술 중 2~14항이다. 단, WMD의 개발 등 또는 그와 관련된 활동에 이용된다든지 이용될 우려가 있는 경우 포괄허가는 효력이 상실된다. 게다가 그 외의 군사용으로 이용되든지 이용될 우려가 있는 경우는 포괄허가가 실효되거나 경제산업성 장관에게 보고할 의무가 부과된다.[72]

---

72) (株)東芝輸出管理部 編, 전게서, pp. 45－47.

2. 수출통제 위반 및 제재

(1) 벌칙과 단속

일본 정부는 법제도 정비, 수출허가 심사 등과 함께 위법 수출에 대한 단속과 처벌 등 엄정한 법 집행을 수출통제의 핵심 요소로 인식하고 있다. 그리하여 무허가 수출 등 외환법을 위반하여 물품을 수출 또는 기술을 제공하거나 중개무역을 한 자에 대하여 외환법 제69조의 6 및 제70조, 제71조에 의거 3~10년 이하의 징역 또는 500~1,000만엔 (또는 가격의 5배) 이하의 벌금을 부과하거나 이를 병과한다. 특히 핵무기 등 WMD 관련 품목의 불법 거래 시 10년 이하의 징역 등 가장 무겁게 처벌하고 있다. 여기에다 경제산업성 장관은 최고 3년간 모든 물품의 수출, 기술의 제공 또는 중개무역의 거래를 금지하는 행정 제재를 취할 수 있다. 아울러 위반한 기업과 위반 사실을 공개하는데 경제산업성은 이는 공개 그 자체가 기업의 신용과 명성에 막대한 손상을 초래하므로 이를 매우 효과적인 사회적 제재수단으로 간주하고 있다.

표 10-5 일본의 외환법 위반 유형별 벌칙 현황

위반유형	벌칙 내용	근거 규정
무허가 기술거래	7년 이하의 징역 또는 700만엔(또는 가격의 5배) 이하의 벌금, 병과	제69조의6 제1항 제1호
무허가 중개거래		〃
무허가 물자수출		제69조의6 제1항 제2호
무허가 핵무기 등 관련 기술거래	10년 이하의 징역 또는 10억엔 이하의 벌금(법인) 3천만엔 이하의 벌금(개인) 위반 품목 가격의 5배가 상기 벌금액을 초과하는 경우 당해 가격의 5배 이하 벌금	제69조의6 제2항 제1호
무허가 핵무기 등 관련물자의 중개거래		제69조의6 제2항 제2호
무허가 핵무기 등 관련 물자 수출		〃
무허가 기술서면·기록	5년 이하의 징역 또는	제69조의7 제2항 제2호

매체 수출, 국외송신	500만엔(또는 가격의 5배) 이하의 벌금, 병과	
행정제재 위반	3년 이하의 징역 또는 300만엔(또는 가격의 5배) 이하의 벌금, 병과	제70조 제1항 제19호 제70조 제1항 제31호
부정수단에 위한 허가취득		제70조 제1항 제33호
수출자 등 준수기준 위반	6개월 이하의 징역 또는 50만엔 이하의 벌금	제71조 제10호

아울러 일본 정부는 '수출자 등 준수기준'을 제정하여 수출자 등(기업, 대학, 연구기관)에게는 통제품목 해당 여부 확인 책임자 선임, 수출 등 업무종사자에 대한 법령준수 지도, 특정 중요품목 등 수출자 등에게는 특정 중요품목 수출 등의 업무 총괄관리 책임자 선임, 해당 여부 확인절차 수립, 수출하려는 품목에 대한 거래상대방의 용도확인 절차 수립 및 용도확인 실시, 감사절차 수립 및 정기적 감사실시 및 문서보관 등의 의무를 부과하는 등 사실상 수출자 등에 수출통제 법령 자율준수 프로그램(CP) 도입 및 이행을 의무화하여 2010년 4월 1일부터 시행하고 있다.73)

(2) 태국경유 대북 위법수출 단속사례

일본은 캐치올(catch-all) 제도 도입 이후 불법수출에 대한 단속을 강화하고 있는데 대표적인 최초의 사례를 소개하면 다음과 같다. 2003년 4월 4일, 1척의 컨테이너 화물 선박이 3대의 직류안정화 전원장치를 싣고 태국을 향해 일본을 출항했다. 이 전원장치는 도금가공 등 민간용도가 있으나 핵무기, 미사일의 개발에도 이용될 수 있는 물자였다. 또 수출자인 (株)明伸은 2002년 11월에 동일한 품목을 북한에 수출하려고 하다가 경제산업성 장관으로부터 수출허가 신청이 필요하다는 내용의 통지(Inform)를 받고 수출을 단념했었다.

경제산업성은 수출자가 통지를 받았음에도 불구하고 태국을 경유하여 북한에 수출을 기도한 것으로 의심하고 곧바로 기항 예정인 홍콩의 수출통제 당국에 연락하여 화물을 압수했다. 같은 날 동경에서는 경제산업성의 조사관이

---

73) 経済産業省令第60号(平成21年 10月 16日).

수출자에 대해 현장조사를 실시함과 동시에 태국주재 일본대사관의 직원이 수입자에 대해 임의조사를 벌인 결과 태국을 경유하여 북한에 수출한 사실이 드러나 경제산업성은 수출자를 형사고발 조치하였다. 그 결과 수출자는 2004년 3월 징역 1년(집행유예 3년), 벌금 200만엔의 형사벌이 확정됐고 행정제재 조치로 3개월간 수출이 금지되었다.[74]

한편 경제산업성은 위법수출이 의심되는 경우 외환법에 근거하여 보고 접수 및 현장조사를 통해 사실관계를 조사하고 그 결과 위법수출이 판명된 경우에는 형사고발하거나 무역경제협력국장 명의의 경고장을 발부한다. 외환법 위반 건수는 2005년 48건, 2006년 83건, 2007년 73건, 2008년은 69건이었다.[75] 참고로 <표 10-6>은 일본기업의 수출통제 법규 위반 및 처벌 사례이다.

표 10-6 일본 수출통제 법규위반 및 처벌 사례

회사명/연도	형사벌	행정제재	위반내용
진전실업/1972	벌금 1천만엔 징역 1년(집행유예 2년)	-	게르마늄 트랜지스터 플랜트를 허위 수출
후지인더스트리/1979	벌금 800만엔 징역 1.5년(집행유예 3년)	-	수류탄용 신관부품을 필리핀에 위법수출
동명무역/1987	벌금 100만엔 징역 1년(집행유예 3년)	수출금지 (1개월)	컴퓨터, 집적회로 등을 중국에 위법수출
도시바기계/1988	벌금 200만엔 징역 1년(집행유예 3년)	수출금지 (1년)	NC 공작기계 등을 소련에 위법수출
극동상회/1988	벌금 200만엔 징역 1년(집행유예 3년)	수출금지 (3개월)	오실로스코프 등을 중국에 위법수출
프로메트론/1989	벌금 500만엔 징역 2년(집행유예 4년)	수출금지 (1년)	하프늄 와이어를 동독에 위법수출
일본항공전자/1992	벌금 500만엔 징역 2년(집행유예 3년)	수출금지 (1년6개월)	전투기 및 미사일 부품 등을 이란에 위법 수출

---

74) 淺田正彦, 『兵器の擴散防止と輸出管理』(有信堂, 2004), pp. 149-151.
75) 일본 CISTEC(www.cistec.or.jp) 수출관리기본정보, "최근의 위반원인 분석(2005~2008년)" 참조.

선빔/2000	벌금 150만엔 징역 2년(집행유예 4년)	수출금지 (1년)	대전차 로켓포 부품을 이란에 위법수출
대협산업/2009	벌금 300만엔 징역 1년(집행유예 3년)	없음	자기측정장치를 말레이시아에 위법 수출
서무흥산/2010	벌금 120만엔 징역 1년6월(집행유예 3년)	수출금지 (1년1개월)	중고 굴삭기(1대)를 중국 경유, 북한에 위법 수출
일심무역/2011	벌금 200만엔 징역 3년(집행유예 4년)	수출금지 (7개월)	유엔제재품목(사치품)을 중국 경유, 북한에 수출

출처: 淺田正彦 編, 『兵器の擴散防止と輸出管理』(有信堂, 2004), p. 150.
　　　일본 CISTEC(www.cistec.or.jp), 외환법 위반사례, "부정사건의 개요."

Ⅳ. 기업의 자율수출관리

1. 수출관리사내규정(CP)

일본 정부는 도시바 사건을 계기로 효과적이고 효율적인 수출통제를 위해서는 정부의 엄정한 수출허가 심사와 단속만으로는 불충분하다고 보고 수출자 스스로가 준법정신을 가지고 실효성 있는 사내 수출관리체제를 확립하는 것이 중요하다고 판단하여 1987년 9월 안전보장수출관리규정(CP: Compliance Program)이라는 모델 CP를 제정, 수출자에게 보급하여 법령을 철저히 준수할 것을 요청하였으며 그 결과 현재 약 1,000개 기업이 CP를 제정하여 경제산업성에 신고하였으며, 경제산업성은 수출기업에게 CP 제정을 지도하는 한편, 방문조사를 통해 기업의 CP 이행실태를 확인한다.

CP란 외환법 등의 수출통제에 관한 법령을 준수하여 위반을 미연에 방지하기 위한 사내규정을 말하며, 기업 최고경영자의 법규준수 방침 천명, 수출관리조직, 수출심사절차, 책임의 명확화, 출하관리, 감사, 교육, 문서보관, 자회사 등의 지도, 법령위반 고발 및 벌칙 등 9개 항목을 기본적인 구성요소로 하고 있다. CP는 수출자의 자율적인 수출관리를 촉구하는 것으로 수출자는 문서작성 뿐만 아니라 사내에 수출관리위원회 등의 자율수출관리 조직을 만들고 담당자를 배치하여 수출심사가 효과적으로 진행되도록 하는 것이 중요하다. 캐치올 제도의 도입으로 통제대상품목이 대폭 확대됨에 따라 대부분의 수출자가 최종용도 및 최종사용자 등을 확인할 필요가 있기 때문에 자율수출관리의 중요성은 가일층 높아지고 있다.[76]

1987년 9월 7일 당시 통상산업성은 62貿 제3605호 "수출관련 법규준수 철저에 대하여"라는 제하의 通達을 약 150개의 수출 관련 단체장들에게 발송하고 회원사들이 수출관련 법규의 철저한 준수를 위한 기본방침의 제정 시에 최대한 반영해 줄 것을 요망하는 9개 항목을 제안하였으며 더욱이 보완적 수출통제의 도입에 따라 1994년 6월 24일, "비확산 수출관리에 대응한 수출통제 법규준수에 관한 CP의 제정 또는 개선에 대하여(6貿 제604호)"를 발표하고 기업이 참고토록 하였는데 그 내용은 다음과 같다.

(1) 사내 수출관리의 최고책임자를 대표이사로 하는 수출관리조직을 설치하고 업무분담 및 책임 범위를 명확히 할 것.

(2) 해당여부 판정, 고객심사 및 이들을 고려한 거래심사에 관한 절차를 명확히 규정하여 실시할 것. 특히 거래상황에 맞는 최종사용자 및 용도를 확인할 것. 아울러 외환법 등에 의해 통제되고 있는 지역 이외의 지역으로 수출 또는 제공 또는 수출을 전제로 하는 국내 판매에서도 최종적으로는 통제대상 지역으로의 수출되는 것이 명확한 경우에는 통제대상 지역으로 수출 또는 제공되는 점에 유의하여 거래심사를 할 것.

(3) 중역 이상이 통제 물품 거래심사를 최종 판단하고 동시에 통제 물품 등의 수출 또는 제공의 가부에 대하여 의심나는 거래의 수행을 사전에 방지하는 체제를 정비할 것.

(4) 출하 시에 수출되는 통제품목이 서류에 기재된 물품 또는 기술과 동일한지 확인하고, 통관 시 사고가 발생한 경우에는 신속히 사내 수출관리 부서에 보고하는 체제를 정비할 것.

(5) 수출관리가 적정하게 이루어지고 있는지를 확인하는 감사체제를 정비하고, 정기적으로 감사할 것.

---

76) 한국무역협회 전략물자무역정보센터, 『전략물자 수출관리가이드』 (2005), p. 115.

(6) 직원들에게 외환법 등에 관하여 교육할 것.

(7) 통제품목의 수출에 관계되는 절차를 행할 시에는 사실을 정확히 기록하고 관련 문서를 수출한 날로부터 최소 5년간 보관할 것.

(8) 자회사 등에 대하여 기업의 실정에 맞는 안보무역관리에 관하여 적절하게 지도할 것.

(9) 법령위반이 판명된 경우에는 신속하게 관련 관청에 보고하고, 필요에 따라 관련자를 엄정하게 처벌할 것.[77]

2. 수출기업에 대한 교육홍보

수출통제는 통제품목리스트가 기술적으로 상세하고 법령은 중첩적이고 복잡하기 때문에 수출자가 이를 올바로 이해하고 준수하기 위해서는 어느 정도의 전문지식이 요구된다. 이를 위해 경제산업성은 수출자의 자율수출관리를 지원, 촉진하는 교육과 홍보활동을 강화하고 있다. 구체적으로는 전국 각지에서 설명회를 자주 개최하고 특히 중소기업과 지방기업도 참가할 수 있도록 지방 경제산업국, 상공회의소, 세관 등 다양한 채널을 통해 홍보하고 있다. 아울러 경제산업성은 안전보장 수출관리에 관한 홈페이지에서 기본적인 사항 및 세부절차, 법령 및 통제품목리스트 등 다양한 정보를 제공하고 있다. 더욱이 안전보장 무역상담 창구를 설치하여 각종 전화 상담에 응대하는 체제를 갖추고 있다.[78]

---

77) *Ibid.*
78) 淺田正彦, 전게서, pp. 152~153.

I. 한국의 수출통제 개관

1. 법적 근거 및 허가기관

　한국은 WMD 비확산 국제조약 및 다자간 수출통제체제에 모두 가입하였으며 미국과는 1987년 전략물자 및 기술자료 보호에 관한 양해각서를 체결하였다. 1989년 산업자원부는 대외무역법에 국제평화 및 안전유지와 국가안보를 위하여 전략물자 수출입 허가 조항 신설 등 수출통제의 근거를 마련하였으며, 1992년 대외무역법에 전략물자의 고시 및 수출허가 등 수출통제를 법제화하였고, 2003년부터는 캐치올(catch-all) 제도를 도입하여 시행하고 있다. 아울러 2007년에는 유엔 안보리 결의 1540호를 이행하기 위하여 전략물자의 중개, 경유, 환적에 대한 허가제를 도입하였다.

　한국의 수출통제 법제는 아래 <표 10-7>에서 보는 바와 같이 기본적으로 통제품목에 따라 관련 법령과 허가기관이 나뉘어 있다. 즉 이중용도 품목과 일반방산물자는 대외무역법에 의거 산업통상자원부, 주요방산물자는 방위사업법에 따라 방위사업청, 원자력 전용품목은 원자력안전법에 의거 원자력안전위원회, 대북 반출 및 반입 품목은 남북교류협력에 관한 법률에 의거 통일부가 각각 당해 법률 및 그 시행령 등 하위법규에 근거하여 수출통제를 이행하고 있다. 그리고 산업통상자원부는 관련 법률에 따라 독성화학물질 및 그 원료물질과 미생물 또는 바이러스 등의 생물작용제에 대한 제조 및 수출입을 통제하고 있다. <표 10-8>은 이중용도 품목을 예시한 것이다.

표 10-7 한국의 수출통제 관련 법령 및 허가기관

근거 법령	통제품목	허가기관
대외무역법 대외무역법시행령 전략물자수출입고시	이중용도품목 일반방산물자	산업통상자원부
원자력안전법 동 시행령 및 시행규칙	원자력 전용품목 (원자력플랜트기술 포함)	원자력안전위원회
방위사업법 동 시행령 및 시행규칙	재래식 무기 등 주요방산물자[79]	방위사업청
남북교류협력에 관한 법률	대북 반출 및 반입 물자	통일부

표 10-8 비확산 수출통제 이중용도 품목(예시)

품목명	군사용	민간용
공작기계	우라늄 농축용 원심분리기 제조	자동차 제조 및 절삭
시안화나트륨	화학무기 원재료	금속도금 공정
여과기	생물무기 제조를 위한 세균추출	해수의 담수화
탄소섬유	미사일 구조재료	민간항공기 구조재료
마레이징강	항공기 제트엔진, 원심분리기	모노레일 카 부품

2. 대상품목 및 대상지역

수출통제 대상 품목은 소재, 전자, 컴퓨터, 정보통신, 센서·레이저, 항공우주, 해양·추진장치 및 원자력 전용품목 등 다자간 수출통제체제의 모든 품목이 통제대상이며, 화학무기금지협약(CWC)의 독성화학물질과 그 전구체 및 생물무기금지협약(BWC)의 생물작용제를 통제대상으로 하고 있다.[80] 그 밖에도

---

79) 주요방산물자는 총포류, 항공기, 함정, 탄약, 전차, 장갑차, 레이더 등 통신 전자장비, 야간투시경, 화생방장비 등이고, 일반방산물자는 헬멧, 군복, 군화 등이다(방위사업법 제34조).

통제목록에 없거나 사양에 해당하지 않는 품목이라도 상황에 따라 허가가 필요한 경우가 있다.

수출통제 대상지역은 우리나라를 제외한 세계 모든 국가 또는 경제권이며, 이를 "가" 지역과 "나" 지역으로 구분하여 통제하고 있다. 가의 1 지역은 4개 다자간 수출통제체제에 모두 가입한 28개국이며 가의 2지역은 1개국(일본)이다. "나" 지역은 가 지역의 국가를 제외한 모든 국가이다. "가" 지역은 현재 총 29개국이며,[81] 이들 국가에 대해서는 수출허가 신청서류를 대부분 면제하고 사후보고로 대체하고 있다.[82]

3. 수출허가

이중용도 전략품목에 대한 수출허가는 크게 수출허가, 상황허가, 경유·환적허가 및 중개허가로 구분한다. 수출허가는 다시 개별수출허가, 포괄수출허가 및 원자력플랜트기술수출허가[83]로 나뉜다. 개별수출허가는 개별 수출허가신청 건에 대하여 해당 품목, 최종사용자와 사용 용도를 확인하여 허가하며,[84] 포괄수출허가는 사용자포괄수출허가와 품목포괄수출허가로 구분한다.[85] 경유·환적허가는 전략물자가 국내 항만이나 공항을 경유하거나 국내에서 환적 시에, 중개허가는 제3국 간 중개하는 경우에 요구되는 허가이다.[86]

상황허가는 통제품목의 사양에 해당하지 않는 품목이 WMD와 미사일의 개발·생산 등에 사용될 우려가 있거나 사용될 것으로 의심되거나, 거래상대방이 블랙리스트에 수록된 자이거나, 고시에 상황허가 대상으로 지정된 품목에 해당하거나,[87] 관계행정기관의 장으로부터 서면 통보를 받은 경우는 허가를 신

---

80) 이중용도 품목은 대외무역법 제19조에 의거 전략물자수출입고시(산업통상자원부 고시 제2018–66호, 2018.4.16. 시행) 별표 2에 수록되어 있다.

81) 가의 1지역은 아르헨티나, 호주, 오스트리아, 불가리아, 벨기에, 캐나다, 체코, 덴마크, 핀란드, 프랑스, 독일, 그리스, 헝가리, 아일랜드, 이탈리아, 일본, 룩셈부르크, 네덜란드, 뉴질랜드, 노르웨이, 우크라이나, 폴란드, 포르투갈, 스페인, 스웨덴, 스위스, 터키, 영국, 미국 등 28개국과 가의 2지역은 일본 1개국이다. 전략물자수출입고시 별표 6 참조.

82) 전략물자수출입고시 제21조의1 및 제29조의2.

83) 원자력플랜트기술수출허가에 관한 자세한 사항은 전략물자수출입고시 제41조~제49조 참조.

84) 전략물자수출입고시 제19조.

85) 포괄수출허가에 관한 자세한 사항은 전략물자수출입고시 제28조~제39조 참조.

86) 대외무역법 제24조(중개허가), 대외무역법시행령 제40조의2(경유·환적허가) 참조.

청해야 하는 허가이다. 거래상대방이 의심되는 징후는 다음과 같다.[88]

1) 구매자가 물품등의 최종용도에 관하여 필요한 정보제공을 기피하는 경우
2) 수출하고자 하는 물품등이 최종사용자의 사업분야에 해당되지 아니하는 경우
3) 수출하고자 하는 물품등이 수입국의 기술 수준과 현저한 격차가 있는 경우
4) 최종사용자가 물품등이 활용될 분야의 사업경력이 없는 경우
5) 최종사용자가 물품등에 대한 전문적 지식이 없음에도 불구하고 해당 물품등의 수출을 요구하는 경우
6) 최종사용자가 물품등에 대한 설치·보수 또는 교육훈련 서비스를 거부하는 경우
7) 해당 물품등의 최종수하인이 운송업자인 경우
8) 해당 물품등에 대한 가격 및 지불 조건이 통상적인 범위를 벗어나는 경우
9) 특별한 이유 없이 납기일이 통상적인 기간을 벗어난 경우
10) 해당 물품등의 수송경로가 통상적인 경로를 벗어난 경우
11) 해당 물품등의 수입국내 사용 또는 재수출 여부가 명백하지 아니한 경우
12) 해당 물품등에 대한 정보 또는 최종목적지 등에 대하여 통상적인 범위를 벗어나는 보안을 요구하는 경우

수출허가는 각종 무기의 개발·생산 등 군사적 목적이 아닌 평화적 목적에 사용되는 경우에 한하여 허가하는 것을 원칙으로 한다.[89] 그리고 수출허가 심사 시에는 수입국의 기술수준과 군사·외교적 민감성, 수입자, 최종사용자와 최종사용자가 서약한 사용용도의 신뢰성 및 제3국으로 재수출될 가능성을 기준으로 삼고 있다.[90]

---

87) 전략물자수출입고시 별표 2의2에 현재 21개 품목이 지정되어 있다. 품목과 지역은 수시 변동된다.
88) 상황허가에 관한 자세한 내용은 대외무역법 제19조의3, 동 시행령 제33조 및 전략물자수출입고시 제50조, 제52조 참조.
89) 전략물자수출입고시 제6조.
90) 전략물자수출입고시 제22조.

4. 자율준수무역거래자

기업, 연구기관 등이 전략품목의 수출관리에 필요한 조직, 규정, 교육 및 감사 등의 체제를 갖추고 전략품목의 해당 여부 판정, 거래심사 및 수출허가 신청 등 수출통제 법규범을 자율적으로 준수하는 것을 자율준수(Compliance Program)라고 한다.[91] 정부는 기업 등의 자발적인 수출통제의 이행을 장려하기 위하여 수출품목의 최종용도와 최종사용자에 대한 분석 능력 및 수출통제 규범준수 등 자율준수체제를 갖춘 기업, 대학 및 연구기관을 자율준수무역거래자로 지정하고 있다.[92] 아울러 자율준수무역거래자를 3등급(A, AA, AAA)으로 구분하여 등급에 따라 포괄수출허가 신청자격 부여, 개별수출허가 심사면제, 서류면제, 허가면제 또는 허가처리기간 단축(15일→10일→5일) 등의 혜택을 부여하고 있다.[93]

자율준수무역거래자의 등급별 신청자격을 보면 A등급과 AA등급은 전략품목을 취급하는 무역거래자, 대학 및 연구기관이며, AAA등급은 AA등급으로 지정된 날로부터 1년 이상 경과한 자이다. 자율준수무역거래자 신청에 대한 심사는 서면심사와 현장심사로 나뉜다. 현장심사는 자율준수무역거래자를 최초로 신청하는 경우, AAA등급을 신청하는 경우 또는 기타 산업통상부장관이 필요하다고 인정하는 경우에는 서면심사에 더하여 신청서류와 사실관계의 일치 여부를 확인하기 위하여 실시한다.[94]

5. 전략물자관리원

전략물자관리원은 한국무역협회 부설 전략물자무역정보센터를 분리, 독립하여 대외무역법 제29조에 의거 2007년 6월 산업통상자원부 산하 기타공공기관으로 설립되었으며 동법 시행령 제46조에 따라 전략품목 해당 여부 전문판정, 이중용도 품목 수출입관리에 관한 조사연구, 교육홍보, 자율준수무역거래자 지정 및 관리에 대한 지원업무, 국제협력 업무 등을 수탁, 시행하고 있다. 아울러

---

91) 전략물자관리원, 『전략물자 자율준수 가이던스』(2009), p. 17.
92) 자율준수무역거래자의 자격 유지기간은 지정일로부터 3년이다. 전략물자수출입고시 제81조.
93) 기타 자율준수무역거래자의 혜택에 관한 세부 내용은 전략물자수출입고시 별표 19 참조.
94) 전략물자수출입고시 제73조, 제77조, 제78조 참조.

다자간 수출통제체제의 규범제정 및 통제목록 개정에 활발하게 참여하고 있다.[95] 특히 산업통상자원부와 전략물자관리원은 전략물자관리시스템(yestrade.go.kr)을 구축, 운영하여 전략품목의 해당 여부 판정과 허가신청을 온라인으로 처리함으로써 기업의 수출통제 이행에 따른 행정 부담을 최소화하고 있다. 그 밖에도 수출통제 관련 각종 정보서비스를 제공하고 이슈리포트, 무역안보리포트, 수출통제 총람 등 각종 연구보고서를 발간하고 있다.[96]

6. 한국원자력통제기술원

한국원자력통제기술원(KINAC)은 원자력의 평화적 이용, 핵 비확산 및 핵 안보에 기여하기 위하여 2006년에 설립된 원자력안전위원회 산하기관이다. KINAC은 원자력 전용품목(Trigger List)의 수출입을 통제한다. 아울러 IAEA 세이프가드 관련 업무, 원자력 통제에 관한 연구개발과 교육, 핵시설의 물리적 방호 및 사이버보안 관련 업무를 담당한다. 아울러 핵 비확산과 핵 안보 분야의 국내외 인력을 양성하는 교육훈련센터와 비확산 정책 분석 등을 개발하는 비확산기술지원센터를 운영하고 있다. 원자력 수출입통제는 수출하려는 물자와 기술이 전략품목 해당 여부를 확인하는 전문판정과 수출입 핵물질이 평화적인 용도로 사용되는지 확인하는 핵물질 수출입 요건확인 업무를 수행하며, 수출입통제 민원업무 처리 웹시스템(NEPS)을 관리한다. 아울러 원자력안전위원회의 원자력 플랜트[97] 기술에 대한 수출허가 업무를 지원한다.

II. 한국 수출통제 법제의 문제점

1. 법체계 및 목적상의 문제점

우리나라의 대외무역 전반에 관한 법체계는 대외무역법, 대외무역법시행

---

95) 전략물자관리원의 업무에 관한 자세한 사항은 홈페이지 <www.kosti.or.kr> 참조.
96) 전략물자관리시스템에 관한 자세한 내용은 <www.yestrade.go.kr> 참조.
97) 원자력 플랜트는 원자로 및 관계시설 또는 핵 연료주기시설 일체를 말한다. 전략물자수출입고시 제41조의 ②.

령, 대외무역관리규정으로 구성되어 있으나 수출통제에 관한 법체계는 대외무역법, 대외무역법시행령, 전략물자수출입고시로 되어 있어 각각 행정규칙을 달리하고 있다. 또한 대외무역관리규정(제1조)은 대외무역법과 동법 시행령에서 위임한 사항과 그 시행에 필요한 사항을 정함을 목적으로 하는 반면, 전략물자수출입고시(제1조)는 대외무역법 제26조에 의거 전략물자의 수출입통제에 관한 사항을 정함으로써 국제평화 및 안전유지와 국가안보에 기여함을 목적으로 하고 있어 각각의 목적 자체가 다르다.

아울러, 대외무역법의 목적과 수출통제의 목적이 상호 부합하지 않는다. 즉 대외무역법(제1조)은 대외무역을 진흥하고 공정한 거래질서를 확립하여 국제수지의 균형과 통상의 확대를 도모함으로써 국민경제의 발전에 이바지함을 목적으로 하는 반면, 수출통제는 국제평화와 안전 및 국가안보의 유지에 목적을 두고 있다.[98] 더욱이 대외무역법 제1장 총칙은 대외무역법 전체에 적용되는 포괄적인 규칙임에도 불구하고 수출통제에 관한 조항(법 제19조~31조)들은 이 총칙을 따르지 않고 있다.

2. '물품등' 통제품목에 대한 용어의 문제점

대외무역법 제2조(정의)에서 '물품등'은 제19조(전략물자의 고시 및 수출허가 등)의 '물품등'과 상충되거나 모순된다. 대외무역법 제2조는 무역을 '물품등'의 수출과 수입으로 정의하고, '물품등'을 물품, 용역 및 전자적 형태의 무체물로 규정하고 있으나 수출통제와 관련해서는 " ~ 국가안보를 위하여 수출허가 등 제한이 필요한 '물품등'(기술 포함)"이라 하고 산업통상자원부장관이 지정, 고시한 '물품등'을 '전략물자'로 규정함으로써 '물품등'이라는 명칭은 같지만 대상과 범위가 달라 혼선을 빚고 있다.

아울러 수출통제 대상품목에 대한 용어의 정의가 복잡하고 법, 시행령, 고시별로 그의 정의가 다르든가 또는 차이가 있어 혼란을 초래한다. 예를 들면, <표 10-9>에서 보는 바와 같이 수출통제 대상품목을 '물품등', '전략물자', '전략물자등', '대량파괴무기등', '대량파괴무기 관련 물품등'으로 복잡하게 분류

---

98) 대외무역법 제19조 1항.

하고 있다. 그리고 '물품등'도 법에서와는 달리 고시에서는 물품, 소프트웨어 등 전자적 형태의 무체물 및 기술로 정의함으로써 법에서 규정한 용역이 제외되어 있고 법에서 규정하지 않은 '기술'이 포함되어 있다.

표 10-9 대외무역법, 관련 시행령 및 고시에서 '물품등' 정의

구분	용어의 명칭	용어의 정의	관련 조항
대외무역법	물품등	물품, 용역 및 전자적 형태의 무체물	제2조
	전략물자	산업통상자원부 장관이 지정 고시한 '물품등(기술 포함)'	제19조2
	전략물자등	전략물자 또는 상황허가 대상 '물품등'	제23조
	대량파괴무기등	대량파괴무기와 그 운반수단인 미사일	제19조3
대외무역법 시행령	기술	국제수출통제체제에서 정하는 물품의 제조·개발 또는 사용 등에 관한 기술	제32조의2
전략물자 수출입고시	물품등	물품(물질·시설·장비·부품), 기술 소프트웨어 등 전자적 형태의 무체물	제2조의1
	전략물자	별표 2(이중용도품목) 및 별표 3(군용물자 품목)에 해당하는 '물품등'	제2조의2
	전략물자등	전략물자 또는 상황허가 대상 '물품등'	제2조의3
	대량파괴무기 관련 물품등	'대량파괴무기등'의 제조·개발 등의 용도로 전용될 가능성이 높은 물품등	제50조의1

출처 : 필자 정리.

3. 상황허가 요건의 모호성

법 제19조의3이 규정하는 상황허가의 요건 "① 전략물자에는 해당되지 아니하나 ② 대량파괴무기등의 개발·제조 등의 용도로 전용될 가능성이 높은 물품등을 수출하려는 자는 ~ "에서 먼저 ①은 구체적으로 무슨 의미인지 그 표현이 모호하며, ②는 두 가지 해석이 가능하다. 즉 첫째는 '물품등'이 그 자체의 기술적 특성으로 인하여 무기의 제조, 개발 등의 용도로도 사용이 가능한 경우

를 말하고, 둘째는 최종사용자가 물품등을 그러한 군사적 용도로 사용할 것으로 의심되는 경우이다. 그런데 상황허가, 즉 캐치올 통제의 근본 취지는 설사 통제목록에 없거나 기술적 사양에 해당되지 않는 품목이라도 최종용도와 최종사용자가 의심스러우면 통제하라는 것이므로 이러한 취지에 맞게 상황허가 요건을 간결하고 명확하게 규정할 필요가 있다.

4. 기술이전 통제에 관한 법제 미흡

바세나르협정을 비롯한 다자간 수출통제체제는 전략기술의 수출(이전)[99]을 물품인 전략물자와 동일한 수준으로 통제할 것을 권고하고 있으며, 나아가 미국, 일본, EU 등 선진국들은 전략기술의 유형이전은 물론이고 이메일, 팩스, 인터넷 등의 수단에 의한 무형이전 통제를 강화하는 추세에 있다.[100] 이와 반면 우리나라는 전략기술 및 기술의 종류에 대한 정의가 불충분하고 기술이전 방식에 있어서도 유형이전과 무형이전을 명확하게 구분하지 않고 있다. 그 결과 정보통신기술의 발전에 따른 이메일, 전화, 팩스 및 구두전달 등에 의하여 손쉽게 기술이 이전될 수 있는 이른바 '기술의 무형이전'을 효과적으로 통제할 수 있는 법제가 미흡하여 보완이 시급하다.[101]

5. 경유·환적 허가규정의 모순

경유·환적 허가신청 대상자에 대하여 대외무역법 제23조3은 "전략물자등을 국내 항만이나 공항을 경유하거나 국내에서 환적하려는 자"를 '대통령령으

---

99) 이전(transfer)은 해외로의 선적, 전송뿐만 아니라 국내에서의 유통 또는 어떤 품목의 최종용도나 최종사용자의 변경을 의미하는 폭넓은 개념이다. 미국 수출관리규정(EAR) §734.16 참조.

100) 전략기술의 무형이전에 관한 자세한 논의는 강호, "전략기술의 무형이전 통제," 『안보통상연구』, 제1권 제1호 (한국안보통상학회, 2007), pp. 103－125 참조.

101) 현행 법령은 기술을 "국제수출통제체제에서 정하는 물품의 제조·개발 또는 사용 등에 관한 기술"로 정의하고, 이전방식에 관하여는 "① 전화, 팩스, 이메일 등 정보통신망을 통한 이전, ② 지시, 교육, 훈련, 실연 등 구두나 행위를 통한 이전, ③ 종이, 필름, 자기디스크, 광디스크, 반도체 메모리 등 기록 매체나 컴퓨터 등 정보처리장치를 통한 이전"으로만 규정함으로써 기술의 유형 또는 무형이전을 구분하지 않고 있다. 대외무역법 시행령 제32조의2 및 제32조의3 참조.

로 정하는 자'라고 하여 그 시행령에 위임하고 있으나 동법 시행령 제40조의2
는 "전략물자등을 경유하거나 환적하려는 자"라고 반복 규정하고 있을 뿐만 아
니라 경유 또는 환적하는 장소가 누락되어 있다. 더군다나 전략물자수출입고시
제56조는 법 또는 시행령의 위임근거가 없음에도 불구하고 "법 제23조 제3항에
서 '국내 항만이나 공항을 경유하거나 국내에서 환적하려는 자'라 함은 물류정
책기본법에 따른 국제물류주선업자 또는 해운법, 항만운송사업법 및 항공운송
사업진흥법에서 규정하는 운송사업자 등을 말한다."라고 규정함으로써 법체계
상의 모순을 초래하고 상위법에 저촉함은 물론 경유·환적 허가신청 대상자에
서 수출자(화주)와 수입자(수화인)가 제외되어 있어 경유·환적 허가제도의 실효
성에 의문이 제기되고 있다.

6. 미국 재수출 통제의 대응 근거 부재

현행 수출통제 관련 법령에는 미국의 재수출 등 미국 수출통제법의 역외집
행에 대응하는 규정이 없다. 미국은 자국산 완제품은 물론 일정 비율(25%) 이
상의 자국산 부품을 사용하여 제조한 외국산 제품의 제3국 수출 및 외국에서
자국산 기술의 제3국 외국인에 대한 이전을 통제하고 있다.[102] 이와 관련 우리
나라는 전략물자와 기술의 불법 이전을 방지하기 위하여 1987년 미국과 '전략
물자 및 기술자료 보호에 관한 양해각서'를 체결하여 미국산 수출통제 품목을
제3국에 재수출 시 미국의 서면동의(정확히는 미국의 재수출 허가) 없이는 재수출
을 허용하지 않기로 합의하였으므로 이를 이행할 의무가 있다.[103]

---

102) 미국의 이중용도 품목 수출통제에 관한 수출관리규정(Export Administration Regulation)
    §730.5, available at bis.doc.gov/index.php/documents/regulation−docs/410−part−730−
    general−information/file; 전략물자관리원, 『미국의 재수출 통제 실무가이드』(2010), pp.
    1−2.
103) Memorandum of Understanding between the Government of the Republic of Korea
    and the Government of the United States of America on the Protection of Strategic
    Commodities and Technical Data(1987년 9월 11일 서명, 1989년 5월 11일 발효) 4. 재수
    출(Re−export) 참조.

Ⅲ. 한국 수출통제 법제의 발전방안

1. 수출통제 법체계 정립

현재 우리나라의 수출통제에 관한 법체계는 대외무역법, 대외무역법시행령, 전략물자수출입고시로 구성되어 있는 바 대외무역법에서 수출통제 부분을 분리하여 '수출통제법'이라 칭하고 여기에 관련 시행령과 고시를 묶어 현행 대외무역법과 독립시키는 것이 바람직하다.104) 이렇게 함으로써 앞서 지적된 대외무역법과 동법의 일부를 구성하는 수출통제와의 법체계상 부조화, 목적의 불일치, '물품등' 용어의 정의 및 범위의 문제 등이 해결될 수 있다.105) 일례로 현행 '불공정무역행위 조사 및 산업피해구제에 관한 법률'도 관련 WTO협정을 이행하기 위하여 원래 대외무역법에 규정되어 있던 관련 조항을 분리하여 현행 법률로 독립, 제정한 것이다.106)

2. 통제품목 용어의 간소화 및 보강

'물품등', '전략물자', '전략물자등', '대량파괴무기등', '대량파괴무기관련물품등' 다양한 용어로 쓰이고 있는 수출통제 대상품목을 이들 전체를 포괄하는 '전략품목'이라는 명칭으로 통일하는 것이 바람직하다. 즉, "전략품목이라 함은 세계평화와 국가안보를 위하여 수출통제의 대상이 되는 무기 및 이중용도 품목으로서 산업통상자원부장관이 지정, 고시하는 품목을 말한다."로 정의하는 것이다. 같은 맥락에서 민군 겸용의 이중용도 품목(dual-use items)은 물자(goods)107), 기술 및 소프트웨어로 구성되고,108) 그 중 '전략물자'는 그 품목의 일부인 물자

---

104) 동일한 취지의 논지에 관해서는 김현지 · 김대원 · 최승환, "한국의 통합 수출통제 법령 제정에 관한 연구,"『국제통상연구』, 제12권 제2호 (2007), p. 168 참조.

105) 현행 대외무역법에서 수출통제에 관한 조항은 13개(제19조~제31조)로 벌칙 조항(7개)을 제외한 대외무역법 전체 조항(52개)의 1/4에 해당할 정도로 비중이 크다.

106) 불공정무역행위 조사 및 산업피해구제에 관한 법률 제1조(목적) 참조.

107) 물자(物資)의 사전적 의미는 "어떤 활동에 필요한 여러 가지 '물건'이나 '재료'이다. 여기에서 물건(물품)의 영어 표현은 goods, articles, commodities 또는 supplies이고 재료는 materials이다.

에만 해당될 뿐이므로 이 3가지를 모두 포함하는 '전략품목(strategic items)' 또는 무기를 제외한 좁은 의미로 '이중용도 품목'으로 바꾸어 사용하는 것이 지극히 타당한 것이다.[109] 전략물자수출입고시 별표 2도 수출통제 대상품목을 '이중용도 품목'으로 표현하고 있다.

아울러, 대량파괴무기를 대량살상무기로 바꾸어 써야 한다. 핵무기, 화학무기 및 생물무기를 대량파괴무기 또는 대량살상무기로 혼용하고 있다. 그러나 이들 3종의 무기가 모두 공통적으로 살상력을 가지고 있으나 파괴력을 동시에 가진 무기는 오직 핵무기뿐이다. 따라서 이들 3종 무기의 공통점은 살상력이므로 '대량살상무기'로 호칭하는 것이 이들 무기의 특성과 고루 부합하는 것이다. 국방부도 대량살상무기라 칭하고 있다.[110]

3. 상황허가 요건의 명료화

다자간 수출통제체제 규범인 지침(guideline)의 취지를 살려 상황허가(법 제19조의3)의 요건을 다음과 같이 수정함으로써 해석상의 오류를 방지해야 한다. 즉 "통제품목의 사양에 해당하지 않거나 통제목록에 없는 품목이더라도 최종사용자가 WMD 또는 그 운반수단의 개발·제조·사용 등 군사용으로 전용할 것으로 의심될 때에는 산업통상자원부장관이나 관계 행정기관의 장의 허가(상황허가)를 받아야 한다."[111]

무기관련 이중용도 품목은 본질적으로 통제목록에 수록되어 있건 없건 군사용으로 사용이 가능하기 때문에 통제품목의 사양과 일치하지 않는 품목이라도 최종용도가 군사용이거나 최종사용자가 의심되면 수출을 통제해야 한다.[112] 아울러 다자간 수출통제체제의 통제목록은 불변이 아니며 기술의 발전과 신기

---

108) 바세나르협정 등 4개 국제수출통제체제의 통제목록도 품목별로 공통적으로 물자(A: 시스템·장비, B: 시험·검사·생산 장비, C: 소재), 소프트웨어(D) 및 기술(E)로 구성되어 있다.

109) 미국 수출관리규정(EAR)도 품목(items)을 물품(commodity), 소프트웨어(software)와 기술(technology)로 정의한다. Export Administration Regulation(EAR) Part 772−page 21조; EU도 마찬가지다. EU Council Regulation (EC) No 428/2009, Art. 2.

110) 국방부, 『대량살상무기에 대한 이해』 (2007), p. 10.

111) Statement of Understanding on Control of Non−Listed Dual−Use Items(2018. 3. 17), available at www.wassenaar.org/guidelines/docs/Non−listed_Dual_Use_Items.pdf 참조.

112) 강호, "수출통제 강화, 북한 핵미사일 확산 막아야," 서울경제 (2017. 6. 30).

술 개발에 따라 기존 품목 사양의 수정, 삭제 또는 신규 품목의 추가 등 매년 개정되고 있는 사실에 주목할 필요가 있다.

4. 전략기술의 정의 보완 및 이전방식의 구분

전략기술의 정의 및 종류를 보완하고 유형매체에 의한 기술이전과 무형매체에 의한 기술이전을 구분하여 규정할 필요가 있다. 즉 '전략기술'이라 함은 "무기 및 이중용도 전략물자(물품)의 개발, 제조 또는 사용에 관한 세부정보를 말한다."[113] 그리고, 기술을 기술자료와 기술지원으로 나누어 ① "기술자료는 청사진, 설계도, 매뉴얼, 사용설명서 등으로서 보통 문서, 디스크, Tape, CD-ROM, USB 등과 같은 유형의 표현매체 또는 장치에 기록된 정보를 말한다." ② "기술지원은 기술지도, 기능, 훈련, 작업지식, 컨설팅서비스 등을 말한다."로 규정하는 것이다.

아울러 기술이전 방식에 관하여 ① "유형이전은 기술자료를 그 존재 형태 그대로 외국인에게 직접 전달하거나 외국으로 발송 또는 휴대하여 외국에서 전달하는 등의 방법으로 이전하는 것을 말한다. ② 무형이전은 이메일, 인터넷, 전화 및 팩스 등 전자적 매체에 의하여 기술자료를 이전하는 것을 말하며, 기술지원의 경우는 구두 또는 시연 등의 행위를 통하여 교육, 훈련, 작업지식 및 컨설팅 서비스 등을 제공하는 것을 말한다."로 각각 규정하는 것이 바람직하다.

5. 중개 및 경유·환적 허가제 개선

현재 허가신청 건수가 매우 저조하여 유명무실한 중개허가[114] 및 경유·환적 허가제를 보완하거나 수정할 필요가 있다. 즉 중개무역에 종사하는 업체에 대하여 중개업체 등록제를 도입하고, 사전 등록 및 중개업체의 목록 유지를 통하여 등록된 중개업체가 수출통제 대상품목을 중개하고자 할 경우는 중개허가

---

113) WA, List of Dual-Use Goods and Technologies and Munitions List, Public Document, Vol. Ⅱ, p. 3.

114) 2011~2015년의 5년간 경유환적 허가건수는 4건, 중개허가 건수는 고작 1건에 불과하다. 산업통상자원부/전략물자관리원, 『전략물자 종합 통계집』(2015), p. 12.

를 받도록 함으로써 동 제도의 실효성을 확보하는 것이다. 아울러 경유·환적 허가신청 대상자를 대외무역법의 위임을 받은 동법 시행령에 "국내 항만이나 공항에서 전략품목을 경유하거나 환적하려는 수출자(송화인), 수입자(수화인), 운송사업자 또는 국제물류주선인"으로 대상자를 확대 규정하고 상위법령의 위임근거가 없는 고시상의 관련 조항은 삭제해야 한다.

6. 미국 재수출 통제 국내이행 근거 규정

미국은 자국산 물품 또는 기술에 국적 개념을 도입하여 ① 해외로 수출된 미국산 완제품, ② 일정 비율(10% 또는 25%)을 초과하는 미국산 부품 또는 기술을 사용하여 외국에서 제조된 물품의 제3국 수출, ③ 외국으로 이전된 미국산 기술이 외국 내의 제3국 외국인에게 제공되는 경우 당해 기술이 제3국에 재이전된 것으로 간주(deemed re-export)하여 사전에 미국 정부의 허가를 받도록 하는 등 재수출을 엄격히 통제하고 있으며 이를 위반하는 외국기업에 대해서는 형사벌은 물론이고 미국과의 수출입 금지, 미 정부조달 참가 배제 및 기술 공여가 금지되는 행정처분을 부과한다.[115] 따라서 우리나라는 미국과 체결한 양해각서 및 미국의 수출관리규정(EAR)에 의거 미국의 재수출 통제를 이행하고 그러한 통제로부터 우리 기업을 보호하기 위하여 현행 수출통제 법령에 미국의 재수출 통제에 대한 국내 이행과 집행의 근거를 마련해야 한다.

7. 거래금지대상자 등 목록의 명칭 통일

현재 전략물자관리시스템(www.yestrade.go.kr)에서 운영되고 있는 Denial List를 블랙리스트로 변경하여 사용해야 한다. 우리나라 수출통제 당국은 비확산 규범을 위반하여 거래가 금지 또는 제한되거나 거래 시 각별한 주의가 요구되는 요주의 대상자 등의 명단을 Denial list(우려대상거래자목록)라고 통칭하여 사용하고 있는데 이는 적절한 표현이라고 할 수 없다. 왜냐하면 Denial list는 문자 그대로 '거부목록'이라는 뜻인데 이 목록은 아래 <표 10-10>과 같이 바

---

115) 전략물자관리원, 『미국의 재수출통제 실무가이드』(2010), pp. 1-2.

세나르협정의 어느 참가국에 의해 수출허가가 거부된 정보(목적지, 거부품목, 거부 건수, 거부 이유 등)를 다른 국가들과 공유하는 거부통보(denial notifications)[116]에서 비롯된 것이기 때문이다. 따라서 거부목록은 각종 제재대상자 목록 중 하나에 불과하므로 모든 명칭의 목록을 아우르고 국제적으로 통용되는 블랙리스트(blacklist) 또는 '제재대상자 및 요주의 대상자'로 명명하여 사용하는 것이 바람직하다.

표 10-10 운영 주체별 제재대상자 목록 현황

운영 주체	제재대상자 목록	비고
유엔 안보리	Sanctions List	유엔 제재대상자 명단
바세나르협정	Denial notifications	수출허가 거부 내역 공유
미국	Denied Persons List Entity List Unverified List Specially Designated Nationals List	(불법수출) 수출금지 대상자 수출거래 시 허가신청 필수 최종용도 미확인 대상자 미국 내 자산동결 대상자
일본	Foreign End User List	수출거래 시 허가신청 필수

출처 : 필자 정리.

8. 기타 수출통제 관련 용어의 개선

기타 대외무역법, 동 시행령 및 전략물자수출입고시상의 용어도 대폭 손질할 필요가 있다. 즉 전략물자관리원의 명칭을 전략무역관리원으로, 오스트렐리아그룹을 호주그룹으로, 고시 별표 3의 군용물자품목을 '군수품목'으로 바꾸는 것이 적절하며 아울러 산업통상자원부의 전략물자관리시스템 및 전략물자관리원 웹사이트상의 전략물자수출관리제도를 '비확산 수출통제제도'로 바꾸는 등 전략물자로 시작되는 관련 주제와 용어들을 전략품목 또는 수출통제로 각각 깔

---

116) Guidelines & Procedures, including the Initial Elements(December 2015), Appendix II, p. 8, available at www.wassenaar.org/wp−content/uploads/2016/01/Guidelines−and−procedures −including−the−Initial−Elements−2015.pdf.

끔하게 수정해야 마땅하다. 이를 표로 정리하면 아래와 같다.

표 10-11 대외무역법 수출통제 관련 용어 변경(안)

현행	변경(안)
Denial list(우려대상거래자목록)	Blacklist(제재대상자 및 요주의 대상자)
군용물자품목	군수품목(Munitions List)
대량파괴무기	대량살상무기(WMD)
물품등, 전략물자, 전략물자등, 대량파괴무기 등, 대량파괴무기관련물품등	전략품목 또는 이중용도 품목 (strategic items or dual-use items)
바세나르체제	바세나르협정
오스트렐리아그룹	호주그룹
전략물자수출관리제도	비확산 수출통제제도
전략물자(strategic goods)	전략품목(strategic items) *
전략물자관리원	전략무역관리원

주: 품목(item)은 물자(goods), 기술(technology), 소프트웨어(software)가 포함된 개념.

9. 수출통제 집행 강화

전략품목의 불법 수출 방지, 적발 및 위반자에 대한 처벌 등 수출통제 법규의 준수를 강제하기 위한 집행을 강화해야 한다. 미국, 일본, 유럽 등의 국가는 수출통제법 위반 정도에 비례하여 징역, 벌금, 과징금, 수출금지 등 처벌이 매우 엄격하며 위반자를 언론에 공개하는 등 재발 방지에 노력하지만 우리나라는 대외무역법에 벌금과 징역형의 벌칙이 있으나 2011~16년 무허가 수출 197건 중 무려 111건(58%)에 대하여 8시간 이내의 교육명령(나머지는 3개월 이하의 수출제한)과 같은 극히 가벼운 행정처분에 그치고 있다.[117] 그리고 위반내용을 내부 자료로만 가지고 있을 뿐 언론은 물론이고 홈페이지에도 자세한 위반

---

117) 전략물자관리원, 『2017 연례보고서』 (2018. 1. 15), p. 60.

사실을 공개하지 않아 투명성을 의심받고 있다.

그 결과 기업과 개인의 법규준수 의지가 약해지고 그만큼 무허가 수출의 가능성이 커지는 것이다. 단순히 법령과 제도를 갖추고 판정, 교육, 허가심사 등의 업무를 수행하는 것만으로는 비확산 수출통제의 효과를 기대하기 어렵다. 세밀하고 촘촘한 이행, 위반 여부 적발 및 위반 정도에 상응하는 처벌을 강화하여 위반의 재발을 방지하는 한편, 잘 준수하는 기업에 대해서는 허가면제의 혜택 등을 통하여 이행의 보람을 갖도록 함으로써 기업의 수출관리 이행 효과를 높이는 방향으로 정책을 추진할 필요가 있다.118)

Ⅳ. 기업의 대응방안

기업은 첫째, 국가안보 목적의 비확산 수출통제를 사회적 책임으로 수용하고 장래의 리스크를 예방하는 수단으로 인식해야 한다. 아울러 기업은 윤리경영과 같이 안보경영을 실천해야 한다. 국가안보가 불안하면 경제에 미치는 타격이 크다. 수출행위 주체인 기업은 국가안보를 지키는 제1의 방어선(the first line of defense)이다. 따라서 수출통제 관련 법령과 제도를 숙지하고 최고경영자(CEO)를 최고책임자로 하는 수출관리 조직과 관련 규정을 정비하여 운영하는 자율수출관리체제(Compliance Program: CP)를 확립해야 한다.

둘째, 수출상담, 계약 등 선적 전(Pre-shipment) 단계에서 수출품목의 최종 목적지, 최종사용자 및 최종용도 확인 등 수출 건별 거래심사를 통해 군사용으로의 전용이 명백한 경우는 거래를 삼가고 의심스러운 경우는 정부에 통보하고 수출허가를 신청해야 한다. 셋째, 전략품목에 해당하는 미국산 완제품 또는 부품의 비율이 10%를 초과하는 제품을 이란, 시리아, 북한 등 테러지원국에 그리고 25%를 초과하는 제품을 여타 국가에 수출하는 경우는 미국 수출관리규정(EAR)의 재수출에 해당하므로 미국 상무부 산업안보국(BIS)에 수출허가를 신청해야 한다.119)

---

118) 강호, "우리나라 수출통제 법제의 발전방안에 관한 연구,"『무역학회지』, 제43권 제3호 (2018. 6), pp. 92-96; 강호, "전략물자관리 제도개선...더욱 철저 이행을," 세계일보 (2019. 8. 12).
119) 강호, "수출기업도 안보경영이 필요하다," 세계일보 (2013. 6. 14).

제11장

국가안보와 무역제한

국제통상법을 비롯한 국제조약은 당사국이 조약상의 제약으로부터 벗어나기 위한 선택적 이탈의 장치로서 국가안보 예외(security exceptions) 조항을 두고 있다. 이러한 "도피조항(escape clause)"은 국가로 하여금 그들의 안보이익을 국제의무보다 우선함으로써 국제의무에서 벗어나도록 허용한다. 따라서 국가에 의한 안보예외 조항의 원용은 일반적으로 국제규범의 준수를 포기한 것으로 본다.[1]

이와 관련 안보예외 조항이 없는 조약에도 안보예외가 국제관습법으로서 적용될 수 있느냐에 관하여는 국가는 영토보전과 그 정치적 독립을 유지시킬 기본적 권리를 보유하고 있으므로 국가의 안전보장이나 존립을 위태롭게 하는 조약상의 의무를 무시할 권리가 있다고 보아 국가안보에 근거한 무역제한은 안보예외 조항이 없는 조약에도 적용될 수 있는 관습법으로 간주되어야 마땅하다.[2]

한편 어떤 조약은 당사국의 국가안보에 영향을 미치는 특정 사안을 조약의 적용범위에서 완전히 배제하거나 국가안보를 이유로 조약의 효력을 종료 또는 정지시키는가 하면 어떤 조약은 조약상의 의무를 제한하거나 면제시키기 위하여 국가안보상의 이유를 원용하도록 예외적으로 허용한다. 후자의 경우는 WTO협정이 특히 그러하다.[3]

---

1) Ryan Goodman, "Norms and National Security: The WTO as a Catalyst for Inquiry," *Chicago Journal of International Law,* Vol 2, No. 101 (2001), p. 101.
2) 최승환, 「미국의 대공산권 수출규제에 관한 국제법적 연구」, 박사학위 논문 (서울대학교, 1991), p. 46.
3) Dapo Akande and Sope Williams, "International Abjudication on National Security Issues: What Role for the WTO?," *Virginia Journal of International Law,* Vol. 43 (2003), pp. 366 – 369.

상기와 같이 국가안보와 국제통상법은 상호 밀접하게 관련되어 있다. 이러한 연관성은 1947년 현대 국제통상법이 탄생한 이후 부터 존속해 왔다. GATT (관세 및 무역에 관한 일반협정)에 안보예외가 반영된 제21조는 국가안보를 목적으로 무역제재를 부과하는 폭넓은 구조를 형성하고 있다.[4] GATT 외에도 일부 WTO 협정은 국가안보를 이유로 한 무역제한 조치를 WTO 법원칙의 예외로 인정하고 있다. 그 예로 서비스무역협정(GATS), 무역관련 지적재산권협정 (TRIPs), 수입허가절차협정, 정부조달협정을 들 수 있다.[5]

그뿐만 아니라 한−미 자유무역협정(FTA)을 비롯한 대부분의 FTA도 안보예외 규정을 두어 중대한 국가안보의 이익 보호를 위하여 필요시 무역제한 조치를 취할 수 있도록 하였다. 예를 들면 한−싱가포르 FTA, 한−칠레 FTA, 한−EFTA FTA 및 한−중 FTA는 안보예외에 관하여 GATT 21조를 준용(application mutatis mutandis)하였고,[6] 한−미 FTA는 안보예외 조항(제23.2조)에 의거하여 취할 수 있는 조치를 중대한 안보이익에 반하는 정보의 비공개 조치와 국제평화와 안보의 유지 또는 회복 및 자국의 중대한 안보이익 보호에 관한 의무이행을 위한 필요한 조치에 한정하였다.[7] 북미자유무역협정(NAFTA)은 GATT 제21조의 예외

---

4) Raj Bhala, "Fighting Bad Guys with International Trade Law," *U.C. Davis Law Review*, Vol. 31, No. 1 (Fall 1997), p. 4.

5) TRIPs 제73조는 후술하는 GATT 제21조의 내용과 동일하며, 수입허가절차협정 제1조의 10은 GATT 제21조를 준용하고 있고, GATS 제14조2의 1(b)(i)는 GATT 제21조(b)(ii)의 '무기, 탄약, 군수품 및 기타 물품과 원재료' 부분을 서비스 공급(supply of services)으로 대체하였으며 회원국이 국가안보상 취한 조치 및 종료에 관한 정보를 서비스무역이사회에 가능한 자세히 통보하는 조항(제14조2의 2)을 추가하였다. 정부조달협정 제23조1은 무역제한 대상의 조달범위를 무기, 탄약 또는 전쟁물자의 조달 및 국가안보 또는 국가방위 목적 수행에 불가결한 조달로 한정하였다.

6) 한−싱가폴 FTA 제21조 3항, 한−칠레 FTA 제20조 2항, 한−EFTA FTA 제2.13조(c), 한−중 FTA 제21.2조.

7) Korea−US FTA Article 23.2(Essential Security):
   Nothing in this Agreement shall be construed:
   (a) to require a Party to furnish or allow access to any information the disclosure of which itdetermines to be contrary to its essential security interests; or
   (b) to preclude a Party from applying measures that it considers necessary for the ful−

조치 중 무역제한 조치 대상에 상품과 원재료 외에 서비스와 기술을 추가하였고, 핵무기 또는 핵 폭발장치의 비확산에 관한 자국의 정책 또는 국제협정의 이행을 위한 조치를 추가하였다.[8] WTO 협정 외에도 OECD 자본이동에 관한 자유화 코드는 중대한 국가안보의 이익 보호 및 국제평화와 안보에 관한 의무 이행을 위하여 필요시 외국인투자를 제한할 수 있도록 하였다.[9]

제3절   GATT 제21조(안보예외)

1. 무역제한에 관한 GATT 규정

GATT는 WTO 협정 중 가장 핵심적이고 실체적인 협정이며 상품무역에 관한 모든 법적 제한을 관세의 형태로 일원화하여 국가 간의 관세를 거치하고 인하하는 것이 주요 목적이다. GATT의 가장 근본적인 원칙은 동종제품(like products)에 대하여 WTO 회원국 간에 적용하는 비차별 원칙(제1조, 제11조, 제13조, 제20조)과 동종제품에 대해 수입품과 국내제품을 동등하게 대우하는 내국민대우 원칙(제3조)이다. GATT 규칙은 관세에 초점을 두고 외국제품의 수입에 가장 흔히 적용된다. 그러나 제1조의 최혜국대우 원칙은 수입뿐만 아니라 수출에도 똑같이 적용된다. 더욱이 제11조는 "수출입 쿼터, 수입허가 또는 수출허가의 시행 여부를 불문하고 관세, 조세 또는 기타 부가금 외의 수입제한 또는 수출제한의 도입 또는 유지를 폭넓게 금지한다. 한편 제11조는 수량제한

---

fillment of its obligations with respect to the maintenance or restoration of inter-national peace or security or the protection of its own essential security interests.

8) NAFTA Article 2102 (National Security).

9) OECD Code of Liberation on Capital Movements, Art. 3 (Public order and security):
The provisions of this Code shall not prevent a Member from taking action which it considers necessary for:
i) the maintenance of public order or protection of public health, morals and safety;
ii) the protection of its essential security interests;
iii) the fulfillment of its obligations relating to international peace and security.

(quantitative restriction)의 일반적 금지에 대한 많은 예외사항을 포함하고 있고, 이러한 예외에 제20조의 GATT 의무에 대한 일반적 예외가 추가된다. 그러나 GATT 제11조나 제20조는 제21조와는 달리 그 어느 예외 조항도 국가안보 또는 외교정책을 목적으로 하는 무역제한을 다루지 않는다.10)

2. GATT 제21조의 해석

GATT 제21조는 독립국인 이상 자국의 안전보장11)을 위하여 또는 국제평화와 안보 유지에 협력하기 위한 조치를 취할 수 있도록 여지를 둘 필요성이 있다는 취지에서 마련되었다.12) GATT 제21조는 WTO 회원국이 자국의 중대한 국가안보의 이익을 보호하기 위하여 취하는 필요한 조치에 대하여 GATT상의 모든 의무가 면제되도록 허용하는 포괄적(all-embracing) 예외조항이다. 이는 이 조항의 첫 단어인 "Nothing"에서 명백히 나타난다. 일단 WTO 회원국이 이 조항을 근거로 무역제한 조치를 취하면 상대국에 대해 GATT상의 모든 의무로부터 면제된다. GATT 제21조 안보예외 조항에 의거 회원국이 중대한 국가안보의 이익을 보호하기 위해 허용되는 일방적 조치는 다음과 같다.

(a) 공개 시 자국의 중대한 안보이익에 반한다고 간주되는 정보의 비공개
(b) 회원국의 중대한 안보이익의 보호를 위하여 필요하다고 간주되는 다음의 조치
　(i) 핵분열성물질 또는 그 원료물질,
　(ii) 무기, 탄약, 군수물자의 거래와 군사시설에 대한 보급목적을 위하

---

10) Daniel. H. Joyner, *International Law and the Proliferation of Weapons of Mass Destruction* (Oxford University Press, 2009), pp. 128-129.
11) 안전보장이란 외부로부터의 무력공격이나 침략에 대하여 국가가 자신을 방위하고 안전을 유지하기 위한 제도를 말한다. 다시 말해 안전보장이란 전쟁 방지와 진압을 위한 제도이다. 이한기, 『국제법 강의』(서울: 박영사, 2006), p. 682; 유럽연합(EU)의 효시인 유럽석탄철강공동체(ECSC)가 탄생한 것은 전쟁 재발을 방지하기 위한 국가안보의 이익에서 출발하였다. Dick Leonard, *Guide to the European Union* (Profile Books Ltd., 1998), p. 5.
12) 안보예외는 1947년 GATT 탄생 훨씬 이전인 1927년 독일, 일본 등 29개국이 체결한 수출입제한철폐조약에 국가 비상사태의 경우 무역제한조치를 취할 수 있다는 취지의 규정이 있었다. 津久井 茂充, 『ガットの全貌』(日本關稅協會, 1993), p. 578.

여 직접 또는 간접적으로 수행되는 기타 상품 및 원재료의 거래와
관련된 조치,

(iii) 전시 또는 국제관계에서의 기타 비상사태에 취해진 조치

(c) 국제평화와 안보의 유지를 위하여 유엔헌장상의 의무이행을 위한 회원
국의 조치13)

(1) 중대한 안보이익("it considers ... essential security interests")

먼저 제21조(a), (b)에서 "it"는 제21조를 원용하여 무역제한 조치를 취하는
WTO 회원국을 가리킨다. 회원국의 조치가 제21조(b)의 요건에 부합하는지의
결정은 그 국가의 단독 재량사항이다. 따라서 기타 WTO 회원국, WTO의 패널
또는 상소기구(appellate body)도 그 조치가 요건을 충족하는지의 여부를 결정
할 수 없다.14) 그리고 자국의 "중대한 안보이익(essential security interests)"이란
국내외를 불문하고 국가의 안보를 위협하는 침해 또는 내란 등의 위험으로부
터 국가를 보호하는 자국의 이익을 의미한다.

그러나 GATT는 이 안보이익에 대하여 명확하게 규정하기가 곤란하여 제
21조 발동이 남용되지 않도록 하는 한편 그 판단을 각국의 양식에 맡기고 있
다.15) 이처럼 무엇이 자국에 "중대한 안보이익"인가는 WTO 각국이 스스로 결
정하는 사항이기 때문에 첫째, 발동국가는 그 조치에 대해 사전에 통보할 필요

---

13) GATT 제21조 (security exceptions)의 원문은 다음과 같다.

Nothing in this Agreement shall be construed:

(a) to require any Member to furnish any information the disclosure of which it considers
contrary to its essential security interests; or (b) to prevent a Member from taking any
action which it considers necessary for the protection of its essential security interests;
(i) relating to fissionable materials or the material from which they are derived; (ii)
relating to the traffic in arms, ammunition and implements of war and to such traffic in
other goods and materials as is carried on directly or indirectly for the purpose of
supplying a military establishment; (iii) taken in time of war or other emergency in
international relations; or (c) to prevent a Member from taking any action in pursuance
of its obligations under the United Nations Charter for the maintenance of international
peace and security.

14) Raj Bhala, *supra* note 4, p. 8.

15) 津久井 茂充, 前揭書, p. 580.

가 없고, 둘째 그 조치의 정당성을 증명할 필요가 없으며, 셋째 WTO 또는 그 회원국들로부터 사전승인이나 추인을 받을 필요가 없다.[16]

1982년 포클랜드 전쟁 관련 아르헨티나 제품에 대한 EC·미국·캐나다·호주의 무기한 수입금지 조치에 대하여 아르헨티나는 이들 조치는 GATT의 기본원칙과 목적에 저촉됨은 물론 GATT 제1조1, 제2조, 제11조1, 제13조 및 제4부(제36~38조) 위반이라고 주장했다. 이에 EC는 제21조의 권한 행사는 통보, 정당화 및 승인을 요하지 않으며, 이러한 권한 행사는 최종적으로 체약국이 판단한다고 말했다. 미국은 비경제적 이유에 의한 무역제한에 대하여 "GATT가 안보이익의 보호를 위한 필요한 조치의 판단을 각 체약국에 일임하였기 때문에 체약국단은 그 판단에 의문을 제기할 하등의 권한이 없다."고 말했다.[17] 캐나다는 자국의 보이콧 조치는 정치적 사안에 대해 정치적으로 대응한 것이며, GATT는 이러한 정치적 문제를 다룰 권능도 책임도 없다는 입장을 밝혔다. 마찬가지로 체코슬로바키아가 미국의 수출허가제를 GATT 제1조 위반이라고 문제를 제기한데 대하여 1949년 GATT 총회는 "자국의 안보에 관한 문제는 각국이 최종적으로 판단해야 한다."고 말했다.[18]

한편 제21조(b)의 어느 세부조항도 WTO 회원국이 무역제한 조치를 취하기 전에 물리적 침입 또는 무력공격과 같은 명백하고 구체적인 위험에 처해 있을 것을 요구하지 않는다. 즉 WTO 회원국은 자국의 중대한 안보이익이 실재적 위험은 물론 잠재적 위험에 의해 위협받을 때에도 제21조(b)를 원용할 수 있다.[19] 1961년 포르투갈의 GATT 가입 시 가나(Ghana) 정부의 포르투갈 제품에 대한 불매(boycott) 조치에 대하여 가나는 포르투갈이 야기한 앙골라(Angola) 사태의 실재적이고, 잠재적인 위험이 아프리카 대륙의 평화를 지속적으로 위협하고 있고 이러한 위협을 완화시키기 위한 보이콧은 제21조(b)(iii)에 따른 정당한 조치라는 견해를 표명하였다.[20]

아울러 니카라과가 1985년 미국의 금수(embargo) 조치에 대해 제21조(b)의 모두(chapeau)는 자위(self-defence) 요건을 구성하며 따라서 제21조(b)는 회원

---

16) Raj Bhala, *supra* note 4, p. 9.
17) C/M/157, P. 10.
18) GATT/CP. 3/SR, 22, p. 7.
19) Raj Bhala, *supra* note 4, p. 10.
20) SR. 19/12, p. 196.

국이 침략을 당한 후에만 발동할 수 있다고 주장한데 대하여, GATT는 1986년 패널보고서에서 "이는 위임사항(terms of reference)을 벗어난 사안이므로 미국이 행한 제21조(b)(iii) 원용의 타당성 또는 동기를 검토하거나 판단할 수 없다."고 밝혔다.21) 그러나 제21조(b)의 (i), (ii), (iii)은 각각 제21조(b)의 모두(chapeau)를 따르고 있는데 이는 실제 침략이 전제조건이 아님을 시사하고 있다. 더욱이 제21조(b) (i), (ii), (iii)과 "necessary," "protection," "essential security interests"라는 말에는 심각한 위협(credible threat)의 개념이 함축되어 있다.22)

(2) 조치(any "action")

1) 핵물질 및 기타 상품과 원재료

GATT 제21조(b)의 조치에서 (i), (ii) 및 (iii)은 핵물질, 무기거래 또는 국제관계상 비상시에 자국의 중대한 안보이익을 위하여 필요한 조치를 발동할 수 있도록 한 것이다. 먼저 제21조(b)(i)는 핵무기의 원료인 핵분열성 물질 또는 그 원료물질의 위협으로부터 자국을 보호하는데 필요한 국가안보적 제재에 관한 내용이다. 어떠한 주권국가도 타 국가의 핵무기 개발 등에 의해 핵 위협에 처할 경우는 GATT상의 의무를 염려할 필요가 없다. 이는 핵무기의 확산저지가 GATT 의무의 준수보다 더 중요하기 때문이다.

둘째, 제21조(b)(ii)의 기타 상품 및 원재료에서 '기타 상품'이라 함은 무기, 탄약 및 군수품목 이외의 모든 물자를 말한다. 즉 무기, 탄약 및 군수물자, 즉 직접 군사 목적에 사용되는 것에 대하여는 제21조(b)(ii)의 앞 단락에서와 같이 그 거래를 규제할 수 있고, 제21조(b)(ii)의 뒤 단락에서, 그 외의 것, 예를 들면 의류와 식료품에 대하여도 간접적으로 군사 목적에 기여하는 것이면 그 거래를 제한할 수 있다. 아울러 군용에 직접 제공하기 위한 거래에 국한하지 않고 어떤 물자거래의 최종목적이 군용인 경우에는 그 거래단계의 여하를 불문하고 규제가 가능하기 때문에 "간접적으로 행해지는 ...... 거래"라고 규정한 것이다. 가령 조달기관을 통하여 군에 납품하는 경우 조달기관의 납품행위는 물론이고 조달행위 그 자체도 규제대상이 된다.23)

---

21) GATT, *Analytical Index: Guide to GATT Law and Practice, 6th Edition* (Geneva, 1994), p. 555.
22) Raj Bhala, *supra* note 4, pp. 14−15.

2) 전시 또는 기타 비상사태

GATT 제21조(b)(iii)는 전쟁 기타 국제정세가 긴박해 있을 때 체약국이 자국의 안보를 위하여 필요한 조치를 취할 수 있음을 규정하고 있다. 가령, 전략품목24)의 수출통제를 차별적으로 실시한다든가 또는 특정국가로부터의 수입을 금지하는 조치 등을 예로 들 수 있다.25) 이와 관련, 1975년 스웨덴 정부는 세계 모든 국가를 대상으로 신발 수입쿼터제를 도입한 이유에 대하여 "이 수입제한 조치는 제21조의 정신에 부합되게 취해진 조치이고 수입증가로 인하여 스웨덴 국가안보 정책의 불가분한 일체로서의 경제적 방위의 비상계획에 심각한 위협이 될 정도로 국내생산이 감소하고 있다."고 설명하였다.

스웨덴은 또 이 정책은 국내 기간산업에 있어서 최소한의 생산능력 유지를 필요로 하며, 이러한 생산능력은 전시 또는 기타 국제관계에서의 비상시에 기본적 수요의 충족에 필요한 필수품의 제공을 위하여 불가결한 것이라고 말했다. 그러나 많은 국가들은 이러한 조치들이 GATT하에서 정당화될 수 있는지에 대하여 의문을 표명하였다. 이에 스웨덴은 1977년 7월 1일부터 가죽 및 플라스틱 신발에 대하여 수입쿼터(import quota)를 폐지한다고 통보하였다.26)

(3) 유엔헌장상의 의무 이행을 위한 조치

GATT 제21조(c)는 유엔헌장상의 의무이행을 통한 국제평화와 안보의 유지가 GATT의 규칙을 준수하는 것보다 더 중요하다는 점을 의미한다. 아울러 동 조항은 WTO와 유엔 특히 안보리 간의 적절한 우선순위를 분명히 하고 있다. 즉 유엔 안보리가 북한과 이란 등 핵 확산국가에 대해 부과하는 무역금수 등의 경제제재는 이들 불량국가에 대한 GATT상의 의무를 위반하더라도 무방하다. 특히 제21조(c)는 WTO 회원국들에게 제21조(c) 조건의 충족 여부에 관한 결정권을 명백히 부여하지 않고 있는데, 이는 제21조(c)는 제21조(a), (b)와 달리 "회원국이 간주하는(which it considers)"이라는 문구가 없기 때문이다.27)

---

23) 津久井 茂充, 前揭書, p. 581.
24) 수출통제의 대상이 되는 각종 무기, 원자력 전용품목 및 민군 겸용의 이중용도(dual use) 품목, 즉 물품(goods), 기술(technology) 및 소프트웨어(software)를 말한다.
25) 津久井 茂充, 前揭書, p. 581.
26) L/4254, pp. 17−18; GATT, *supra* note 21, p. 557.

유엔헌장 제2조 5항은 "모든 회원국은 유엔이 유엔헌장에 따라 취하는 어떠한 조치에 대해서도 모든 원조를 다하며, 유엔이 방지조치 또는 강제조치를 취하는 대상이 되는 어떠한 국가에 대하여도 원조를 삼가야 한다."고 규정하고 있으나 WTO 회원국은 GATT 제21조(c)에 의거 GATT의 여타 규정에 구속받지 않고 국제평화와 안보의 유지를 위하여 유엔헌장상의 의무를 이행하기 위한 조치를 취할 수 있다.[28]

(4) 정보의 공개("disclose ... any information")

WTO 회원국은 자국의 '중대한 안보이익'에 반하는 정보를 WTO 또는 기타 WTO 회원국 등에게 제공할 의무가 없다. 이때의 정보는 성격상 민감하거나 공개하면 정보원이 노출될 수 있는 경우이다. 앞서 언급된 바와 같이, 체코슬로바키아에 대한 미국의 수출허가제와 관련 체코슬로바키아는 GATT 제13조 3(a)[29]에 의거 수출허가제에 관한 정보제공을 요청한데 대하여 미국 대표는 "GATT 제21조에 따라 체약국은 자국의 중대한 안보이익에 반하는 정보를 제공할 의무가 없다. 따라서 가장 전략적인 것으로 간주되는 수출허가제 대상품목의 명칭을 공개하는 것은 미국의 안보이익 나아가 우방국의 안보이익에 반한다."고 말했다.[30]

그러나 국가안보 위협에 대한 신뢰할 만한 증거를 제시하지 않고 제21조를 원용하는 것은 정치적으로 용납되지 않을 수 있다. 즉 정보의 비공개가 자의적이라는 비난을 면하려면 원용하는 국가는 위협이 실제 존재한다는 최소한의 증거를 제시할 필요가 있다.[31] 1982년 GATT 이사회는 아르헨티나에 대한

---

27) Raj Bhala, *supra* note 4, p. 17.
28) 유엔헌장 제25조에 의거, 유엔 회원국은 국제평화에 대한 위협, 평화의 파괴, 침략행위에 대한 유엔 안보리의 제재조치 등의 결정을 유엔헌장에 따라 수락하고 이행해야 하며, 동 조치는 GATT, GATS, TRIPS 등의 WTO 협정위반으로 해석되지 않는다. 아울러 유엔헌장상의 의무는 유엔헌장 제103조에 의거 다른 조약이나 협정상의 의무에 우선한다.
29) GATT 제13조3(a)는 "수입제한과 관련하여 수입허가가 발급되는 경우 제한을 적용하는 체약당사자는 당해 상품의 무역에 대하여 이해관계를 갖는 체약당사자의 요청이 있는 때에는 동제한의 시행, 최근의 기간 중 부여된 수입허가 및 동 허가의 공급국간 배분에 관한 모든 관련 정보를 제공해야 한다."고 규정하고 있다.
30) GATT, *supra* note 21, pp. 555-556.
31) Raj Bhala, *supra* note 4, p. 17.

비경제적 이유의 무역제한 조치에 관한 논의에서 EC·캐나다·호주 등 제한조치를 취한 국가들은 "제21조는 통보에 관해 언급이 없고, 과거에도 많은 체약국들이 아무런 통보도 하지 않고 제21조를 발동한 사실을 지목했다. 아르헨티나는 제21조의 해석을 요구하였으며",32) 이에 1982년 11월 30일 체약국단은 "제21조(a)의 안보예외에 따를 것을 조건으로, 체약국은 무역제한 조치를 '가능한 최대한의 정도로(to the fullest extent possible)' 통보받는다."는 내용을 포함한 'GATT 제21조에 관한 결정'을 채택하였다.33)

그런데 이 통보는 절차적 권고사항에 불과할 뿐 의무사항은 아니다. 왜냐면 체약국들에게 통보를 해야 할지 그리고 통보가 가능한지의 여부는 제21조(a)를 원용하는 국가가 스스로 결정하기 때문이다. 한편 'GATT 제21조에 관한 결정'의 내용에는 통보 시기의 우선에 관해 언급이 없지만 사전통보는 무역상대국에 대하여 예의와 존중을 나타낼 뿐 아니라 마찰의 소지를 줄이는 수단이라는 점이 반영된 것으로 볼 수 있다.34)

(5) GATT 제21조와 다른 조항과의 관계

1) GATT 제1조 및 제13조와의 관계

1949년 체코슬로바키아가 자국에 대한 미국의 수출허가제가 GATT 제1조 및 제13조 위반이라고 제소한데 대하여 미국은 이 조치는 제21조(b)(ii)에 의거 정당하며 국가안보 목적상 필요한 조치였고 군사목적에 사용될 수 있는 일부 수출품목에만 적용했다고 주장했다. 미국 정부가 수출허가 발급행정 과정에서 GATT상의 의무를 이행했는지의 여부에 관하여 패널 의장은 "제21조가 제1조의 최혜국대우 원칙에 대한 예외를 내포"하고 있음을 시사했다. 체약국단은 이를 근거로 1949년 6월 8일 결정에서 체코의 제소를 기각하였다.35)

---

32) GATT, *supra* note 21, p. 559.
33) Decision Concerning Article 21 of the General Agreement, para. 1, 결정의 전문은 GATT 문서 L/5426(2 December 1982) 참조.
34) Raj Bhala, *supra* note 4, pp. 10−11.
35) GATT/CP.3/SR.22, p. 9; Decision of 8 June 1949, p. II/28.

2) 일반 국제법과의 관계

니카라과에 대한 미국의 무역제한 조치에 관한 1986년 패널보고서(채택되지 않음)는 GATT 제21조와 일반 국제법 간의 관계에 관한 분쟁 당사국들의 견해 차를 지적하고, 제21조는 국제법의 기본원칙에 따라 그리고 유엔 및 국제사법 재판소(ICJ)의 결정과 조화하여 해석해야 한다는 점을 주목했다. 유고슬라비아에 대한 비경제적 목적의 무역제한 조치에 관한 1991년 제47차 회의에서 인도 대표는 "인도는 비경제적인 사항을 이유로 하는 무역제한 조치를 선호하지 않는다. 그러한 조치는 유엔 안보리에 의한 결정의 틀 내에서만 취해져야 하며, 그러한 결정이나 결의가 없으면 그러한 조치가 일방적이거나 자의적일 위험성이 중대하여 다자간 무역체제를 저해할 것이다."라고 말했다.36)

3) GATT 제23조와의 관계

GATT 제21조와 제23조(무효화 또는 침해)를 각각의 문언상으로 보면 양자 간의 관계가 분명하지 않다. 게다가 제21조는 무역제한 조치에 대해 통보, 승인 또는 추인을 요하지 않기 때문에 상대국에게 제소권이 없는 것처럼 보인다. 그러나 1947년 GATT 협정문을 기초하는 과정에서 GATT 준비위원회(Preparatory Committee)는 "GATT 제21조 또는 여타 어떤 조항도 예외 없이 제23조의 적용 대상"이라는 점을 분명히 하였다.37) 'GATT 제21조에 관한 결정'에서도 제21조 조치가 취해질 때 그 조치에 의해 영향을 받는 모든 체약국들은 GATT상의 모든 권리를 보유하고 있음을 확인하고 있다.38)

니카라과 사탕 수입에 대한 미국의 쿼터축소 조치에 관한 1984년 패널보고서에서 "미국은 당해 조치를 취함에 있어서 GATT의 어떠한 예외규정도 원용하지 않았고 또한 GATT의 규정에 의해 이 조치를 옹호하려는 것도 아니다. 미국의 조치가 물론 무역에 영향을 미친 것은 사실이나 이는 무역정책을 이유로 취해진 조치가 아니다."라고 말했다. 패널은 미국이 제13조에 반하는 차별적 수량제한을 허용하는 GATT의 어떠한 예외규정도 원용하지 않은 사실에 주목하고 설탕 수입쿼터 축소가 그러한 예외규정에 의거 정당했는지의 여부를

---

36) GATT, *supra* note 21, p. 562.
37) EPCT/A/PV/33, pp. 26–27.
38) Decision Concerning Article 21 of the General Agreement, para. 2; L/5426, 29S/23.

검토하지 않았다. 패널은 미국의 제한조치에 대하여 위임받은 사항에 따라 오로지 관련 GATT 조항을 고려하여 분쟁 중인 무역문제의 부분만을 검토하였다. 패널보고서는 니카라과에 대한 미국의 쿼터축소는 GATT상의 의무를 이행하지 않은 것으로 결론내리고 니카라과에 대한 설탕 수입쿼터를 GATT 13조(2)에 합치되게 할당할 것을 권고하였다.[39]

1985년 미국의 무역금수 등의 제재에 대하여 상대국인 니카라과는 미국의 조치는 GATT의 정신 및 기본원칙 등에 어긋난다고 주장하고 금수조치의 즉각 철회를 요청하였다. 이에 미국은 "이번 조치는 GATT 제21조(b)(iii)를 원용한 것이며 원용의 필요성과 조치내용은 조치를 취한 국가에 일임되어 있으므로 GATT에 그 이유를 설명할 필요가 없으며, 또한 GATT는 정치적 문제를 다룰 적당한 장소도 아니다."라고 주장하였다.

니카라과의 패널 설치 요청에 대하여 미국은 "제21조(b)(iii)의 판단은 해당국에 그 권한이 있고 패널에는 없으므로 패널 설치는 의미가 없다. 다만 미국은 니카라과가 입은 GATT상의 이익침해는 인정한다."는 입장을 표명하였다. 그 후 미국은 패널이 제21조(b)(iii)를 원용한 동기에 대하여 판단하지 않는다는 조건으로 패널 설치에 동의하였다.[40] 한편 미국제재가 제23조1(b)의 비위반(non-violation) 무효화 또는 침해에 해당된다는 니카라과의 주장에 대하여 패널은 제21조에 근거한 미국의 조치가 이 조치로 악영향을 받는 체약국의 이익이 무효화 또는 침해되었는지의 기본적인 문제에 대한 판정을 체약국단에 제안하지 않기로 하였다.[41]

| 제4절 | GATT 제21조의 원용사례 |

앞서 논의한 바와 같이 GATT 제21조의 안보예외 조항에 의한 무역제한

---

39) L/5607; 31S/67, 72, para. 3.10.
40) C/M/191, pp. 41-46.
41) L/6053, paras. 5.4-5.11.

조치는 무엇이 자국에 중대한 안보이익이냐에 대한 판단을 당해국에 맡기고 있어 국가안보의 이익 보호를 위하여 필요한 조치가 주관적이고 자의적이기 때문에 그의 원용이 남용될 소지가 있다. 그럼에도 불구하고 1947년 GATT 탄생 및 1995년 WTO 출범 이후 최근에 이르기까지 GATT 제21조가 원용된 사례는 <표 11-1>에서 보는 바와 같이 총 21건(GATT 15건, WTO 6건)에 불과하다.[42] 그것도 전체 21건 중 16건은 미국, EC 및 스웨덴 등 선진국이 발동한 것이다.[43]

이처럼 GATT 제21조의 원용 사례가 적은 이유는 국가안보를 공통의 목적으로 하는 국제비확산체제의 성립 및 통제품목과 관련이 많다고 본다. 특히 다자간 수출통제체제의 통제품목은 대부분 공업제품(공산품)을 대상으로 하고 있고, 더욱이 2004년 유엔 안보리 결의 1540호[44]에 의해 모든 국가에게 수출통제의 이행 및 집행이 의무화됨으로써 세계 각국이 비확산조약, 다자간 수출통제체제의 규범 및 유엔 안보리 제재 결의[45]에 의거 무역제한 등 경제제재 조치를 취하고 있기 때문으로 분석된다. 국제 비확산체제의 성립이 완료된 1997년 이후 제21조의 원용 사례가 단 5건에 불과한 것이 이를 반증한다.

---

42) 21건 중에서 GATT/WTO 분쟁사례는 6건(GATT 4건, WTO 2건)으로 이는 전체 분쟁사례 525건(GATT 101건(패널보고서가 채택된 건), WTO 424건)과 크게 비교된다. GATT 제21조 원용사례에 관한 세부내용 및 분석에 관해서는 박언경, 「국가안보를 위한 통상규제에서의 1994년 GATT 제21조의 적용성」, 박사학위 논문 (경희대학교, 2009), pp. 109-133 참조.

43) GATT 제21조가 중대한 안보이익의 보호를 위한 안전장치로 원용되기 보다는 주로 강대국이 약소국의 정치적, 경제적 및 사회적 정책에 영향을 주기 위한 외교정책의 수단으로 활용되었다는 지적도 있다. Wesley A. Cann, Jr., "Creating Standards and Accountability for the Use of the WTO Security Exception: Reducing the Role of Power-Based Relations and Establishing a New Balance Between Sovereignty and Multilateralism," *Yale Journal of International Law*, Vol. 26 (2001), p. 426.

44) S/RES/1540 (28 April 2000).

45) 대표적 예로는 이란과 북한의 핵 개발 및 탄도미사일 발사에 대한 안보리 제재 결의(이란: 결의 1737호, 1747호, 1803호, 1929호, 북한: 결의 1718호, 1874호, 2087호, 2094호, 2270호, 2321호, 2356호, 2371호, 2375호)를 들 수 있다.

표 11-1 **GATT 제21조 원용 시기 및 비확산체제 성립과의 관계**

No.	연도	GATT 제21조 원용사례	국제비확산체제
1	1949	**미국—체코슬로바키아 수출통제**	
2	1951	미국—체코슬로바키아 수출제한	
3	1951	미국—화란·덴마크 낙농제품 수입제한	
4	1954	페루—체코슬로바키아 수입제한	
5	1961	가나—포르투갈 수입제한	
6	1962	미국—쿠바 금수(trade embargo)	
7	1968	미국—석유제품 수입제한(무역확장법)	
8	1970	이집트—이스라엘 보이콧	핵비확산조약(NPT)
9	1970	오스트리아—페니실린 등 수입제한	
10	1975	스웨덴—신발 글로벌 수입쿼터	생물무기금지협약(BWC)
	1978		핵공급국그룹(NSG) 원자력전용품목[46]
11	1982	EC·호주·캐나다—아르헨티나 수입금지	
12	1983	미국—니카라과 설탕 수입제한	
13	1985	EC—체코슬로바키아 전자제품 수출금지	호주그룹(AG)
14	1985	미국—니카라과 금수 등 경제제재	
	1987		미사일기술통제체제(MTCR)
15	1991	EC—유고슬라비아 무역제한	
	1992		NSG 이중용도품목
16	1996	미국—쿠바 자유민주연대법(헬름즈버튼법)	바세나르협정(WA)
	1997		화학무기금지협약(CWC)
17	1999	니카라과—온두라스·콜롬비아 수입금지	
18	2003	미국—브라질 리튬 수입허가제	
19	2013	EU—브라질 니트로셀룰로스 수입허가제	
20	2016	**러시아—우크라이나 육상운송금지**	
21	2019	**일본—한국 반도체 소재 수출통제**	

주: 1. 연도는 GATT 제21조 원용 시기, 군축·비확산조약의 발효 및 다자간 수출통제체제의 출범 시기를 뜻한다.
   2. 원용 사례에서 고딕 부분은 GATT/WTO에 제소된 분쟁사례이다.[47]

---

46) 원자력 전용품목(Trigger list)에는 핵물질, 핵물질의 제조 및 추출에 이용되는 원자로(reactors), 중수(heavy water), 농축(enrichment) 및 재처리(reprocessing) 설비 등이 포함된다.

<표 11-2>에서 보는 바와 같이 GATT 제21조 등 WTO 협정의 국가안보 예외 규범은 국제 비확산체제 규범과 제재분야, 제한품목, 제재객체 면에서 다음과 같이 구별된다. 첫째 제재 분야에서는 양자 공히 수출입과 서비스의 교역을 제한하나 비확산 규범은 그 외에도 금융규제 및 자산동결도 포함하는 반면, 안보예외 규범은 수출입과 서비스 외에 투자와 정부조달도 제한한다. 둘째 제한품목은 양자 공통으로 무기·탄약 및 군수물자의 교역을 제한한다. 그 밖에도 안보예외 규범은 1차 상품과 공산품 등 모든 상품을 망라하지만 기술은 제외되어 있다. 비확산 규범은 주로 공산품인 상품과 기술 및 소프트웨어를 포함한 이중용도 품목을 통제한다.

셋째는 제재의 객체 면에서 안보예외 국제규범은 오직 하나 또는 소수의 국가만을 대상으로 하는 반면, 국제 비확산 규범은 세계 모든 국가 또는 일부 국가 등 국가 외에도 개인·단체 등 비국가행위자(non-state actors)도 그 제재 대상으로 한다. 넷째, 원용과 그 효과 면에서는 비확산 규범은 분쟁의 소지가 매우 적고 효과가 간접적이고 제한적인데 반해 안보예외 규범은 분쟁의 소지가 크고 그 효과가 직접적이고 가시적이다. 결국 무역제한을 함에 있어서 비확산체제 규정에 의할 것인가 안보예외 조항을 원용할 것인가는 전적으로 국가의 선택사항이겠지만 실제 GATT 제21조를 원용할 가능성은 크게 낮아 보인다.

표 11-2   국가안보 예외 규범과 비확산 규범과의 비교

구분	WTO협정 등 국가안보 예외규범	비확산체제 국제규범
제한근거	• WTO: GATT, GATS, TRIPs, GPA 등 • FTA : 한-미 FTA, NAFTA 등 • 기타 : OECD 자본자유화코드 등	• NPT, BWC, CWC, ATT • NSG, AG, MTCR, WA • 유엔 안보리 결의(UNSCR)
제한분야	• 수출 · 수입 · 투자 · 서비스 · 정부조달	• 수출 · 수입 · 서비스 · 금융 · 자산동결

---

47) Hannes L. Schlomann and Stefan Ohlhoff, "Constitutionalization and Dispute Settlement in the WTO: National Security as an Issue of Competence," *American Journal of International Law*, Vol. 93 (1999), pp. 432-438.

제한품목	• 무기, 탄약 및 군수물자 • 핵분열성물질 및 그 원료물질 • 기타 직·간접으로 군대에 쓰이는 물품 – 1차 상품 및 원재료 * 기술은 제외	• 무기, 탄약 및 군수물자 • 이중용도 품목(주로 공산품) – 물자(goods) – 기술(technology) – 소프트웨어(software)
제재객체	• 특정국	• 세계 모든 국가 또는 특정국 • 비국가행위자(개인·기업·단체)
분쟁해결 메커니즘	• WTO협정 : WTO 분쟁해결기구(DSB) • 기타 조약 : 국제사법재판소(ICJ) 등	• NPT, BWC, CWC: 있음 • NSG, AG, MTCR, WA: 없음

출처: 필자 작성.

주: 1. 무기는 WMD, 미사일 및 재래식 무기 등 모든 무기를 포함한다.

2. UNSCR은 UN Security Council Resolution의 약어로 유엔 안보리 결의를 뜻한다.

제6절 안보예외와 비확산규범의 조화

앞서 살펴본 바와 같이 GATT 제21조 등에 의한 무역제한 조치는 무엇이 자국에 중대한 안보이익이냐에 대한 판단을 각국에 맡기고 있어 국가안보의 이익 보호를 위하여 필요한 조치가 자의적이고 주관적이며, 제21조의 명백한 또는 암묵적인 원용사례는 적지만 발동이 남용될 소지가 있다.[48] 따라서 안보 예외 조항이 원용 국가의 비교열위 산업이나 전략산업을 보호하기 위한 수단 으로 악용될 경우 무역장벽 철폐를 통해 자유무역의 발전을 도모하려는 WTO 협정의 본래의 취지가 훼손되고 그 목적에 반한다고 할 것이다.

이에 반하여 다자간 수출통제체제하의 수출통제는 가이드라인과 통제품목 은 정해져 있지만 구체적인 이행의 정도와 범위를 참가국의 재량에 맡기고 있 고, 국제적으로 수출통제가 강화되고 있음에도 불구하고, 대다수의 국가들이 통상진흥을 위하여 필요한 최소한의 범위에서 수출통제를 이행하려는 경향이 있고 그에 따라 수출허가 신청의 대부분을 승인하고 있기 때문에 그 결과 국제

---

48) Raj Bhala, *supra* note 4, p. 599.

무역과 투자에 미치는 부정적인 영향도 작을 것으로 추정된다.[49]

그런데 GATT 제21조에 의거 무역제한이 가능한 품목은 무기·탄약 등 군수물자는 물론 의류·식품 등 모든 상품을 망라하고 국가만을 규제대상으로 하고 있는데 반해 비확산 수출통제체제는 무기류 그리고 농산물 등 1차 산품을 제외한 민군 겸용의 이중용도 물품, 기술과 소프트웨어 등 대부분의 공산품, 서비스 및 자금지원 등을 통제하며, 국가는 물론 테러단체 등 비국가행위자도 통제하고 있다. 그에 따라 GATT 제21조와 GATS 제14조의2는 모든 상품과 서비스를 규제할 수 있어 대부분 공산품에 한정된 비확산체제의 수출통제에 비해 선택의 범위와 제한 효과가 훨씬 크다고 볼 수 있다. 그러나 규제대상을 국가에 한정하고 있어 비국가행위자에 대해 WMD 확산방지를 위한 수출통제를 적용할 수 없는 단점이 있다.

결국 각국이 국가안보의 중대한 이익 보호를 위해 필요한 비확산 수출통제는 WMD 조약, 다자간 수출통제체제 가이드라인, 유엔 안보리 결의와 같은 비확산 규범에 따라 시행하되, GATT 제21조는 비확산 규범의 집행만으로는 효과가 미약하거나 또는 긴급을 요하거나 불가피한 경우에 한하여 원용하는 것이 바람직할 것으로 판단된다.[50]

한편 수출허가제를 통하여 WMD 관련 물자와 기술의 수출을 통제하는 개별국가의 규제체제에 관하여 GATT 제21조는 분명하게 그러한 수출통제를 정당화한다. 또한 제21조(b)(i)에 의거 단일용도의 핵물질과 (b)(ii)에 의해 단일용도의 생물작용제 및 화학물질을 규제하는 회원국의 수출통제 허가규정을 합법화하고 아울러 제21조는 역시 동 조항 (b)(ii)에 의거 적어도 일부 국가의 WMD 이중용도 물자와 기술에 관한 수출허가 요건을 거의 확실하게 합법화한다. 그러나 동 조항의 정확한 범위, 성격 및 의미에 관하여는 해결되지 않은 상당한

---

49) 가령 미국의 2019년 수출허가 신청 32,993건(1,588억 달러) 중에서 허가 승인 28,223건 (85.5%), 거부 370건(1.1%), 반려가 4,400건(13.3%)이었다. 신청 건수에서 반려 건수를 제외하면 신청대비 승인 비율은 무려 86.7%에 달한다. 미국의 수출통제가 산업계에 미치는 경제적 영향도 미미하다. 즉 2019년의 경우 허가받고 수출한 금액은 1,230억 달러로 미국 총수출의 7.4%, 허가 거부된 금액은 2.46억 달러로 총수출에서 차지하는 비중이 거의 무시할 수준에 그쳤다. "2019 Statistical Analysis of BIS Licensing", available at <bis.doc.gov>.

50) 강호, "FTA와 전략물자 수출관리의 조화," 안보통상학회－국제경제법학회 공동학술세미나 (2007. 9. 14), p. 12.

의문이 있다. 대부분의 불확실성은 WMD 이중용도 물자와 기술에 관한 회원국의 수출제한인데, 이는 WMD 이중용도 물자가 민간용도뿐만 아니라 군사 용도를 아울러 갖고 있기 때문이다. 그리하여 이중용도 물자의 거래는 정상적이고 합법적인 국제상품무역에서 적지 않은 비중을 차지하고 있다.[51]

제7절　일본–한국 비확산 수출통제 WTO 분쟁

1. 사건의 개요

일본은 2019년 8월 28일부터 한국에 수출하는 반도체 핵심소재 3개 품목(폴리이미드, 포토리지스트, 불화수소)에 대하여 한국을 백색국가(white country) 그룹 A에서 B그룹으로 분류하고 일반포괄허가를 제외한 모든 품목에 대해 건별로 개별허가를 시행하는 한편, 군사용으로의 전용이 의심될 경우는 통제품목의 사양과 일치하지 않는 품목에 대해서도 캐치올(catch-all) 통제를 적용하는 등 비확산 수출통제를 강화하였다.

한국은 일본의 이러한 조치에 대하여, 한국 대법원의 일제 강제징용 피해배상 판결에 대한 명백한 보복 조치라고 주장하고, 일본이 다자간 수출통제체제의 기본원칙에 어긋나게 제도를 운용한다는 등의 이유로 일본 조치와 유사하게 일본을 백색국가 그룹인 '가의 1지역'에서 제외하고 '가의 2지역'으로 분류[52]하여 일본으로 수출되는 전략품목에 대한 사용자포괄허가[53]를 불허하는 등 수출관리를 강화하였다. 급기야 한국은 일본과의 지소미아(GSOMIA), 즉 한일군사정보보호협정의 종료를 결정하였다.[54]

---

51) Daniel H. Joyner, *supra* note 10, pp. 129-130.
52) 전략물자수출입고시 제10조 별표 6 참조.
53) 사용자포괄허가 정의 등에 대해서는 전략물자수출입고시 제28조 ①항 참조.
54) 지소미아(GSOMIA)는 협정을 맺은 국가 간 군사 기밀을 공유할 수 있도록 맺는 조약이다. 한일 간 GSOMIA는 2016년 11월 23일 양국 정부의 서명과 동시에 발효됐다. 이를 통해 양국은 1급 비밀을 제외한 모든 정보를 공유했고 실제 2018년까지 22건의 북한 핵·미사일

이에 일본은 이번 수출통제 강화조치는 한국의 수출통제제도와 운용이 불충분하고, 구체적으로는 한국으로 수출된 품목 중에서 군사용으로 사용될 우려가 있는 품목에 대한 관리체제가 충분히 갖춰져 있지 않아 취한 것이며 이는 국가안보를 목적으로 한 수출관리제도의 적정한 운영을 위해 필요한 조치라고 주장하였다.

2. 한국의 WTO 제소

한국은 일본이 한국으로 수출하는 반도체 소재 3개 품목에 대하여 기업의 수출관리가 불충분하다는 주장에 대해 이번 일본의 조치를 수출통제와 무관하게 정치적 고려에서 취해진 조치로 간주하고, 일본의 허가정책 변경 조치가 투자, 허가 기타 지적 재산권 이전, 기술이전에 관한 서비스 제공 등 다른 형태의 국제무역을 제한하는 조치라고 주장하고, 일본의 조치에 대해 GATT 제1조(최혜국대우), 제11조(수량제한의 일반적 철폐), 제13조(수량제한의 무차별 시행), 제8조(수출입 관련 수수료 및 절차), 제10조(무역규정의 공표 및 시행) 및 무역관련 투자조치(TRIMs), 서비스무역에 관한 일반협정(GATS) 및 무역관련 지적재산권협정(TRIPs) 규정을 위반한 것이라며 2019년 9월 11일 WTO 분쟁해결기구(DSB)에 제소하였다.[55]

그 후 2019년 10월 11일과 11월 19일에 개최된 한일 양국 간 협의(consultations)에서 타결이 되지 않자 한국은 2020년 6월 18일, 일본의 조치가 WTO 대상협정하에서 한국의 직, 간접적인 이익을 무효화 또는 침해하고 대상협정의 목적달성을 방해한다며 패널 설치를 요청하여 2020년 7월 29일 패널이 설치되었으나 아직 패널위원이 선임되지 않은 상태이다.[56]

3. 본안의 검토

본안에서 WTO 협정만을 고려하면 한국의 주장이 일견 타당해 보이나 다

관련 정보를 공유했다. 이 협정은 기한 만료 90일 전 양국이 파기 의사를 밝히지 않으면 별도 협의 없이 자동으로 1년씩 연장하게 되어 있었다.

55) WT/DS590/4, para. 16.
56) *Ibid*, paras. 3−4, available at <https://www.wto.org/english/tratop_e/dispu_e/cases_e/ds590_e.htm>.

자간 수출통제체제 규범과 안보리 제재 결의를 함께 고려하면 문제는 달라진다. 즉 비확산 수출통제 규범에 근거하여 취한 일본의 조치를 WTO 협정에 적용하면 국가안보 예외 조항, 즉 GATT 제21조의 원용에 해당한다. 관건은 일본의 조치가 GATT 제21조의 요건을 충족하는지와 그 조치가 정당한가이다. 이를 검토해 보면, 결론적으로 이번 일본의 수출통제 강화조치는 GATT 제21조의 요건을 충족한 것으로 보인다.

먼저 수출제한 대상의 반도체 핵심소재 3개 품목은 GATT 제21조(b)(ii)의 기타 상품 및 원재료에 해당하고, 유엔 안보리 결의[57]에 의거 모든 국가는 통제품목의 규격을 벗어난 물자와 기술도 무기의 생산 등에 사용될 것으로 의심될 경우는 캐치올(catch-all) 통제를 이행해야 하므로 GATT 제21조(c)의 유엔 헌장 제7장(강제조치)의 의무를 이행하는 조치에 해당한다.

둘째, 다자간 수출통제체제의 수출통제 규범인 지침(guideline)과 통제목록 등 세부적인 이행은 다자체제 참가국의 재량에 맡겨져 있다.[58] 따라서 구체적인 통제품목의 선택, 수출통제 대상국의 분류와 대우 및 수출허가 승인 여부 등에 관한 사항은 참가국이 임의로 정하여 재량껏 시행하는 것이므로 일본과 한국이 각각 상대방을 백색 국가에서 제외하여 대우를 차별화하는 것은 정당하다고 볼 수 있다. 따라서 일본의 관련 조치는 비차별 원칙을 근간으로 하는 GATT 제1조, 제11조 및 제13조의 위반은 아닌 것으로 보인다.

4. 소결

국가안보 목적의 무역제한 조치에 관해서는 WTO 협정뿐만 아니라 국제 비확산규범도 아울러 검토해야 한다. 앞서 논의한 바와 같이 비확산 수출통제 규범에 의한 모든 조치는 국내법과 정책에 의해 참가국의 재량으로 이행되며,

---

57) S/RRES/1540, para. 3(d).
58) 예를 들면, 바세나르협정(WA)은 "The decision to transfer or deny transfer of any item will be the sole responsibility of each Participating State. All measures undertaken with respect to the Arrangement will be in accordance with national legislation and policies and will be implemented on the basis of national discretion." The Wassenaar Arrangement Guidelines & Procedures, including the Initial Elements (December 2019), Ⅱ. Scope, para. 3.

WTO 회원국은 상품무역에 관한 경우 GATT 제21조에 의거 자국의 중대한 안보이익을 위하여 핵물질을 포함한 모든 상품과 군수품목에 대하여 무역을 제한할 수 있을 뿐만 아니라 공개 시 자국의 중대한 안보이익에 반한다고 간주하는 정보를 제공하지 않아도 된다. 그리고 자국의 중대한 안보이익은 각국이 스스로 판단하는 사항이기 때문에 발동국가는 그 조치의 정당성을 증명할 필요가 없다.

이처럼 국가안보에 관한 한 발동국가에 상당한 재량이 부여된 것은 국제무역상의 이익보다 국가안보의 중대한 이익을 우선하기 때문이다. 더구나 GATT는 자국의 중대한 안보이익 및 그 이익의 보호를 위한 조치의 필요성에 대하여 일관되게 제21조를 원용(발동)하는 국가의 결정에 맡기고 이를 존중하고 있어 국가안보 예외에 관한 한 WTO 판단의 폭은 상당히 좁은 편이다. 따라서 향후 WTO가 과연 어떠한 결론을 내릴지 귀추가 주목된다.

제12장

국제 비확산체제 강화

I. WMD 조약의 집행에 대한 평가

WMD 비확산조약에서 개인의 행위를 규율하는 효과를 가진 조항은 국가의 조약상 의무의 이행과 집행, 수출통제 및 검증에 관한 조항인데 이중 가장 직접적인 관련이 있는 부분이 국가의 집행이다. 먼저 NPT의 경우 1968년 제정 당시에 조약의 기초자들은 핵 비확산 주요 대상국으로 일본과 독일 등 공업국을 염두에 두었을 뿐이고 기타 국가들에 대해서는 핵무기 개발에 필요한 기술을 가지고 있지 않은 것으로 간주했다. 그러므로 당시에는 개인에 의한 핵무기 개발 및 제조는 누구도 상상하지 못한 일이었고 그 결과 현재 NPT에는 개인 등 비국가행위자에 의한 핵무기 취득을 금지하는 조항은 없다.

BWC는 국가의 집행조항이 있는 최초의 WMD 조약으로서 제4조는 각 당사국은 헌법상의 절차에 따라 생물무기 및 독소 등의 개발·생산·비축·획득 및 보유를 금지 또는 방지하는데 필요한 조치를 할 것을 명령하고 있다. 그러나 당사국이 이행하기 위하여 취해야 할 세부적인 조치에 대해서는 언급이 없고 당사국의 재량에 맡기고 있다. 2010년 신뢰구축 조치의 일환으로 연례보고서를 제출한 국가는 163개 당사국 중 73개국에 불과하다.

반면 CWC는 BWC와는 달리 협약 당사국의 이행에 관하여 상세히 규정하고 있다. CWC 제7조에 의거 각 당사국은 헌법상의 절차에 따라 이 협약상의 의무를 이행하기 위해 필요한 조치를 해야 한다. 특히 당사국은 자국 영역 내의 모든 장소 또는 국제법에 의해 인정되는 자국 관할의 기타 어떤 장소에서도 자연인과 법인이 이 협약에 의해 당사국에게 금지된 활동을 하는 것을 금지하고 이 활동에 대해 벌칙을 부과하는 법을 제정해야 한다.

요컨대 CWC는 당사국의 영역에서 화학무기를 개발·생산 또는 사용한 자를 처벌하는 법규의 제정을 의무화하였다. 즉 제7조는 벌칙을 부과토록 함으로써 화학 분야에서 테러리스트 등 개인의 행위에 대해 효과적인 통제를 가능하게 하고 있다. 그러나 이러한 제도의 효과는 부분적으로 각 당사국이 국내법에

서 벌칙을 얼마나 엄중하게 집행하느냐에 달려 있다.[1]

그리고 CWC 당사국은 협약 이행을 위해 취한 입법 및 행정조치를 화학무기금지기구(OPCW)에 통보해야 한다(제7조 para. 5). 2021년 10월 말 기준 총 193개 CWC 당사국 중에서 관련된 모든 부문에 걸쳐 입법 조치한 국가는 119개국이고 일부 조치한 국가는 39개국이다. OPCW에 신고 접수된 화학무기 72,304톤 중 71,372톤(98.8%)이 폐기되었다. 그리고 신고된 97곳의 화학무기생산시설 중에서 74곳이 폐기되었으며 나머지 23곳은 평화적 목적의 용도로 전환되었다. 현재 세계 사찰대상 산업시설은 총 4,985곳이다.[2]

한편 CWC 당사국에 이행법률이 필요한 기본적 이유는 CWC가 자체의 제도적·행정적 장치를 통하여 이행할 수 있는 법적 의무를 국가에 부과하는 것이 아니라는 사실이다. 이는 많은 경우 CWC는 민간인 또는 기업에 특별한 행위를 요구하며 이를 위해 특정 법률의 제정이 필요하기 때문이다.

CWC에서 국가에 민간의 활동으로 위반될 수 있는 의무를 부과하는 기본 조항은 제6조의 para. 2이다. 화학물질이 개발될 수 없다면 이는 국가가 민간의 연구 활동에 대하여 통제하는 것을 전제로 한다. 만일 생산이 금지되어야 한다면 민간시설에 대하여 국가의 통제가 가능해야 한다. 또 만약 화학물질을 획득할 수 없도록 하려면 국가가 거래 활동 특히 대외무역을 통제해야만 한다. 이전의 금지도 마찬가지이다. 따라서 연구·생산·무역과 같은 특정 활동이 국내법으로 금지되어야 한다. 그러나 금지조치만으로는 충분치 않다. 금지사항을 준수하도록 하기 위해서는 추가적인 억지 노력이 필요하다. 그래서 행정제재 또는 형사제재를 고려해야 하고 또한 국가들은 관련 행정기관이 이들 금지사항을 효과적으로 집행할 수 있도록 관련 법규를 제정할 필요가 있는 것이다.[3]

---

1) Masahiko Asada, "Security Council Resolution 1540 to Combat WMD Terrorism: Effectiveness and Legitimacy in International Legislation," *Journal of Conflict and Security Law*, Vol. 13, No. 3 (2008), pp. 4−5.
2) OPCW 웹사이트 <http://www.opcw.org/our−work/national−implementation> 참조.
3) Michael Bothe et al, (eds), *The New Chemical Weapons Convention−Implementation and Prospects* (Kluwer Law International, 1998), p. 550.

Ⅱ. 다자간 수출통제체제의 집행에 대한 평가

　　다자간 수출통제체제는 국제 비확산체제의 일부로서 WMD 비확산조약의 허점을 보완하면서 독자적인 확산방지 기능을 수행하고 있다. WMD와 그 운반 수단인 미사일의 확산을 방지하기 위해서는 관련 조약에 의거 WMD 자체의 개발·생산·획득·폐기·이전 및 사용의 금지도 필요하지만 보다 근본적으로는 각종 무기의 개발 또는 제조에 사용되는 전략물자와 기술을 확산 우려국이나 테러단체 또는 분쟁지역에 이전되지 못하도록 하는 것이 더 중요할 수 있다. 이러한 측면에서 다자간 수출통제체제는 비확산 조약에 비하여 보편성 (universality)은 많이 부족하고, 수출통제 규범 자체도 구속력이 없지만 35~48개 참가국들이 자발적으로 수출을 통제함으로써 WMD와 미사일의 확산 및 재래식 무기의 과도한 축적을 방지하는데 크게 기여하고 있다고 평가할 수 있다.

　　다자간 수출통제체제가 지닌 법적 구속력이 없는 규범과 보편성의 결여는 안보리 결의 1540호에 의해 모든 국가에 WMD와 미사일의 확산 방지 및 수출통제의 이행과 집행이 의무화됨으로써 보강되었다고 말할 수 있다. 아울러 다자간 수출통제 규범인 지침(Guideline)은 비록 용어와 범위가 모호한 부분도 있으나 전반적으로는 수출통제에 필요한 요건이 충분히 반영된 것으로 볼 수 있다. 관건은 세계 각국이 얼마나 충실하게 효과적으로 비확산 수출통제를 이행하고 집행하느냐이다.

　　이와 관련하여 수출통제 지침과 통제목록의 집행은 최종적으로 각국의 국내법상의 절차에 따라 이루어지기 때문에 자발적이고 비공식 국제협의체인 다자간 수출통제체제는 각 참가국의 집행에 대한 강제력이 없으며 참가국이 지침을 준수하지 않더라도 위반행위에 대한 벌칙이 없는 상태이다. 따라서 다자간 수출통제체제는 자발적 협의체이므로 제재조항을 도입하기는 어려울 것으로 보인다. 결국에 이 문제는 참가국의 국내법에 의한 집행 의지에 달려 있다고 말할 수 있다. 참고로 <표 12-1>은 WMD 비확산조약과 다자간 수출통제체제를 상호 비교한 것이다.

표 12-1 WMD 비확산 조약과 다자간 수출통제체제의 비교

구분	WMD 비확산조약	다자간 수출통제체제
가입(참가)국	150~193개 당사국	35~48개 참가국
법적 구속력	있음	없음
통제대상	핵·생물·화학무기(WMD) WMD 관련 전용품목	WMD와 그 운반수단 관련 품목 재래식 무기 재래식 무기 관련 이중용도 품목
통제내용	WMD 개발·제조·사용 등 금지 WMD 폐기	수출, 경유, 환적, 재수출 등
검증제도	일부 있음(NPT, CWC)	없음
집행기구	일부 있음(IAEA, OPCW)	없음
강 제 력	있음	없음(참가국 재량)

출처: 필자 작성.

제2절　WMD 비확산조약의 한계

I. 핵비확산조약의 한계

　　먼저 핵비확산조약(NPT)의 문제점을 들면 첫째는 조약의 불평등성이다. 핵비보유국(NNWS)은 핵무기 제조나 보유의 금지는 물론 IAEA 세이프가드 조치를 수락할 의무가 있으나 핵보유국(NWS)은 IAEA로부터 사찰받을 의무가 없으며 핵무기 폐기 등의 군축 또한 강제사항이 아니다.[4] 둘째, 인도와 파키스탄 간의 불신과 대립으로 인하여 핵 개발이 확산되었고, 셋째, NNWS에 대한 NWS

---

4) 핵무기 폐기에 관하여 NPT는 前文에서 핵 군축의 방향으로 효과적인 조치를 취할 의도가 있음을 선언하고, 제6조에서는 "각 당사국이 핵 군축을 위한 효과적인 조치에 관한 협상을 성실하게 추구한다."라고만 규정함으로써 핵 폐기 등의 군축을 의무화하지 않고 있다.

의 안전보장이 충분치 않아 NNWS의 불만이 고조되고 있으며, 넷째, IAEA의 세이프가드 수요증가로 인하여 핵확산 감시의 불충분성 등이 지적되고 있다. 다섯째는 NPT 당사국은 비상사태로 자국의 최고 이익이 위험에 처할 경우 탈퇴 3개월 전에 사전 통보만으로 탈퇴할 수 있어 탈퇴가 쉽다는 점이다.

다음으로 NPT에 의해 핵 비확산체제의 토대는 구축되었으나 NPT의 적용을 받지 않는 비당사국의 핵 개발과 핵무기 보유 및 당사국의 핵 개발 등 NPT 위반사례가 발생하고 있다. 비당사국은 NPT 준수의무가 없으므로 핵 개발 추진이 가능하나 핵 개발에 필요한 핵물질과 기술 및 기자재 등을 획득하기가 곤란하다. 그럼에도 불구하고 핵무기를 보유한 NPT 비당사국의 지원을 받아 1980년대에 남아공이 핵을 보유했었고, 아르헨티나와 브라질은 상호 핵 개발 경쟁 관계에 있었다. 그러나 다행히도 남아공은 냉전 후에 자발적으로 핵무기를 폐기하고 NPT에 가입하였으며, 아르헨티나와 브라질도 핵 개발을 단념하고 1995년과 1998년에 각각 NPT에 가입하였다. 그러나 비가입국인 인도는 1974년과 1998년에 파키스탄은 1998년에 각각 핵실험을 거쳐 핵보유국이 되었으나 아직 NPT에 가입하지 않고 있다.

아울러 NPT 제2조에 의거 NNWS는 핵무기의 수령과 제조 및 획득 등이 금지되고 있지만 과거 이라크와 리비아가 핵 개발을 추진한 적이 있다. 이라크는 2003년 4월 후세인 정권의 붕괴, 리비아는 2003년 12월 WMD 포기 선언으로 양국의 핵 개발 의혹이 해소되었다. 최근에는 이란이 핵 개발로 의심받고 있는데, 이란 정부는 원자력 발전을 위한 평화적 이용이라며 핵무기 개발 의혹을 부인하고 있다. 북한은 2003년 1월 NPT에서 탈퇴하였으며 그간 6차례의 핵실험에 성공하여 현재 사실상 핵을 보유하고 있다.

아울러 NPT 체제는 당사국에게 IAEA 세이프가드 준수를 조건으로 우라늄 농축 및 플루토늄 재처리를 합법적으로 허용하고 있는데 NPT의 이러한 약점을 이용하여 평화적 목적으로 핵 관련 기자재와 기술을 획득하고 농축 및 재처리시설을 합법적으로 보유한 다음 NPT에서 탈퇴할 경우 이를 억지하고 처벌할 근거가 없는 내재적인 한계가 있다. 이러한 NPT 체제하에서 평화적 목적으로 가장한 핵무기 개발은 NPT의 신뢰를 저하하고 국제안보에 위협을 가할 뿐만 아니라 이러한 국가로부터 테러단체로 핵물질과 핵기술이 확산될 가능성이 높다.

Ⅱ. 화학무기금지협약의 한계

CWC가 강력한 검증체계를 구축했음에도 불구하고 완벽한 검증이 가능한 것은 아니다. 즉 해당국이 협조하지 않으면 이를 효율적으로 검증하기가 사실상 불가능하다. 더구나 국가의 비호하에 불법적으로 숨어서 만드는 화학무기를 찾아내기란 기술적으로 한계가 있으며 내부 제조자의 고발이나 도움이 없는 한 그러한 사실이나 평화적 목적의 화학물질 등이 화학무기로 전용되는지의 의도를 밝히기는 현실적으로는 매우 어렵다.

CWC는 통제대상 화학물질과 전구체 및 제조설비에 관한 신고, 검증, 협약 준수 위반국에 대한 강제사찰 및 제재 등을 상세히 규정하고 있다. 고가의 재래식 무기나 고도의 기술을 필요로 하는 핵무기와 비교하여 화학무기는 생산비용이 적게 들고 실험실이나 화학 플랜트에서 비밀리에 생산할 수 있으므로 CWC가 발효한 1997년에 서명한 국가에 해당하는 제1종 화학물질의 폐기 기한인 2007년 이후에도 CWC 당사국들이 화학무기의 개발 및 보유 등을 하지 않도록 확실하게 검증하는 것이 중요하다. 아울러 비당사국인 북한, 이라크, 시리아, 이스라엘, 이집트 등이 화학무기의 개발과 보유를 계속하면 인접국들도 개발 또는 보유를 계속할 것이 우려되므로 이들 국가의 서명 및 비준과 가입을 통한 보편성의 확보가 주요 과제이다.

Ⅲ. 생물무기금지협약의 한계

NPT는 IAEA의 세이프가드에 의거 핵에너지의 평화적 사용을 보증하는 체제가 있고 CWC도 OPCW의 검증시스템이 있으나 BWC는 조약의 준수에 관한 검증제도가 구축되어 있지 않다. 1994년 검증수단을 도입하기 위하여 검증 의정서에 대한 검토가 진행되어 왔다. 그러나 2001년에 미국이 추진 중인 검증수단이 국내 바이오산업의 기업 활동을 저해하고 검증수단이 유효하지 않다는 이유로 반대하여 최근까지 뚜렷한 진전을 보지 못하고 있다.

BWC는 생물작용제 및 생물무기의 정의에 대한 명료성이 부족하며, 금지 또는 국제통제 적용대상의 생물작용제, 장비와 시설에 대한 목록이 없다. 아울러 보존, 보호 또는 기타 평화적 목적의 견지에서 "정당한 수량(quantity justifiable)"에 대한 정의가 부재하며 당사국이 폐기해야 하는 생물작용제의 신고 의무 또한 부재하다.

생물작용제는 다른 WMD에 비해 제조비가 저렴하며 자연에서 발견할 수 있다. 가령 1㎢당 인명 살상에 재래식 무기는 2,000달러가 소요되는 반면 생물무기는 겨우 1달러에 불과하다. 더구나 생물작용제의 연구 및 생산시설은 핵무기나 화학무기의 생산시설에 비해 은폐가 용이하다. 그에 따라 테러단체에 의한 생물무기 프로그램을 색출하기가 어렵다. 이러한 사실에 비추어 테러리스트에게 생물무기는 매력적일 수 있다. 아울러 발효기 등 생물무기 연구용 및 제조용 장비는 민간용으로 널리 사용되고 있어 생물테러(bioterrorims)가 우려된다.[5]

아울러 BWC는 또 NPT와 CWC와는 달리 협약의무의 이행을 감시하고 집행할 독립적인 국제기구가 없다. 다만 당사국이 불이행(noncompliance)할 경우 안보리에 청원하는 절차가 있으나 문제의 제기는 당사국의 몫이다. 여기에서 안보리의 역할은 CWC와 마찬가지로 주로 유엔헌장에 의해 결정되므로 안보리는 직권으로 조사를 개시하거나 어떠한 조치를 할 의무가 없다.

한편 안보리가 당사국의 청원에 의해 조사를 개시하기로 결정할 경우 협약 당사국들은 안보리의 결정을 존중하고 조사에 협조할 법적 의무를 진다. 이러한 협력 의무에 대하여 안보리가 요구할 경우 위반혐의가 있는 국가가 자국 영역에서 현장사찰을 허용하는 의무를 포함하는지에 대해서는 논란이 있다. 그리고 BWC는 협약의 이행을 검증하고 집행할 국제기구가 없기 때문에 당사국은 방어용 생물 관련 모든 활동에 관한 사항을 유엔 군축과에 보고하며, 보고된 모든 정보를 유엔을 통하여 통보받고 있는 실정이다.

---

5) Melissa Gillis, *Disarmament: A Basic Guide* (United Nations, New York, 2009), p. 40.

Ⅳ. 국제비확산체제의 문제점

1. 주요국의 비확산조약 불참

국제비확산체제는 국가의 자발적인 참여에 의존하기 때문에 확산 우려국의 대부분이 비확산조약이나 다자간 수출통제체제에 가입하지 않고 있어 비확산 효과가 매우 제한적이다. 아울러 일부 국가들은 비확산체제의 목적과 정치적, 철학적으로 맞지 않고 군사적 민감품목의 공급국이 아니라는 이유로 체제에 참가하지 않고 있다. 먼저 NPT는 사실상 핵무기를 보유하고 있는 인도, 파키스탄, 이스라엘은 처음부터 NPT에 가입하지 않았으며 북한은 일방적으로 선언하고 탈퇴하였다. CWC는 이집트, 북한, 소말리아 및 앙골라 등 화학무기를 개발 또는 보유하고 있는 국가들이 아직 가입하지 않고 있어 인접국들도 개발, 보유를 계속할 것이 우려되고 있다. 탄도미사일의 확산방지를 위한 최초의 국제정치적 문서인 헤이그 행동규범(HCOC)은 법적 구속력이 없는 정치적 합의에 불과하며 미사일 확산국가로 알려진 중국, 북한, 이란, 시리아, 인도, 파키스탄은 참가하지 않고 있다.

2. 용어 정의의 부재 또는 불명확성

비확산 조약, 다자간수출통제 규범 및 안보리 결의 등 국제문서에서 정의를 명확하고 구체적으로 표현하면 의무가 명료하게 되어 준수의 범위를 보다 분명히 판단하는데 도움이 된다. CWC 부속서(Annex)의 경우는 정의에만 5페이지가 할애될 정도로 매우 자세하다. NSG의 핵 이전에 관한 지침 및 호주그룹 통제목록의 정의도 정확하게 기술되어 있다. 반면 용어에 대한 정의의 부재 또는 모호한 문구의 사용은 각국의 이행에서 상이한 결과를 초래할 수 있다. 가령 NPT는 핵무기나 핵 폭발장치에 관하여 정의하고 있지 않다. 안보리 결의 1540호는 운반수단, 비국가행위자, 관련 물자는 정의가 너무 간단하게 기술되어 있어 그 결과 특히 관련 물자(related materials)의 경우 통제해야 할 품목이 구체적으로 무엇인지 알 수 없다.6) 아울러 적절하고 효과적인(appropriate and effective) 법령, 물리적 방호조치(physical protection) 및 국경단속(border control)의 용어도 모호하다. 국경단속의 경우 물품과 사람에만 적용되는 것인지가 불분명하다. 요컨대 이러한 상황에서 효과적인 이행과 집행은 당사국들이 이처럼 모호한 정의를 어떻게 해석하고 적용하느냐에 달려 있다.

3. 비국가행위자에 대한 규제 결여

국제비확산체제의 무기 관련 기술의 생산, 보유, 거래에 관한 모든 제한이 국가를 대상으로 하고 있을 뿐 국제적으로 비국가행위자와 기업 등 민간 당사자에 대한 실체적인 제한이 없다는 점이다. 물론 다자간 수출통제체제 참가국들이 개별적으로 국내 입법을 통하여 문제를 해결하고 있지만 많은 국가들은 아직 수출통제의 제도적 장치가 부족하거나 제도조차 없는 실정이다.[7]

NPT의 경우 제9조는 모든 수령국(any recipient whatsoever)으로 또는 모든 이전국(any transferor whatsoever)으로 부터의 이전을 금지한다. 그러나 이러한 법적 의무는 NPT 당사국인 국가에만 부과되는데 이는 NPT가 국가들만의 서명을 위해 개방되기 때문이다. 기업 등 비국가행위자에게 의무가 부과되지 않은 것은 첫째, 역사적으로 핵무기 개발 및 제조는 전문적이고 자원 집약적이어서 전적으로 국가의 영역에 속한 일이었기 때문이고, 둘째는 국가만이 조약을 체결할 수 있고 국제법의 적용대상이라는 선입견 때문이었다. 이러한 사고는 국제법에 대한 전통적인 접근에 기인하며 대부분은 타당하지만 절대적인 것은 아니다. 국제협정의 당사자는 국가뿐 아니라 적어도 하부국가행위자(연방국가의 주정부, 해외영토), 초국가행위자(EU · ASEAN 등), 국제기구 또는 국제사법재판소로 확대되어 왔다.[8]

---

6) 당초 안보리는 이중용도 물자(double-use goods)라는 용어를 원했지만 그럴 경우 안보리 결의 1540호의 채택과 이행이 어렵게 될 것으로 우려하여 포기한 것으로 알려졌다. 그러나 이는 결과적으로 안보리 결의 1540호가 바세나르협정과 쟁거위원회에서 전문가들이 수년간 이중용도 물자를 다루어 왔던 노력을 무시한 것이다. Lars Olberg, "Implementing Resolution 1540: What the National Reports Indicate," *Disarmament Diplomacy*, Issue No. 82 (Spring 2006).

7) Nathan E. Busch and Daniel H. Joyner (eds), *Combating Weapons of Mass Destruction: The Future of International Nonproliferation Policy* (The University of Georgia Press, 2009), pp. 180-181.

민간 기업은 아직 국제조약의 직접적인 적용대상이 아니나 국제사회에서 그 중요성이 증대하고 있다. 인권과 국제형사법 분야에서는 개인이 국제법의 대상이다. 특히 과거 수년간 핵에너지의 민영화, 기술진보, 세계화 및 군수산업의 성장 결과 기업에 의한 이중용도 품목의 판매뿐만 아니라 세계 어디로든 운송이 가능하게 되었다. 그리하여 정부가 부분적으로 기업으로부터 필요한 장비와 물자를 구매하여 핵무기를 개발하는 분위기가 조성되었고 불행히도 1970년대 말에서 1980년대 초까지 파키스탄 칸 박사의 네트워크와 같은 핵기술의 불법 거래 등에 의한 핵확산이 가속화되는 상황이 발생하게 되었다.9)

이란과 관련된 사건에서도 민간부문(private sector)이 연루된 적이 있었다. 1980년대에 유령회사(front company), 대학 및 개인으로 구성된 네트워크가 외국기업으로부터 상당수의 이중용도 부품을 구매하는데 이용되었다. 이들 부품들은 대부분 가스 원심분리기 생산에 사용 가능한 것으로서 독일, 영국, 스위스 및 미국 회사들로부터 조달되었다. 이중용도 품목이 이러한 방식으로 오용되는 것은 매우 우려스러운 일이며 세계 산업의 상당한 희생 없이는 해결하기 어려운 사안이다.10) 요컨대 현행 NPT에는 개인, 기업, 테러리스트와 테러단체 등 비국가행위자의 핵무기 및 관련 물자의 취득을 규제하는 조항이 없어 비국가행위자의 WMD 확산에 대처하지 못하는 등의 문제점을 낳았다.

---

8) Joshua Masters, "Nuclear Proliferation: The Role and Regulation of Corporations," *The Nonproliferation Review*, Vol. 16, No. 3 (November 2009), pp. 349-350.
9) 칸 박사의 네트워크에 관한 자세한 내용은 Gordon Corera, *Shopping for Bombs: Nuclear Proliferation, Global Insecurity, and the Rise and Fall of the A. Q. Khan Network* (Oxford University Press, 2006) 참조.
10) Joshua Masters, *supra* note 8, pp. 348-349.

제3절	다자간 수출통제체제의 한계

1. 다자체제의 비공식 구조 및 제도적 결함

다자간 수출통제체제(이하 다자체제라고 함)는 조약이 아니고 신사협정이기 때문에 본래부터 법적 구속력이 없는 태생적 결함(birth defect)을 갖고 있다. 더구나 다자체제는 참가국들이 국가 재량의 원칙을 토대로 관련 법령을 집행하기 때문에 허가 결정이 참가국들 간에 항상 일관적이지 않다. 국가 재량에 근거한 다자체제에서는 한 참가국이 수출 거부한 동일한 품목을 다른 참가국이 허가를 승인하는 경우가 발생한다. 결국 참가국 정부들은 다자체제상의 의무를 자국의 산업 및 경제적 이익에 유리한 방향으로 해석하기 때문에 효과적이고 일관된 수출통제를 저해한다.

아울러 다자체제 참가국 간에 수출통제 지침 및 통제목록의 개정 등 결정사항에 대한 이행 시기와 이행범위에 있어서 차이가 크다. 전혀 이행하지 않는 국가도 있고 이행을 하더라도 6개월, 1년 또는 그 이상의 기간이 소요되어 어느 국가에서 통제되는 품목이 다른 국가에서는 통제되지 않아 수출통제의 효과를 저해하는 것이다.[11] 그리고 어느 체제도 이행검증 시스템 및 위반 제재 등 강제수단이 없어 수출통제의 실효성에 한계가 있다.

다음으로 국가정책에 있어서 무역자유화와 수출통제 간의 충돌이 증가하고 있다. 고용 창출과 유지 및 확대는 국가정책에 있어서 최우선 관심 사항이다. 이는 국제무역 의존도가 크고 무역부처가 수출통제 정책 수립 및 집행에 핵심 역할을 하는 공급국의 경우에는 특히 그렇다. 예를 들면 러시아와 구소련 연방 국가들은 수출통제보다는 수출촉진 특히 군수물자의 수출증진에 큰 혜택을 부여하고 있다.[12]

---

11) 예를 들면 미국은 2008년 11월 MTCR 총회에서 개정, 의결된 통제품목을 이행하기 위해 EAR Part 774(Commerce Control List)를 개정하여 2009년 11월 9일부터 시행함으로써 국내적 이행에 1년이 소요되었다. 관련 세부내용은 연방관보 Federal Register/Vol. 74, No. 215 (Nov. 9, 2009)/Rules and Regulations 참조.

12) Derek Averre, "Export Controls and the Global Market: The Southern Vector in Russia's Arms Exports," *The Monitor: Nonproliferation, Demilitarization and Arms Control*, Vol. 3

2. 수출통제 지침의 모호성

수출통제 지침이 극히 모호하여 참가국의 약속사항에 대한 이행의 정도를 파악하기가 어렵다. 가령 MTCR의 경우 Category Ⅰ 품목의 이전을 고려함에 있어서 지침은 그 목적과 관계없이 "만약 참가국 정부가 MTCR 지침 제3항의 고려요소를 포함한 모든 요소에 따라 평가된 이용 가능하고 설득력 있는 모든 정보를 바탕으로 이전대상 품목이 WMD 운반수단에 사용될 의도가 있고 그 이전을 거부해야 할 필요성이 높다고 판단하면 이전을 특히 자제해야 한다."13)고만 규정하고 있을 뿐이다. 그러므로 최종사용자의 위협과 지위에 관한 결정은 각각의 경우에 적절한 자제(restraint)의 정도 및 의도의 판단기준과 함께 권위적 해석이나 객관적 기준이 없이 그리고 투명한 검증절차 없이 오로지 열거된 몇 가지 요소에 근거한 참가국의 재량에 맡겨져 있다.14)

또 다른 예로 NSG 지침의 비확산 원칙에 따르면 공급국은 수출이 WMD 확산에 기여하지 않을 것이라고 판단되면 핵 민감품목의 수출승인을 허용한다. 아울러 NSG에는 원자력 전용품목의 목록(Trigger List)이 있지만 거래금지 대상 국가들의 목록은 없다. 더욱이 NSG 지침은 수출이 군사용으로 불법 전용될 가능성에 관하여 국가 스스로 위험을 평가하도록 요구하고 있다.15) 아울러 국내 제도의 차이로 인하여 국가들 간에 수출통제 집행능력이 다를 수 있다. 그리고 수출통제 집행에 있어서 어떤 기준을 적용할 것인지도 문제이다. 예를 들면 NSG 참가국들은 핵 수출 시 국제원자력기구(IAEA)의 전면 세이프가드를 요구하지만 쟁거위원회는 핵 관련 품목을 수령하는 시설에만 IAEA 세이프가드를 요구한다.

(1997), pp. 1, 3－7.

13) Guidelines for Sensitive Missile－Relevant Transfers, para. 2.

14) Daniel H. Joyner, "Restructuring the Multilateral Export Control Regime System," *Journal of Conflict and Security Law*, Vol. 9, No. 2 (2004), p. 188.

15) Michael Beck, "Reforming the Multilateral Export Control Regimes," *The Nonproliferation Review*, Vol. 7, No. 2 (Summer 2000), p. 95.

3. 기술변화와 확산에 대한 수출통제의 문제점

기술의 변화와 확산이 효과적인 수출통제를 가로막는 걸림돌이다. 다시 말해 수출통제가 급속한 기술발전을 따라가지 못하고 있다. 이는 첫째, 기술의 성숙함으로 인하여 비교적 잘 알려지고 표준화된 기술은 시장에서 즉각 획득할 수 있기 때문에 국가들은 더욱 용이하게 무기를 생산할 수 있다. 둘째는, 제품 생명주기(life cycle)의 가속화와 기술혁신으로 인하여 기술발전의 속도가 정책대응의 속도를 앞서가고 있다.16)

셋째는 기술의 변화성이다. 이제 민간용과 군사용 기술 간의 구분이 모호해지고 있다. 제2차 대전 후 초기에 군사 연구개발(R&D)은 방위수요의 충족뿐만 아니라 민간용도로도 파급(spin-off)이 되었지만 오늘날은 그 반대로 민간기술이 군사용으로 파급(spin-on)되는 현상이 증가하고 있어 무엇이 군사적으로 민감한 기술인지를 정의하기가 더욱 어렵게 되고 있다. 게다가 전후 많은 국가에서 국방지출의 감소로 인해 무기 개발과 생산에 있어서 공동 R&D 및 제조는 물론 절충교역(offset trade)17) 계약 및 기업 간 기술교류 등 점차 국제적인 양상을 띰에 따라 기술보급의 속도와 범위를 촉진하고 감시를 더욱 어렵게 함으로써 비확산 수출통제의 문제가 가중되고 있다.

넷째는 기술의 무형이전(ITT)18)이다. 이는 이메일, 전화, 팩스 등의 수단을 통하여 기술데이터(technical data)가 외국 또는 비거주자에 이전 또는 제공되는 것으로서 무형기술과 무형이전 수단이 전통적인 통제 및 감시 방법에 덜 민감하므로 관련 수출통제의 엄격한 이행과 집행이 필요하다. 이와 관련된 또 하나의 이슈는 인적이동의 통제이다. 예를 들면 민감한 군사분야 및 WMD 관

---

16) 예를 들면 매 2년마다 실리콘 프로세서의 속도가 2배로 증가하고, 매 5년마다 압축효율이 데이터를 1/30 크기로 축소한다. 광섬유에 중요한 레이저 다이오드는 매 3.5년마다 속도가 배증하고 있다. Michael D. Beck et al. (eds), *To Supply or To Deny* (Kluwer Law International, 2003), p. 11.

17) 절충교역(offset trade)은 외국으로부터 무기 또는 장비 등을 구매할 때 국외의 계약상대방으로부터 관련 지식 또는 기술 등을 이전받거나 국외로 국산무기·장비 또는 부품 등을 수출하는 등 일정한 반대급부를 제공받을 것을 조건으로 하는 교역을 말한다. 방위사업법 제3조 (정의) 제6호.

18) 기술의 무형이전(ITT)에 관한 자세한 논의는 강호, "전략기술의 무형이전 통제," 제1권 창간호 (한국안보통상학회, 2007), pp. 103-122 참조.

련 분야의 과학자 및 기술자들이 WMD와 미사일 획득을 원하는 국가 및 단체들의 금전적 유혹을 받아 이동하는 일이 국제사회에 중대한 우려가 되고 있다.[19]

4. 다자간 수출통제체제의 보편성 결여

다자체제의 참가국은 2021년 9월 기준으로 MTCR 35개국, WA 42개국, AG 42개국, NSG 48개국 등 35~48개 국가에 불과하여 유엔 총 회원국 193개국의 18~25%에 그치고 있다. 비록 안보리 결의 1540호에 의해 모든 국가에 수출통제의 이행과 집행이 의무화 되었지만 실제 이행하는 국가는 193개 유엔 회원국 중 76개국(39.6%)에 그쳐 저조한 실정이다. 1980년대 이후 자체적으로 WMD와 그의 운반수단인 미사일의 개발능력을 갖춘 나라의 수가 이례적으로 증가했다.

예를 들면 최소한 핵 능력이 있는 44개 국가 중에서 40개국만이 NSG에 참가하고 있다. 더구나 인도, 파키스탄, 이스라엘과 북한은 핵무기를 보유하고 있음에도 불구하고 NSG에 참가하지 않고 있다. 최소한 20여 국가들이 이미 단·중거리 미사일 개발능력이 있는데도 이들 중 대부분은 MTCR에 불참하고 있다. 아울러 자체 화학무기 및 생물무기 개발능력을 보유한 중국, 이집트, 이란, 미얀마, 북한, 시리아, 베트남, 파키스탄 등 14개국은 아직 호주그룹에 가입하지 않은 상태이다. 다자체제의 참가국 수가 적은 이유 중의 하나는 무기 개발 및 생산 관련 이중용도 품목의 공급국이거나 생산능력이 있는 국가를 가입조건으로 하기 때문이고 또 하나는 사이프러스의 바세나르협정 가입을 터키가 반대하는 것처럼 정치적 이해관계로 특정국의 가입을 반대하는 국가가 있기 때문이다. <표 12-2>는 다자간 수출통제체제별 참가국 현황을 나타낸 것이다.

---

19) Jing-Dong Yuan, "The Future of Export Controls: Developing New Strategies for Non-proliferation," *International Politics*, Vol. 39 (June 2002), pp. 140-141.

표 12-2 다자간 수출통제체제 참가국 현황

No.	국가명	NSG(48)	AG(42)	WA(42)	MTCR(35)
1	그리스	O	O	O	O
2	남아공	O	X	O	O
3	네덜란드	O	O	O	O
4	노르웨이	O	O	O	O
5	뉴질랜드	O	O	O	O
6	대한민국	O	O	O	O
7	덴마크	O	O	O	O
8	독일	O	O	O	O
9	라트비아	O	O	O	X
10	러시아	O	X	O	O
11	루마니아	O	O	O	X
12	룩셈부르크	O	O	O	O
13	리투아니아	O	O	O	X
14	멕시코	O	O	O	X
15	몰타	O	O	O	X
16	미국	O	O	O	O
17	벨기에	O	O	O	O
18	벨라루스	O	X	X	X
19	불가리아	O	O	O	O
20	브라질	O	X	X	O
21	사이프러스	O	O	X	X
22	세르비아	O	X	X	X
23	스웨덴	O	O	O	O
24	스위스	O	O	O	O
25	스페인	O	O	O	O
26	슬로바키아	O	O	O	X
27	슬로베니아	O	O	O	X
28	아르헨티나	O	O	O	O
29	아이슬란드	O	O	X	O
30	아일랜드	O	O	O	O
31	에스토니아	O	O	O	X
32	영국	O	O	O	O
33	오스트리아	O	O	O	O

34	우크라이나	O	O	O	O
35	이탈리아	O	O	O	O
36	인도	X	O	O	O
37	일본	O	O	O	O
38	중국	O	X	X	X
39	체크공화국	O	O	O	O
40	카자흐스탄	O	X	X	X
41	캐나다	O	O	O	O
42	크로아티아	O	O	O	X
43	터키	O	O	O	O
44	포르투갈	O	O	O	O
45	폴란드	O	O	O	O
46	프랑스	O	O	O	O
47	핀란드	O	O	O	O
48	헝가리	O	O	O	O
49	호주	O	O	O	O

출처: 필자 작성.
주: ○는 참가, ×는 불참.

5. 총의 의결방식의 문제점

다자체제는 설립문서 및 지침의 개정, 회원가입 결정, 통제목록 변경 등 모든 의사결정은 총의(consensus)[20] 방식으로 이루어지기 때문에 어느 한 국가라도 거부하면 안건이 의결되지 않는다.[21] 이러한 의결방식으로 인하여 기존 기술의 군사적 이용에 관한 정보를 포함한 기술변화에 대한 대응, 우려국의 새로

---

20) 의결방식에서 총의(consensus)란 일체의 공식적인 반대의 부재(absence of any formal objection)를 의미한다. 만장일치와의 차이는 총의는 서로 다른 의견을 조화하고 난제를 제거함으로써 문안에 합의하기 위한 집단적 노력으로 구성되는 교섭 및 의사결정의 기술을 의미하는데 그 과정은 의견 차이가 심한 세부사항은 덮어둔 채 참가국에게 기본적으로 수락 가능한 문안을 투표 없이 채택함으로써 절정에 달한다. 이에 반해 만장일치(unanimity)는 어떤 문안에 대하여 완전한 혹은 적극적인 합의가 존재하며 게다가 그 일반적 동의는 투표를 통해 강조된다. 김대순, 『국제법론』 제14판 (삼영사, 2009), p. 91; 유엔해양법협약 제161조 제8항(e).

21) Wade Boese, "GAO Says Multilateral Export Control Regimes too Weak," *Arms Control Today*, Vol. 32, No. 9 (November 2002).

운 불법 취득수단 및 기타 새롭게 부상하는 국제안보 위협에 대해 신속히 대응하지 못하는 문제점이 발생한다. 더구나 최근 참가국 수가 증가하고 있는데다 참가국들이 민감기술의 거래에 대한 위협과 우려에 관하여 매우 다양한 인식을 갖고 있어 문제를 더욱 어렵게 만들고 있다. 아울러 정치적인 이유 등으로 어떤 국가가 다른 특정국의 체제 가입을 반대하여 가입이 지연되거나 안 되는 경우가 발생하는 등 심각한 문제점이 야기되고 있다.[22]

6. 참가국 간 정보공유의 불충분

다자체제는 참가국들에게 수출허가를 승인 또는 거부한 사실을 완전히 공개할 것을 요구하지 않는다. 따라서 이러한 투명성의 결여로 인하여 다른 참가국이 거부한 품목을 수출하는 결과가 발생한다. 심지어는 정부가 수출업체에 의심되는 최종사용자와 계약을 추진하지 말라고 권고하는 비공식적인 제안마저도 공유하지 않는다. 다자체제에 따라 다르지만 대략 다자체제 참가국의 45~65%가 수출거부 실적을 전혀 보고하지 않았으며, 더욱이 많은 참가국이 허가 전에 상대국과 협의 절차를 거치고 협의 결과는 사실상 허가거부로 이어지지만 이러한 사실이 다른 체제의 참가국들과 거의 공유되지 않았다.

바세나르협정(WA)의 경우는 참가국의 거의 절반이 보고시한 내에 거부정보를 제공하지 않았다.[23] NSG 참가국의 상당수는 수출거부에 관한 정보를 공유하지 않고 있다. 미국은 1996~2001년 기간 중 호주그룹(AG) 관련 전략물자의 수출을 거부했던 27건에 관한 자료를 제출하지 않았다. 아울러 다자체제 참가국들은 다자체제에서 합의된 사항을 신속히 그리고 일사불란하게 국내법에 편입하지 않았으며 미국을 포함한 일부 국가는 합의사항을 국내법에 반영하여 집행하는데 1년이나 걸린 사례도 있었다.[24]

---

22) 일례로 2008년 12월 초 필자가 참석한 바세나르협정 총회에서 사이프러스의 가입 안건에 대하여 EU 국가들은 가입을 강력히 지지하였으나 사이프러스와 정치적 앙숙 관계인 터키 한 국가의 반대로 인해 번번이 좌절되고 있다.

23) Seema Gahlaut et al, "Roadmap to Reform: Creating a New Multilateral Export Control Regime," *Monitor* (October 2004), p. 10.

24) Michael Beck and Seema Gahlaut, "Creating a New Multilateral Export Control Regime," *Arms Control Today*, Vol. 32, No. 6 (July/August 2002).

7. 사무국 등 상설 조직의 부재

4개의 다자체제 중에서 WA는 상설 사무국을 갖고 있으나,[25] 나머지 AG, NSG, MTCR는 수출통제 지침과 통제품목 개정 등의 사업을 기획, 주관하고 관련 회의를 운영하는 사무국이 없어 참가국 집행의 효율성이 떨어진다. AG는 프랑스 주재 호주대사관, NSG는 비엔나 주오스트리아 일본대표부, MTCR은 프랑스 외무성이 각각 연락처(Point of Contact) 역할을 하고 있는 형편이다.[26] 아울러 각 체제는 독자적으로 운영하고 있고 상호 유사성이 있음에도 불구하고 교류와 협력이 별로 없는 상태이다.

제4절	WMD 비확산체제 강화

I. 핵비확산조약의 규범 강화

궁극적으로 핵무기 확산을 방지하기 위해서는 무엇보다도 NPT에 핵비보유국(NNWS)의 핵무기 개발, 수령 및 지원 요청 등의 금지뿐만 아니라 핵보유국(NWS)도 그에 상응한 핵 폐기와 IAEA의 사찰을 의무화해야 한다. 아울러 핵무기의 사용은 유엔헌장의 목적과 정신 및 인도법 등 기타 국제법에 반할 뿐만 아니라 무차별적인 고통을 초래하는 인류와 문명에 대한 범죄행위이므로 궁극적으로 NPT에도 핵무기의 사용을 금지하는 조항을 도입해야 한다. NWS는 비핵지대 조약 의정서에 서명, 비준하고 조약 당사국에게 핵무기에 대한 안전을 적극적으로 보장해야 한다.

---

25) 사무국 주소는 다음과 같다. Secretariat, Wassenaar Arrangement on Export Controls on Conventional Arms and Dual-Use Goods and Technologies, Mahlerstrasse 12, Stg. 6, 1010 Vienna, Austria (Tel: +43 1 960 03, Fax: +43 1 960 031 or 032).

26) 각 연락처는 다음과 같다. AG: Secretariat, RG Casey Building, John McEwen Crescent, BARTON ACT 0221, Australia (Tel: +61 2 6261 9399); NSG: <www.nsg-online.org/contact>; MTCR: The French Ministry for Europe and Foreign Affairs, 37, Quai d'Orsay - 75007 Paris (Tel: +33 1 4317 5353).

아울러 국제사회는 핵실험을 전면적으로 금지하는 포괄적핵실험금지조약(CTBT)을 하루속히 발효시켜야 한다. 특히 아직 상원의 비준을 얻지 못하고 있는 미국의 적극적인 노력이 요구된다. 그리고 NWS는 NNWS에게 핵무기에 대한 안전을 보장함으로써 핵 안보 불안에 의한 NNWS의 핵 개발 유혹을 갖지 않도록 해야 한다. 아울러 당사국의 일방적 사전통고만으로 탈퇴가 가능한 NPT의 탈퇴요건을 강화할 필요가 있다. IAEA는 핵물질의 군사적 전용을 방지하기 위한 추가 의정서(AP)의 보편성 확대와 함께 핵물질과 원자력시설에 대한 세이프가드체제를 더욱 보강해야 한다.

핵확산 및 테러 방지를 위하여 WMD, 미사일, 핵물질 운반이 의심되는 선박을 수색할 수 있도록 기국 관할의 예외로 인정하는 방향으로 유엔해양법협약을 개정할 필요가 있다. 가령 WMD 확산국가를 목적지로 핵무기와 핵물질의 운송이 의심된다고 믿을 만한 이유가 있는 선박에 대하여 위협이 충분할 만큼 크다면 이를 유엔 안보리에 통보하고 기국의 동의 없이도 승선, 수색, 압수할 수 있도록 허용하는 것이다. 1945년 트루먼 대통령이 대륙붕의 배타적 이용을 선언하자 타 국가들이 이를 수용하고 유사한 선언을 함에 따라 이 원칙이 유엔해양법협약의 일부로 승인된 사례가 있다.[27]

II. 생화학무기 비확산체제 강화

1. 생화학무기 조약의 규범 강화

BWC는 CWC와는 달리 금지 또는 통제대상인 생물작용제·독소·장비·시설에 대한 세부 목록(list)이 없다. 아울러 생물작용제 및 독소에 대한 정의가 명료하지 않으며, 생물무기의 운반수단(means of delivery)이 무엇인지에 대한 구체적인 언급이 없다. 그리고 방호의 목적, 신체보호의 목적 또는 기타 평화적 목적의 "정당화할 수 있는 수량(quantity justifiable)"에 대한 정의가 없다. 또한 BWC가 발효하기 전의 각 당사국이 폐기해야 하는 생물작용제에 대한 신고

---

27) Thomas Lehrman and Justin Muzinich, "Nuclear–free seas," *International Herald Tribune* (September 25, 2009), p. 6.

(수량) 의무가 없다.[28) 따라서 BWC의 효과적인 이행과 집행을 위해서는 이상 지적된 결점들을 보완하여 규범을 강화해야 한다.

CWC 제2조는 최루탄(tear gas) 등 독성화학물질의 군사적 사용을 금지하고 있지만 폭동진압 등 법 집행 목적의 경우에는 그 종류(type)와 수량(quantity)이 합당하는 한 독성화학물질의 보유 및 사용을 허용하고 있다. 그러나 이 조항에 의한 법 집행 면제의 요건이 매우 모호하여 펜타닐(fentanyl)과 같이 장시간 노출될 경우 중추 신경계통에 저하효과를 유발하는 보다 강력한 화학물질의 사용 가능성을 배제하지 못한다. 이러한 이유로 펜타닐과 같은 화학물질은 폭동진압 작용제로 분류되지 않고 행동불능화학제(incapacitant)로 취급되어 CWC 적용대상에서 제외된다. 아울러 법 집행 목적의 면제가 국내 경찰의 사용범위를 넘어 준군사부대(para military force)가 수행하는 반테러 활동에까지 적용되는지는 불분명하다.[29)

만약 일부 당사국들이 법 집행 면제를 너무 확대해석할 경우 차세대의 보다 강력한 행동불능화학작용제(incapacitating agents)의 개발·생산 및 사용을 허용하게 되는 큰 맹점이 초래될 수 있다. 따라서 법 집행 면제의 지나친 확대해석으로 초래되는 잠재적 위협을 최소화하기 위해서는 투명성의 제고가 시급하다. 그 첫 단계로 CWC 당사국들은 생산·비축한 행동불능작용제의 종류 및 수량의 신고에 합의해야 한다. 아울러 법 집행 목적에 사용될 수 있는 행동불능화학작용제의 종류 및 수량을 제한하는 방안도 고려되어야 한다.[30)

2. 검증체제의 도입 및 강화

일반적으로 국가는 국제조약상 의무의 준수를 의도하고 성실하게 조약을 체결한다고 여기지만 국가안보와 같이 국가의 사활이 걸린 문제가 관련된 경우에는 조약 당사국이 그 약속을 위반하지 않고 약속을 회피하지 않는다고 하는 특별한 보장이 필요하게 되는데 여기에서 검증(verification)의 필요성이 대두

---

28) Jorge M. Pedraza, *Nuclear Disarmament* (New York: Nova Science Publishers, Inc, 2009), p. 112.
29) Jonathan B. Tucker, "The Future of Chemical Weapons, *The New Atlantis*, No. 26, Fall/Winter 2010 (April 1, 2010), p. 14.
30) *Ibid*, pp. 14-15.

된다.31) 검증에는 중요한 신뢰구축(confidence-building)의 기능도 있다. 조약 당사국이 의무를 이행하고 있다는 증거를 제공한다든지 또 금지된 활동을 하지 않고 있다는 확인을 통하여 비확산 조치의 실행 가능성에 대한 국제적인 신뢰를 구축함으로써 당사국에게 자국의 국익이 보호되고 있다는 신뢰를 심어주는 역할을 한다.32)

아울러 검증은 협약을 위반하고 싶은 국가에게 적발될 우려를 갖게 함으로써 위반하지 못하도록 하는 예방적 기능을 수행하기도 한다. 가령 국제적으로 의심받는 국가가 있는 경우 검증은 이러한 국가의 의심을 해소하는데 유용한 장치가 된다. 그러나 완벽한 검증이란 기대하기 어려우며 검증에는 불확실한 요소가 있으므로 사소한 문제를 가지고 너무 따지게 되면 협약 자체가 위험에 처할 가능성도 있다. 협약 당사국들은 어느 정도 속임수를 허용할 것인지를 결정해야 하며 그에 따라 용인할 수 있는 불확실성의 정도가 검증의 척도가 되는 경우가 많다.33)

화학무기는 고성능의 재래식 무기나 고도의 기술을 필요로 하는 핵무기와 비교하여 생산비용이 적게 들고 실험실이나 화학공장에서 비밀리에 생산이 가능하기 때문에 모든 화학무기의 폐기 기한인 2012년 4월 이후에도 당사국들이 화학무기를 개발 및 보유 등을 하지 않도록 확실하게 검증하는 것이 중요하다. CWC가 강력한 검증체계를 구축했음에도 불구하고 완벽한 검증이 가능한 것은 아니다. 즉 해당국이 협조하지 않으면 이를 효율적으로 검증하기가 사실상 불가능하다.

한편 화학무기금지기구(OPCW)의 사찰 관련 예산의 제약으로 인하여 검증 및 사찰 활동에 한계가 있으므로 OPCW 예산을 대폭 증가하여 사찰수요의 증가에 대응해야 한다. 아울러 특정 화학시설의 신고 여부 등 준수에 대한 모호함을 명료화하기 위한 강제사찰을 활성화하고 연간 수행하는 기타 화학생산시설(OCPF)에 대한 사찰횟수를 늘릴 필요가 있다.34)

---

31) 淺田正彦 譯, 『軍縮條約ハンドブック』(日本評論社, 1994), p. 187.
32) 상게서, p. 188.
33) 류광철 외, 『군축과 비확산의 세계』, (평민사, 2005), p. 135.
34) 사찰수요의 증가에도 불구하고 OPCW의 예산 규모는 2010년까지 5년 연속 745만 유로를 유지하는데 그쳤다. Jonathan B. Tucker, *supra* note 29, p. 21. 그러나 2020년의 예산은 7,096만 유로로 2010년에 비해 약 10배 증가하였다.

BWC의 경우는 이행검증 또는 당사국의 위반을 발견하기 위한 검증장치가 없다. 따라서 협상이 중단된 검증의정서에 합의하여 검증체제를 조속히 도입해야 한다. 아울러 검증을 수행할 국제기구 또한 조속히 설립되어야 한다. 궁극적으로는 국제기구를 설립하되, 설립 전 잠정적인 대안으로는 OPCW를 이행감시기구로 지정하여 활용하거나 유엔사무국 내에 설치된 특별이행기구(Special Implementation Unit)를 활용하는 방안이 있을 수 있다.

3. 화학·생물테러 위협 및 대응

종래에는 국가들이 주로 화학무기를 사용하였으나 현재는 알카에다 등 테러단체에 의한 화학무기의 개발 또는 사용 가능성이 크게 우려되고 있다. 가령 1994~95년 일본 옴진리교가 동경 지하철에서 민간인을 사린가스로 공격한 적이 있었다. 당시 옴진리교는 당시 광범위한 전문지식 및 자금 능력에도 불구하고 다량의 사린가스를 확보하지 못하였다. 이러한 어려움 때문에 장차 테러리스트들은 화학공장이나 화학물질의 운송 차량을 목표물로 노릴 가능성이 더욱 커졌다.[35] 따라서 각국은 화학무기의 개발·사용을 범죄로 규정하고 처벌하는 등 국내 법제를 포괄적으로 정비하여 테러조직 등에 의한 화학무기의 개발 및 획득 시도를 예방해야 한다.

생물작용제는 다른 WMD에 비하여 제조비가 저렴할 뿐만 아니라 비교적 제조가 쉽고 자연 속에서 발견될 수 있다. 이러한 이유로 인해 생물무기는 테러리스트에게 매력적이다. 아울러 생물작용제의 연구 및 생산시설은 여타 WMD의 생산시설에 비해 은폐가 용이해서 테러단체들이 추진하는 생물무기 프로그램을 색출하기가 어렵다. 게다가 발효기 등 생물무기 제조 장비는 합법적인 민간용으로 널리 사용되고 있다. 따라서 이에 대응하기 위해서는 BWC를 강화하고 회원국의 보편성 확보를 적극 추진해야 한다. 아울러 일반인에게 생물무기의 위협에 대한 보다 많은 정보를 제공하고 비상 시 대처법을 알려주는 것이 필수적이다.[36]

---

35) Melissa Gillis, *Disarmament: A Basic Guide* (New York: United Nations, 2009), p. 35.
36) *Ibid*, pp. 40-41.

4. CWC 통제목록 업데이트

생화학무기의 비확산을 위해서는 평화적·군사적 사용이 가능한 이중용도 화학물질, 생산장비 및 기술을 악의적 이용으로부터 보호하는 것이 중요하다. 그러나 CWC에는 이중용도 화학시설이 화학무기 생산에 전용되는지를 검증하는데 있어서 중요한 사항이 결여되어 있다. 먼저, 현행 금지대상 화학물질 목록(제1~3종)은 1980~90년대 CWC 협상 당시 작성된 것으로 CWC 발효 이후 현재까지 업데이트가 되지 않아 최근 개발된 화학무기 작용제와 그 전구물질이 포함되어 있지 않다. 물론 일반목적기준(General Purpose Criterion)에 의해 모든 화학작용제 또는 전구체가 군사적 목적으로의 개발 또는 생산이 금지되고 있지만 금지목록에 없는 독성화학물질을 제조하는 시설은 정기사찰 대상에서 제외되는 문제가 있다.[37]

CWC에는 검증제도가 기술변화에 따라갈 수 있도록 목록을 갱신하는 신속한 절차가 있지만 지금까지 당사국들이 그 절차의 이용을 주저해 왔다. 그 이유 중의 하나는 신규 화학무기작용제와 그 전구물질을 추가하면 당해 물질의 분자구조와 같은 민감한 정보가 공개되어 확산국가와 테러리스트가 악용할 수 있기 때문이다. 결국 통제목록에 수록되어 있지 않은 화학무기작용제의 생산시설은 정기사찰의 대상이 아니므로 위반을 적발하는 유일한 방법은 강제사찰을 활용하는 것이다. 따라서 CWC상의 이행의무 회피 및 실효성의 저해를 방지하기 위해서는 당사국들이 위반혐의 사례를 추적하는 강제사찰 메커니즘을 동원하는 정치적 의지를 보이든지 아니면 국내 및 국제적으로 일반목적기준을 집행하는 대안을 강구해야 한다.[38]

Ⅲ. 미사일 조약 제정 및 검증기구 설립

현재 국제사회는 탄도미사일 확산방지를 위한 국제협정이 없으며, 상당한 보편성을 갖춘 헤이그행동규범(HCOC)이 있으나 이는 법적 구속력 없는 정치적

---

37) Jonathan B. Tucker, *supra* note 29, p. 5.
38) *Ibid.*

약속문서에 불과하다. 역시 법적 구속력이 없는 미사일기술통제체제(MTCR)가 미사일의 확산을 방지하고 있으나 미흡한 실정이다. 따라서 HCOC와 MTCR의 한계성을 극복하여 탄도미사일의 효과적인 비확산을 위해서는 MTCR 지침을 바탕으로 국제협상을 통해 비확산조약(NPT, CWC, BWC)과 유사한 형태로 탄도미사일의 개발, 생산, 이전 등의 금지를 주요 내용으로 하고 법적 구속력을 갖는 조약의 제정을 전향적으로 검토할 필요가 있다.

이때 국제협상에서는 미사일의 개발, 배치, 판매 금지 등의 약속을 대가로 민간 우주기술에 대한 접근확대와 우주개발 계획 참여기회 등의 유인(incentive)을 제공하고, 이와 함께 미사일 국제규범의 준수 및 거래에 대한 세이프가드(safeguards)의 개발 및 집행을 담당하는 검증 및 사찰기구를 설립하는 방안이 포함되어야 한다.[39] 국가들이 미사일을 개발하는 두 가지 주요 동기는 기술발전에 대한 욕구와 안보위협에 대처할 필요성이다. 이러한 동기를 무력화시키려면 인센티브와 안보보증, 즉 비참가국들에게 미사일 기술을 개발하지 않도록 유인을 제공하고 기존의 미사일 개발을 포기함으로써 얻는 긍정적인 이득을 제공하고 안보보증을 확립해야 한다.[40]

Ⅳ. 유엔 안보리 입법기능 확대

유엔 안보리 결의 1540호의 예처럼 유엔헌장 제7장에 의거한 안보리의 결정은 모든 국가의 이행과 집행이 강제된다는 점에서 법적 구속력과 보편성이 확보되고 국가 외에도 개인 · 기업 · 테러리스트 또는 테러단체의 확산행위를 규율하며 특정 사태가 아닌 세계 전반적인 사안에 대한 새로운 국제규범과 집행기구를 창설하여 긴급 사태 및 과제에 신속히 대응함으로써 기존 WMD 관련 조약과 다자간 수출통제체제의 공백을 메워주는 등 비확산체제를 보강하는 중요한 기능을 수행하고 있다. 아울러 대북제재 안보리 결의 1874호의 예처럼 공

---

39) Michael Barletta and Amy Sands (eds), "Nonproliferation Regimes At Risk," *CNS Occasional Paper*, No. 3 (November 1999) 참조.
40) Ian R. Kenyon et al, "Missile Proliferation and Defenses: Problems and Prospects," *CNS Occasional Paper*, No. 7 (July 2001), p. 22.

해상에서 WMD와 미사일 및 관련 물자의 적재가 의심되는 선박에 대하여 기국의 동의하에 임검 및 압수를 가능하게 함으로써 확산방지구상(PSI)의 저지 활동에 법적 근거를 제공하였다. 따라서 앞으로도 국제평화에 대한 위협, 평화의 파괴 등에 관한 사안으로서 관련 조약이 없거나 기존 조약과 다자수출통제 체제가 대처하기에 미흡한 긴급하고 중요한 사안의 해결책으로서 유엔 안보리의 입법 및 제재 기능이 더욱 확대되어야 할 필요가 있다.

V. 보편성의 개선

보편성(universality)의 개선 문제는 우려 여부를 불문하고 모든 국가들에게 해당되는 사안이다. 국제비확산체제의 규범이 실효성을 거두기 위해서는 WMD, 미사일 및 관련 물자의 보유, 생산 국가뿐만 아니라 그 외의 모든 국가들의 참여가 필요하다. 특히 CWC의 경우는 화학산업의 참여를 통해 협약 이행의 투명성을 최대한 확보하는 것을 목표로 하기 때문에 보편성 개선의 의미가 매우 크다고 할 수 있다.

먼저 WMD를 보유 또는 개발하는 국가들을 비확산조약에 편입시켜야 한다. 비공식 핵무기 보유국인 인도, 파키스탄, 이스라엘, 북한의 NPT 가입과 함께, 시리아, 이집트, 북한, 소말리아 및 앙골라의 CWC와 BWC의 가입이 우선 선행되어야 한다. 아울러 중국, 인도, 파키스탄, 남아공, 말레이시아 등을 PSI에 참가시키기 위한 다각적인 외교적 노력이 필요하다. <표 12-3>은 주요국의 비확산체제의 가입 또는 참가 현황을 표시한 것이다.

다자체제 비참가국으로부터의 조달 우려가 제기되고 최근에는 일부 개도국의 경제 및 기술발전에 따라 그러한 우려가 커지고 있는 상황에서 새로운 공급국으로 부상한 신흥국가들을 다자체제에 참여시켜 비확산체제를 공고히 할 필요가 있다. 이에 대해 일부에서는 다자체제의 실효성을 유지하기 위해서는 엄격한 수출통제를 위한 국내제도의 정비 및 이행 능력이나 의사가 없는 국가의 참가는 오히려 다자체제의 기능을 저하할 우려가 있으므로 참가국의 대폭적인 확대는 곤란하다는 견해도 있으나 기우에 불과하다.[41] 아울러 일부 개도국들은 "다자체제가 폐쇄적인 선진국 그룹이고 기술무역을 카르텔(cartel) 또는 과점(oligopoly) 형태로 제한함으로써 개도국의 발전을 저해하고 상업적 경쟁국의 출현을 방지한다."[42]고 하는 비판적인 시각도 있어 다자체제가 발전시켜 온 높은 수준의 기준을 다자체제 참가국 이외에 널리 보급하기가 결코 쉬운 일은 아니다.

표 12-3 주요국의 비확산체제 가입/참가 현황

No.	국가명	NPT	CWC	BWC	CTBT	NSG	MTCR	IAEA사찰
1	남아공	R	R	R	R	P	P	ALL
2	대한민국	R	R	R	R	P	P	ALL
3	러시아	R	R	R	R	P	P	SOME
4	리비아	R	R	R	R	N	N	ALL
5	미국	R	R	R	S	P	P	SOME
6	미얀마	R	S	S	S	N	N	ALL
7	베트남	R	R	R	R	N	N	ALL
8	북한	N (탈퇴)	R	N	N	N	N	N
9	사우디	R	R	R	N	N	N	N
10	수단	R	R	R	R	N	N	ALL
11	시리아	R	N	S	N	N	N	ALL
12	알제리	R	R	R	R	N	N	ALL
13	영국	R	R	R	R	P	P	SOME
14	유고슬라비아	R	R	R	R	N	N	ALL
15	에티오피아	R	R	R	R	N	N	ALL
16	이라크	R	N	R	N	N	N	ALL
17	이란	R	R	R	S	N	N	ALL
18	이스라엘	N	S	N	S	N	준수	SOME

41) 市川とみ子, "大量破壊兵器の不擴散と國連安保理の役割," 『國際問題』, 第570号 (2008年 4月), pp. 61-62.
42) Andrew Latham and Brian Bow, "Multilateral Export Control Regimes: Bridging the North-South Divide," *International Journal*, Vol. 53, No. 3 (Summer 1998), pp. 465-486.

19	이집트	R	N	S	S	N	N	ALL
20	인도	N	R	R	N	일방 준수	일방 준수	SOME
21	인도네시아	R	R	R	S	N	N	ALL
22	중국	R	R	R	S	P	일방 준수	SOME
23	카자흐스탄	R	R	N	R	N	N	ALL
24	쿠바	R	R	R	N	N	N	ALL
25	태국	R	R	R	S	N	N	ALL
26	파키스탄	N	R	R	N	N	N	SOME
27	프랑스	R	R	R	R	P	P	SOME

출처: Paul K. Kerr, "Nuclear, Biological, and Chemical Weapons and Missiles: Status andTrends," *CRS Report for Congress RL30699* (February 20, 2008), p. 25.

주: R=비준 or 가입, P=참가, S=서명 후 비준하지 않음, All=모든 핵시설, Some= 일부 핵시설,

N=미가입 또는 미참가, 준수=MTCR 지침을 준수하기로 미국과 협정 체결,

일방 준수=MTCR 기준을 초과하는 미사일을 수출하지 않기로 일방적으로 선 언한 국가.

VI. 벌칙 도입 및 제재 강화

앞서 살펴본 바와 같이 NPT와 BWC에는 조약상 의무 불이행에 대한 제재 조항이 없다. BWC는 당사국의 협약위반 사항 발견 시 유엔 안보리에 청원할 수 있고 안보리의 조사에 협력할 의무만 있을 뿐이다. CWC는 위반 당사국의 권리를 제한하거나 정지할 수 있고 중대한 사안은 안보리에 회부하여 그 처리 를 의뢰하고 있다. 일반적으로 제재는 집행수단으로서 매우 중요하며, 비확산체 제에서 제재는 규범 위반을 방지하고 위반 시 처벌을 통하여 재발을 방지하는 데 필수적이다. 따라서 NPT와 BWC는 주기적인 검토회의(Review Conference)를 통하여 조약위반 당사국에 대한 제재조항의 도입을 적극 검토할 필요가 있다.

아울러 WMD 관련 조약의 당사국은 집행의 실효성을 높이기 위하여 위반 에 관한 조항이 없는 국가는 관련 법규에 벌칙을 도입하고 이미 있는 국가는

벌칙을 강화하되 운용 면에서는 벌칙의 비례성을 유지할 필요가 있다. 즉 사소한 위반이 엄청난 처벌을 초래해서는 안 되며 중대한 위반이 솜방망이 처벌로 그쳐서도 안 된다. 그리고 비확산체제의 당사국 또는 참가국이 체제 의무를 이행하고 조정할 특별한 집행기구의 설치가 필요하다.

이 집행기구에 다음과 같은 권한을 부여한다. 첫째, 통제대상 국가 또는 단체로부터 관련 정보를 수집·분석하고 이를 체제의 관련 기구에 제공하는 등 체제의 보고의무를 실행해야 한다. 둘째, 이중용도 품목에 대한 허가제를 실시해야 한다. 셋째, 각국의 관할 영역 내에서 수행되는 현장감시 및 검증 활동이 신속히 이루어지도록 해야 한다. 넷째, 비확산에 관한 주요 법 집행과 책임을 가져야 하며 다른 국가들과 협력해야 한다.[43]

WMD와 미사일 확산의 일차적 동기가 이념적이 아닌 금전적인 것이기 때문에 가장 효과적인 벌칙은 부정적인 경제적 결과를 초래하게 하는 것이다. 만약 무기 관련 민감품목을 판매하여 이윤을 추구하려 한다면 그 이익을 훨씬 능가하는 과징금 등의 벌칙을 부과하면 거래자에 의한 시장참여의 동기가 상당히 수그러들 것이다. 그리고 여기에 은밀한 판매 활동을 적발하는 노력이 부가되면 벌칙 규정만으로도 확산이 비즈니스에 나쁜 리스크로 작용할 것이다.[44]

외교적 조치, 경제원조의 철회 및 수입제한 등 국제규범 위반에 대한 제재 중에서 가장 덜 강제적인 것이 외교관의 추방 등 외교특권의 거부 또는 정지, 공식적인 외교적 항의 제기, 문화교류의 중단 및 이륙권의 종결이다. 이러한 외교적 제재는 모든 국가에 의해 일관되게 적용된다면 비확산 집행에 의미가 있을 수 있다. 더 강제적인 조치는 비확산 정책의 준수를 개발원조와 연계시키는 것이다. 이 조치는 세계은행으로부터의 다자간 지원과 미국과 같은 부유한 국가들로부터의 일방적 지원을 포함할 수 있다. 가장 강제적이고 가장 중요한 조치는 비확산 규범의 위반이 발견된 국가, 민간단체 또는 기업으로부터의 수입을 다자적으로 제한하는 것이다.

---

43) Barry Kellman, *supra* note 17, p. 839.
44) *Ibid*, p. 842.

I. 다자체제의 기능개선

앞서 지적된 문제점을 해소하기 위하여 우선 각 다자체제는 가능한 한 지침의 수출통제 요건을 구체화하고 용어의 정의와 통제품목의 기술적 사양과 설명을 명료화하여 각국의 자의적인 해석을 방지하고 일률적인 집행이 이루어지도록 해야 한다. 아울러 통제품목이 개정되면 각국의 국내 반영에 필요한 이행 기한을 정하여 수출통제가 같은 시기에 적용될 수 있도록 해야 한다.

이와 관련 바세나르협정도 다른 다자체제와 같이 수출거부존중의 정책(no undercut policy)을 도입하여 타국이 수출 거부한 동일한 품목을 동일 수입자에게 수출 시에는 사전에 거부한 국가와 협의하도록 하고 가능한 한 수출을 거부해야 한다. 아울러 확산 활동의 발견, 축적에는 정보 수집 및 분석이 중요하다. 공통 데이터베이스(DB)를 구축하여 모든 관련 분석자들이 최대한 광범위한 분야에 걸쳐 정보(수출허가 승인 및 거부)를 수집하고, 세관의 적발 및 조사 등에 관한 정보 등을 공유해야 한다.[45]

이상과 같이 단기적으로는 다자체제를 유지, 개선하고 중장기적으로는 WMD 확산방지에 초점을 두고 기존 4개 다자체제를 최대의 효율적인 단일 기구로 통합하는 방안을 적극 검토해 볼 필요가 있다. 즉 단기적으로는 바세나르협정의 경우에 보다 활발한 정보교환, 절차개혁 및 사무국의 역할을 강화하고, 아울러 기존 각 다자체제의 대표들로 구성되는 집행이사회를 결성하여 체제 간에 상이한 허가, 보고 및 집행기준에 관한 조정을 개선한다. 그리하여 보다 장기적으로는 다자체제 기능의 일부 또는 전부를 하나로 통합하는 것이다.[46]

---

45) Randal Forsberg et al, *supra* note 12, p. 105.

46) 다자체제의 강화 및 통합에 관한 자세한 내용은 Michael Beck and Seema Gahlaut, *supra* note 24 참조; Daniel H. Joyner, "Restructuring the Multilateral Export Control Regime System," *Journal of Conflict and Security Law*, Vol. 9, No. 2 (2004); Michael Beck, *supra* note 15 참조.

Ⅱ. 다자체제 참가국의 집행 강화

다자체제의 수출통제 규범은 모두 법적 구속력이 없고 구체적인 이행과 집행을 각국의 재량에 맡기고 있으므로 현행 체제하에서 수출통제의 실효성을 기하기 위해서는 각국의 자발적이고 충분한 이행 및 집행 노력이 절대적으로 필요하다. 이를 위해 특히 각국 정부는 다음 사항에 대한 철저한 준수가 요구된다.[47]

첫째, 엄격한 허가심사, 최종용도와 최종사용자 확인, 처벌 등 집행이 중요하다.

1) 우려 최종사용자의 목록을 운영하여 수출허가 신청을 보다 엄격하게 심사
2) 수출허가 발급 전에 신청서에 기재된 최종사용자와 최종용도 확인
3) 필요시 수출허가 품목이 원래의 목적지에 도착했는지의 여부 확인
4) 기업에게 자율적인 법규준수 및 수출관리 장려
5) 수출통제 위반자에 대한 제재 부과와 처벌 사례 공표
6) 수출통제 집행기관에 탐지, 예방, 조사, 수색, 압수 및 처벌 권한 부여
7) 수출허가기관, 세관, 정보기관 간에 유기적인 협의 및 조정 체제 확립

둘째, 정보교환 등 국제협력을 강화하고, 특히 다음과 같은 정보의 교환은 필수적이다.

1) 위험도가 높은 우회(circumvention) 수출기업과 개인에 관한 정보
2) 수출허가 전 및 선적 후 검증과정에서 취득한 정보
3) 수출통제 위반 단속, 기소, 처벌 및 수출 권한의 제한 또는 박탈에 관한 정보
4) 수출허가 거부에 관한 정보

---

47) 미국 조지아대학의 국제무역안보센터(CITS)는 국가가 갖추어야 할 수출통제제도의 10가지 기본적 구비요소를 개발하여 이를 국가별 평가에 활용하고 있다. 구비요소는 ① 허가제, ② 통제리스트, ③ 허가기관, ④ 세관(불법 수출입 단속), ⑤ 캐치올 조항, ⑥ 다자간 수출통제 체제에의 참가 및 규범준수, ⑦ 정보 수집 및 공유, ⑧ 검증(수입증명서, 인도증명서 등), ⑨ 훈련, ⑩ 벌칙이다. Michael D. Beck et al. (eds), *supra* note 16, pp. 16-18.

5) 우려되는 대리인, 중개인과 최종사용자에 관한 정보.

셋째, 군사적 민감도가 높은 품목은 다음과 같이 엄격하게 집행할 필요가
　　있다.
1) 군사적으로 중요하나 상업적으로 관계없는 품목은 사실상 생산금지
　　이들 품목의 예로는 CWC 제1종 화학물질, 무기급(weapon‑grade) 핵분
　　열성물질 및 다단계미사일(MIRV) 기술 등이 있다.
2) WMD 능력에 중요한 이중용도 품목의 내재적 위험에 근거한 엄격한 통
　　제 시행
3) 군사적 민감품목의 생산에 대한 엄격한 보고, 감시 및 사찰요건 적용
4) 군사적 민감품목의 수출은 적하목록(manifest) 및 가능하면 태그부착시
　　스템을 통해 추적

Ⅲ. 다자체제 의결방식 개선

　　다자체제의 현행 총의(consensus)에 의한 의결방식을 전면적으로 재검토해
볼 필요가 있다. 앞서 지적한 바와 같이 다자체제는 새로운 규범제정, 통제목
록 개정 및 회원가입 등 주요 안건의 의결을 총의 하나의 방식으로만 결정하기
때문에 단 1개국의 반대만 있어도 부결되어 차기 회의로 미루는 관행이 있다.
이 때문에 의사결정이 지연됨으로써 통제품목 개정의 경우 기술의 발전과 변
화 속도에 따라가지 못해 대응이 늦어져 비확산 수출통제의 허점을 야기하고
있다. 개선방안으로는 통제리스트 개정, 지침 개정 또는 제정, 우려 최종사용자
식별, 참가국의 위반 사실 발견 등 중요도에 따라 가장 중요한 사안은 만장일
치제 또는 현행과 같은 총의, 다수결 혹은 가중다수결(qualified majority)의 원칙
으로 하는 것이다.[48]

---

48) 2005년 당시 27개 회원국으로 구성된 유럽연합(EU)의 의결기구인 각료이사회(Council of
　　Ministers)는 회원국의 경제 규모별로 투표(vote)수를 할당하여 즉 영국, 독일, 프랑스, 이탈
　　리아는 각각 29표, 벨기에, 그리스, 헝가리 등 5개국은 각각 12표, 경제소국인 몰타는 3표
　　등으로 총 237표 중 169표 이상의 찬성으로 결정하는 가중다수결(qualified majority)을 채

Ⅳ. 사무국 설치 및 협력 강화

다자간 수출통제체제는 상설 사무국을 한 곳에 설치하는 것이 효율적이다. 예산문제 때문에 당장 어렵다면 오스트리아 비엔나에 소재한 바세나르협정(WA) 사무국을 공동으로 이용하는 것도 하나의 방법일 것이다. 4개 다자체제의 사무국이 같은 도시에 있고 다자체제의 모든 참가국들이 참여하는 합동총회를 개최하게 되면 4개 다자체제의 공통 이슈인 환적, 기술의 무형이전 통제 등에 관한 대화 및 우려 최종사용자, 모범규준(best practice), 수출허가 신청서류 통일 등에 관한 정보교환을 촉진하는 효과를 기대할 수 있을 것이다. 아울러 다자체제의 활동을 한곳에 집중하면 노력의 중복을 피함은 물론 경비를 절약할 수 있고 현행과 같이 체제별 각종 회의참가를 위하여 서로 다른 장소를 오가는 지나친 외교적 관광의 폐해도 줄일 수 있을 것이다.

택하고 있다. AMCHAM EU, *EU Policies: A Guide for Business* (2005-2006), p. 8.

약어표

AECA	Arms Export Control Act (미국 무기수출통제법)
AG	Australia Group (호주그룹)
ATT	Arms Trade Treaty (무기거래조약)
BIS	Bureau of Industry and Security (미국 상무부 산업안보국)
BWC	Biological Weapons Convention (생물무기금지협약)
CBM	Confidence Building Measures (신뢰구축조치)
CCL	Commerce Control List (미국 수출통제품목리스트)
CCM	Convention on Cluster Munitions (클러스터폭탄금지조약)
CD	Conference on Disarmament (제네바 군축회의)
CISTEC	Center for Information Strategic Trade Control (일본 재단법인 안전보장무역정보센터)
CISADA	Comprehensive Iran Sanctions Accountability, Divestment Act (미국 포괄적 이란제재법)
CITS	Center for International Trade and Security (미국 조지아대학 국제무역안보센터)
CNS	James Martin Center for Nonproliferation Studies (미국 제임스 마틴 비확산연구소)
COCOM	Coordinating Committee for Multilateral Export Control (대공산권 다자간 수출통제조정위원회)
CP	Compliance Program (수출통제 자율준수프로그램)
CRS	Congressional Research Service (미국 의회조사국)
CTBT	Comprehensive Test Ban Treaty (포괄적핵실험금지조약)
CWC	Chemical Weapons Convention (화학무기금지협약)
DDTC	Directorate of Defence Trade Controls (미국 국무부 방위무역통제국)
DPL	Denied Persons List (미국 상무부 수출거래금지자 명단)
ECA	Export Controls Act of 2018 (미국 수출통제법)
EAR	Export Administration Regulation (미국 수출관리규정)

ECCN	Export Control Classification Number (미국 수출통제분류번호)
ECSC	European Coal & Steel Community (유럽석탄철강공동체)
EPCI	Enhanced Proliferation Control Initiative (미국 상무부 확산방지강화구상)
FTA	Free Trade Agreement (자유무역협정)
FTO	Foreign Terrorist Organizations (미국 국무부 외국테러단체)
GATS	General Agreement on Trade in Service (서비스무역에 관한 일반협정)
GATT	General Agreement on Tariffs and Trade (관세 및 무역에 관한 일반협정)
GWG	General Working Group (바세나르협정 일반실무그룹회의)
HEU	Highly Enriched Uranium (고농축우라늄)
HCOC	Hague Code of Conduct against Ballistic Missile Proliferation (탄도미사일 확산방지를 위한 헤이그 행동규범)
IAEA	International Atomic Energy Agency (국제원자력기구)
ICJ	International Court of Justice (국제사법재판소)
ICAO	International Civil Aviation Organization (국제민간항공기구)
ICBM	Intercontinental Ballistic Missiles (대륙간탄도미사일)
IEEPA	International Economic Emergency Powers Act (미국 국제비상경제권한법)
IGO	Inter-Governmental Organization (정부간 기구)
IMO	International Maritime Organization (국제해사기구)
IACR	Iranian Asset Control Regulations (미국 이란자산통제규정)
IFSR	Iranian Financial Sanctions Regulations (미국 이란금융제재규정)
IRBM	Intermediate Range Ballistic Missile (중거리 탄도미사일)
ITAR	International Traffic in Arms Regulations (미국 국제무기거래규정)
ITR	Iranian Transactions Regulations (이란거래규정)
ITT	Intangible Transfer of Technology (기술의 무형이전)
JCPOA	Joint Comprehensive Plan of Action (포괄적 공동행동계획)
LEOM	Licensing & Enforcement Officers Meeting (바세나르협정 허가집행담당관회의)

MANPADS	Man-Portable Air-Defense Systems (휴대용 대공방어미사일시스템)
MRBM	Medium Range Ballistic Missiles (준중거리탄도미사일)
MTCR	Missile Technology Control Regime (미사일기술통제체제)
NAFTA	North America Free Trade Agreement (북미자유무역협정)
NATO	North Atlantic Treaty Organization (북대서양조약기구)
NDAA	National Defense Authorization Act (미국 국방수권법)
NNWS	Non-Nuclear Weapon State (핵무기 비보유국)
NPT	Treaty on the Non-Proliferation of Nuclear Weapons (핵확산방지조약 또는 핵비확산조약)
NSG	Nuclear Suppliers Group (핵공급국그룹)
NWFZ	Nuclear-Weapon-Free Zone (비핵지대)
NWS	Nuclear Weapon State (핵무기 보유국)
OECD	Organization for Economic Cooperation Development (경제협력개발기구)
OFAC	Office of Foreign Asset Control (미 재무부 외국자산통제실)
OPCW	Organization for the Prohibition of Chemical Weapons (화학무기금지기구)
PCIJ	Permanent Court of International Justice (상설국제사법재판소)
PSI	Proliferation Security Initiative (확산방지구상)
ROE	Rules of Engagement (교전규칙)
SALW	Small Arms & Light Weapons (소형무기 및 경화기)
SDGT	Specially Designated Global Terrorist (미국 특별지정국제테러리스트)
SDN	Specially Designated Nationals (and Blocked Persons) (미 재무부 특별지정국민)
SDT	Specially Designated Terrorist (미국 특별지정테러리스트)
SLBM	Submarine Launch Ballistic Missile (잠수함발사탄도미사일)
SLV	Space Launch Vehicle (우주발사체)
SRBM	Short Range Ballistic Missile (단거리 탄도미사일)
STC	Strategic Trade Controls (전략무역통제)

SUA	Suppression of Unlawful Acts Against the Safety of Maritime Navigation (항해안전에 대한 불법행위억제법)
TPNW	Treaty on Prohibition of Nuclear Weapons (핵무기금지조약)
TRIPs	Trade-Related Aspects of Intellectual Property Rights (무역관련 지적재산권)
TWEA	Trading With the Enemy Act (미국 적성국교역법)
UAV	Unmanned Aeriel Vehicle (무인비행체)
UNDC	United Nations Disarmament Commission (유엔 군축위원회)
UNIDIR	UN Institute for Disarmament Research (유엔군축연구소)
UNSCR	UN Security Council Resolution (유엔 안보리 결의)
USML	U.S. Munitions List (미국 군수품목 목록)
WA	Wassenaar Arrangement on Export Controls for Conventional Arms and Dual-Use Goods and Technologies (바세나르협정)
WHO	World Health Organization (세계보건기구)
WMD	Weapons of Mass Destruction (대량살상무기)
WTO	World Trade Organization (세계무역기구)
ZC	Zangger Committee (쟁거위원회)

1. 핵확산방지조약(NPT)

The States concluding this Treaty, hereinafter referred to as the Parties to the Treaty,

Considering the devastation that would be visited upon all mankind by a nuclear war and the consequent need to make every effort to avert the danger of such a war and to take measures to safeguard the security of peoples,

Believing that the proliferation of nuclear weapons would seriously enhance the danger of nuclear war,

In conformity with resolutions of the United Nations General Assembly calling for the conclusion of an agreement on the prevention of wider dissemination of nuclear weapons,

Undertaking to co−operate in facilitating the application of International Atomic Energy Agency safeguards on peaceful nuclear activities,

Expressing their support for research, development and other efforts to further the application, within the framework of the International Atomic Energy Agency safeguards system, of the principle of safeguarding effectively the flow of source and special fis− sionable materials by use of instruments and other techniques at certain strategic points,

Affirming the principle that the benefits of peaceful applications of nuclear tech− nology, including any technological by−products which may be derived by nu− clear−weapon States from the development of nuclear explosive devices, should be available for peaceful purposes to all Parties to the Treaty, whether nuclear−weapon or non−nuclear−weapon States,

Convinced that, in furtherance of this principle, all Parties to the Treaty are entitled to participate in the fullest possible exchange of scientific information for, and to contribute alone or in co−operation with other States to, the further development of the applications of atomic energy for peaceful purposes,

Declaring their intention to achieve at the earliest possible date the cessation of the nuclear arms race and to undertake effective measures in the direction of nuclear disarmament,

Urging the co−operation of all States in the attainment of this objective,

Recalling the determination expressed by the Parties to the 1963 Treaty banning nuclear weapons tests in the atmosphere, in outer space and under water in its Preamble to seek to achieve the discontinuance of all test explosions of nuclear weapons for all time and to continue negotiations to this end,

Desiring to further the easing of international tension and the strengthening of trust between States in order to facilitate the cessation of the manufacture of nuclear weap− ons, the liquidation of all their existing stockpiles, and the elimination from national arsenals of nuclear weapons and the means of their delivery pursuant to a Treaty on general and complete disarmament under strict and effective international control,

Recalling that, in accordance with the Charter of the United Nations, States must refrain in their international relations from the threat or use of force against the ter− ritorial integrity or political independence of any State, or in any other manner in− consistent with the Purposes of the United Nations, and that the establishment and maintenance of international peace and security are to be promoted with the least diversion for armaments of the world's human and economic resources,

Have agreed as follows:

Article I

Each nuclear−weapon State Party to the Treaty undertakes not to transfer to any recipient whatsoever nuclear weapons or other nuclear explosive devices or control over such weapons or explosive devices directly, or indirectly; and not in any way to assist, encourage, or induce any non−nuclear−weapon State to manufacture or oth− erwise acquire nuclear weapons or other nuclear explosive devices, or control over such weapons or explosive devices.

Article II

Each non−nuclear−weapon State Party to the Treaty undertakes not to receive the transfer from any transferor whatsoever of nuclear weapons or other nuclear explosive devices or of control over such weapons or explosive devices directly, or indirectly; not to manufacture or otherwise acquire nuclear weapons or other nuclear explosive devices; and not to seek or receive any assistance in the manufacture of nuclear weapons or other nuclear explosive devices.

Article Ⅲ

1. Each non−nuclear−weapon State Party to the Treaty undertakes to accept safeguards, as set forth in an agreement to be negotiated and concluded with the International Atomic Energy Agency in accordance with the Statute of the International Atomic Energy Agency and the Agency's safeguards system, for the exclusive purpose of verification of the fulfilment of its obligations assumed under this Treaty with a view to preventing diversion of nuclear energy from peaceful uses to nuclear weap− ons or other nuclear explosive devices. Procedures for the safeguards required by this Article shall be followed with respect to source or special fissionable material whether it is being produced, processed or used in any principal nuclear facility or is outside any such facility. The safeguards required by this Article shall be applied on all source or special fissionable material in all peaceful nuclear activities within the ter− ritory of such State, under its jurisdiction, or carried out under its control anywhere.

2. Each State Party to the Treaty undertakes not to provide: (a) source or special fissionable material, or (b) equipment or material especially designed or prepared for the processing, use or production of special fissionable material, to any non−nu− clear−weapon State for peaceful purposes, unless the source or special fissionable material shall be subject to the safeguards required by this Article.

3. The safeguards required by this Article shall be implemented in a manner de− signed to comply with Article IV of this Treaty, and to avoid hampering the economic or technological development of the Parties or international co−operation in the field of peaceful nuclear activities, including the international exchange of nuclear material and equipment for the processing, use or production of nuclear material for peaceful purposes in accordance with the provisions of this Article and the principle of safe− guarding set forth in the Preamble of the Treaty.

4. Non−nuclear−weapon States Party to the Treaty shall conclude agreements with the International Atomic Energy Agency to meet the requirements of this Article either

individually or together with other States in accordance with the Statute of the International Atomic Energy Agency. Negotiation of such agreements shall commence within 180 days from the original entry into force of this Treaty. For States depositing their instruments of ratification or accession after the 180−day period, negotiation of such agreements shall commence not later than the date of such deposit. Such agreements shall enter into force not later than eighteen months after the date of in− itiation of negotiations.

Article IV

1. Nothing in this Treaty shall be interpreted as affecting the inalienable right of all the Parties to the Treaty to develop research, production and use of nuclear energy for peaceful purposes without discrimination and in conformity with Articles I and II of this Treaty.

2. All the Parties to the Treaty undertake to facilitate, and have the right to partic− ipate in, the fullest possible exchange of equipment, materials and scientific and technological information for the peaceful uses of nuclear energy. Parties to the Treaty in a position to do so shall also co−operate in contributing alone or together with other States or international organizations to the further development of the ap− plications of nuclear energy for peaceful purposes, especially in the territories of non−nuclear−weapon States Party to the Treaty, with due consideration for the needs of the developing areas of the world.

Article V

Each Party to the Treaty undertakes to take appropriate measures to ensure that, in accordance with this Treaty, under appropriate international observation and through appropriate international procedures, potential benefits from any peaceful applications of nuclear explosions will be made available to non−nuclear−weapon States Party to the Treaty on a non−discriminatory basis and that the charge to such Parties for the explosive devices used will be as low as possible and exclude any charge for re− search and development. Non−nuclear−weapon States Party to the Treaty shall be able to obtain such benefits, pursuant to a special international agreement or agree− ments, through an appropriate international body with adequate representation of non−nuclear−weapon States. Negotiations on this subject shall commence as soon as possible after the Treaty enters into force. Non−nuclear−weapon States Party to the Treaty so desiring may also obtain such benefits pursuant to bilateral agreements.

Article VI

Each of the Parties to the Treaty undertakes to pursue negotiations in good faith on effective measures relating to cessation of the nuclear arms race at an early date and to nuclear disarmament, and on a treaty on general and complete disarmament under strict and effective international control.

Article VII

Nothing in this Treaty affects the right of any group of States to conclude regional treaties in order to assure the total absence of nuclear weapons in their respective territories.

Article VIII

1. Any Party to the Treaty may propose amendments to this Treaty. The text of any proposed amendment shall be submitted to the Depositary Governments which shall circulate it to all Parties to the Treaty. Thereupon, if requested to do so by one−third or more of the Parties to the Treaty, the Depositary Governments shall convene a conference, to which they shall invite all the Parties to the Treaty, to consider such an amendment.

2. Any amendment to this Treaty must be approved by a majority of the votes of all the Parties to the Treaty, including the votes of all nuclear−weapon States Party to the Treaty and all other Parties which, on the date the amendment is circulated, are members of the Board of Governors of the International Atomic Energy Agency. The amendment shall enter into force for each Party that deposits its instrument of ratification of the amendment upon the deposit of such instruments of ratification by a majority of all the Parties, including the instruments of ratification of all nu−clear−weapon States Party to the Treaty and all other Parties which, on the date the amendment is circulated, are members of the Board of Governors of the International Atomic Energy Agency. Thereafter, it shall enter into force for any other Party upon the deposit of its instrument of ratification of the amendment.

3. Five years after the entry into force of this Treaty, a conference of Parties to the Treaty shall be held in Geneva, Switzerland, in order to review

the operation of this Treaty with a view to assuring that the purposes of the Preamble and the provisions of the Treaty are being realised. At intervals of five years thereafter, a majority of the Parties to the Treaty may obtain, by submitting a proposal to this effect to the Depositary Governments, the convening of further con‒ferences with the same objective of reviewing the operation of the Treaty.

Article IX

1. This Treaty shall be open to all States for signature. Any State which does not sign the Treaty before its entry into force in accordance with paragraph 3 of this Article may accede to it at any time.

2. This Treaty shall be subject to ratification by signatory States. Instruments of ratification and instruments of accession shall be deposited with the Governments of the United Kingdom of Great Britain and Northern Ireland, the Union of Soviet Socialist Republics and the United States of America, which are hereby designated the Depositary Governments.

3. This Treaty shall enter into force after its ratification by the States, the Governments of which are designated Depositories of the Treaty, and forty other States signatory to this Treaty and the deposit of their instruments of ratification. For the purposes of this Treaty, a nuclear‒weapon State is one which has manufactured and exploded a nuclear weapon or other nuclear explosive device prior to 1 January 1967.

4. For States whose instruments of ratification or accession are deposited sub‒sequent to the entry into force of this Treaty, it shall enter into force on the date of the deposit of their instruments of ratification or accession.

5. The Depositary Governments shall promptly inform all signatory and acceding States of the date of each signature, the date of deposit of each instrument of rat‒ification or of accession, the date of the entry into force of this Treaty, and the date of receipt of any requests for convening a conference or other notices.

6. This Treaty shall be registered by the Depositary Governments pursuant to Article 102 of the Charter of the United Nations.

Article X

1. Each Party shall in exercising its national sovereignty have the right to withdraw from the Treaty if it decides that extraordinary events, related to the subject matter of this Treaty, have jeopardized the supreme interests of its country. It shall give notice of such withdrawal to all other parties to the Treaty and to the United Nations Security Council three months in advance. Such notice shall include a statement of the extraordinary events it regards as having jeopardized its supreme interests.

2. Twenty—five years after the entry into force of the Treaty, a conference shall be convened to decide whether the Treaty shall continue in force indefinitely, or shall be extended for an additional fixed period or periods. This decision shall be taken by a majority of the Parties to the Treaty.1

Article XI

This Treaty, the English, Russian, French, Spanish and Chinese texts of which are equally authentic, shall be deposited in the archives of the Depositary Governments. Duly certified copies of this Treaty shall be transmitted by the Depositary Governments to the Governments of the signatory and acceding States.

IN WITNESS WHEREOF the undersigned, duly authorized, have signed this Treaty.

DONE in triplicate, at the cities of London, Moscow and Washington, the first day of July, one thousand nine hundred and sixty—eight.

Note:
On 11 May 1995, in accordance with article X, paragraph 2, the Review and Extension Conference of the Parties to the Treaty on the Non—Proliferation of Nuclear Weapons decided that the Treaty should continue in force indefinitely.

2. 생물무기금지협약(BWC)

The States Parties to this Convention,

Determined to act with a view to achieving effective progress towards general and complete disarmament, including the prohibition and elimination of all types of weapons of mass destruction, and convinced that the prohibition of the development, production and stockpiling of chemical and bacteriological (biological) weapons and their elimination, through effective measures, will facilitate the achievement of general and complete disarmament under strict and effective international control,

Recognising the important significance of the Protocol for the Prohibition of the Use in War of Asphyxiating, Poisonous or Other Gases, and of Bacteriological Methods of Warfare, signed at Geneva on 17 June 1925, and conscious also of the contribution which the said Protocol has already made and continues to make, to mitigating the horrors of war,

Reaffirming their adherence to the principles and objectives of that Protocol and calling upon all States to comply strictly with them,

Recalling that the General Assembly of the United Nations has repeatedly con－demned all actions contrary to the principles and objectives of the Geneva Protocol of 17 June 1925,

Desiring to contribute to the strengthening of confidence between peoples and the general improvement of the international atmosphere,

Desiring also to contribute to the realisation of the purposes and principles of the Charter of the United Nations,

Convinced of the importance and urgency of eliminating from the arsenals of States, through effective measures, such dangerous weapons of mass destruction as those using chemical or bacteriological (biological) agents,

Recognizing that an agreement on the prohibition of bacteriological (biological) and toxin weapons represents a first possible step towards the achievement of agreement on effective measures also for the prohibition of the development, production and stockpiling of chemical weapons, and determined to continue negotiations to that end,

Determined, for the sake of all mankind, to exclude completely the possibility of bacteriological (biological) agents and toxins being used as weapons,

Convinced that such use would be repugnant to the conscience of mankind and that no effort should be spared to minimize this risk,

Have agreed as follows:

Article I

Each State Party to this Convention undertakes never in any circumstances to develop, produce, stockpile or otherwise acquire or retain:

(1) Microbial or other biological agents, or toxins whatever their origin or method of production, of types and in quantities that have no justification for prophylactic, protective or other peaceful purposes;

(2) Weapons, equipment or means of delivery designed to use such agents or toxins for hostile purposes or in armed conflict.

Article II

Each State Party to this Convention undertakes to destroy, or to divert to peaceful purposes, as soon as possible but not later than nine months after the entry into force of the Convention, all agents, toxins, weapons, equipment and means of delivery specified in Article I of the Convention, which are in its possession or under its jurisdiction or control. In implementing the provisions of this Article all necessary safety precautions shall be observed to protect populations and the environment.

Article III

Each State Party to this Convention undertakes not to transfer to any recipient whatsoever, directly or indirectly, and not in any way to assist, encourage, or induce any State, group of States or international organisations to manufacture or otherwise acquire any of the agents, toxins, weapons, equipment or means of delivery specified in Article I of the Convention.

Article IV

Each State Party to this Convention shall, in accordance with its constitutional processes, take any necessary measures to prohibit and prevent the development, production, stockpiling, acquisition or retention of the agents, toxins, weapons, equipment and means of delivery specified in Article I of the Convention, within the territory of such State, under its jurisdiction or under its control anywhere.

Article V

The States Parties to this Convention undertake to consult one another and to co—operate in solving any problems which may arise in relation to the objective of, or in the application of the provisions of, the Convention. Consultation and co—op—eration pursuant to this Article may also be undertaken through appropriate interna—tional procedures within the framework of the United Nations and in accordance with its Charter.

Article VI

(1) Any State Party to this Convention which finds that any other State Party is acting in breach of obligations deriving from the provisions of the Convention may lodge a complaint with the Security Council of the United Nations. Such a complaint should include all possible evidence confirming its validity, as well as a request for its consideration by the Security Council.

(2) Each State Party to this Convention undertakes to co—operate in carrying out any investigation which the Security Council may initiate, in accordance with the provisions of the Charter of the United Nations, on the basis of the complaint re—ceived by the Council. The Security Council shall inform the States Parties to the Convention of the results of the investigation.

Article VII

Each State Party to this Convention undertakes to provide or support assistance, in accordance with the United Nations Charter, to any Party to the Convention which so requests, if the Security Council decides that such Party has been exposed to danger as a result of violation of the Convention.

Article VIII

Nothing in this Convention shall be interpreted as in any way limiting or detracting from the obligations assumed by any State under the Protocol for the Prohibition of the Use in War of Asphyxiating, Poisonous or Other Gases, and of Bacteriological Methods of Warfare, signed at Geneva on 17 June 1925.

Article IX

Each State Party to this Convention affirms the recognised objective of effective prohibition of chemical weapons and, to this end, undertakes to continue negotiations in good faith with a view to reaching early agreement on effective measures for the prohibition of their development, production and stockpiling and for their destruction, and on appropriate measures concerning equipment and means of delivery specifically designed for the production or use of chemical agents for weapons purposes.

Article X

(1) The States Parties to this Convention undertake to facilitate, and have the right to participate in, the fullest possible exchange of equipment, materials and scientific and technological information for the use of bacteriological (biological) agents and toxins for peaceful purposes. Parties to the Convention in a position to do so shall also co−operate in contributing individually or together with other States or interna− tional organisations to the further development and application of scientific discoveries in the field of bacteriology (biology) for the prevention of disease, or for other peaceful purposes.

(2) This Convention shall be implemented in a manner designed to avoid ham− pering the economic or technological development of States Parties to the Convention or international co−operation in the field of peaceful bacteriological (biological) ac− tivities, including the international exchange of bacteriological (biological) agents and toxins and equipment for the processing, use or production of bacteriological (biological) agents and toxins for peaceful purposes in accordance with the provisions

of the Convention.

Article XI

Any State Party may propose amendments to this Convention. Amendments shall enter into force for each State Party accepting the amendments upon their acceptance by a majority of the States Parties to the Convention and thereafter for each remain—ing State Party on the date of acceptance by it.

Article XII

Five years after the entry into force of this Convention, or earlier if it is requested by a majority of Parties to the Convention by submitting a proposal to this effect to the Depositary Governments, a conference of States Parties to the Convention shall be held at Geneva, Switzerland, to review the operation of the Convention, with a view to assuring that the purposes of the preamble and the provisions of the Convention, including the provisions concerning negotiations on chemical weapons, are being realised. Such review shall take into account any new scientific and technological developments relevant to the Convention.

Article XIII

(1) This Convention shall be of unlimited duration.

(2) Each State Party to this Convention shall in exercising its national sovereignty have the right to withdraw from the Convention if it decides that extraordinary events, related to the subject matter of the Convention, have jeopardised the supreme interests of its country. It shall give notice of such withdrawal to all other States Parties to the Convention and to the United Nations Security Council three months in advance. Such notice shall include a statement of the extraordinary events it regards as having jeopardised its supreme interests.

Article XIV

(1) This Convention shall be open to all States for signature. Any State which does

not sign the Convention before its entry into force in accordance with paragraph 3 of this Article may accede to it at any time.

(2) This Convention shall be subject to ratification by signatory States. Instruments of ratification and instruments of accession shall be deposited with the Governments of the United Kingdom of Great Britain and Northern Ireland, the Union of Soviet Socialist Republics and the United States of America, which are hereby designated the Depositary Governments.

(3) This Convention shall enter into force after the deposit of instruments of rat— ification by twenty—two Governments, including the Governments designated as Depositories of the Convention.

(4) For States whose instruments of ratification or accession are deposited sub— sequent to the entry into force of this Convention, it shall enter into force on the date of the deposit of their instruments of ratification or accession.

(5) The Depositary Governments shall promptly inform all signatory and acceding States of the date of each signature, the date of deposit of each instrument of rat— ification or of accession and the date of the entry into force of this Convention, and of the receipt of other notices.

(6) This Convention shall be registered by the Depositary Governments pursuant to Article 102 of the Charter of the United Nations.

Article XV

This Convention, the English, Russian, French, Spanish and Chinese texts of which are equally authentic, shall be deposited in the archives of the Depositary Governments. Duly certified copies of the Convention shall be transmitted by the Depositary Governments to the Governments of the signatory and acceding States.

3. 유엔 안보리 결의 1540호

United Nations   S/RES/1540 (2004)

 Security Council

Distr.: General
28 April 2004

Resolution 1540 (2004)

Adopted by the Security Council at its 4956th meeting, on 28 April 2004

The Security Council,

Affirming that proliferation of nuclear, chemical and biological weapons, as well as their means of delivery,* constitutes a threat to international peace and security,

Reaffirming, in this context, the Statement of its President adopted at the Council's meeting at the level of Heads of State and Government on 31 January 1992 (S/23500), including the need for all Member States to fulfil their obligations in relation to arms control and disarmament and to prevent proliferation in all its aspects of all weapons of mass destruction,

Recalling also that the Statement underlined the need for all Member States to resolve peacefully in accordance with the Charter any problems in that context threatening or disrupting the maintenance of regional and global stability,

Affirming its resolve to take appropriate and effective actions against any threat to international peace and security caused by the proliferation of nuclear, chemical and biological weapons and their means of delivery, in conformity with its primary responsibilities, as provided for in the United Nations Charter,

Affirming its support for the multilateral treaties whose aim is to eliminate or prevent the proliferation of nuclear, chemical or biological weapons and the importance for all States parties to these treaties to implement them fully in order to promote international stability,

---

* Definitions for the purpose of this resolution only:

Means of delivery: missiles, rockets and other unmanned systems capable of delivering nuclear, chemical, or biological weapons, that are specially designed for such use.

Non-State actor: individual or entity, not acting under the lawful authority of any State in conducting activities which come within the scope of this resolution.

Related materials: materials, equipment and technology covered by relevant multilateral treaties and arrangements, or included on national control lists, which could be used for the design, development, production or use of nuclear, chemical and biological weapons and their means of delivery.

Welcoming efforts in this context by multilateral arrangements which contribute to non-proliferation,

Affirming that prevention of proliferation of nuclear, chemical and biological weapons should not hamper international cooperation in materials, equipment and technology for peaceful purposes while goals of peaceful utilization should not be used as a cover for proliferation,

Gravely concerned by the threat of terrorism and the risk that non-State actors* such as those identified in the United Nations list established and maintained by the Committee established under Security Council resolution 1267 and those to whom resolution 1373 applies, may acquire, develop, traffic in or use nuclear, chemical and biological weapons and their means of delivery,

Gravely concerned by the threat of illicit trafficking in nuclear, chemical, or biological weapons and their means of delivery, and related materials,* which adds a new dimension to the issue of proliferation of such weapons and also poses a threat to international peace and security,

Recognizing the need to enhance coordination of efforts on national, subregional, regional and international levels in order to strengthen a global response to this serious challenge and threat to international security,

Recognizing that most States have undertaken binding legal obligations under treaties to which they are parties, or have made other commitments aimed at preventing the proliferation of nuclear, chemical or biological weapons, and have taken effective measures to account for, secure and physically protect sensitive materials, such as those required by the Convention on the Physical Protection of Nuclear Materials and those recommended by the IAEA Code of Conduct on the Safety and Security of Radioactive Sources,

Recognizing further the urgent need for all States to take additional effective measures to prevent the proliferation of nuclear, chemical or biological weapons and their means of delivery,

Encouraging all Member States to implement fully the disarmament treaties and agreements to which they are party,

Reaffirming the need to combat by all means, in accordance with the Charter of the United Nations, threats to international peace and security caused by terrorist acts,

Determined to facilitate henceforth an effective response to global threats in the area of non-proliferation,

Acting under Chapter VII of the Charter of the United Nations,

1.   *Decides that* all States shall refrain from providing any form of support to non-State actors that attempt to develop, acquire, manufacture, possess, transport, transfer or use nuclear, chemical or biological weapons and their means of delivery;

2.   *Decides also* that all States, in accordance with their national procedures, shall adopt and enforce appropriate effective laws which prohibit any non-State actor to manufacture, acquire, possess, develop, transport, transfer or use nuclear, chemical or biological weapons and their means of delivery, in particular for

terrorist purposes, as well as attempts to engage in any of the foregoing activities, participate in them as an accomplice, assist or finance them;

3.   *Decides also* that all States shall take and enforce effective measures to establish domestic controls to prevent the proliferation of nuclear, chemical, or biological weapons and their means of delivery, including by establishing appropriate controls over related materials and to this end shall:

(a)   Develop and maintain appropriate effective measures to account for and secure such items in production, use, storage or transport;

(b)   Develop and maintain appropriate effective physical protection measures;

(c)   Develop and maintain appropriate effective border controls and law enforcement efforts to detect, deter, prevent and combat, including through international cooperation when necessary, the illicit trafficking and brokering in such items in accordance with their national legal authorities and legislation and consistent with international law;

(d)   Establish, develop, review and maintain appropriate effective national export and trans-shipment controls over such items, including appropriate laws and regulations to control export, transit, trans-shipment and re-export and controls on providing funds and services related to such export and trans-shipment such as financing, and transporting that would contribute to proliferation, as well as establishing end-user controls; and establishing and enforcing appropriate criminal or civil penalties for violations of such export control laws and regulations;

4.   *Decides* to establish, in accordance with rule 28 of its provisional rules of procedure, for a period of no longer than two years, a Committee of the Security Council, consisting of all members of the Council, which will, calling as appropriate on other expertise, report to the Security Council for its examination, on the implementation of this resolution, and to this end calls upon States to present a first report no later than six months from the adoption of this resolution to the Committee on steps they have taken or intend to take to implement this resolution;

5.   *Decides* that none of the obligations set forth in this resolution shall be interpreted so as to conflict with or alter the rights and obligations of State Parties to the Nuclear Non-Proliferation Treaty, the Chemical Weapons Convention and the Biological and Toxin Weapons Convention or alter the responsibilities of the International Atomic Energy Agency or the Organization for the Prohibition of Chemical Weapons;

6.   *Recognizes* the utility in implementing this resolution of effective national control lists and calls upon all Member States, when necessary, to pursue at the earliest opportunity the development of such lists;

7.   *Recognizes* that some States may require assistance in implementing the provisions of this resolution within their territories and invites States in a position to do so to offer assistance as appropriate in response to specific requests to the States lacking the legal and regulatory infrastructure, implementation experience and/or resources for fulfilling the above provisions;

8. *Calls upon* all States:

(a)   To promote the universal adoption and full implementation, and, where necessary, strengthening of multilateral treaties to which they are parties, whose aim is to prevent the proliferation of nuclear, biological or chemical weapons;

(b)   To adopt national rules and regulations, where it has not yet been done, to ensure compliance with their commitments under the key multilateral non-proliferation treaties;

(c)   To renew and fulfil their commitment to multilateral cooperation, in particular within the framework of the International Atomic Energy Agency, the Organization for the Prohibition of Chemical Weapons and the Biological and Toxin Weapons Convention, as important means of pursuing and achieving their common objectives in the area of non-proliferation and of promoting international cooperation for peaceful purposes;

(d)   To develop appropriate ways to work with and inform industry and the public regarding their obligations under such laws;

9.   *Calls upon* all States to promote dialogue and cooperation on non-proliferation so as to address the threat posed by proliferation of nuclear, chemical, or biological weapons, and their means of delivery;

10.   Further to counter that threat, *calls upon* all States, in accordance with their national legal authorities and legislation and consistent with international law, to take cooperative action to prevent illicit trafficking in nuclear, chemical or biological weapons, their means of delivery, and related materials;

11.   *Expresses* its intention to monitor closely the implementation of this resolution and, at the appropriate level, to take further decisions which may be required to this end;

12.   *Decides* to remain seized of the matter.

---

4. 유엔 안보리 결의 1373호

United Nations

S/RES/1373 (2001)

 Security Council

Distr.: General

28 September 2001

Resolution 1373 (2001)

Adopted by the Security Council at its 4385th meeting, on 28 September 2001

The Security Council,

Reaffirming its resolutions 1269 (1999) of 19 October 1999 and 1368 (2001) of 12 September 2001,

Reaffirming also its unequivocal condemnation of the terrorist attacks which took place in New York, Washington, D.C. and Pennsylvania on 11 September 2001, and expressing its determination to prevent all such acts,

Reaffirming further that such acts, like any act of international terrorism, constitute a threat to international peace and security,

Reaffirming the inherent right of individual or collective self-defence as recognized by the Charter of the United Nations as reiterated in resolution 1368 (2001),

Reaffirming the need to combat by all means, in accordance with the Charter of the United Nations, threats to international peace and security caused by terrorist acts,

Deeply concerned by the increase, in various regions of the world, of acts of terrorism motivated by intolerance or extremism,

Calling on States to work together urgently to prevent and suppress terrorist acts, including through increased cooperation and full implementation of the relevant international conventions relating to terrorism,

Recognizing the need for States to complement international cooperation by taking additional measures to prevent and suppress, in their territories through all lawful means, the financing and preparation of any acts of terrorism,

Reaffirming the principle established by the General Assembly in its declaration of October 1970 (resolution 2625 (XXV)) and reiterated by the Security Council in its resolution 1189 (1998) of 13 August 1998, namely that every State has the duty to refrain from organizing, instigating, assisting or participating in terrorist acts in another State or acquiescing in organized activities within its territory directed towards the commission of such acts,

Acting under Chapter VII of the Charter of the United Nations,

1.   *Decides* that all States shall:

(a)   Prevent and suppress the financing of terrorist acts;

(b)   Criminalize the wilful provision or collection, by any means, directly or indirectly, of funds by their nationals or in their territories with the intention that the funds should be used, or in the knowledge that they are to be used, in order to carry out terrorist acts;

(c)   Freeze without delay funds and other financial assets or economic resources of persons who commit, or attempt to commit, terrorist acts or participate in or facilitate the commission of terrorist acts; of entities owned or controlled directly or indirectly by such persons; and of persons and entities acting on behalf of, or at the direction of such persons and entities, including funds derived or generated from property owned or controlled directly or indirectly by such persons and associated persons and entities;

(d)   Prohibit their nationals or any persons and entities within their territories from making any funds, financial assets or economic resources or financial or other related services available, directly or indirectly, for the benefit of persons who commit or attempt to commit or facilitate or participate in the commission of terrorist acts, of entities owned or controlled, directly or indirectly, by such persons and of persons and entities acting on behalf of or at the direction of such persons;

2.   *Decides also* that all States shall:

(a)   Refrain from providing any form of support, active or passive, to entities or persons involved in terrorist acts, including by suppressing recruitment of members of terrorist groups and eliminating the supply of weapons to terrorists;

(b)   Take the necessary steps to prevent the commission of terrorist acts, including by provision of early warning to other States by exchange of information;

(c)   Deny safe haven to those who finance, plan, support, or commit terrorist acts, or provide safe havens;

(d)   Prevent those who finance, plan, facilitate or commit terrorist acts from using their respective territories for those purposes against other States or their citizens;

(e)   Ensure that any person who participates in the financing, planning, preparation or perpetration of terrorist acts or in supporting terrorist acts is brought to justice and ensure that, in addition to any other measures against them, such terrorist acts are established as serious criminal offences in domestic laws and regulations and that the punishment duly reflects the seriousness of such terrorist acts;

(f)   Afford one another the greatest measure of assistance in connection with criminal investigations or criminal proceedings relating to the financing or support of terrorist acts, including assistance in obtaining evidence in their possession necessary for the proceedings;

(g)   Prevent the movement of terrorists or terrorist groups by effective border controls and controls on issuance of identity papers and travel documents, and through measures for preventing counterfeiting, forgery or fraudulent use of identity papers and travel documents;

3. *Calls* upon all States to:

(a) Find ways of intensifying and accelerating the exchange of operational information, especially regarding actions or movements of terrorist persons or networks; forged or falsified travel documents; traffic in arms, explosives or sensitive materials; use of communications technologies by terrorist groups; and the threat posed by the possession of weapons of mass destruction by terrorist groups;

(b) Exchange information in accordance with international and domestic law and cooperate on administrative and judicial matters to prevent the commission of terrorist acts;

(c) Cooperate, particularly through bilateral and multilateral arrangements and agreements, to prevent and suppress terrorist attacks and take action against perpetrators of such acts;

(d) Become parties as soon as possible to the relevant international conventions and protocols relating to terrorism, including the International Convention for the Suppression of the Financing of Terrorism of 9 December 1999;

(e) Increase cooperation and fully implement the relevant international conventions and protocols relating to terrorism and Security Council resolutions 1269 (1999) and 1368 (2001);

(f) Take appropriate measures in conformity with the relevant provisions of national and international law, including international standards of human rights, before granting refugee status, for the purpose of ensuring that the asylum-seeker has not planned, facilitated or participated in the commission of terrorist acts;

(g) Ensure, in conformity with international law, that refugee status is not abused by the perpetrators, organizers or facilitators of terrorist acts, and that claims of political motivation are not recognized as grounds for refusing requests for the extradition of alleged terrorists;

4. *Notes* with concern the close connection between international terrorism and transnational organized crime, illicit drugs, money-laundering, illegal arms-trafficking, and illegal movement of nuclear, chemical, biological and other potentially deadly materials, and in this regard *emphasizes* the need to enhance coordination of efforts on national, subregional, regional and international levels in order to strengthen a global response to this serious challenge and threat to international security;

5. *Declares* that acts, methods, and practices of terrorism are contrary to the purposes and principles of the United Nations and that knowingly financing, planning and inciting terrorist acts are also contrary to the purposes and principles of the United Nations;

6. *Decides* to establish, in accordance with rule 28 of its provisional rules of procedure, a Committee of the Security Council, consisting of all the members of the Council, to monitor implementation of this resolution, with the assistance of appropriate expertise, and *calls upon* all States to report to the Committee, no later than 90 days from the date of adoption of this resolution and thereafter according to a timetable to be proposed by the Committee, on the steps they have taken to implement this resolution;

7. *Directs* the Committee to delineate its tasks, submit a work programme within 30 days of the adoption of this resolution, and to consider the support it requires, in consultation with the Secretary-General;

8.   *Expresses* its determination to take all necessary steps in order to ensure the full implementation of this resolution, in accordance with its responsibilities under the Charter;

9.   *Decides* to remain seized of this matter.

———————————

United Nations   S/RES/1718 (2006)

 Security Council   Distr.: General
                                                                  14 October 2006

Resolution 1718 (2006)

Adopted by the Security Council at its 5551st meeting, on 14 October 2006

The Security Council,

Recalling its previous relevant resolutions, including resolution 825 (1993), resolution 1540 (2004) and, in particular, resolution 1695 (2006), as well as the statement of its President of 6 October 2006 (S/PRST/2006/41),

Reaffirming that proliferation of nuclear, chemical and biological weapons, as well as their means of delivery, constitutes a threat to international peace and security,

Expressing the gravest concern at the claim by the Democratic People's Republic of Korea (DPRK) that it has conducted a test of a nuclear weapon on 9 October 2006, and at the challenge such a test constitutes to the Treaty on the Non-Proliferation of Nuclear Weapons and to international efforts aimed at strengthening the global regime of non-proliferation of nuclear weapons, and the danger it poses to peace and stability in the region and beyond,

Expressing its firm conviction that the international regime on the non-proliferation of nuclear weapons should be maintained and recalling that the DPRK cannot have the status of a nuclear-weapon state in accordance with the Treaty on the Non-Proliferation of Nuclear Weapons,

Deploring the DPRK's announcement of withdrawal from the Treaty on the Non-Proliferation of Nuclear Weapons and its pursuit of nuclear weapons,

Deploring further that the DPRK has refused to return to the Six-Party talks without precondition,

Endorsing the Joint Statement issued on 19 September 2005 by China, the DPRK, Japan, the Republic of Korea, the Russian Federation and the United States,

Underlining the importance that the DPRK respond to other security and humanitarian concerns of the international community,

Expressing profound concern that the test claimed by the DPRK has generated increased tension in the region and beyond, and *determining* therefore that there is a clear threat to international peace and security,

Acting under Chapter VII of the Charter of the United Nations, and taking measures under its Article 41,

1.   *Condemns* the nuclear test proclaimed by the DPRK on 9 October 2006 in flagrant disregard of its relevant resolutions, in particular resolution 1695 (2006), as well as of the statement of its President of 6 October 2006 (S/PRST/2006/41), including that such a test would bring universal condemnation of the international community and would represent a clear threat to international peace and security;

2.   *Demands* that the DPRK not conduct any further nuclear test or launch of a ballistic missile;

3.   *Demands* that the DPRK immediately retract its announcement of withdrawal from the Treaty on the Non-Proliferation of Nuclear Weapons;

4.   *Demands* further that the DPRK return to the Treaty on the Non-Proliferation of Nuclear Weapons and International Atomic Energy Agency (IAEA) safeguards, and *underlines* the need for all States Parties to the Treaty on the Non-Proliferation of Nuclear Weapons to continue to comply with their Treaty obligations;

5.   *Decides* that the DPRK shall suspend all activities related to its ballistic missile programme and in this context re-establish its pre-existing commitments to a moratorium on missile launching;

6.   *Decides* that the DPRK shall abandon all nuclear weapons and existing nuclear programmes in a complete, verifiable and irreversible manner, shall act strictly in accordance with the obligations applicable to parties under the Treaty on the Non-Proliferation of Nuclear Weapons and the terms and conditions of its International Atomic Energy Agency (IAEA) Safeguards Agreement (IAEA INFCIRC/403) and shall provide the IAEA transparency measures extending beyond these requirements, including such access to individuals, documentation, equipments and facilities as may be required and deemed necessary by the IAEA;

7.   *Decides* also that the DPRK shall abandon all other existing weapons of mass destruction and ballistic missile programme in a complete, verifiable and irreversible manner;

8.   *Decides* that:

(a)   All Member States shall prevent the direct or indirect supply, sale or transfer to the DPRK, through their territories or by their nationals, or using their flag vessels or aircraft, and whether or not originating in their territories, of:

(i)   Any battle tanks, armoured combat vehicles, large calibre artillery systems, combat aircraft, attack helicopters, warships, missiles or missile systems as defined for the purpose of the United Nations Register on Conventional Arms, or related materiel including spare parts, or items as determined by the Security Council or the Committee established by paragraph 12 below (the Committee);

(ii)   All items, materials, equipment, goods and technology as set out in the lists in documents S/2006/814 and S/2006/815, unless within 14 days of adoption of this resolution the Committee has amended or completed their provisions also taking into account the list in document S/2006/816, as well as other items, materials, equipment, goods and technology, determined by the

Security Council or the Committee, which could contribute to DPRK's nuclear-related, ballistic missile-related or other weapons of mass destruction-related programmes;

(iii) Luxury goods;

(b) The DPRK shall cease the export of all items covered in subparagraphs (a) (i) and (a) (ii) above and that all Member States shall prohibit the procurement of such items from the DPRK by their nationals, or using their flagged vessels or aircraft, and whether or not originating in the territory of the DPRK;

(c) All Member States shall prevent any transfers to the DPRK by their nationals or from their territories, or from the DPRK by its nationals or from its territory, of technical training, advice, services or assistance related to the provision, manufacture, maintenance or use of the items in subparagraphs (a) (i) and (a) (ii) above;

(d) All Member States shall, in accordance with their respective legal processes, freeze immediately the funds, other financial assets and economic resources which are on their territories at the date of the adoption of this resolution or at any time thereafter, that are owned or controlled, directly or indirectly, by the persons or entities designated by the Committee or by the Security Council as being engaged in or providing support for, including through other illicit means, DPRK's nuclear-related, other weapons of mass destruction-related and ballistic missile-related programmes, or by persons or entities acting on their behalf or at their direction, and ensure that any funds, financial assets or economic resources are prevented from being made available by their nationals or by any persons or entities within their territories, to or for the benefit of such persons or entities;

(e) All Member States shall take the necessary steps to prevent the entry into or transit through their territories of the persons designated by the Committee or by the Security Council as being responsible for, including through supporting or promoting, DPRK policies in relation to the DPRK's nuclear-related, ballistic missile-related and other weapons of mass destruction-related programmes, together with their family members, provided that nothing in this paragraph shall oblige a state to refuse its own nationals entry into its territory;

(f) In order to ensure compliance with the requirements of this paragraph, and thereby preventing illicit trafficking in nuclear, chemical or biological weapons, their means of delivery and related materials, all Member States are called upon to take, in accordance with their national authorities and legislation, and consistent with international law, cooperative action including through inspection of cargo to and from the DPRK, as necessary;

9. *Decides* that the provisions of paragraph 8 (d) above do not apply to financial or other assets or resources that have been determined by relevant States:

(a) To be necessary for basic expenses, including payment for foodstuffs, rent or mortgage, medicines and medical treatment, taxes, insurance premiums, and public utility charges, or exclusively for payment of reasonable professional fees and reimbursement of incurred expenses associated with the provision of legal services, or fees or service charges, in accordance with national laws, for routine holding or maintenance of frozen funds, other financial assets and economic resources, after notification by the relevant States to the Committee of the intention to authorize, where appropriate, access to such funds, other financial assets and economic resources and in the absence of a negative decision by the Committee within five working days of such notification;

(b) To be necessary for extraordinary expenses, provided that such determination has been notified by the relevant States to the Committee and has been approved by the Committee; or

(c) To be subject of a judicial, administrative or arbitral lien or judgement, in which case the funds, other financial assets and economic resources may be used to satisfy that lien or judgement provided that the lien or judgement was entered prior to the date of the present resolution, is not for the benefit of a person referred to in paragraph 8 (d) above or an individual or entity identified by the Security Council or the Committee, and has been notified by the relevant States to the Committee;

10. *Decides* that the measures imposed by paragraph 8 (e) above shall not apply where the Committee determines on a case-by-case basis that such travel is justified on the grounds of humanitarian need, including religious obligations, or where the Committee concludes that an exemption would otherwise further the objectives of the present resolution;

11. *Calls upon* all Member States to report to the Security Council within thirty days of the adoption of this resolution on the steps they have taken with a view to implementing effectively the provisions of paragraph 8 above;

12. *Decides* to establish, in accordance with rule 28 of its provisional rules of procedure, a Committee of the Security Council consisting of all the members of the Council, to undertake the following tasks:

(a) To seek from all States, in particular those producing or possessing the items, materials, equipment, goods and technology referred to in paragraph 8 (a) above, information regarding the actions taken by them to implement effectively the measures imposed by paragraph 8 above of this resolution and whatever further information it may consider useful in this regard;

(b) To examine and take appropriate action on information regarding alleged violations of measures imposed by paragraph 8 of this resolution;

(c) To consider and decide upon requests for exemptions set out in paragraphs 9 and 10 above;

(d) To determine additional items, materials, equipment, goods and technology to be specified for the purpose of paragraphs 8 (a) (i) and 8 (a) (ii) above;

(e) To designate additional individuals and entities subject to the measures imposed by paragraphs 8 (d) and 8 (e) above;

(f) To promulgate guidelines as may be necessary to facilitate the implementation of the measures imposed by this resolution;

(g) To report at least every 90 days to the Security Council on its work, with its observations and recommendations, in particular on ways to strengthen the effectiveness of the measures imposed by paragraph 8 above;

13. *Welcomes and encourages further* the efforts by all States concerned to intensify their diplomatic efforts, to refrain from any actions that might aggravate

tension and to facilitate the early resumption of the Six-Party Talks, with a view to the expeditious implementation of the Joint Statement issued on 19 September 2005 by China, the DPRK, Japan, the Republic of Korea, the Russian Federation and the United States, to achieve the verifiable denuclearization of the Korean Peninsula and to maintain peace and stability on the Korean Peninsula and in north-east Asia;

14. *Calls upon* the DPRK to return immediately to the Six-Party Talks without precondition and to work towards the expeditious implementation of the Joint Statement issued on 19 September 2005 by China, the DPRK, Japan, the Republic of Korea, the Russian Federation and the United States;

15. *Affirms* that it shall keep DPRK's actions under continuous review and that it shall be prepared to review the appropriateness of the measures contained in paragraph 8 above, including the strengthening, modification, suspension or lifting of the measures, as may be needed at that time in light of the DPRK's compliance with the provisions of the resolution;

16. *Underlines* that further decisions will be required, should additional measures be necessary;

17. *Decides* to remain actively seized of the matter.

색인

참고문헌

Ⅰ. 동양문헌

1. 단행본

국방부, 『대량살상무기에 대한 이해』, 2007.

_____, 『대량살상무기(WMD) 문답백과』, 2004.

김대순, 『국제법론』, 제14판, 삼영사, 2009.

김정건, 『국제법』, 박영사, 2004.

김정건 외, 『국제법 주요 판례집』, 연세대학교 출판부, 2004.

대한적십자사, 『제네바협약과 추가의정서』, 대한적십자사 인도법연구소, 2010.

류광철 외, 『군축과 비확산의 세계』, 평민사, 2005.

문주현 · 김신 편역, 『또 다른 핵의 세계』, 열림문화, 2007.

박관숙 · 배재식, 『국제법』, 박영사, 1977.

박찬호 · 김한택, 『국제해양법』, 지인북스, 2009.

법무부, 『국제법상의 핵질서』, 법무자료 제184집, 창신사, 1994.

배우철, 『생물학무기』, (주)살림출판사, 2005.

송영식외, 『지적소유권법』, 육법사, 2005

심기보, 『원자력의 유혹』, 한솜미디어, 2007.

오윤경 외, 『현대국제법』, 박영사, 2000.

외교부, 『2021 군축 · 비군축 편람』, 2021. 1.

외교통상부, 『군축 · 비군축 편람』, 2007.

_____, 『군축 · 비확산 주요 국제문서집』, 2008.

이민호, 『무력분쟁과 국제법』, 연경문화사, 2008.

이병조 · 이중범 『국제법신강』, 제9개정판, 일조각, 2003.

이영주 역, 『하룻밤에 읽는 세계사』, 중앙M&B, 2004.

이용호, 『현대 국제군축법의 이론과 실제』, 박영사, 2019.

이한기, 『국제법강의』, 박영사, 2006.

전략물자관리원, 『2017 연례보고서』, 2018. 1.

전략물자관리원,『전략물자 수출통제가이드』, 2009. 12.

_____,『아시아 주요국 수출통제제도』, 2009. 5.

_____,『호주그룹』, 2007. 5.

전성훈,『확산방지구상(PSI)과 한국의 대응』, 통일연구원, 2007.

최재훈·정운장,『국제법』, 법문사, 1980.

정인섭,『신국제법 강의』, 박영사, 2010.

최승환,『국제경제법』, 제3판, 법영사, 2006.

한국무역협회 전략물자무역정보센터,『수출통제: 이론과 실무』, 박영사, 2004.

_____,『일본의 무역관리와 기업의 대응』, 2004. 11.

_____,『국가별 WMD 보유 및 개발 현황』, 2005.

『전략물자 수출관리 가이드』, 2005

한국원자력연구소,『핵비확산 핸드북』, 2003.

한용섭,『한반도 평화와 군비통제』, 박영사, 2015.

大沼保昭,『國際法』, 東信堂, 2005.

外務省,『日本の軍縮不擴散外交』, 第三版, 2006. 3.

財團法人 安全保障貿易情報センター,『安全保障貿易管理』, 2010.

_____,『輸出管理品目ガイダンス役務取引』, 2005.

_____,『安全保障貿易管理の周辺』, 2008. 10.

(株)東芝輸出管理部,『キャッチオール輸出管理の實務』, 日刊工業新聞社, 2005.

津久井 茂充,『ガットの全貌』, 日本關稅協會, 1993.

淺田正彦 譯,『軍縮條約ハンドブック』, 日本評論社, 1994.

_____, 編,『兵器の擴散防止と輸出管理』, 有信堂, 2004.

黑澤 滿,『軍縮國際法の新しい視座』, 有信堂, 1986.

2. 국내논문

강　호, "핵 비확산과 세이프가드에 관한 고찰,"『국제법학회논총』, 제66권 제3호, 2021년 9월.

_____, "미국 수출통제법의 역외적용에 관한 고찰,"『경희법학』, 제53권 제2호, 2018. 6. 30.

_____, "우리나라 수출통제 법제의 발전방안에 관한 연구,"『무역학회지』, 제43권 제3호, 2018. 6. 30.

_____, "국제사회 대북제재와 북한 불법무기거래,"『2017년도 국제범죄 대응정책 연구 논총』, Vol. 13, 국가정보원, 2018. 1.

_____, "생화학무기 비확산체제와 개선과제,"『제16회 화랑대 국제심포지엄』, 2011. 10.

_____, "비확산 규범의 집행에 관한 국제법적 연구," 박사학위 논문, 경희대학교, 2010.

_____, "전략기술의 무형이전 통제,"『안보통상연구』, 제1권 제1호, 한국안보통상학회, 2007.

_____, "일본의 수출통제제도,"『안보통상연구』, 제1권 제2호, 한국안보통상학회, 2007. 9.

_____, "홍콩의 수출통제제도,"『안보통상연구』, 제2권 제1호, 안보통상학회, 2008. 6.

_____, "FTA와 비확산 수출관리의 조화," 국제경제법학회/안보통상학회 세미나, 2007. 9.

_____, "강화되는 전략물자 수출통제,"『글로벌시장을 리드하라』, 한국무역협회 무역연구소 편, 2006.

김석현, "유엔헌장 제2조 4항의 위기-그 예외의 확대와 관련하여-,"『국제법학회논총』, 제48권 제1호, 대한국제법학회, 2003.

김득주, "교전규칙에 관한 연구,"『교수논총』, 제5권, 1996. 8.

김현지·김대원·최승환, "한국의 통합 수출통제 법령 제정에 관한 연구,"『국제통상연구』, 제12권 제2호, 2007.

박민, 원재천, 전은주, "핵확산금지조약(NPT)의 실효성 강화를 위한 국제법적 고찰,"『국제법학회논총』, 제66권 제1호, 2021.

박선욱, "미국에 있어서 국제법의 국내적 적용에 관한 연구,"『세계헌법연구』, 제15권 2호, 국제헌법학회, 2009.

박언경,『국가안보를 위한 통상규제에서의 1994년 GATT 제21조의 적용성』, 경희대학교 법학박사 학위논문, 2009.

서철원, "정보전에서 대응하는 무력사용에 관한 연구,"『법학논총』, 제16집, 2006.

이서항, "PSI의 최근 동향과 전망," 외교안보연구원, 2008. 12. 30.

장 신, "국제법상 무력행사금지의 원칙과 자위권," 『법학논총』, 제24집 제2호, 한양대학교 법학연구소, 2007.

정서용, "남북관계의 측면에서 대량살상무기확산방지구상(PSI)에 대한 국제법적 검토", 『서울국제법연구』, 제15권 1호, 서울국제법연구원, 2008.

정민정, "대량살상무기확산방지구상(PSI)의 현황과 쟁점," 『현안보고서』, 제27호, 국회입법조사처, 2009.

최승환, 『미국의 대공산권 수출규제에 관한 국제법적 연구』, 서울대학교 법학박사 학위논문, 1991.

_____, "국제경제법 발전에 있어 국가안보의 역할과 과제," 『국제법학회논총』, 제51권 3호, 2006. 12.

_____, "개성공단사업의 국제통상법적 쟁점과 과제," 『통상법률』, 통권 제73호, 2007. 2.

_____, "전략물자수출통제제도와 남북경협," 『통상법률』, 통권 제61호, 2005. 2.

市川とみ子, "大量破壞兵器の不擴散と國連安保理の役割," 『國際問題』, 第570号, 2008年 4月.

佐藤丙午, "武器貿易條約の課題と展望," 『CISTEC Journal』, No. 121, 2009年 5月.

_____, "安保理決議と國際立法―大量破壞兵器テロの新しい脅威をめぐって," 『國際問題』, 第547号, 2005年.

_____, "國連安保理の司法的・立法的機能とその正當性," 『國際問題』, 第570号, 2008年.

マイケル・チンワース, "東芝機械事件の再檢討," 『國際安全保障』, 第32卷 第2号, 2004年 9月.

中谷和宏, "安保理決議に基づく經濟制裁―近年の特徵と法的課題," 『國際問題』, No. 570, 2008年 4月.

青木節子, "WMD關聯物質・技術の移轉と國際法," 『國際問題』, 第567号, 2007年 12月.

村瀨信也, "國連安保理の機能變化," 『國際問題』, 第570号, 2008年 4月.

板本一也, "國連安全保障理事會による國際法の立法," 『世界法年報』, 第25号, 2006年.

板元茂樹, "PSI(擴散防止構想)と國際法," 『ジュリスト』, 第1279号, 2004年 11月.

II. 서양문헌

1. 단행본

Anthony, Ian, "Multilateral Weapon and Technology Export Controls," *SIPRI Yearbook 2000: Armament, Disarmament and International Security*, Oxford University Press, 2001.

Bailey, Kathleen, "Nonproliferation Export Controls: Problems and Alternatives," in Kathleen Bailey and Robert Rudney (eds.), *Proliferation and Export Controls*, University Press of America, Inc, 1993.

Beck, Michael, Richard T. Cupitt, Seema Gahlaut and Scott A. Jones (eds.), *To Supply or To Deny*, Kluwer Law International, 2003.

Bertsch, Gary K., *International Cooperation on Nonproliferation Export Controls: Prospects for the 1990s and Beyond*, University of Michigan Press, 1994.

_____, *Export Controls in Transition*, Duke University Press, 1992.

_____, *Controlling East－West Trade and Technology Transfer*, Duke University Press, 1988.

Bhala, Raj, *International Trade Law: Theory and Practice*, Matthew Bender & Company Inc, 2000.

Bothe, Michael, N. Ronzitti and A. Rosas (eds.), *The New Chemical Weapons Convention－Implementation and Prospects*, Kluwer Law International, 1998.

Busch, Nathan E. and Daniel H. Joyner (eds.), *Combating Weapons of Mass Destruction: The Future of International Nonproliferation Policy*, The University of Georgia Press, 2009.

Cirincione, Joseph (ed.), *Repairing the Regime: Preventing the Spread of Mass Destruction*, Routledge, 2000.

Cirincione, Joseph et al., *Deadly Arsenals*, Carnegie Endowment for International Peace, 2005.

Corera, Gordon, *Shopping for Bombs: Nuclear Proliferation, Global Insecurity, and the Rise and Fall of the A. Q. Khan Network*, Oxford University Press, 2006.

Cortright, David and George A. Lopez, *Sanctions and the Search for Security: Challenges to UN Action*, Lynne Rienner Publishers, Inc, 2002

Cortright, David and George A. Lopez (eds.), *Smart Sanctions: targeting economic statecraft,* Rowman & Littlefield Publishers, Inc, 2007.

Cupitt, Richard T., *Reluctant Champions: U. S. Presidential Policy and Strategic Export Controls,* Routledge, 2000.

Dando, Malcolm R., *Preventing Biological Warfare,* PALGRAVE, 2002.

Dick, Leonard, *Guide to the European Union,* Profile Books Ltd, 1998.

Douglas, McDaniel E., *United States Technology Export Control: An Assessment,* Praeger Publishers, 1993.

Eden, Paul and Therese O'Donnell (eds.), *September 11, 2001: A Turning Point in International and Domestic Law?,* Transnational Publishers, Inc, 2005.

Fisher, Per S., "Security Council Resolution 1540 and Export Controls," in Dorothena Auer (ed.), *Wassenaar Arrangement: Export Control and Its Role in Strengthening International Security,* Favorita Papers, Diplomatishce Academie Wien, 2005.

Forsberg, Randall, Gregory Webb, and William Driscoll, *Nonproliferation Primer: Preventing the Spread of Nuclear, Chemical and Biological Weapons,* MIT Press, 1999.

Frantz, Douglas and Catherine Collins, *The Nuclear Jihadist,* Hachette Book Group USA.

Gillis, Melissa, *Disarmament: A Basic Guide,* United Nations, New York, 2009.

Gowlland—Debbas, Vera (ed.), *National Implementation of United Nations Sanctions,* Martinus NIjhoff Publishers, 2004.

_____, *The Implementation and Enforcement of Security Council Sanctions under Chapter VII of the United Nations Charter,* Graduate Institute International Studies, Geneva, 2001.

Gualtieri, D. S., "The System of Nonproliferation Export Controls," in Dinah Shelton (ed.), *Commitment and Compliance: The Role of Non—Binding Norms in International Legal System,* Oxford University Press, 2000.

Hirschhorn, Eric L., *The Export Control Act and Embargo Handbook,* Oceana Publications, Inc.

Jackson, J. H. and W. J. Davey, *Legal Problems of International Economic Relations: Cases, Materials and Texts on the National and International Regulations of Transnational Economic Relations,* West Publishing Co, 1986.

Joyner, Daniel H., *International Law and the Proliferation of Weapons of Mass*

Destruction, Oxford University Press, 2009.

_____, *Non-proliferation Law: The Regulation of WMD*, Oxford University Press, 2007.

Kenyon, Ian R. and Daniel Feakes (eds.), *The Creation of the Organization for the Prohibition of Chemical Weapons*, TMC Asser Press, 2007. Oxford University Press, 2007.

Koul, Autar Krishen, *Guide to the WTO and GATT*, Kluwer Law International, 2005.

Lowenfeld, Andreas F., *International Economic Law*, 2nd ed., Oxford University Press, 2002.

Meessen, Karl M. (ed.), *International Law of Export Control: Jurisdictional Issues*, Springer, 1992.

Mistry, Dinshaw, *Containing Missile Proliferation: Strategic Technology, Security Regimes, and International Cooperation in Arms Control*, University of Washington Press, 2003.

Murayama, Yuzo, "Dual-Use Technology and Export Controls: An Economic Analysis," in Gary K. Bertsch, Richard Cupitt, and Takehiko Yamamoto (eds.), *U.S. and Japanese Nonproliferation Export Controls: Theory, Description and Analysis*, University Press of America, 1996.

Nau, Henry R., *Trade and Security: US Policies at Cross-Purposes*, American Enterprise Institute Press, 1995.

Pedraza, Jorge Morales, *Nuclear Disamament: Concepts, Principles, and for Strengthening the Non-Proliferation Regimes*, Nova Science Publishers, Inc., 2009.

Rosenthal, Michael D., "*Deterring Nuclear Proliferation*," Brookhaven Science Associates, LLC, 2013.

Root, William A. and John R. Liebman, *United States Export Controls*, Wolter Kluwer law & Business, 2009.

Shaw, Timothy M., *Freezing Assets: The USA and the Most Effective Economic Sanction*, St. Martin's Press, 1993.

Shaw, Malcolm N., *International Law*, Cambridge University Press, 1997.

Spiers, E. M., *Chemical and Biological Weapons: A Study of Proliferation*, Basingstroke, 1994.

Stockholm International Peace Research Institute(SIPRI), *SIPRI Yearbook 2020.*, SIPRI,

2020.

Trebilcock, Michael J. and Robert Howse, *The Regulation of International Trade*, Routledge, 2005.

2. 해외기관 단행본

AMCHAM EU, *EU Policies: A Guide for Business*, 2005－2006.

Center for International Trade and Security, *Non－proliferation Export Controls: A Report*, The University of Georgia, July 1995.

_____, *Strengthening Multilateral Export Controls: A Nonproliferation Priority*, The University of Georgia, September 2002.

Center for Nonproliferation Studies, *Inventory of International Nonproliferation Organizations and Regimes*, The University of Georgia, 2000.

_____, *Missile Proliferation and Defences: Problems and Prospects*, CNS Occasional Paper No. 7, May 2001.

GATT, *Analytical Index: Guide to GATT Law and Practice*, 6th edition, 1994.

Henry L. Stimson Center and CSIS, "Study Group on Enhancing Multilateral Export Controls for U. S. National Security," *Final Report*, April 2001.

National Academy of Science, *Balancing the National Interest: U.S. National Security Export Controls and Global Economic Competition*, National Academy Press, 1987.

Office of Technology Assessment, *Proliferation of Weapons of Mass Destruction: Assessing the Risks*, OTA－ISC－559. S. Government Printing Office, August 1993.

Office of Technology Assessment, US Congress, *Technologies Underlying Weapons of Mass Destruction*, Washington DC: US Government Printing Office, December 1993.

_____, *Export Controls and Nonproliferation Policy*, U. S. Government Printing Office, May 1994.

SIPRI, *SIPRI Yearbook 2010*, Summary,

The Stanley Foundation, *United Nations Security Council Resolution 1540 at the Crossroads: The Challenges of Implementation*, by Michael Ryan Kraig, October 1, 2009.

U.S. Government Accountability Office, *Iran Sanctions: Impact in Furthering U.S.*

Objectives Is Unclear and Should be Reviewed, 2007.

_____, *Nonproliferation: U.S. Efforts to Combat Nuclear Networks Need Better Data on Proliferation Risks and Program Results*, October 2007.

UN Office for Disarmament Affairs, *The United Nations Disarmament Yearbook*, Vol. 32, No. 2, 2007, 2008.

U.S. Department of State, *Patterns of Global Terrorism—2000*, Government Printing Office, April 2001.

U.S. General Accounting Office, *Strategy Needed to Strengthen Multilateral Export Control Regimes*, General Accounting Office, 2002.

3. 해외논문

Abbot, K. and D. Snidal, "Hard and Soft Law in International Governance," *International Organization*, Vol. 54, No. 3, Summer 2000.

Abramson, Jeff, "Treaty Analysis: The Convention on Cluster Munitions," *Arms Control Today*, Vol. 38, No. 10, December 2008.

Agersnap, Louise, "Nonproliferation and the Coordination of International Efforts," *CITS Occasional Papers*, July 2004.

Akande, Dapo and Sope Williams, "International Abjudication on National Security Issues: What Role for the WTO?," *Virginia Journal of International Law*, Vol. 43, Issue 2, 2003.

Anderson, David. G., "The International Arms Trade: Regulating Conventional Arms Transfers in the Aftermath of the Gulf War," *The American University Journal of International Law & Policy*, Vol. 7, 1991－1992.

Appleton, Arthur E., "Dresser Industries: The Failure of Foreign Policy Trade Controls under the Export Administration Act, Notes and Comments," *Maryland Journal of International Law & Trade*, Vol. 8, No. 122, 1984.

Asada, Masahiko, "Security Council Resolution 1540 to Combat WMD Terrorism: Effectiveness and Legitimacy in International Legislation," *Journal of Conflict and Security Law*, Vol. 13, No. 3, 2008.

Averre, Derek, "Export Controls and the Global Market: The Southern Vector in

Russia's Arms Exports," *The Monitor: Nonproliferation, Demilitarization and Arms Control*, Vol. 3, 1997.

Bahla, Raj, "Fighting Bad Guys with International Trade Law," *University of California Davis Law Review*, Vol. 31, Issue 1, Fall 1997.

_____, "National Security and International Trade Law: What the GATT Says, What the United States Does," *University of Pennsylvania Journal of International Economic Law*, Vol. 19, Issue 1, Spring 1998.

Barletta, Michael, and Amy Sands (eds.), "Nonproliferation Regimes at Risk," *Occasional Paper*, No. 3, November 1989.

Beck, Michael and Seema Gahlaut, "Creating a New Multilateral Export Control Regime," *Arms Control Today*, Vol. 32, No. 6, July/August 2002.

Beck, Michael, "Reforming the Multilateral Export Control Regimes," *The Nonproliferation Review*, Vol. 7, No. 2, Summer 2000.

Bergenas, Johan, "Beyond UNSCR 1540: the Forging of a WMD Terrorism Treaty," *CNF Feature Stories*, CNS, October 23, 2008.

Boese, Wade, "Progress on UN WMD Measures Mixed," *Arms Control Today*, Vol. 37, No. 4, May 2007.

_____, "GAO Says Multilateral Export Control Regimes too Weak," *Arms Control Today*, Vol. 32, No. 9, November 2002.

Borrie, John et al, "A Prohibition on Nuclear Weapons," UNIDIR, February 2016.

Brown, Rene E., "Revisiting National Security in an Interdependent World: The GATT Article XXI Defence After Helms−Burton," *Georgia Law Journal*, Vol. 86, No. 405, 1997.

Burkemper, Joseph Ira, "Export Verboten: Export Controls in the United States and Germany," *Southern California Law Review*, Vol 67, No. 149, 1993−1994.

Bumham, James B., "The Heavy Hand of Export Controls," *Academic Research Premier*, Vol. 34, No. 2, Jan/Feb 1997.

Byers, Michael, "Policing the High Seas: The Proliferation Security Initiative," *The American Journal of International Law*, Vol. 98, No. 526, 2004.

Cann Jr., Wesley A., "Creating Standards and Accountability for the Use of the WTO

Security Exception: Reducing a New Balance Between Sovereignty and Multilateralism," *Yale Journal of International Law*, Vol. 26, No. 413, 2001.

Chamber, Malcolm, and Owen Greene, "The Development of the United Nations Register of Conventional Arms: Prospects and Proposals," *The Nonproliferation Review*, Vol. 1, No. 3, Spring/Summer 1994.

Chayes, A., and Antonia H. Chayes, "On Compliance," *International Organization*, Vol. 47, No. 2, 1993.

Chevrier, M. Isabelle and Iris Hunger, "Confidence−Building Measures for the BTWC: Performance and Potential," *The Nonproliferation Review*, Vol. 7, No. 3, Fall−Winter 2000.

Craft, Cassady, "Challenges of UNSCR 1540: Questions about International Export Controls," *CITS Briefs*, Center for International Trade and Security, 2004.

Craig, W. L., "Application of the Trading With the Enemy Act to Foreign Corporation Owned by Americans: Reflections on Fruehauf v. Massardy," *Harvard Law Review*, Vol. 83, Issue 1, November, 1969.

Crail, Peter, "Implementing UN Security Council Resolution 1540: A Risk−Based Approach," *The Nonproliferation Review*, Vol. 13, No. 2, July 2006.

Cupitt, R. and I. Khripunov, "New Strategies for the Nuclear Supplier Group(NSG)," *Comparative Strategy*, Vol. 16, No. 3, 1997.

Dam, Kenneth W., "Economic and Political Aspects of Extraterritoriality," *The International Lawyer*, Vol. 19, No. 3, Summer 1985.

Datan, Merav, "Security Council 1540: WMD and Non−State Trafficking," *Disarmament Diplomacy*, Issue No. 79, April/May 2005.

Dill, Catherine B. & Ian J. Stewart, "Defining Effective Strategic Trade Controls at the National Level," *Strategic Trade Review*, Vol. 1, Issue 1, Autumn 2015.

Dorn, A. Walter and Ann Rolya, "The Organization for the Prohibition of Chemical Weapons and the IAEA: A comparative overview," *IAEA Bulletin*, Vol. 35, No. 3, 1993.

Dunn, Lewis A., "The NPT: Assessing the Past, Building the Future," *The Nonproliferation Review*, Vol. 16, No. 2, July 2009.

Dursht, Kenneth A., "From Containment to Cooperation: Collective Action and the Wassenaar Arrangement," *Cardozo Law Review,* Vol. 19, No. 1079, 1997.

Edwards, D. M., "International Legal Aspects of Safeguards and the Nonproliferation of Nuclear Weapons," *International & Comparative Law Quarterly,* Vol. 33, No. 1, 1984.

Elsea, Jenifer K., "Weapons of Mass Destruction Counter−proliferation: Legal Issues for Ships and Aircraft," *CRS Report for Congress RL32097,* October 1, 2003.

Fergusson, Ian F. and Paul K. Kerr, "The U.S. Export Control System and the Export Control Reform Initiative," *CRS Report for Congress R41916,* March 15, 2018.

Flank, Steven, "Nonproliferation Policy: A Quintet for Two Violas?," *The Nonproliferation Review,* Vol. 1, No. 3, Spring/Summer 1994.

Foulen, Mark and Christopher A. Padilla, "In Pursuit of Security and Prosperity: Technology Controls for a New Era," *The Washington Quarterly,* Vol. 30, No. 2, Spring 2007.

Gahlaut, Seema, Michael Beck, Scott Jones, and Dan Joyner, "Roadmap to Reform: Creating a New Multilateral Export Control Regime," *The Monitor,* October 2004.

Garvey, Jack I., "The International Institutional Imperative For Countering the Spread of Weapons of Mass Destruction: Assessing the Proliferation Security Initiative," *Journal of Conflict & Security Law,* Vol. 10, No. 2, 2005.

Gaugh, Michael, "GATT Article XXI and US Export Controls: The Invalidity of Nonessential Non−Proliferation Controls," *New York International Law Review,* Vol. 8, No. 51, 1995.

Goodman, Ryan, "Norms and National Security: The WTO as a Catalyst for Inquiry," *Chicago Journal of International Law,* Vol. 2, No. 101, 2001.

Hahn, Michael J., "Vital Interests and the Law of GATT: An Analysis of GATT's Security Exception," *Michigan Journal of International Law,* Vol. 12, Issue 1, Fall 1990.

Happold, Matthew, "UN Security Council Resolution 1373 and the Constitution of the United Nations," *Leiden Journal of International Law,* Vol. 16, No. 3, 2003.

Hiestand, Trevor, "Swords into Plowshares: Considerations for 21st Century Export Controls in the United States," *EMORY International Law Review,* Vol. 9, No. 679, 1995.

Hjertonsson, K., "A Study on the Prospects of Compliance with the Convention on

Biological Weapons," *Instant Research on Peace and Violence*, Vol. 3, No. 4, 1973.

Ho, Daniel E., "Compliance and International Soft Law: Why Do Countries Implement the Basle Accord?," *Journal of International Economic Law*, Vol. 5, No. 647, 2002.

Horner, Daniel, "G-8 Tightens Nuclear Export Rules," *Arms Control Today*, Vol. 39, No. 7, September 2009.

Isla, Nicolas and Iris Hunger, "BWC 2006: Building Transparency Through Confidence Building Measures," *Arms Control Today*, Vol. 36, No. 6, July/August 2006.

Joyner, Daniel H., "Restructuring the Multilateral Export Control Regime System," *Journal of Conflict and Security Law*, Vol. 9, No. 2, 2004.

_____, "The Nuclear Suppliers Group: Part 1: History and Functioning," *International Trade Law & Regulation*, Vol. 11, Issue 2, 2005.

_____, "The Proliferation Security Initiative and International Law," *CITS Briefs*, Center for International Trade and Security, 2004.

_____, "UN Security Council Resolution 1540: A Legal Travesty?," *CITS Briefs*, Center for International Trade and Security, August 2006.

Joseph, Jofi, "The Proliferation Security Initiative: Can Interdiction Stop Proliferation?," *Arms Control Today*, Vol. 34, No. 5, June 2004.

Kanto, Dick K., "North Korean Counterfeiting of U.S. Currency," *CRS Report for Congress RL33324* June 12, 2009.

Kerr, Paul K. et al, "Nuclear, "Biological, and Chemical Weapons and Missiles: Status and Trends," *CRS Report for Congress RL30699*, February 20, 2008.

Kellman, Barry, "Bridling the International Trade of Catastrophic Weaponry," *American University Law Review*, Vol. 43, Issue 3, Spring 1994.

_____, "Criminalization and Control of WMD Proliferation," *The Nonproliferation Review*, Vol. 11, No. 2, Summer 2004.

Kenyon, Ian R. et al, "Missile Proliferation and Defenses: Problems and Prospects," *CNS Occasional Paper*, No. 7, July 2001.

Kerr, Paul, "Code of Conduct Aims to Stop Ballistic Missile Proliferation," *Arms Control Today*, Vol. 33, No. 1, January/February 2003.

Kirgis, Jr., and L. Frederic, "The Security Council's First Fifty Years," *The American*

Journal of International Law, Vol. 89, No. 3, July 1995.

Koh, Harold H., "Why do Nations Obey International Law?," *Yale Law Journal*, Vol. 106, No. 2599, 1997.

Krepon, Michael, "The Mushroom Cloud That Wasn't: Why Inflating Threats Won't Reduce Them," *Foreign Affairs*, Vol. 88, No. 3, May/June 2009.

Latham, Andrew and Brian Bow, "Multilateral Export Control Regimes: Bridging the North−South Divide," *International Journal*, Vol. 53, No. 3, Summer 1998.

Laub, Zachary, "International Sanctions on Iran," *Foreign Affairs*, July 15, 2015.

Lavalle, R., "A Novel, If Awkward, Exercise in International Law−Making: Security Council Resolution 1540," *Netherlands International Law Review*, Vol. 51, Issue 3, 2004.

Levine, Harold, "Technology Transfer: Export Controls Versus Free Trade," *Texas International Law Journal*, Vol. 21, No. 373, 1986.

Lipson, Charles, "Why Are Some International Agreement Informal?," *International Organization*, Vol. 45, Issue No. 4, 1991.

Masters, Joshua, "Nuclear Proliferation: The Role and Regulation of Corporations," *The Nonproliferation Review*, Vol. 16, No. 3, November 2009.

Matthews, David B., "Controlling the Exportation of Strategically Sensitive Technology: The Extraterritorial Jurisdiction of the Multilateral Export Control Enhancement Amendments Act of 1988," *Columbia Journal of Transatlantic Law*, Vol. 28, No. 747, 1990.

McCall, Jack H., "The Inexorable Advance of Technology: American and International Efforts to Curb Missile Proliferation," *Jurimetrics Journal*, Vol. 32, Spring 1992.

Meier, Oliver, "NEWS ANALYSIS: States Strengthen Biological Weapons Convention," *Arms Control Today*, Vol. 37, No. 1, January/February 2007.

Morehead, Jere W. and Davis A. Dismuke, "Export Control Policies and National Security: Protecting U.S. Interests in the New Millennium," *Texas International Law Journal*, Vol. 34, No. 2, Spring 1999.

Morris, Matthew G., "The Executive Role in Culturing Export Control Compliance," *Michigan Law Review*, Vol. 104, Issue 7, June 2006.

Moyer, Homer E. Jr. and Linda A. Mabry, "Export Controls as Instruments of Foreign Policy: The History, Legal Issues, and Policy Lessons of Three Recent Cases," *Law and Policy in International Business*, Vol. 15, Issue 1, 1983.

Muller, Harald, "The Future of the NPT," *Harvard International Review*, Vol. 14, Issue 3, 2005.

Muller, Harald and Mitchell Reiss, "Counter−proliferation: Putting New Wine in Old Bottles," *The Washington Quarterly*, March 1995.

Murphy, Sean D., "UN Security Council on Non−Proliferation of WMD," *The American Journal of International Law*, Vol. 98, Issue 3, 2004.

Nikitin, Mary B., "Proliferation Security Initiative (PSI)," C*RS Report for Congress RL34327*, September 10, 2009.

Nikitin, Mary B. et al, "Proliferation Control Regimes: Background and Status," *CRS Report for Congress RL31559*, January 31, 2008.

Nikitin, Mary B. et al, "North Korea's Second Nuclear Test: Implications of UN Security Council Resolutions 1874," *CRS Report for Congress RL40684*, July 1, 2009.

Olberg, Lars, "Implementing Resolution 1540: What the National Reports Indicate," *Disarmament Diplomacy*, Issue No. 82, Spring 2006.

Oettinger, Philip H., "National Discretion: Choosing COCOM's Successor and the New Export Administration Act," *The American University Journal of International Law & Policy*, Vol. 9, No. 2, Winter 1994.

Oosthuizen, Gabriel H. and Elizabeth Wilmshurst, "Terrorism and Weapons of Mass Destruction: United Nations Security Council Resolution 1540," *Chatham House Briefing Paper 04/01*, September 2004.

Parrish, Scott and Tamara Robinson, "Efforts to Strengthen Export Controls and Combat Illicit Trafficking and Brain Drain," *The Nonproliferation Review*, Vol. 7, No. 1, Spring 2000.

Piet de Klerk, "Strengthening the Nonproliferation Regime: How Much Progress Have We Made?," *The Nonproliferation Review*, Vol. 6, No. 2, Winter 1999.

Potter, William C., "In Search of the Nuclear Taboo: Past, Present, and Future," *Proliferation Papers*, No. 31, Winter 2010.

Raustiala, Karl, "Forms and Substance in International Agreements," *The American Journal of International Law*, Vol. 99, No. 3, 2005.

Rennack, Dianne E, "North Korea: Economic Sanctions," *CRS Report for Congress RL31696*, October 17, 2006.

Robert van den Hoven van Genderen, "Cooperation on Export Control Between the United States and Europe: A Cradle of Conflict in Technology Transfer," *North Carolina Journal of International Law & Comparative Regulation*, Vol. 14, No. 391, 1989.

Roberts, Brad, "Export Controls and Biological Weapons: New Roles, New Challenges," *Critical Reviews in Microbiology*, Vol. 24, Issue 3, Fall 1998.

Rhodes, Catherin and Malcolm Dando, "The Biological Weapons Proliferation Threat: Past, Present, and Future Assessments and Responses," Strategic Insights, Vol. 6, Issue 5, August 2007.

Sanders, Ben, "What Non−proliferation Policy," *The Nonproliferation Review*, Vol. 1, No. 1, Fall 1993.

Schachter, Oscar, "The twilight Existence of Nonbinding International Agreements," *American Business Law Journal*, Vol. 71, April 1977.

Scheffran, Jurgen, "Missiles in conflict: the issue of missiles in all its complexity," *Disarmament Forum*, No. 1, 2007.

Schloemann, Hannes L. and Stefan Ohloff, "Constitutionalization and Dispute Settlement in the WTO: National Security as an Issue of Competence," *The American Journal of International Law,* Vol. 93, No. 2, 1999.

Schmidt, Fritz, "NPT Export Controls and the Zangger Committee," *The Nonproliferation Review,* Vol. 7, No. 3, Fall/Winter 2000.

Shulman, Mark R., "The Proliferation Security Initiative and the Evolution of the Law of the Use of Force," *Houston Journal of International Law*, Vol. 28, Spring 2006.

Simmons, Beth A., "Compliance with International Agreements," *Annual Reviews Political Science,* Vol. 1, No. 75, 1998.

_____, "GAO Says Multilateral Export Control Regimes too Weak," *Arms Control Today*, Vol. 32, No. 9, November 2002.

Sims, Nicholas A., "Strengthening structures for the Biological and Toxin Weapons Convention: options for remedying the institutional deficit," *Disarmament Forum*, 2006.

Strulak, Tadeusz, "The Nuclear Suppliers Group," *The Nonproliferation Review*, Vol. 1,

No. 1, Fall 1993.

Sutherland, Ronald G., "Chemical and Biochemical Non−lethal Weapons," *SIPRI Policy Paper,* Vol. 23, No. 7, SIPRI, November 2008.

Swan, Peter, "A Road Map to Understanding Export Controls: National Security in Changing Global Environment," *American Business Law Journal*, Vol. 30, No. 607, February 1993.

Szasz, Paul C., "The Security Council Starts Legislating," *American Journal of International Law,* Vol. 96, Issue 4, October 2002.

Talmon, Stefan, "The Security Council as World Legislature," *The American Journal of International Law*, Vol. 99, Issue 1, Spring 2005.

Thompson, Robert B., "United States Jurisdiction over Foreign Subsidiaries: Corporate and International Law Aspects," *Law & Policy International Business,* Vol. 15, 1983.

Tucker, Jonathan B., "Strengthening the BWC: Moving Toward a Compliance Protocol," *Arms Control Today*, Vol. 28, No. 1, January/February 1998.

Tucker, Jonathan B., "The Future of Chemical Weapons," *The New Atlantis*, No. 26, Fall/Winter 2010, April 1, 2010.

Wertz, Daniel & Ali Vaez, "Sanctions and Nonproliferation in North Korea and Iran: A Comparative Analysis," FAS Issue Brief, June 2012.

Winner, Andrew C., "The Proliferation Security Initiative: The New Face of Interdiction," *The Washington Quarterly*, Vol. 28, No. 2, Spring 2005.

Woolf, Amy F. et al, "Arms Control and Nonproliferation: A Catalog of Treaties and Agreements," *CRS Report for Congress RL33865*, March 18, 2019.

WMD Insight, "Special Report: The A. Q. Khan Network: Crime...And Punishment?" March 2006 Issue.

Yuan, Jing−Dong, "The Future of Export Controls: Developing New Strategies for Nonproliferation," *International Politics*, Vol. 39, June 2002.

Yusuf, Moeed, "Predicting Proliferation: The History of the Future of Nuclear Weapons," *Brookings Institution POLICY PAPER*, Vol. 11, January 2009.

Zilinskas, Raymond A., "Verifying Compliance to the Biological and Toxin Weapons Convention," *Critical Reviews in Microbiology*, Vol. 24, No. 3, Fall 1998.

Ⅲ. Websites

국제사법재판소	http://www.icj-cij.org
국제연합(UN)	http://www.un.org
국제연합 군축실	http://www.un.org/disarmament
국제연합 안전보장이사회	http://www.un.org/Docs/sc
국제원자력기구	http://www.iaea.org
국제해사기구	http://www.imo.org
독일 연방경제기술부	http://www.bmwi.bund.de
미국 과학자연합회	http://www.fas.org
미국 국무부	http://www.state.gov
미국 국토안보부	http://www.dhs.gov
미국 국제무역안보센터	http://www.uga.edu/cits
미국 국제전략문제연구소	http://www.csis.org
미국 백악관	http://www.whitehouse.gov
미국 상무부 산업안보국	http://www.bis.doc.gov
미국 에너지부	http://www.nrc.gov
미국 의회조사국	http://fas.org/main/home.gsp
미국 재무부	http://www.treas.gov
미국 제임스 마틴 비확산연구소	http://cns.miis.edu/
미사일기술통제체제	http://www.mtcr.info
바세나르협정	http://www.wassennar.org
산업통상자원부	http://www.motie.go.kr

스톡홀름 국제평화문제연구소	http://www.sipri.org
세계무역기구	http://www.wto.org
영국 수출통제국	http://www.berr.gov.uk/whatwedo/europeandtr ade/strategic−export−control/index.html
유엔군축연구소	http://unidir.org
일본 국제문제연구소	http://www.jiia.or.jp
일본 국제안전보장협회	http://www.iijnet.or.jp
일본 안전보장무역관리	http://www.meti.go.jp/policy/anpo/index.html
일본 안전보장무역정보센터	http://cistec.or.jp
일본 외무성 군축·비확산	http://www.mofa.go.jp/mofaj/gaiko/hosho.html
전략물자관리원	http://www.kosti.or.kr
전략물자관리시스템	http://www.yestrade.go.kr
쟁거위원회	http://www.zanggercommittee.org
제네바 유엔사무소	http://www.unog.ch
카네기국제문제연구소	http://www.carnegieendowment.org
통일부	http://www.unikorea.go.kr
포괄적 핵실험금지조약기구	http://www.ctbto.org
한국원자력통제기술원	http://www.kinac.re.kr
호주그룹	http://www.australiagroup.net
핵공급국그룹	http://www.nsg−online.org
핵위협구상	http://www.nti.org
화학무기금지기구	http://www.opcw.org

저자 약력

강호(姜豪)

[학력]
경희대학교 일반대학원 국제법 법학박사
일본국제대학 국제관계대학원 국제관계학(국제경제) 석사
미국 Columbia University Law School에서 미국법 및 국제통상법 연구
영남대학교 법학과 학사
공군항공과학고등학교(3기) 졸업

[경력]
건국대학교 국제비즈니스대학 겸임교수
한국원자력통제기술원 교육훈련센터 대우교수
전략물자관리원 수출관리본부장
한국무역협회(통상협력부, 조사부, 브뤼셀지부, 국제협력팀, 전략물자무역정보센터)
KOICA 무역실무(International Trade Management) 전문가 모로코 파견 강의
한국국제경제법학회 이사 겸 『신국제경제법』 집필 위원
한국무역협회 무역아카데미 국제무역사 출제 위원
국가정보원 국제범죄정책위원회 위원
안보경영연구원 객원연구위원
한국안보통상학회 이사
대한민국 공군 8년 6개월 복무(팬텀 전투기 제트엔진 창정비 도미 연수)

[저서]
『신국제경제법』 (공저), 한국국제경제법학회, 박영사, 2012~2021.
『미국의 재수출통제 실무가이드』, 전략물자관리원, 2010.
『전략물자 자율준수 가이던스』, 전략물자관리원, 2009.
『아시아 주요국 수출통제제도』 (공저), 전략물자관리원, 2009.
『글로벌 시장을 리드하라』 (공저), 한국무역협회, 2006.
『미국의 전략물자 수출통제』, 한국무역협회 전략물자무역정보센터, 2005.

[논문]

"핵 비확산과 세이프가드에 관한 고찰,"『국제법학회논총』, 제66권 제3호, 대한국제법학회, 2021. 9.

"미국 수출통제법의 역외적용에 관한 고찰,"『경희법학』, 제53권 제2호, 경희법학연구소, 2018.

"우리나라 수출통제 법제의 발전방안,"『무역학회지』, 제43권 제3호, 한국무역학회, 2018. 6.

"생화학무기 비확산체제와 개선과제,"『제16회 화랑대 국제심포지엄 논문집』, 2011. 10. 26.

"자유무역협정(FTA)과 비확산 수출관리의 조화," 한국안보통상학회/국제경제법학회, 2007.

"유엔 대북제재와 북한의 불법무기거래,"『국제범죄대응정책논총』, 국제범죄정책위원회, 2017.

"국제환경범죄의 확산과 불법거래 대응,"『국제범죄대응정책논총』, 국제범죄정책위원회, 2019.

"전략품목 불법 거래방지 수출통제 집행강화,"『국제범죄대응정책논총』, 국제범죄정책위원회, 2020.

"전략기술의 무형이전 통제,"『안보통상연구』, 제1권 창간호, 한국안보통상학회, 2007.

"일본의 수출통제제도,"『안보통상연구』, 제1권 제2호, 한국안보통상학회, 2007.

"홍콩의 수출통제제도,"『안보통상연구』, 제2권 제1호, 한국안보통상학회, 2008.

"비확산 규범의 집행에 관한 국제법적 연구," 경희대학교 대학원 박사학위 논문, 2010.

"The Impact of Voluntary Export Restraints(VERs) on International Trade," 日本國際大學 석사학위 논문(영어), 1991.

[칼럼 기고]

"전략물자 관리제도 개선, 더욱 철저한 이행을," 세계일보, 2019. 8. 20.

"日 수출제한, 그 본질과 대응책," 서울경제신문, 2019. 7. 9.

"북한 핵미사일 확산, 수출통제 강화해야," 서울경제신문, 2017. 6. 30.

"수출기업도 안보경영이 필요하다," 세계일보, 2013. 6. 14.

"국제사회의 수출통제 동향,"『방위산업과 정보보호』, Vol. 21, 기무사령부, 2011. 12. 30.

"미국 수출통제법의 외국기업에 대한 역외적용,"『전략물자 Focus』, Vol. 4, 전략물자관리원, 2011.

"주요국 수출통제제도의 시사점과 대응,"『전략물자 Focus』, Vol. 1, 전략물자관리원, 2009.

"전략물자 수출통제체제의 구축,"『무역연감』, 한국무역협회, 2006.

"South Korea: The Art of Export Control Promotion," *1540 Compass*, Issue 3, Spring 2013, Center for International Trade and Security, University of Georgia, U.S.A.

국제비확산체제

초판발행	2021년 12월 10일
지은이	강호
펴낸이	안종만·안상준
편 집	최문용
기획/마케팅	김한유
표지디자인	BEN STORY
제 작	고철민·조영환
펴낸곳	(주)**박영사**
	서울특별시 금천구 가산디지털2로 53, 210호(가산동, 한라시그마밸리)
	등록 1959. 3. 11. 제300-1959-1호(倫)
전 화	02)733-6771
f a x	02)736-4818
e-mail	pys@pybook.co.kr
homepage	www.pybook.co.kr
ISBN	979-11-303-1434-1 93390

* 파본은 구입하신 곳에서 교환해 드립니다. 본서의 무단복제행위를 금합니다.
* 저자와 협의하여 인지첩부를 생략합니다.

정 가   25,000원